"十三五"江苏省高等学校重点教材

塑料成型工艺与模具设计

主编　王春艳　陈国亮

参编　黄艳伟　冯　伟　袁　俊

机械工业出版社

本书以塑料模具设计工作流程为主线，系统、详细地讲解了塑料模具设计所必备的知识，重点强化塑料模设计方面实用技术的介绍和综合能力的培养，所选实例既有典型性，又具有实用性和代表性；同时兼顾课程设计与理论知识有机融合，可实现学做一体，使内容更加丰富、完整和实用。

本书共分三篇，包含 19 个任务，主要内容包括塑件结构分析、塑件材料分析、塑件成型工艺分析，注射机初选、分型面确定、成型零件设计、浇注系统设计、推出机构设计、模架选取与标准件选用、模具温度控制系统设计、模具工程图绘制、定距分型拉紧机构设计、侧向分型与抽芯机构设计、热流道浇注系统设计、气体辅助注射模设计，压缩模设计、压注模设计、挤出模设计及气动成型模具设计；每个任务配套相应的设计范例、思考与练习题。

本书为高等职业院校及应用型本科院校模具设计与制造专业、机械类相关专业的教学用书，也可供相关专业人员参考。

本书有配套电子课件（内含大量的图片、动画及视频，部分资源以二维码的形式直接嵌入教材），凡选用本书作为教材的教师可登录机械工业出版社教育服务网（http://www.cmpedu.com）注册后免费下载，咨询电话：010-88379375。

图书在版编目（CIP）数据

塑料成型工艺与模具设计/王春艳，陈国亮主编. —北京：机械工业出版社，2017.9（2024.1重印）

"十三五"江苏省高等学校重点教材

ISBN 978-7-111-58121-5

Ⅰ.①塑… Ⅱ.①王… ②陈… Ⅲ.①塑料成型-工艺-高等学校-教材 ②塑料模具-设计-高等学校-教材 Ⅳ.①TQ320.66

中国版本图书馆 CIP 数据核字（2017）第 237394 号

江苏高校品牌专业建设工程资助项目（TAPP）（课题编号：PPZY2015B187） "十三五"江苏省高等学校重点教材（编号：2016-2-059）

机械工业出版社（北京市百万庄大街 22 号 邮政编码 100037）
策划编辑：于奇慧 责任编辑：于奇慧 王 丹
责任校对：郑 婕 封面设计：马精明
责任印制：邓 博
北京盛通数码印刷有限公司印刷
2024 年 1 月第 1 版第 7 次印刷
184mm×260mm · 21.25 印张 · 585 千字
标准书号：ISBN 978-7-111-58121-5
定价：59.50 元

电话服务 网络服务
客服电话：010-88361066 机 工 官 网：www.cmpbook.com
010-88379833 机 工 官 博：weibo.com/cmp1952
010-68326294 金 书 网：www.golden-book.com
封底无防伪标均为盗版 机工教育服务网：www.cmpedu.com

前　言

　　"塑料成型工艺与模具设计"是高等职业院校及应用型本科院校模具设计与制造专业的一门专业核心课程。本书是在基于工作岗位的"双证融通、学做合一"人才培养模式实践和江苏省品牌专业建设的基础上,以培养模具设计与制造专业学生综合素质为目标,以模具设计岗位能力要求为本位,根据塑料模具设计课程教学标准编写的,被评为"十三五"江苏省高等学校重点教材。

　　本书根据企业模具设计岗位的主要工作流程编排内容,分为三篇、共19个教学任务,以够用、实用为原则,引入企业实际生产案例,着重培养学生合理编制塑料成型工艺、优化塑料模具结构设计、解决生产实际问题的能力。

　　本书以塑料模具设计工作流程为主线,力求理论知识与生产实际紧密结合。每个任务均包含理论知识与模具设计能力的相关要求,既强调知识的系统性,又强调任务完成的质量,注重培养学生的职业能力。在内容结构方面,通过任务引入、相关知识、任务实施、任务训练与考核、思考与练习等模块不断强化学生的模具设计能力,体现任务驱动和学做一体的高职教育理念,实效性强。

　　本书以单分型面注射模设计流程为例,阐述塑料成型工艺及模具结构设计,并结合双分型面、侧向分型与抽芯注射模设计等案例介绍复杂模具结构的设计,实现由简单模具设计向复杂模具设计的平稳过渡;再通过对压缩模设计、压注模设计、挤出模设计等内容的介绍,全面阐释不同类型塑料成型模具的结构和设计步骤,使学习者能够掌握不同类型塑料模具结构的设计方法。本书配套课件包含丰富的图片、动画和教学视频等资源,部分数字化资源以二维码的形式直接嵌入教材,便于关键知识点的教学和自主学习。

　　本书遵循从简单到复杂、从单一到复合的原则,循序渐进,以任务为单元,在训练中完成知识的巩固和设计能力的培养,注重学生素质教育、知识掌握与技术能力的过程评价和综合表现,在教学过程中可以实现学生自评和教师互评,完善课程的考核,注重塑料模具设计岗位职业能力的达成。

　　本书由王春艳、陈国亮担任主编,黄艳伟、冯伟、袁俊在教材大纲、教学内容上给予了充分的指导,并编写了热流道注射模和侧向抽芯注射模部分。本书得到常州华威模具有限公司、常州博赢模具有限公司的大力支持与帮助,以及众多专家的热情指导和鼎力相助,谨此表示衷心感谢!

　　限于篇幅与编者水平有限,纰漏甚至错误之处在所难免,恳请广大读者批评指正。

编　者

目　　录

第一篇　塑件工艺分析

任务1　塑件结构分析

1.1　任务导入

在实际生产中，产品研发和模具设计往往由不同的人员负责，如果负责人对彼此的相关领域不了解，极有可能导致产品在技术和经济等方面产生问题。因此，产品研发人员必须熟悉模具结构、模具制造及模具生产的特点；而模具设计人员必须熟悉塑件的开发过程及结构工艺，并能够提出改良塑件结构及简化模具的建议。某些情况下，对塑件的部分结构稍做改进，便能极大地简化模具结构，改进成型工艺，降低模具制造及生产的成本。这也是本部分内容的学习目的。

本任务是对图1-1所示的肥皂盒进行塑件结构分析。通过学习，掌握塑料制品结构设计

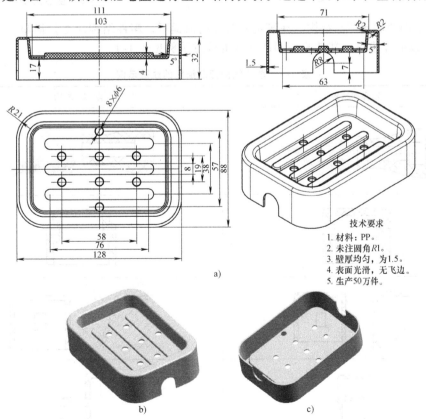

技术要求
1. 材料：PP。
2. 未注圆角R1。
3. 壁厚均匀，为1.5。
4. 表面光滑，无飞边。
5. 生产50万件。

a)

b)　　　c)

图1-1　肥皂盒塑件图
a) 肥皂盒零件图　b) 肥皂盒三维模型（正面）　c) 肥皂盒三维模型（底面）

的相关知识，能够分析塑件结构的工艺合理性，并对不合理结构进行改进。

1.2 相关知识

1.2.1 塑件结构设计的一般原则

塑件的结构不仅要充分体现其使用功能，而且必须符合塑料成型工艺要求，并尽可能使模具结构简单，便于制造。因此，塑件的结构设计必须满足下述基本原则：

1. 力求结构简单，易于成型

1）结构及分型面力求简单。简单的结构及分型面有利于模具的设计和制造，有利于在生产时防止溢料，避免产生飞边。图 1-2a 所示的分型面较复杂，图 1-2b 所示的分型面结构则更加简单。

2）成型零件力求简单，易于加工。图 1-3a 所示的型芯不便于加工，图 1-3b 所示的型芯则方便加工。

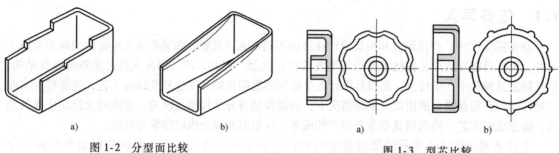

图 1-2　分型面比较　　　　　　　　　　　　图 1-3　型芯比较

3）尽量避免侧向凹凸结构。在满足其功能的前提下，塑件结构应尽量简单，避免侧向的凹凸结构，以简化模具。塑件侧向凹凸结构的改进示例见表 1-1。

表 1-1　塑件侧向凹凸结构的改进示例

不 合 理 结 构	合 理 结 构

（续）

不 合 理 结 构	合 理 结 构
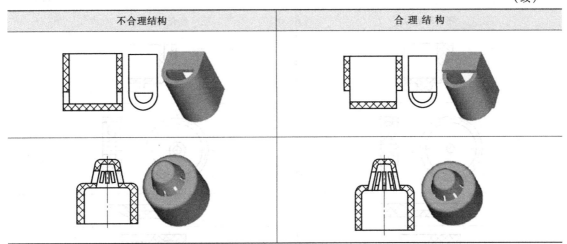	

4）避免尖角或薄弱结构。模具上的尖角或薄弱结构会影响模具强度及使用寿命，在设计塑件时要尽量避免。如图1-4所示，塑件中的封闭加强筋会导致模具镶件结构薄弱，容易在塑料熔体冲击下变形断裂，可以采用开放式加强筋或加大封闭空间来进行改进。图1-5a所示的型芯尖角处强度低，容易变形，在加工、装配、使用、维修的过程中极易损坏，改进成图1-5b所示的结构，则更加合理。

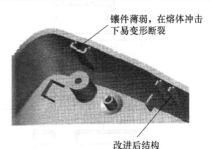

镶件薄弱，在熔体冲击下易变形断裂

改进后结构

图1-4　塑件薄弱结构

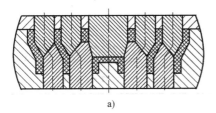

a)　　　　　　　　　　　　b)

图1-5　避免尖角

2. 力求壁厚均匀

塑件的壁厚直接影响塑件的质量、成型工艺和使用要求。在使用过程中，塑件需要有足够的强度和刚度，以保证脱模时能承受推出机构的冲击力，装配时能承受紧固力，并且能承受运输中的振动，确保不变形、不损坏。塑件壁厚过大，用料过多，则成本高，成型周期长，生产效率低，易导致冷却收缩不均匀；壁厚过小，成本低，成型周期短，易导致熔体在型腔内的流动阻力增大，尤其使形状复杂和大型的塑件不易成型，易因缺料产生废品。塑件壁厚不均匀时，熔融塑料在型腔内的流动速度和冷却速度不一致，容易导致应力变形或者开裂，料流在汇集处也会产生熔接痕，显著降低塑件的质量。为了避免上述现象的发生，塑件各个部分的壁厚均匀是很有必要的。塑件壁厚不均匀结构的改进示例见表1-2。

表1-2　塑件壁厚不均匀结构的改进示例

不 合 理 结 构	合 理 结 构

（续）

不 合 理 结 构	合 理 结 构

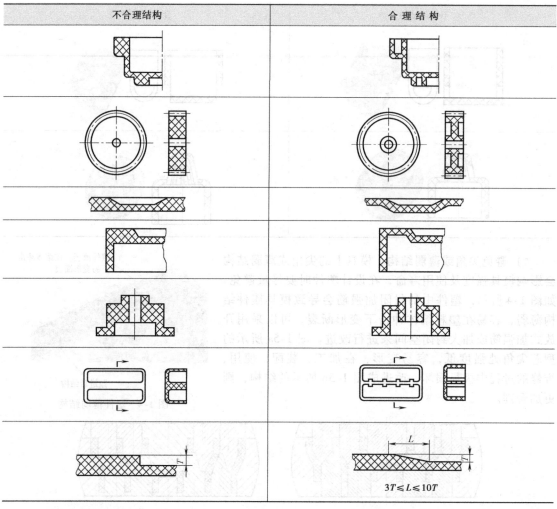

3. 保证强度和刚度

提高塑件强度和刚度最简单的方法是设计加强筋。加强筋的加强方式包括侧壁加强、边缘加强和底部加强等，如图 1-6 所示。

图 1-6　加强筋加强方式

提高容器类塑件强度和刚度的方法通常是设计边缘加强，同时将底部做成球面或拱形结构或加圆骨，如图 1-7 所示。

4. 装配间隙合理

各塑件之间的装配间隙应均匀，固定件与固定件之间的配合间隙通常为 0.05 ~ 0.1mm，如图

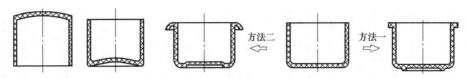

图 1-7　容器类塑件的加强

1-8 所示。面壳、底壳的止口间隙通常为 0.05～0.1mm，如图 1-9 所示。直径≤15mm 的规则按钮的活动间隙（单边）通常为 0.1～0.2mm；直径>15mm 的规则按钮的活动间隙（单边）通常为 0.15～0.25mm；异形按钮的活动间隙（单边）通常为 0.3～0.35mm，如图 1-10 所示。

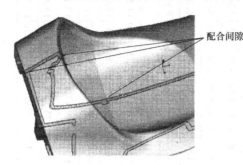

图 1-8　固定件之间的配合间隙

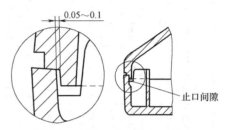

图 1-9　面壳、底壳的止口间隙

5. 其他原则

1）塑件的形状、尺寸、外观及材料由其功能决定。当对塑件外观要求较高时，应先设计外观，再设计内部结构。

2）塑件应尽量设计成回转体或其他对称形状。这种结构工艺性好，能承受较大的载荷，容易保证温度平衡，塑件不易产生翘曲变形等缺陷，易于保证精度。

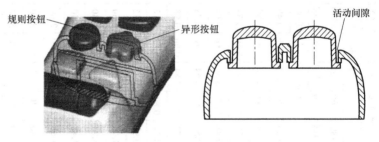

图 1-10　按钮的活动间隙

3）在满足功能的前提下，塑件所有转角应尽量做成圆角或者采用圆弧过渡。

1.2.2　塑件的尺寸、精度与表面质量

1. 塑件的尺寸

塑件的尺寸受塑料流动性的限制，在相同的设备和工艺条件下，流动性好的塑料的成型塑件尺寸较大，流动性差的塑料的成型塑件尺寸较小。塑件的尺寸还受成型设备的影响，注射成型时需要考虑注射机的注射量、锁模力和拉杆空间等因素，压缩和压注成型时需要考虑压力机的最大压力和工作台的最大尺寸等因素。

2. 塑件的尺寸精度

塑件的尺寸精度是指生产所得的塑件尺寸与设计图中尺寸的符合程度，即生产所得塑件尺寸的准确度。影响塑件尺寸精度的主要因素有模具制造精度及其磨损程度、塑料收缩率的波动、成型工艺参数、模具结构、塑件形状结构及成型工艺等。

许多工业化国家都根据塑料特性制定了塑件的尺寸公差，我国也于 2008 年修订了《塑料模塑件尺寸公差》（GB/T 14486—2008），设计者可根据所选塑料原料和塑件的使用要求，结合该标准确定塑件的尺寸公差。模塑件尺寸公差见表 1-3。

表 1-3　模塑件尺寸公差

（单位：mm）

公差等级	公差种类	>0~3	>3~6	>6~10	>10~14	>14~18	>18~24	>24~30	>30~40	>40~50	>50~65	>65~80	>80~100	>100~120	>120~140	>140~160	>160~180	>180~200	>200~225	>225~250	>250~280	>280~315	>315~355	>355~400	>400~450	>450~500	>500~630	>630~800	>800~1000
											基本尺寸																		
标注公差的尺寸公差值																												
MT1	a	0.07	0.08	0.09	0.10	0.11	0.12	0.14	0.16	0.18	0.20	0.23	0.26	0.29	0.32	0.36	0.40	0.44	0.48	0.52	0.56	0.60	0.64	0.70	0.78	0.86	0.97	1.16	1.39
MT1	b	0.14	0.16	0.18	0.20	0.21	0.22	0.24	0.26	0.28	0.30	0.33	0.36	0.39	0.42	0.46	0.50	0.54	0.58	0.62	0.66	0.70	0.74	0.80	0.88	0.96	1.07	1.26	1.49
MT2	a	0.10	0.12	0.14	0.16	0.18	0.20	0.22	0.24	0.26	0.30	0.34	0.38	0.42	0.46	0.50	0.54	0.60	0.66	0.72	0.76	0.84	0.92	1.00	1.10	1.20	1.40	1.70	2.10
MT2	b	0.20	0.22	0.24	0.26	0.28	0.30	0.32	0.34	0.36	0.40	0.44	0.48	0.52	0.56	0.60	0.64	0.70	0.76	0.82	0.86	0.94	1.02	1.10	1.20	1.30	1.50	1.80	2.20
MT3	a	0.12	0.14	0.16	0.18	0.20	0.22	0.26	0.30	0.34	0.40	0.46	0.52	0.58	0.64	0.70	0.78	0.86	1.00	1.10	1.10	1.20	1.30	1.44	1.60	1.74	2.00	2.40	3.00
MT3	b	0.32	0.34	0.36	0.38	0.40	0.42	0.46	0.50	0.54	0.60	0.66	0.72	0.78	0.84	0.90	0.98	1.06	1.20	1.30	1.30	1.40	1.50	1.64	1.80	1.94	2.20	2.60	3.20
MT4	a	0.16	0.18	0.20	0.24	0.28	0.32	0.36	0.42	0.48	0.56	0.64	0.72	0.82	0.92	1.02	1.12	1.24	1.36	1.48	1.62	1.80	2.00	2.20	2.40	2.60	3.10	3.80	4.60
MT4	b	0.36	0.38	0.40	0.44	0.48	0.52	0.56	0.62	0.68	0.76	0.84	0.92	1.02	1.12	1.22	1.32	1.44	1.56	1.68	1.82	2.00	2.20	2.40	2.60	2.80	3.30	4.00	4.80
MT5	a	0.20	0.24	0.28	0.32	0.38	0.44	0.50	0.56	0.64	0.74	0.86	1.00	1.14	1.28	1.44	1.60	1.76	1.92	2.10	2.30	2.50	2.80	3.10	3.50	3.90	4.50	5.60	6.90
MT5	b	0.40	0.44	0.48	0.52	0.58	0.64	0.70	0.76	0.84	0.94	1.06	1.20	1.34	1.48	1.64	1.80	1.96	2.12	2.30	2.50	2.70	3.00	3.30	3.70	4.10	4.70	5.80	7.10
MT6	a	0.26	0.32	0.38	0.46	0.52	0.60	0.70	0.80	0.94	1.10	1.28	1.48	1.72	1.92	2.20	2.40	2.60	2.90	3.20	3.50	3.90	4.30	4.80	5.30	5.90	6.90	8.50	10.60
MT6	b	0.46	0.52	0.58	0.66	0.72	0.80	0.90	1.00	1.14	1.30	1.48	1.68	1.92	2.20	2.40	2.60	2.80	3.10	3.40	3.70	4.10	4.50	5.00	5.50	6.10	7.10	8.70	10.80
MT7	a	0.38	0.46	0.56	0.66	0.76	0.86	0.98	1.12	1.32	1.54	1.80	2.10	2.40	2.70	3.00	3.30	3.70	4.10	4.50	4.90	5.40	6.00	6.70	7.40	8.20	9.60	11.90	14.80
MT7	b	0.58	0.66	0.76	0.86	0.96	1.06	1.18	1.32	1.52	1.74	2.00	2.30	2.60	2.90	3.20	3.50	3.90	4.30	4.70	5.10	5.60	6.20	6.90	7.60	8.40	9.80	12.10	15.00
未注公差的尺寸允许偏差																												
MT5	a	±0.10	±0.12	±0.14	±0.16	±0.19	±0.22	±0.25	±0.28	±0.32	±0.37	±0.43	±0.50	±0.57	±0.64	±0.72	±0.80	±0.88	±0.96	±1.05	±1.15	±1.25	±1.40	±1.55	±1.75	±1.95	±2.25	±2.80	±3.45
MT5	b	±0.20	±0.22	±0.24	±0.26	±0.29	±0.32	±0.35	±0.38	±0.42	±0.47	±0.53	±0.60	±0.67	±0.74	±0.82	±0.90	±0.98	±1.06	±1.15	±1.25	±1.35	±1.50	±1.65	±1.85	±2.05	±2.35	±2.90	±3.55
MT6	a	±0.13	±0.16	±0.19	±0.23	±0.26	±0.30	±0.35	±0.40	±0.47	±0.55	±0.64	±0.74	±0.86	±1.00	±1.10	±1.20	±1.30	±1.45	±1.60	±1.75	±1.95	±2.15	±2.40	±2.65	±2.95	±3.45	±4.25	±5.30
MT6	b	±0.23	±0.26	±0.29	±0.33	±0.36	±0.40	±0.45	±0.50	±0.57	±0.65	±0.74	±0.84	±0.96	±1.10	±1.20	±1.30	±1.40	±1.55	±1.70	±1.85	±2.05	±2.25	±2.50	±2.75	±3.05	±3.55	±4.35	±5.40
MT7	a	±0.19	±0.23	±0.28	±0.33	±0.38	±0.43	±0.49	±0.56	±0.66	±0.77	±0.90	±1.05	±1.20	±1.35	±1.50	±1.65	±1.85	±2.05	±2.25	±2.45	±2.70	±3.00	±3.35	±3.70	±4.10	±4.80	±5.95	±7.40
MT7	b	±0.29	±0.33	±0.38	±0.43	±0.48	±0.53	±0.59	±0.66	±0.76	±0.87	±1.00	±1.15	±1.30	±1.45	±1.60	±1.75	±1.95	±2.15	±2.35	±2.55	±2.80	±3.10	±3.45	±3.80	±4.20	±4.90	±6.05	±7.50

注：1. a 为不受模具活动部分影响的尺寸公差值；b 为受模具活动部分影响的尺寸公差值。

2. MT1 级为精密级，只有采用严密的工艺控制措施，设备、模具和高精度的模具，原料时才有可能选用。

由于影响塑件尺寸精度的因素很多，因此，在塑件设计中合理确定尺寸公差是非常重要的。一般情况下，在保证功能的前提下，塑件精度应尽量设计得低一些。常用材料模塑件尺寸公差等级的选用见表1-4。

表1-4　常用材料模塑件尺寸公差等级的选用

材料代号	模塑材料		公差等级		
			标注公差尺寸		未注公差尺寸
			高精度	一般精度	
ABS	（丙烯腈-丁二烯-苯乙烯）共聚物		MT2	MT3	MT5
CA	乙酸纤维素		MT3	MT4	MT6
EP	环氧树脂		MT2	MT3	MT5
PA	聚酰胺	无填料填充	MT3	MT4	MT6
		30%玻璃纤维填充	MT2	MT3	MT5
PBT	聚对苯二甲酸丁二酯	无填料填充	MT3	MT4	MT6
		30%玻璃纤维填充	MT2	MT3	MT5
PC	聚碳酸酯		MT2	MT3	MT5
PDAP	聚邻苯二甲酸二烯丙酯		MT2	MT3	MT5
PEEK	聚醚醚酮		MT2	MT3	MT5
PE-HD	高密度聚乙烯		MT4	MT5	MT7
PE-LD	低密度聚乙烯		MT5	MT6	MT7
PESU	聚醚砜		MT2	MT3	MT5
PET	聚对苯二甲酸乙二酯	无填料填充	MT3	MT4	MT6
		30%玻璃纤维填充	MT2	MT3	MT5
PF	苯酚-甲醛树脂	无机填料填充	MT2	MT3	MT5
		有机填料填充	MT3	MT4	MT6
PMMA	聚甲基丙烯酸甲酯		MT2	MT3	MT5
POM	聚甲醛	≤150mm	MT3	MT4	MT6
		>150mm	MT4	MT5	MT7
PP	聚丙烯	无填料填充	MT4	MT5	MT7
		30%无机填料填充	MT2	MT3	MT5
PPE	聚苯醚；聚亚苯醚		MT2	MT3	MT5
PPS	聚苯硫醚		MT2	MT3	MT5
PS	聚苯乙烯		MT2	MT3	MT5
PSU	聚砜		MT2	MT3	MT5
PUR-P	热塑性聚氨酯		MT4	MT5	MT7
PVC-P	软质聚氯乙烯		MT5	MT6	MT7
PVC-U	未增塑聚氯乙烯		MT2	MT3	MT5
SAN	（丙烯腈-苯乙烯）共聚物		MT2	MT3	MT5
UF	脲-甲醛树脂	无机填料填充	MT2	MT3	MT5
		有机填料填充	MT3	MT4	MT6
UP	不饱和聚酯	30%玻璃纤维填充	MT2	MT3	MT5

3. 塑件的表面质量

塑件的表面质量包括有无斑点、条纹、凹痕、气泡、变色等缺陷，还包括表面光泽性和表面粗糙度。塑件的表面缺陷必须避免，塑件的表面光泽性和表面粗糙度应根据塑件的使用要求而定，尤其是透明制品，对表面光泽性和粗糙度有严格要求。一般模具型腔表面粗糙度值比塑件的要求低1~2级。

1.2.3 塑件常见的结构设计

塑件的结构设计主要包括脱模斜度、壁厚、加强筋、圆角、支承面、孔、嵌件、搭扣、标记符号、螺纹和齿轮等。

1. 脱模斜度

为了便于脱模，防止塑件表面在脱模时被划伤或产生变形，在设计时，必须要考虑塑件内外表面沿脱模方向的脱模斜度。通常脱模斜度取30′~1°30′。脱模斜度的大小与塑料的材质和收缩率、塑件的结构形状等因素有关，在具体设计时应综合考虑以下因素：

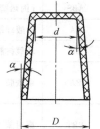

图1-11　脱模斜度的取向

1）脱模斜度的取向。内孔以小端为准，满足图样要求，斜度向扩大方向取得；外形则以大端为准，满足图样要求，斜度向缩小方向取得，如图1-11所示。脱模斜度一般不包括在塑件尺寸的公差范围内，但塑件的精度要求高时，脱模斜度应包含在公差范围内。

2）不同塑料材质采用的脱模斜度不同。硬脆塑料比柔韧塑料采用的脱模斜度大；收缩率大的塑料比收缩率小的塑料采用的脱模斜度大；增强塑料比普通塑料采用的脱模斜度大；自润滑塑料采用的脱模斜度较小。常用塑件的脱模斜度见表1-5。

表1-5　常用塑件的脱模斜度

塑件材料	脱模斜度 α	
	型　腔	型　芯
聚乙烯、聚丙烯、软质聚氯乙烯、尼龙、氯化聚醚	25′~45′	20′~45′
ABS、聚甲醛、聚苯乙烯、聚甲基丙烯酸甲酯	35′~1°30′	30′~40′
未增塑聚氯乙烯、聚碳酸酯、聚砜	35′~40′	30′~50′
热固性塑料	25′~40′	20′~50′

3）塑件的几何形状对脱模斜度有一定的影响。塑件高度越大，孔越深，脱模斜度应取得小些。形状复杂、壁厚尺寸大，以及成型孔较多的塑件，脱模斜度应取得大些。由于脱模时的表面黏附力和收缩率大，所以塑件的内表面脱模斜度要比外表面大。

4）未注明脱模斜度的塑件，通常内孔以下极限偏差尺寸为起点（已考虑收缩率），斜度沿上极限偏差尺寸方向扩大；外形以上极限偏差尺寸为起点，斜度沿下极限偏差尺寸方向缩小。即利用内孔和外形的尺寸公差范围构成脱模斜度。但是对于精度较低的塑件，脱模斜度不受此限制。

5）型腔表面粗糙度不同，脱模斜度不同。塑件中未标注脱模斜度的部位，参照技术说明中的一般脱模斜度要求。塑件的表面要求不同，其脱模斜度也不同，不同表面要求塑件的脱模斜度见表1-6。

表1-6　不同表面要求塑件的脱模斜度

塑件	脱模斜度 α	
模具型腔表面需要镜面抛光的透明塑件	小型塑件，α≥1°	大型塑件，α≥3°
模具型腔表面要喷砂或腐蚀的蚀纹塑件	$Ra<6.3\mu m$ 时，α≥3°	$Ra≥6.3\mu m$ 时，α≥4°
模具型腔在电极加工后不再抛光的塑件	$Ra<3.2\mu m$ 时，α≥3°	$Ra≥3.2\mu m$ 时，α≥4°

2. 壁厚

塑件的壁厚是最重要的结构要素。塑件壁厚越大，塑料在模具中的冷却时间越长，成型周期也会越长。塑件壁厚太薄，在成型过程中容易增大熔体流动阻力，使充填困难，在脱模、装配及使用过程中容易发生损伤或变形。因此，在确定壁厚尺寸时，需要考虑塑件的结构、强度与脱模斜度，以及塑料的流动性、收缩性和其他特性。热固性塑件的壁厚一般为 1~6mm，最大不超过 13mm；热塑性塑件的壁厚一般为 2~4mm。常用塑件的壁厚推荐值见表 1-7。

表 1-7　常用塑件的壁厚推荐值 （单位：mm）

塑件材料	最小塑件壁厚	小塑件壁厚	中等塑件壁厚	大型塑件壁厚
聚酰胺（PA）	0.45	0.75	1.6	2.4~3.2
聚乙烯（PE）	0.6	1.25	1.6	2.4~3.2
聚苯乙烯（PS）	0.75	1.25	1.6	3.2~5.4
改性聚苯乙烯	0.75	1.25	1.6	3.2~5.4
聚甲基丙烯酸甲酯（PMMA）	0.8	1.5	2.2	4~6.5
未增塑聚氯乙烯（PVC-U）	1.15	1.6	1.8	3.2~5.8
聚丙烯（PP）	0.85	1.45	1.75	2.4~3.2
聚碳酸酯（PC）	0.95	1.8	2.2	3~4.5
聚苯醚（PPE）	1.2	1.75	2.5	3.5~6.4
氯化聚醚（CPT）	0.85	1.25	1.8	2.5~3.4
乙酸纤维素（CA）	0.7	1.25	1.9	3.2~4.8
乙基纤维素（EC）	0.9	1.25	1.6	2.4~3.2
聚丙烯酸（PAA）	0.7	0.9	2.4	3.0~6.0
聚甲醛（POM）	0.8	1.4	1.6	3.2~5.4
聚砜（PSU）	0.95	1.8	2.2	3~4.5

通常将壁厚小于 1mm 的塑件称为薄壁塑件。薄壁塑件要用高压高速注射成型，熔体热量很快被带走，有时无须采用冷却水冷却。

塑件壁厚一般应力求均匀，使熔体充模、冷却收缩均匀，从而使塑件形状好、尺寸精度高、生产率高。塑件壁厚的设计要求为：①在满足塑件结构和使用要求的前提下，尽可能采用较小的壁厚；②塑件的壁厚能承受推出机构等装置的冲击和振动；③塑件的紧固连接处、嵌件埋入处、塑料熔体在孔窗的汇合（熔接痕）处，要具有足够的厚度；④塑件的壁厚应保证贮存、搬运过程中所需的强度；⑤塑件的壁厚应保证成型时熔体顺利充模，既要避免导致充料不足的薄壁，又要避免熔体破裂或易产生凹陷的厚壁。如图 1-12a 所示，有时壁厚不合理会导致型腔内熔体流动速度不一致，容易产生明显的熔接痕，既影响塑件外观，又会降低内部强度；为了保证塑件顶部的质量，应增大顶部壁厚，使熔体流动通畅，避免熔接痕的产生，如图 1-12b 所示。

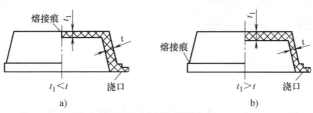

图 1-12　塑件壁厚改进

3. 加强筋

为确保塑件的强度和刚度，且不增加壁厚，可在塑件的适当部位设置加强筋。图 1-13a 所示的塑件壁厚尺寸大而且不均匀，如图 1-13b 所示，若采用加强筋，可使壁厚均匀，既省料又能提高塑件的强度和刚度，还可避免气泡、缩孔、凹痕、翘曲等缺陷。加强筋的常用形状和尺寸如图 1-14 所示。

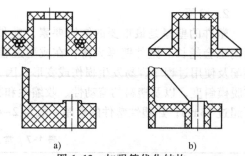

图 1-13　加强筋优化结构

塑件加强筋的设计要求为：加强筋厚度一般小于壁厚，与塑件壁连接处应采用圆弧过渡，如图 1-14 所示；加强筋端面与塑件支撑面的间隙应大于 0.5mm，相邻加强筋之间的距离大于塑件壁厚的 4 倍，如图 1-15 所示；加强筋的方向应与成型时熔体流动方向一致，以减少熔体流动阻力，利于塑件成型；加强筋应尽量减少塑料的局部集中，以免产生缩孔、气泡。图 1-16 所示为容器底或盖上加强筋的布置情况，若采用图 1-16a 所示结构，在中心部位有气泡产生，因此采用图 1-16b 所示的结构更合理。

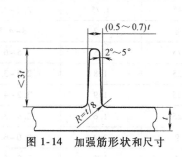

图 1-14　加强筋形状和尺寸

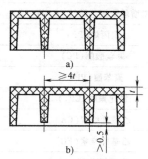

图 1-15　加强筋的设计
a）不合理结构　b）合理结构

4. 圆角

塑件上所有转角应尽可能采用圆角。圆角能增强塑件造型的美观度；可避免应力集中，提高塑件强度；同时改善熔体在型腔中的流动状态，利于充型，便于脱模。没有特殊要求时，塑件各连接处的圆角半径一般不小于 0.5mm。通常，塑件内、外表面转角处的圆角可参照图 1-17 进行设计。对于塑件某些特定部位，如成型时须位于分型面、型芯与型腔配合处等位置，则不便采用圆角，需要以尖角过渡。

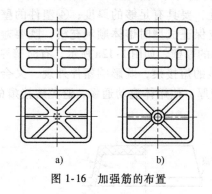

图 1-16　加强筋的布置

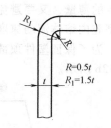

图 1-17　圆角的设计

5. 支承面

以塑件的整个底面作为支承面是不合理的，因为塑件稍有翘曲或变形就会使底面不平。

通常采用凸起的边框或底脚（三点或四点）作为支承面。图 1-18a 所示的塑件以整个底面为支承面，容易变形；图 1-18b 和图 1-18c 所示的塑件分别以凸起边框和底脚为支承面，结构合理。通常，底脚或凸起边框的高度取 0.3~0.5mm。

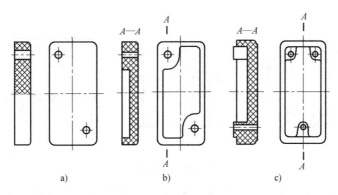

图 1-18　塑件的支承面

6. 孔

塑件中的孔有通孔、盲孔、异形孔、螺纹孔等形式，这些孔应尽量设在不易减弱塑件机械强度的部位。孔的形状应尽可能简单，避免模具结构和制造工艺复杂化。孔与孔，孔与边缘之间的距离不宜太小，否则在装配时容易损坏。热固性塑件孔间距、孔边距与孔径的关系见表 1-8，塑件孔深与孔径的关系见表 1-9。

表 1-8　热固性塑件孔间距、孔边距与孔径的关系　　　　　（单位：mm）

孔径 d	<1.5	1.5~3	3~6	6~10	10~18	18~30
孔间距、孔边距 b	1~1.5	1.5~2	2~3	3~4	4~5	5~7

注：1. 热塑性塑件参数为热固性塑件参数的 75%。
　　2. 增强材料塑件的参数宜取较大值。
　　3. 两孔孔径不一致时，以小孔的孔径为基准参数查表。

表 1-9　塑件孔深与孔径的关系

成型方式	孔的形式	孔的深度 h	
		通孔	盲孔
压缩模塑	横孔	2.5d	<1.5d
	竖孔	5d	<2.5d
挤出或注射成型		10d	(4~5)d

注：采用纤维塑料时，表中的数值乘系数 0.75。

如果塑件的孔间距或孔边距过小，如图 1-19a 所示，可参照图 1-19b 所示的结构进行改

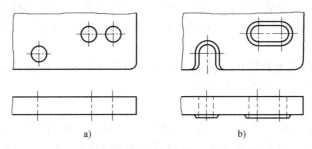

图 1-19　孔间距或孔边距过小的改进

进。如图 1-20 所示，塑件中承受载荷的受力孔及用于装配的紧固受力孔，应采用凸台结构进行加强，保证塑件使用的可靠性。从模具结构和熔体流动的角度考虑，圆形孔比异形孔结构更优，因此能采用圆形孔时便不用异形孔；从模具结构的角度考虑，螺纹孔最复杂，有时可用金属嵌件来代替。

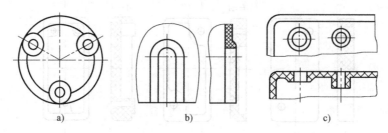

图 1-20　孔的加强

（1）通孔　圆形通孔的尺寸设计如图 1-21 所示。孔与孔之间的距离 B 一般为孔径 d 的 2 倍以上；孔与塑件边缘之间的距离 F 一般为孔径 d 的 3 倍以上；孔与塑件侧壁之间的距离 C 不小于孔径 d。通孔周边的壁厚应进行加强（尤其针对有装配性，需要受力的孔），切开的孔周边也应该进行加强，如图 1-22 所示。

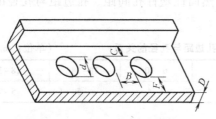

图 1-21　圆形通孔的尺寸设计

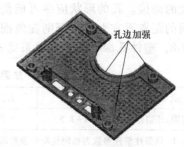

图 1-22　孔边加强

通孔的成型方法如图 1-23 所示。图 1-23a 所示的型芯一端固定，结构简单，但这种成型结构在孔端易生成飞边，且孔较深或孔径较小时型芯容易弯曲；图 1-23b 所示的成型结构采用两个型芯对接，并使一个型芯的直径比另一个大 0.5~1mm，这样即使稍有不同轴，也不会引起安装和使用上的困难，型芯的抗弯能力增强，稳定性提高，适用于较深的孔且孔径要求不高的场合；图 1-23c 所示的型芯一端固定，一端导向支撑，结构刚性好，能保证同轴度，应用广泛，但导向误差容易引起导向部分的磨损，导致溢料，在塑件孔端产生飞边。需要注意的是，压缩成型中通孔深度一般不超过孔径的 3.75 倍。

（2）盲孔　盲孔只能用一端固定的型芯来成型，这种结构刚性差，其孔深应比通孔浅。注射成型或压注成型时，孔深不宜超过孔径的 4 倍；压缩成型时，孔深应浅些，平行于压制方向的孔深一般不超过孔径的 2.5 倍，垂直于压制方向的孔深一般不超过孔径的 2 倍。孔径小于 1.5mm 的盲孔，孔深不得超过孔径的 2 倍。若要加深盲孔深度，可采用台阶孔，如图 1-24 所示。

（3）异形孔　塑件孔为异形孔（斜顶孔或复杂形状孔）时，常常采用型芯拼合的方法来成型，可以避免侧向抽芯，如图 1-25 所示。

7. 嵌件

与塑件形成不可拆卸的整体的金属或其他材料叫作嵌件。嵌件的作用是增强塑件的强度、硬度、耐磨性、导电性、导磁性等性能，也可用于增加塑件尺寸、提高稳定性、减少塑料的

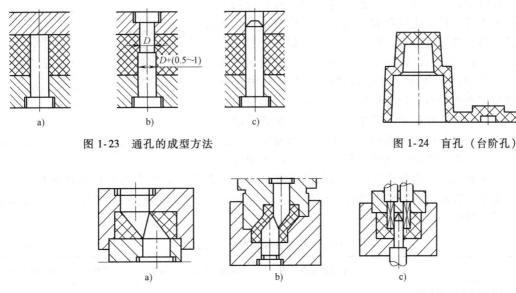

图 1-23　通孔的成型方法

图 1-24　盲孔（台阶孔）

图 1-25　异形孔的成型方法

消耗。嵌件嵌入塑件的基本原理是，利用嵌件与塑件的热膨胀系数不同，在塑件注射成型的冷却过程中，热膨胀系数较大的塑件将紧紧包住嵌件而固定牢靠。嵌件大多数是金属结构件，也有玻璃、木材、纤维、橡胶等材质的嵌件和已成型的塑件。嵌件嵌入部分的结构形式和常见的嵌件种类分别如图 1-26 和图 1-27 所示。

图 1-26　嵌件嵌入部分的结构形式

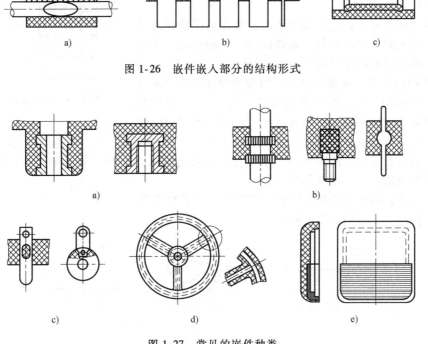

图 1-27　常见的嵌件种类

嵌件的设计要求为：为防止应力开裂，嵌件应与塑料的收缩率相当，且不能出现尖角锐边；塑件成型前，嵌件应尽量预热；塑件成型时，嵌件受到高压熔体的冲击，可能会产生位移和变形，熔体可能会挤入嵌件预留的孔或螺纹线中，影响嵌件使用，因此嵌件必须在模具中可靠定位，并要求嵌件的自由伸出长度不超过其定位部分直径的2倍；嵌件应牢固地固定在塑件中，为了防止其转动或脱出，嵌件表面必须设计适当的凸凹形状，如菱形滚花，六角形等；嵌件周围的塑料壁厚应足够大，以防止塑件产生

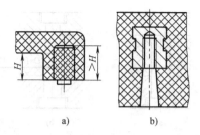

图 1-28　嵌件设置位置及尺寸要求示例

内应力，因此通常将嵌件设计在塑件的凸耳和其他凸出部位；嵌件埋入后应高出塑件制品少许，以避免在装配时被拉动而松脱。嵌件设置的位置及尺寸要求示例如图 1-28 所示，金属嵌件周围的塑料层厚度见表 1-10。

表 1-10　金属嵌件周围塑料层厚度　　　　　　　　（单位：mm）

金属嵌件直径 D	周围塑料层最小厚度 t	顶部塑料层最小厚度 t_1
≤4	1.5	0.8
>4~8	2.0	1.5
>8~12	3.0	2.0
>12~16	4.0	2.5
>16~25	5.0	3.0

常见的圆柱形嵌件尺寸如图 1-29 所示，其中 $H=D$, $h=0.3H$, $h_1=0.3H$, $d=0.75D$, 特殊情况下 $H_{max}=2D$。

8. 搭扣

搭扣又可称作锁扣，主要用于装配。搭扣装配快捷而且经济实用，装配时无须配合其他紧锁配件，在塑料制品中被广泛使用。搭扣的装配过程如图 1-30 所示。

（1）搭扣的分类　按功能分类，搭扣的设计可分为永久型和可拆卸型两种。永久型搭扣的安装方便，但不易拆卸；可拆卸型搭扣的安装和拆卸都十分方便。可拆卸搭扣的原理

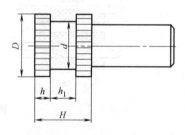

图 1-29　圆柱形嵌件尺寸

是，搭扣的钩形部分设有适当的导入角及导出角，方便合扣及分离，并且导入角和导出角的大小直接影响合扣及分离所需的力。永久型搭扣只有导入角，没有导出角，一经合扣，相接部分即形成自锁的状态，不容易拆下。

按形状分类，搭扣可分为单边扣、环形扣、球形扣等类型。

典型的搭扣类型示例如图 1-31 所示。

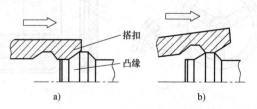

a)　　　　　　　　　　b)　　　　　　　　　　c)

图 1-30　搭扣的装配

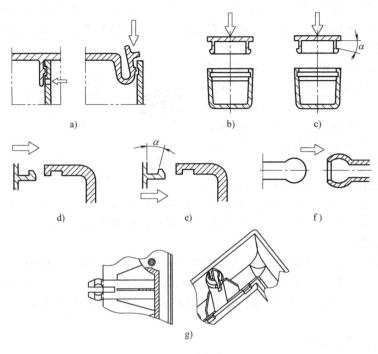

图 1-31 搭扣类型

a）需用外力装拆的单边搭扣 b）永久型环形搭扣 c）可拆卸型环形搭扣

d）永久型单边搭扣 e）可拆卸型单边搭扣 f）需用外力装拆的球形搭扣 g）可拆卸型球形搭扣

（2）搭扣的缺点及解决方法 搭扣的钩形部分及凸缘部分经过多次重复使用后容易产生变形，甚至断裂，且断裂后很难修补，这种情况常常出现在脆性或掺有纤维的塑料中。搭扣作为塑件的一部分，一旦损坏，塑件也随之失效。可以在塑件上设计多个结构相同的搭扣，装配后同时起作用，使塑件不会因个别搭扣的损坏而失效，从而增加使用寿命。

搭扣的公差尺寸要求十分严格，搭扣过多容易损坏，过少则装配位置难于控制或使组合部分过松，需要预留一定的间隙，保证一定的修磨余量。

9. 标记符号、表面花纹

标记符号应设计在分型面的平行方向上，并有适当的斜度以便脱模。

塑件上常见的文字形式如图 1-32 所示。最常用的是图 1-32c 所示的"凹框凸字"，即在凹框内设置凸起的标记符号，可把凹框制成镶块嵌入模具内，这样易于加工，标记符号也不易被磨损破坏。图 1-32a 所示为凸形文字、图案，相应位置在模具上为凹形，模具上的凹形标记符号加工方便，但塑件上的凸字容易损坏。若无特殊要求，塑件上直接用模具成型的文字、

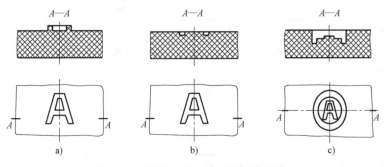

图 1-32 塑件上常见的文字结构形式

图案，均做成凸形。图 1-32b 所示为凹形文字、图案，相应位置在模具上为凸形，模具上的凸形标记符号加工比较困难，而且凸起处容易损坏，安全性较差，需采用电火花、冷挤压或电铸成型等工艺。

外表有花纹的手轮、旋钮、瓶盖等塑件，其花纹不得影响塑件脱模，应尽可能与脱模方向一致，如图 1-33 所示。图 1-33a 所示为网状花纹，会影响脱模；图 1-33b 所示为穿通式花纹，去除飞边比较困难；图 1-33c 所示为与脱模方向一致的条纹，应用性强。

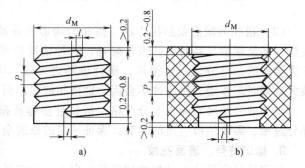

a)　　　　　b)　　　　　c)

图 1-33　塑件上的花纹

塑件上标记符号的凹入深度一般不小于 0.2mm，线条宽度应不小于 0.3mm，通常以 0.8mm 为宜。两条线之间的距离不小于 0.4mm，边框可比标记符号高出 0.3mm 以上。标记符号的脱模斜度应大于 10°。

10. 螺纹和齿轮

（1）塑料螺纹　塑件上的螺纹可以直接模塑成型，也可以通过机械加工方法制成。塑件中需经常装卸或受力较大的螺纹，宜采用金属的螺纹嵌件。直接模塑成型的螺纹生产方便，但直径不宜太小，其强度为金属螺纹强度的 1/10~1/5，常用于螺纹螺距较大，精度要求较低的场合。

塑料螺纹的设计要求为：

1）为便于脱模，且使螺纹在使用中有较好的旋合性，塑件螺纹的大径一般大于 3mm，螺距应不小于 0.75mm，螺纹配合长度不大于 12mm，参数超过上述要求时宜采用机械加工方法获得。

2）塑料螺纹与金属螺纹、其他不同材质的塑料螺纹配合时，螺牙因收缩不均会产生附加应力而影响联接性能。因此在设计时应将螺纹的配合长度限制在 1.5 倍螺纹直径的范围内，或者根据需要增大螺纹中径的配合间隙，一般间隙增大量为 0.1~0.4mm。

3）塑料螺纹的第一圈容易损坏或脱扣，因此应设置螺纹的退刀尺寸，塑料外螺纹、内螺纹的始末过渡结构分别如图 1-34a 和图 1-34b 所示，塑料螺纹始末过渡部分的长度见表 1-11。

图 1-34　塑料螺纹始末过渡结构

a）外螺纹　b）内螺纹

表 1-11　塑料螺纹始末过渡部分的长度　　　　　　　　（单位：mm）

螺纹公称直径 d	螺距 P		
	≤0.5	>0.5~1	>1
	始末过渡部分长度尺寸 l		
≤10	1	2	3
>10~20	2	2	4
>20~34	2	4	6
>34~52	3	6	8
>52	3	7	10

注：始末过渡部分长度相当于车制金属螺纹的退刀长度。

4) 为了便于脱模，塑料螺纹的始末端都应设一段无螺纹的圆柱面。

5) 同一塑件前后两段螺纹应螺距相等，旋向相同，如图 1-35a 所示。如螺距不等或旋向不同，则其中一段螺纹应该采用组合式型芯成型，如图 1-35b 所示。

（2）塑料齿轮　塑料齿轮早已在机械工业中得到应用，早期多用酚醛层压塑料板经机械加工制成，用于噪声低、振动小的场合。随着新型工程塑料的不断出现和电子仪表工业的发展，模塑成型的塑料齿轮已经在仪器仪表行业中被大量使用。采用增强塑料模塑成型的齿轮，在机械结构中可作为承受一定载荷的传动件。

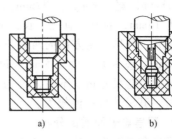

图 1-35　具有两段螺纹的塑件

考虑到齿面摩擦情况，塑料齿轮最好和钢制齿轮相互啮合工作。塑料齿轮的成型工艺以注射成型为佳。根据注射成型的工艺特性，塑料齿轮各部分尺寸建议参照表 1-12 进行设计，以保证轮缘、辐板和轮毂必要的宽度和厚度。

考虑到成型后的顺利脱模，塑料圆柱齿轮最好采用直齿齿形结构，若因工作需要必须使用斜齿结构，其螺旋角应尽量控制在 18° 以下，否则模具的推出机构结构复杂，制造困难。为了减少应力集中及收缩率变化的影响，塑料齿轮应尽量避免截面突变，需尽可能加大截面变化处的圆角和过渡圆弧半径。塑料齿轮装配时，齿轮孔与轴尽量采用过渡配合。塑料齿轮与轴的固定方式如图 1-36 所示，图 1-36a 表示的齿轮与轴成月形配合固定，图 1-36b 表示的齿轮与轴则通过两个定位销固定，其中前者较为常用。

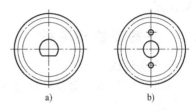

图 1-36　塑料齿轮与轴的固定方式

表 1-12　塑料齿轮的形状及尺寸

	轮缘宽度 h_1	$\geqslant 3h$（h 为齿高）
	辐板厚度 B_1	$\leqslant B$（B 为轮缘厚度）
	轮毂厚度 B_2	$\geqslant B$
	轮毂外径 D_1	$(1.5 \sim 3)D$（D 为轴孔直径）

薄型齿轮的厚度不均容易引起齿形歪斜，因此宜采用整体厚薄一致的形状。若辐板上有较大尺寸的孔，如图 1-37a 所示，因孔在成型后很少向中心收缩而易导致齿轮歪斜；若采用图 1-37b 所示的结构，轮毂和轮缘之间采用薄肋相连，则能保证轮缘均匀向中心收缩。

尼龙、聚甲醛等材质的塑料齿轮连续运转时，由于其热膨胀量比断续工作的齿轮大，设计时应适当修整齿高、齿厚，以免齿轮在工作中因热膨胀而被挤坏。

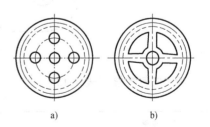

图 1-37　塑料齿轮轮辐形式

1.3　任务实施

1. 肥皂盒形状尺寸分析

该肥皂盒形状比较简单，重量较轻，生产批量大。外形为带有圆角（$R21\text{mm}$）的长方体

（长 128mm，宽 88mm，高 32mm），内有用于放置肥皂的凹入的长方形底座，其斜度为 85°、深度为 15mm，底座上有三个长条状小凸台（长 84mm，宽 8mm，高 4mm），并有 8 个 ϕ6mm 的渗水孔，外形长度方向的两侧正中间各有一个拱形凹槽（拱形半径为 R8mm，总高 15mm，宽 16mm）。壁厚均匀为 1.5mm，过渡圆角为 R2mm，未注圆角为 R1mm。

该肥皂盒尺寸精度不高，均为自由尺寸，聚丙烯（PP）材料的公差等级可以参照表 1-4 取 MT7，其尺寸公差值较大。

2. 肥皂盒表面质量分析

肥皂盒表面应无斑点、条纹、凹痕、气泡、变色等缺陷，要求表面光滑，无飞边，光泽性较好，以达到外形美观、使用方便的目的。

3. 肥皂盒结构工艺性分析

1）肥皂盒壁厚均匀，满足 PP 塑件壁厚设计要求。

2）肥皂盒上 8 个渗水孔的尺寸（ϕ6mm），符合孔径设计要求。

3）肥皂盒的过渡圆角 R2mm 及未注圆角 R1mm，符合圆角设计要求。

4）肥皂盒上凸台的设计符合使用要求。

综上所述，该塑件尺寸精度易于保证，结构工艺性合理，对应的模具零件结构和尺寸均容易保证。

1.4 任务训练与考核

1. 任务训练

如图 1-38 所示，盒盖材料为 ABS，表面光滑，尺寸公差等级为 MT4，生产 20 万件。请对此塑件进行结构分析。

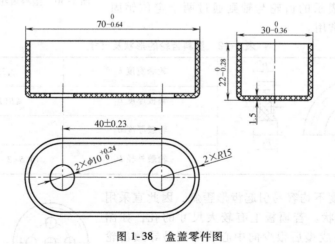

图 1-38 盒盖零件图

2. 任务考核（表 1-13）

表 1-13 塑件结构分析任务考核卡

任务考核	考核内容	参考分值	考核结果	考核人
素质目标考核	遵守规则	5		
	课堂互动	10		
	团队合作	5		
知识目标考核	塑件结构设计的一般原则	5		
	脱模斜度设计要点	5		

（续）

任务考核	考核内容	参考分值	考核结果	考核人
知识目标考核	壁厚设计要点	5		
	加强筋设计要点	5		
	圆角设计要点	5		
	支承面设计原则	5		
	孔的类型及成型方法	5		
	嵌件设计要点	5		
	搭扣设计	5		
	标记符号的设计	5		
能力目标考核	塑件形状尺寸分析	20		
	塑件表面质量及结构工艺性分析	10		
小　计				

1.5　思考与练习

1. 简答题

（1）塑件结构设计的一般原则是什么？

（2）塑件的尺寸精度取决于哪些因素？

（3）塑件壁厚的设计原则是什么？

（4）塑件加强筋的设计原则是什么？

（5）确定脱模斜度时，需要考虑哪些因素？

（6）为什么塑件转角要设计成圆角的形式？

（7）搭扣有什么作用？

（8）有嵌件的塑件，在模具设计时需要注意哪些问题？

2. 综合题

（1）在不改变塑件使用功能的前提下改进表 1-14 中的塑件结构，改进后的结构画在对应的右侧框内。

表 1-14　塑件结构的改进

塑件结构	改进后的结构	塑件结构	改进后的结构

（续）

塑件结构	改进后的结构	塑件结构	改进后的结构

（2）塑件设计。

要求：

1）每人设计一件塑件，不允许雷同或照样品测绘，必须自行设计。

2）可以对现有塑件进行改进设计，也可设计一个商标，须附有必要的说明。

3）绘制一张比例为1∶1的塑件二维结构图和相应的三维造型图。要求视图正确，尺寸完整，结构清晰，图面整洁，字迹工整。

4）标题栏须填写完整：塑件名称，塑件材料的名称、代号，制图比例，设计者姓名、班级和学号。

任务 2　塑件材料分析

2.1　任务导入

自 20 世纪 20 年代人类发明第一种塑料，至今不到一百年的时间，塑料的发展已取得了飞速进步，据不完全统计，全球目前正在使用的塑料品种有几万种，常用的也有三百多种。在科技最发达的美国，塑料的使用量已经超过钢铁，在工程材料中位居第一。在世界汽车工业中，塑料制品的用量约占汽车自重的 1/10；在航空航天领域中，塑料制品也占有一定的比重。在日常生活中，塑料制品也已经成为不可或缺的生活资源。本部分的内容重在介绍塑料的基本知识及常用塑料的性能、用途，这些是从事模具设计必备的基础知识。

本任务针对图 1-1 所示的肥皂盒进行塑件材料分析，了解塑件材料的性能、用途，为后续成型工艺参数确定及模具结构设计做准备。通过学习，掌握塑料的相关知识，具备对塑件原材料进行使用性能和成型性能分析的能力。

2.2　相关知识

2.2.1　塑料的概念

1. 塑料的组成

塑料一般由树脂和添加剂（助剂）组成。

（1）树脂　树脂是塑料中主要的必不可少的成分，可分为天然树脂和合成树脂。橡胶、松油、桃胶等树木的分泌物，虫胶、白蜡、蜂胶、蜂蜡等昆虫的分泌物，煤的裂解物，石油及天然气的附产物（如沥青）等均为天然树脂。采用人工方法合成的树脂，如环氧树脂、聚乙烯、聚苯乙烯、酚醛树脂等均为合成树脂。不论是天然树脂还是合成树脂，均属于高分子化合物，又可称为高聚物（聚合物）。由于天然树脂的产量十分有限，且性能较差，远不能满足与日俱增的发展需求，所以在生产中一般都采用合成树脂。塑料中树脂的质量分数不低于40%，因此树脂的特性决定了塑料的类型（热固性或热塑性）和主要性能。有些塑料完全由树脂组成，不含添加剂，这种塑料有时也可称为树脂。

（2）填料　塑料中常用的填料有木粉、纸浆、云母、石棉、玻璃纤维等。填料具有减少树脂用量、降低塑料成本的作用，还能改善塑料的某些性能、扩大塑料的应用范围。例如，加入纤维填料可以提高塑料的机械强度，加入石棉填料则可以提高塑料的耐热性。大多数填料还可减小塑料在成型时的收缩率，提高产品的尺寸精度。填料在塑料中的用量为 10%～50%（质量分数）。

（3）增塑剂　为了增强塑料的柔韧性，改善其成型工艺性能（流动性），常在某些塑料中加入液态或低熔点固态的增塑剂。常用的增塑剂有邻苯二甲酸二丁酯、邻苯二甲酸二辛酯等。

（4）着色剂　根据塑件的色彩要求，需要在塑料中加入一种或几种不同颜色的着色剂。着色剂品种很多，要求着色容易且不与塑料中的其他组分起化学反应，在成型过程中不因温度、压力变化而分解变色，在使用过程中能长期保持稳定。常用的着色剂分为有机颜料、无机颜料和染料三大类。

（5）润滑剂　在某些塑料中添加润滑剂是为了防止塑料在成型过程中发生黏模。常用的润滑剂有油酸、硬脂酸、硬脂酸钙等，塑料中润滑剂的用量一般为 0.5% ~ 1.5% （质量分数）。

（6）稳定剂　为了延长塑件的使用寿命，防止某些塑料在光、热、氧气及其他条件下过早老化，需加入一定量的稳定剂。通常将硬脂酸盐、铅化物、环氧化合物等作为延缓塑料老化的稳定剂。

（7）固化剂　在热固性塑料成型时，线型分子结构树脂（液态）转变为体型分子结构（固态）的过程称为固化（也称作硬化或变定）。固化剂在固化过程中起催化作用，或者其本身直接参与固化反应。例如，在酚醛树脂中可加入六亚甲基四胺（乌洛托品）作为固化剂，在环氧树脂中可加入乙二胺、三乙醇胺、咪唑等作为固化剂。

（8）发泡剂　制作泡沫塑件时，需要预先将发泡剂加入塑料中，以便在塑件成型时放出气体，形成具有一定规格孔形的泡沫塑件。常用的发泡剂有偶氮二异丁腈、石油醚、碳酸铵等。

（9）阻燃剂　许多塑料在被引燃后会猛烈燃烧或与引燃物共同燃烧。因此，用于电器制品、生活用品、建筑材料等方面的塑料尤其需要考虑防火问题，通常在易燃塑料中加入四溴乙烷作为阻燃剂。

（10）抗静电剂　塑料是卓越的绝缘体，但很容易带静电，抗静电剂则可以有效防止塑件上静电荷的积聚。

不同的塑料，由于选用的树脂及添加剂的性能、成分、配比不同，其生产工艺不同，因此其使用及工艺特性也各不相同。

2. 塑料的分类

（1）根据合成树脂的分子结构分类　根据合成树脂的分子结构，塑料可分为热塑性塑料和热固性塑料两大类。

1）热塑性塑料。热塑性塑料可以经多次加热、加压，反复成型。热塑性塑料在多次成型的过程中，只有物理变化而无化学变化；其变化过程是可逆的；其树脂分子结构是线型或支链型的二维结构。热塑性塑料加工过程中产生的边角料及废品可以回收，掺入原料中继续使用。

2）热固性塑料。热固性塑料中树脂分子最终呈体型结构。受热之初，因分子呈线型结构，塑料具有可塑性和可熔性，可成型为一定形状；当继续加热时，线型高聚物分子主链间形成化学键结合（即交联），分子呈网型结构；当温度达到一定值后，交联反应进一步发展，分子最终呈体型结构。这种分子结构从线型或支链型的二维结构变为网状体型的三维结构，使塑料变得既不熔融也不溶解，继续加热也不再变化的过程，称为固化。热固性塑料成型过程中既有物理变化也有化学变化；其变化过程是不可逆的。热固性塑料制品一旦损坏便不能回收再用。

（2）根据塑料的用途分类　根据塑料的用途，塑料可分为通用塑料、工程塑料和特种塑料三大类。

1）通用塑料。通用塑料是产量大、用途广而又廉价的塑料，常用的通用塑料有聚乙烯、聚丙烯、聚苯乙烯、聚氯乙烯和酚醛塑料等。

2）工程塑料。工程塑料可用来制作具有一定尺度精度和强度要求，在高、低温下变形小，能保持良好性能的工程零件，常用的工程塑料有 ABS、聚碳酸酯、聚酰胺和聚甲醛等。

3）特种塑料。特种塑料是具有特种功能的塑料，可耐高、低温，具有高强度，具有导电、导磁、吸波、光敏、记忆性和超导等功能。

2.2.2 塑料的特性

1. 塑料的物理和力学性能

与钢铁等工程材料相比，塑料具有以下特性：

（1）密度小 塑料的密度一般为 $0.8\sim2.2g/cm^3$，大多数塑料的密度为 $1g/cm^3$ 左右，泡沫塑料的密度更小，只有 $0.1g/cm^3$，故在车辆、船舶、飞机和宇宙飞船等领域得到广泛使用。

（2）比强度和比刚度高 塑料的强度和刚度虽然不如金属高，但由于其密度比金属小很多，所以其比强度和比刚度就比金属高很多。在空间技术领域，塑料的这一特性具有非常重要的意义。

（3）化学稳定性好 在一般条件下，塑料不与其他物质发生化学反应，因此，塑料在化工设备及防腐设备中应用广泛。例如，未增塑聚氯乙烯管道与容器已被广泛用于防腐领域及建筑给水、排水工程中。

（4）电绝缘性能好 几乎所有的塑料都具有良好的电绝缘性能和极低的介质损耗性能，可与陶瓷和橡胶媲美。因此塑料被广泛应用于电力、电机和电子工业中，制作绝缘材料和结构零件，如电线电缆、旋钮、插座、电器外壳等。

（5）耐磨性和自润滑性好 大多数塑料的摩擦因数都很小，耐磨性好且有良好的自润滑性能，加之比强度高，传动噪声小，可以制成齿轮、凸轮和滑轮等机器零件。例如，纺织机中的许多铸铁齿轮已被塑料齿轮所取代。

（6）成型及着色性能好 在一定条件下，塑料具有良好的可塑性，这为其成型加工创造了有利的条件。塑料的着色比较容易，而且着色范围广，可根据需要染成各种颜色。有些塑料，如聚甲基丙烯酸甲酯、聚苯乙烯、聚碳酸酯等还具有良好的光学透明性。

（7）多种防护性能 塑料具有防腐、防水、防潮、防透气、防振、防辐射等多种防护性能。尤其改性后的塑料优点更多，应用也更为广泛。

（8）保温性能好 由于塑料比热大，热导率小，不易传热，故其保温及隔热性能好。

（9）产品制造成本低

除了上述优点外，塑料也有一些不足之处：受成型工艺的影响，塑料收缩率难以控制，成型塑件的尺寸精度较低；塑料的耐热性比金属材料差，塑料一般仅在100℃以下的温度条件下使用；塑料的热膨胀系数比金属大 $3\sim10$ 倍，容易因温度变化影响尺寸的稳定性；塑料还具有吸水性大、不耐压、易老化、表面易受损伤等缺点。基于塑料的优点，并针对其不足之处进行改进，耐热、高强度的新型复合塑料不断发展，使得塑料应用越来越广泛。

2. 塑料的工艺性能

（1）收缩性 不论采用热塑性塑料还是热固性塑料，脱模后塑件的室温尺寸都小于模具型腔尺寸，这是由于温度变化引起了塑件热胀冷缩，此外，树脂分子结构的变化也会引起塑件体积的变化。

塑件成型后的收缩程度用收缩率来表示，各种塑料的成型收缩率见表2-1。

表2-1 塑料成型收缩率

分类		成型材料	线性膨胀系数/$(10^{-5}/℃)$	成型收缩率（%）
热塑性塑料	非结晶型	ABS	$6.0\sim9.3$	$0.4\sim0.7$
		SAN（AS）	$6.0\sim8.0$	$0.2\sim0.7$
		聚苯乙烯（PS）	$6.0\sim8.0$	$0.5\sim0.6$
		聚苯乙烯（耐冲击型,PS-HI）	$3.4\sim21.0$	$0.3\sim0.6$
		乙酸纤维素（CA）	$0.8\sim16.0$	$0.3\sim0.42$

（续）

分类		成 型 材 料		线性膨胀系数/(10^{-5}/℃)	成型收缩率(%)
热塑性塑料	非结晶型	乙酸丁酸纤维素(CAB)		11.0~17.0	0.2~0.5
		乙基纤维素(EC)		10.0~20.0	0.5~0.9
		聚碳酸酯(PC)		6.6	0.5~0.7
		聚砜(PSF)		5.2~5.6	0.5~0.6
		聚丙烯酸酯(PAK)		5.0~8.0	0.3~0.4
		聚氯乙烯(未增塑,PVC-U)		5.0~18.5	0.6~1.0
		聚氯乙烯(软质,PVC-P)		7.5~25.0	1.5~2.5
		聚偏二氯乙烯(PVDC)		19	0.5~2.5
	结晶型	聚乙烯(高密度,PE-HD)		11.0~13.0	1.5~3.0
		聚乙烯(中密度,PE-MD)		14.0~16.0	1.5~5.0
		聚乙烯(低密度,PE-LD)		10.0~20.0	1.5~3.6
		聚丙烯(PP)		5.8~10.2	1.0~3.0
		聚酰胺(PA6)		8.3	0.6~1.4
		聚酰胺(PA66)		8.0	1.5
		聚酰胺(PA610)		9.0	1.0~2.0
		聚酰胺(PA11)		10.0	1.0~2.0
		聚甲醛(均聚POM)		8.1	1.5~3.0
		聚甲醛(共聚POM)		8.5	2.0
		聚对苯二甲酸丁二醇酯(PBT)		6.0~9.5	1.5~2.0
热固性塑料		酚醛树脂	木炭棉	3.0~4.5	0.4~0.9
		酚醛树脂	石棉	0.8~4.0	0.05~0.4
		酚醛树脂	云母	1.9~2.6	0.05~0.5
		酚醛树脂	玻璃纤维	0.8~1.0	0.01~0.4
		尿素树脂	σ纤维素	2.2~3.6	0.6~1.4
		三聚氰胺	σ纤维素	4.0	0.5~1.5
		聚酯	玻璃纤维	2.0~5.0	0.1~0.2
		聚酯	预混合	2.5~3.3	0.2~0.6
		有机硅树脂	玻璃纤维	0.8	0~0.05
		聚邻苯二甲酸二烯丙酯	玻璃纤维	1.0~3.6	0.1~0.5
		环氧树脂	玻璃纤维	1.1~3.5	0.1~0.5

影响塑料收缩性能的基本因素有以下几个方面：

1) 塑料品种。有些热塑性塑料在成型过程中存在着结晶性，其收缩率不仅大于热固性塑料，而且也大于其他非结晶型热塑性塑料。对于热固性塑料，即使属于同一塑料品种，但由于填充料、各组分配比的不同，塑料的成型收缩率也不同。

2) 塑件的结构形状。塑件的形状、尺寸、壁厚能引起本身不同部位的收缩差异。另外，塑件内有无金属嵌件、嵌件数量、嵌件的布局等因素都会直接影响料流的方向、塑件密度的均匀性及收缩阻力的大小，结果也会引起收缩的差异。

3）填料含量。塑料中加入填料后，收缩率一般都会降低。热固性塑料几乎离不开填料，玻璃纤维、石棉、矿石粉等无机填料的效果较好。填料的含量应适当，否则，过量的填料将使塑料中的树脂含量相对减少，成型时熔料流动困难，塑件强度反而下降。

4）模具结构。模具的分型面、加压方向、浇注系统、温度调节系统等因素对塑料的收缩率及收缩的方向性均有较大影响，采用注射成型和挤出成型时尤为明显。

5）成型工艺。对于热塑性塑料，如果模具温度高，熔料冷却慢，则塑件的密度大，收缩量也大（结晶型塑料收缩量尤其大）；型腔内压力的大小和保压时间的长短对塑料的收缩也有影响，压力大且保压时间长，则塑料收缩小但方向性明显；此外，料温高则收缩大，但方向性小。

为了获得合格的塑件，设计模具时必须考虑塑料的收缩性及收缩的复杂性。

（2）流动性　塑料在一定温度和压力下填充模具型腔的能力称为流动性。根据模具的设计要求，可基于流动性能将常用的热塑性塑料分为三类：流动性好的有尼龙、聚乙烯、聚苯乙烯、聚丙烯等；流动性中等的有 ABS、聚甲基丙烯酸甲酯、聚甲醛等；流动性差的有未增塑聚氯乙烯、聚碳酸酯、聚苯醚、聚砜等。

影响塑料流动性的主要因素有以下几个方面：

1）塑料品种。塑料成型时的流动性主要取决于树脂的性能，但各种添加剂对流动性也有影响，增塑剂、润滑剂能增强流动性，填料的形状和大小对流动性也会有一定的影响。

2）模具结构。模具浇注系统的结构与尺寸、冷却系统的布局及模具腔体结构的复杂程度等因素都会直接影响塑料在模具中的流动性。

3）成型工艺。注射压力对流动性的影响显著，提高注射压力可以增强塑料的流动性，尤其对聚乙烯、聚甲醛等塑料效果更明显。料温升高，塑料流动性也相应提高，聚苯乙烯、聚丙烯、未增塑聚氯乙烯、聚碳酸酯、聚苯醚、聚砜、ABS、酚醛塑料等塑料的流动性受温度变化的影响较大。

（3）结晶性　塑料有结晶型和非结晶型之分，它们是以熔融状态的塑料在冷却凝固时是否结晶来区分的。结晶现象主要发生在某些热塑性塑料中，判别结晶型塑料和非结晶型塑料的外观标准是观察纯树脂（未加添加剂）厚壁塑件的透明度。一般情况下，不透明或半透明的是结晶型塑料，如聚甲醛、聚乙烯、聚丙烯、聚酰胺、氯化聚醚等；透明的是非结晶型塑料，如聚甲基丙烯酸甲酯、聚苯乙烯、聚碳酸酯、聚砜等；但也有例外，如 ABS 属非结晶型塑料，但不透明。

结晶型塑件的性能在很大程度上和成型工艺（主要是冷却速度）有关系。塑料熔体的温度高，若模具温度也高，则熔料在模内冷却较慢，塑件的结晶度大，密度大，硬度和刚度高，抗拉和抗弯强度大，耐磨性好，耐化学腐蚀性和电绝缘性能好。反之，塑料熔体的温度高，但模具温度低，则熔料冷却速度快，塑件的结晶度小，其柔软性、透明度、延伸率提高，抗冲击强度增大。因此，在塑料制品的成型过程中，适当改变塑料熔体的冷却速度，可以改变塑件的某些性能，使之适应特定的要求。

（4）吸湿性　根据塑料对水分亲疏程度的不同，大致可以将热塑性塑料分为两种类型：一类是既能吸收潮湿，表面又易沾附水分的塑料，如聚甲基丙烯酸甲酯、聚酰胺、聚碳酸酯、聚砜等；另一类是既不吸收潮湿，表面也不易沾附水分的塑料，如聚苯乙烯、聚氯乙烯、聚甲醛、聚氯醚、氟塑料等。

吸湿性强的塑料，尤其是聚碳酸酯、聚甲基丙烯酸甲酯、聚酰胺等，在成型加工前必须进行干燥处理，否则不仅成型困难，而且还会使塑件的外观质量和机械强度显著下降。

塑料的含水量一般在 0.2%～0.5% 之间，常用的干燥方法有循环热风干燥、红外线干燥、真空干燥等。经干燥处理后的塑料，如果在空气中露置过久（半小时以上），仍有可能从空气中吸收水分，故应妥善保管或重新干燥。对于不吸湿的塑料，在成型前最好也进行干燥处理。

热固性塑料也有可能受潮吸湿，一般在成型前要进行预热处理，既能去除水分及挥发物，又能改善成型时熔料的流动性，缩短成型时间。

（5）热稳定性　在成型加工时，某些塑料因长期处于高温状态，会发生分解，使材料的各项性能变差，影响塑件质量，甚至使塑件报废。塑料热分解产生的产物往往又是加速该塑料分解的催化剂，不仅严重影响塑件质量，而且分解产生的气体有强刺激性和腐蚀性，对人体健康、机械设备维护和模具保养都不利。热稳定性差的塑料有聚氯乙烯、聚甲醛等。在成型过程中，可通过加入稳定剂（如在聚氯乙烯中加入三盐基硫酸铅，在聚甲醛中加入双氰胺）、选择合适的加工设备（如选用有螺杆的注射机）、正确控制成型加工温度及周期、及时清除分解产物并降低成型温度等方法，从工艺上和塑料组分上对热稳定性差的塑料采取防范措施。

2.2.3　常用塑料的性能及用途

1. 热塑性塑料

热塑性塑料的品种很多，常用热塑性塑料的性能及用途见表2-2。

表2-2　常用热塑性塑料的性能及用途

序号	塑料材料	性　能	用　途
1	未增塑聚氯乙烯（PVC-U）	强度高，电气绝缘性能优良，耐酸碱能力极强，化学稳定性好，但软化点低	适用于制作棒、管、板、输油管及其他耐酸碱零件
2	软质聚氯乙烯（PVC-P）	伸长率大，力学强度、耐蚀性、电绝缘性均低于未增塑聚氯乙烯，且易老化	适用于制作薄板、薄膜、电线电缆绝缘层、密封件等
3	聚乙烯（PE）	耐蚀性、电绝缘性（尤其高频绝缘性）优良，可以氯化、交联改性，可用玻璃纤维增强。高密度聚乙烯（PE-HD）熔点、刚度、硬度和强度较高，吸水性小，有突出的电绝缘性能和良好的化学稳定性；低密度聚乙烯（PE-LD）柔软性好，伸长率、冲击韧度不高，透明性较好；超高分子量聚乙烯冲击韧度高，耐疲劳，耐磨，可冷压烧结成型	PE-HD适用于制作耐腐蚀零件和绝缘零件；PE-LD适用于制作薄膜；超高分子量聚乙烯适用于制作减摩、耐磨零件，传动零件
4	聚丙烯（PP）	强度、刚度、硬度、耐热性均优于PE-HD，可在100℃左右的温度条件下使用。具有优良的耐蚀性，良好的高频绝缘性，不受湿度影响，但低温条件下易变脆，不耐磨，易老化	适用于制作一般机械零件、耐腐蚀零件和绝缘零件
5	聚苯乙烯（PS）	电绝缘性（尤其高频绝缘性）优良，无色透明，透光率仅次于聚甲基丙烯酸甲酯（有机玻璃），着色性、耐水性、化学稳定性良好，但机械强度一般，质脆，易发生应力碎裂，不耐苯、汽油等有机溶剂腐蚀	适用于制作绝缘透明件、装饰件、化学仪器、光学仪器的相关零件
6	聚苯乙烯改性有机玻璃（372）	透明性好，强度较高，有一定的耐热性、耐寒性和耐候性、耐腐蚀。绝缘性良好，综合性能优于聚苯乙烯，但质脆，易溶于有机溶剂，如作为透光材料，其表面硬度较低，容易擦毛	适用于制作绝缘零件，透明度和强度要求一般的零件
7	丙烯腈-丁二烯-苯乙烯共聚物（ABS）	综合性能较好，冲击韧度、强度较高，尺寸稳定，耐化学性、电绝缘性能良好；易于成型和机械加工，与372有机玻璃的熔接性良好，可制作双色成型塑料，且可表面镀铬	适用于制作一般机械零件，减摩、耐磨零件，传动零件和电子部件
8	苯乙烯-丙烯腈共聚物（AS）	冲击强度比聚乙烯高，耐热、耐油、耐蚀性能好，弹性模量为现有热塑性塑料中较高的一种，并能很好地耐某些使聚苯乙烯应力开裂的烃类溶剂	适用于制作耐油、耐热、耐化学腐蚀的零件及电信仪表的结构零件

（续）

序号	塑料材料	性　能	用　途
9	聚酰胺 （PA）	坚韧、耐磨、耐疲劳、耐油、耐水、抗真菌性能好，吸水性好。PA6弹性好，冲击强度高，吸水性较好；PA66强度高，耐磨性好；PA610与PA66相似，但吸水性较差、刚度较低；PA1010半透明，吸水性较差、耐寒性较好	适用于制作一般机械零件，减摩、耐磨零件，传动零件，化工零件，以及电器、仪表零件
10	聚甲醛 （POM）	综合性能良好，强度、刚度高，抗冲击、抗疲劳、抗蠕变性能较好，减摩、耐磨性好，吸水性差，尺寸稳定性好，热稳定性差，易燃烧，长期在空气中曝晒会老化	适用于制作减摩零件，传动零件，化工容器及仪器、仪表外壳
11	聚碳酸酯 （PC）	冲击韧度高，并具有较高的弹性模量和尺寸稳定性。无色透明，着色性好，耐热性比聚酰胺、聚甲醛好，抗蠕变和电绝缘性能较好，耐蚀性、耐磨性良好，但自润性差，不耐碱、酮、芳香烃类有机溶剂，有应力开裂倾向，高温易水解，与其他树脂相溶性差	适用于制作仪表小零件、绝缘透明件和耐冲击零件
12	氯化聚醚	耐蚀性突出（略次于氟塑料），摩擦因数低，吸水性很差，尺寸稳定性好，耐热性比不增塑聚氯乙烯好，抗氧化性比聚酰胺好，可焊接、喷涂，但低温性能差	适用于制作腐蚀介质中的减摩、耐磨零件，传动零件，以及一般机械及精密机械零件
13	聚砜 （PSF）	耐热、耐寒、抗蠕变及尺寸稳定性优良，耐酸、耐碱、耐高温蒸汽。硬度和冲击韧度高，可在-65~135℃温度条件下长期使用，在水、湿空气及高温下仍能保持良好的绝缘性，但不耐芳香烃和卤代烃有机溶剂。聚芳砜耐热、耐寒性好，可在-240~260℃温度条件下使用，硬度高，耐辐射	适用于制作耐热件，绝缘件，减摩、耐磨零件，传动零件，仪器仪表零件，计算机零件及抗蠕变结构零件。聚芳砜还可用于制作低温条件下工作的零件
14	聚苯醚 （PPE）	综合性能良好，抗拉强度高，刚度高，抗蠕变及耐热性好，冲击强度较高，可在120℃蒸汽中使用。电绝缘性优越，受温度及频率变化的影响很小，吸水性差，有应力开裂倾向。改性聚苯醚可消除应力开裂，成型加工性好，但耐热性略差	适用于制作耐热件，绝缘件，减摩、耐磨零件，传动零件，医疗器械零件和电子设备零件
15	氟塑料	耐蚀性、耐老化及电绝缘性优越，吸水性很差。聚四氟乙烯对所有化学药品都有耐蚀性，摩擦因数在塑料中最低，无黏性，不吸水，可在-195~250℃温度条件下长期使用，但冷流性好，不能注射成型；聚三氟氯乙烯耐蚀、耐热和电绝缘性略次于聚四氟乙烯，可在-180~190℃温度条件下长期使用，可注塑成型，在芳香烃和卤代烃有机溶剂中稍微溶胀；除使用温度外，聚全氟乙丙烯几乎具有聚四氟乙烯所有的优点，且可挤塑、压塑及注塑成型，自黏性好，可热焊	适用于制作耐腐蚀件，减摩、耐磨零件，密封件，绝缘件和医疗器械零件
16	乙酸纤维素 （EC）	强韧性好，耐油、耐稀酸，透明有光泽，尺寸稳定性好，易涂饰、染色、黏合、切削，在低温下冲击韧度和抗拉强度会下降	适用于制作汽车、飞机、建筑用品，机械、工具用品，化妆器具，照相、电影胶卷
17	聚酰亚胺	综合性能优良，强度高，抗蠕变、耐热性好，可在-200~260℃温度条件下长期使用，减摩、耐磨、电绝缘性能优良，耐辐射，耐电晕，耐稀酸，但不耐碱、强氧化剂和高压蒸汽。均苯型聚酰亚胺成型困难；醚酰型聚酰亚胺可挤塑、压塑、注塑成型	适用于制作减摩、耐磨零件，传动零件，绝缘零件，耐热零件，可用作防辐射材料、涂料和绝缘薄膜

2. 热固性塑料

生产中常用热固性塑料的性能及用途见表2-3。

表2-3　常用热固性塑料的性能及用途

序号	塑料材料	性　能	用　途
1	酚醛树脂 （PF）	可塑性和成型工艺性能良好，冲击韧度大，耐油、耐水、耐酸性能好，介电性良好，电绝缘性能优良，强度大。适于压缩成型，也可压注成型	适用于制作日用电器的绝缘结构件和文教用品，耐磨零件，工作温度较高的电气绝缘件和电热仪器零件（适宜在湿热带使用）

（续）

序号	塑料材料	性　　能	用　　途
2	氨基树脂	脲-甲醛塑料可制成各种色彩，外观光亮，部分透明，表面硬度较高，耐电弧性能好，耐矿物油，但耐水性较差，在水中长期浸泡后电绝缘性能下降。三聚氰胺-甲醛塑料也可制成各种色彩，耐光、耐电弧，无毒，在-20～100℃温度范围内性能变化小，塑件质量轻，不易碎，耐茶、咖啡等物质。适于压注成型	脲-甲醛适用于压制日用品、电气照明设备及电气绝缘件。三聚氰胺-甲醛适用于制作餐具、电器开关、灭弧罩及防爆电器等
3	环氧树脂（EP）	强度高、电绝缘性优良、化学稳定性和耐有机溶剂性好，对许多材料的黏结力强，但性能受填料品种和用量的影响大。用环氧树脂配以石英粉等材料来浇铸各种模具，适合于浇注成型和低压压注成型	适用于作金属和非金属材料的黏合剂，可用于封闭各种电子元件，还可作为各种产品的防腐涂料
4	聚氨酯（PUR）	包括硬质聚氨酯塑料、软质聚氨酯塑料、聚氨酯弹性体等多种形态，分为热塑性和热固性两大类。其原料一般以树脂状态呈现。聚氨酯弹性体是一种合成橡胶，具有优异的性能	主要用于温度低、要求绝缘性能好的场合，如用在低温运输车辆中作保冷层，还可用于建材、家具等领域

2.2.4　常用塑料的鉴别

塑料的分子结构、成分很复杂，特别是共聚、共混的改性材料和含有各种添加剂的塑料，常常不能用简单的方法鉴别其成分，需借助化学实验、测试仪器（光谱仪）等手段才能鉴别出其组成成分。

不同类型的塑料，在实验室通常可通过一些精密的分析检测仪器来鉴别，如采用红外分光光度计、色谱仪、核磁共振仪等，由于这些检测仪器非常昂贵，一般的塑件生产厂家未必会购置。实用（经验性）的塑料鉴别方法也有很多，其中最常用的方法有三种：外观鉴别法、密度鉴别法和燃烧特性鉴别法。

1. 外观鉴别法

PE、PP、PA 等塑料有不同的可弯性，手触有硬蜡样滑腻感，敲击时有软性角质声音；与之相比，PS、ABS、PC、PMMA 等塑料无延展性，手触有刚性感，敲击时声音清脆。

PE 与 PP 性能相似，但 PE 硬度比 PP 稍低，鉴定 PP 时应与 PE 仔细加以区分。

PS 与改性 PS 和 ABS 的区别：PS 性脆，后两者韧性强，弯折时前者易脆裂，后两者难断裂，多次弯折后 PS 与后两者发出的气味也不同。

PP 外观呈乳白色、半透明、蜡状物。纯 PS 是一种硬而脆的无色透明塑料。低密度（或高压）PE（LDPE）未加色粉时呈乳白色半透明状，质软而韧；高密度（或低压）PE（HDPE）未加色粉时呈乳白色，但不透明，质硬，无延伸性。AS（SAN）是 PS 改性后得到的一种微蓝色透明粒料。ABS 是象牙色的，料粒呈牙黄色（象牙白），为不透明塑料。POM 是一种白色不透明粒料。PC 是一种综合性能优良的工程塑料，料粒呈微黄、透明状。PA 是一种浅黄色、半透明的料粒，外观比较粗糙（不光滑）。PVC 是一种热稳定性较差的塑料，种类较多，分为软质 PVC、半硬质 PVC、未增塑 PVC 三种；PVC 大多为白色粉末料或片料、粗料等，纯 PVC 为无色透明料粒。有机玻璃料粒大多为无色透明（有的为微蓝色），塑件透明性最好，与 PS 相比韧而不易脆裂；但与 PC 相比，其韧性、强度都较低，且表面硬度低，易被硬物划伤。

2. 密度鉴别法

塑料的品种不同，其密度也不同，可利用测定密度的方法来鉴别塑料，但不考虑发泡塑料，因为发泡塑料的密度不是材料的真正密度。在实际工业应用中，可利用塑料的密度不同来分选塑料。

PP 是最轻的一种塑料，密度为 $0.90 \sim 0.91 g/cm^3$，比水轻，在水中能浮于水面上。PE 的密度为 $0.91 \sim 0.97 g/cm^3$，密度比 PP 稍大，也可浮于水面上。

PA1010 的密度为 $1.04 g/cm^3$，PS 的密度为 $1.04 \sim 1.06 g/cm^3$，都接近于水的密度，二者在水中呈近悬浮状。

其他大部分塑料的密度都比水的密度大，沉于水。如 SAN（AS）的密度为 $1.08 \sim 1.10 g/cm^3$；ABS 的密度为 $1.02 \sim 1.10 g/cm^3$；POM 的密度很大，一般为 $1.41 g/cm^3$；纯 PC 的密度为 $1.20 g/cm^3$；PMMA 的密度为 $1.16 \sim 1.20 g/cm^3$。密度鉴别法可以采用的液体见表2-4。

表 2-4　密度鉴别用液体

密度鉴别用液体	相对密度（相对水）	密度鉴别用具
工业用酒精	0.8	容量瓶、试管、试管架、镊子、试管用搅拌棒
水	1.0	
氯化钠（饱和盐水）	1.22	
氯化镁	1.23	
氯化锌	1.63	

3. 燃烧特性鉴别法

燃烧特性鉴别法可用于热塑性塑料和热固性塑料的判别。所有热固性塑料，受热或燃烧时都没有发软熔融过程，只会变脆和焦化；所有热塑性塑料，受热或燃烧时，都先经历发软熔融过程，但不同塑料的燃烧现象不同。常用塑料的燃烧特性见表2-5。

表 2-5　常用塑料的燃烧特性

塑料	燃烧情况	燃烧火焰状态	离火后情况	气味
PP	容易，熔融滴落	上黄下蓝，烟少	继续燃烧	石油味
PE	容易，熔融滴落	上黄下蓝	继续燃烧	石蜡燃烧气味
PVC	难，软化	上黄下绿，有烟	离火熄灭	刺激性酸味
POM	容易，熔融滴落	上黄下蓝，无烟	继续燃烧	强烈刺激甲醛味
PS	容易，软化起泡	橙黄色，浓黑烟	继续燃烧，表面油性光亮	特殊乙烯气味
PA	慢，熔融滴落，起泡	上黄下蓝	慢慢熄灭	特殊羊毛、指甲燃烧气味
PMMA	容易，软化起泡	浅蓝色，无烟	继续燃烧	强烈花果臭味，腐烂蔬菜味
PC	慢，软化起泡	黄色，少量黑烟	离火熄灭	无特殊气味
ABS	容易，软化燃烧，无滴落	黄色，黑烟	继续燃烧	特殊气味
PET	容易，软化起泡	橙色，少量黑烟	离火慢慢熄灭	酸味
PTFE	不燃烧			在烈火中分解出刺鼻的氟化氢气味

需要注意的是，表2-5所列的燃烧特性可用于单一塑料的判别，若多种塑料混合，采用燃烧鉴别法较难识别。长期与金属（如铜）接触的塑料，其燃烧特性和自熄灭性可能发生改变，和正常状态下不一样。嗅气味时要小心，氟树脂和氟橡胶燃烧时放出的气体有毒。

含氟塑料和橡胶的鉴别方法如下：将铜丝在气焰中加热至火焰稳定，然后将需要鉴别的塑料或橡胶与热铜丝接触，并将铜丝再次放回火焰中，如出现鲜绿色火焰，则所测试的塑料或橡胶中含有氟。

2.3 任务实施

肥皂盒为日常生活用品，要求外表美观、耐用、对人体无害。该肥皂盒所用的塑料为聚丙烯（PP）。

PP 是高结晶型塑料，是塑料中最轻的，密度仅为 $0.89 \sim 0.91 g/cm^3$。具有优良的介电性能、耐水性、化学稳定性和韧性，具有突出的延展性和抗疲劳性能，屈服强度高，具有很高的疲劳寿命。耐热性较好，能在 100℃ 温度条件下使用，但耐磨性不够高，成型收缩率较大（通常在 2% 左右），低温呈脆性，室外耐老化性较差。

熔融状态的 PP 流动性好，成型性能好，但吸水性小、收缩性大、收缩方向性明显，易产生内应力。且由于其热容量大，注射成型模具必须设计充分冷却的冷却回路。成型的适宜模温为 80℃，温度过低会造成塑件表面光泽性差或产生熔接痕等缺陷，温度过高会产生翘曲现象。

PP 可制成板（片）材、管材、绳、薄膜、瓶子，适用于制作化工设备中的法兰、管接头、叶轮、阀门等机械零件，电气绝缘零件以及日用品等，并广泛应用于医疗器械。

2.4 任务训练与考核

1. 任务训练

如图 1-38 所示，盒盖材料为 ABS，表面光滑，尺寸公差等级为 MT4，生产 20 万件。请对此塑件进行材料分析。

2. 任务考核（表 2-6）

表 2-6 塑件材料分析任务考核卡

任务考核	考核内容	参考分值	考核结果	考核人
素质目标考核	遵守规则	5		
	课堂互动	10		
	团队合作	5		
知识目标考核	塑料的组成	5		
	塑料的分类	5		
	塑料的力学性能	5		
	塑料的工艺性能	5		
	热塑性塑料的性能及用途	10		
	热固性塑料的性能及用途	5		
	塑料的鉴别	5		
能力目标考核	塑件材料工艺性能的分析	20		
	塑件材料力学性能的分析	20		
小　计				

2.5 思考与练习

1. 选择题

（1）下列塑料可用于制作齿轮、轴承耐磨件的有（　　）。

A. 聚酰胺（PA）   B. 聚甲醛（POM）

    C. 聚碳酸酯（PC）   D. 聚苯醚（PPO）

    E. 聚对苯二甲酸丁二醇酯（PBT）

（2）下列塑料可用于制作透明塑件的有（   ）。

    A. 聚苯乙烯（PS）   B. 聚甲基丙烯酸甲酯（PMMA）

    C. 聚丙烯（PP）   D. 聚碳酸酯（PC）

2. 判断题（正确的打"√"，错误的打"×"）

（1）ABS 综合性能好，机械强度高，抗冲击能力强，抗蠕变性能好，有一定的表面硬度，耐磨性好，耐低温，可在-40℃温度条件下使用，电镀性能好。（   ）

（2）聚乙烯（PE）的特点是软性，无毒，价廉，加工方便，吸水性小，无须干燥，半透明。（   ）

（3）PP 在常用塑料中密度最大，进行表面涂漆、粘贴、电镀加工相当容易。（   ）

（4）PS、ABS、PC、PPO 的收缩率都可取 0.5%，PE、POM、PP、PVC 收缩率都可取 2%。（   ）

（5）聚碳酸酯（PC）的耐冲击性是塑料之冠、长期工作温度可达 120~130℃。（   ）

（6）聚甲基丙烯酸甲酯（PMMA）最大的缺点是质脆（比 PS 还脆）。（   ）

（7）PVC 可用于设计缓冲（击）类塑件，如凉鞋、防震垫。（   ）

（8）PS 的透光性好；吸水性差，可不用烘料；流动性好，易成型加工；最大的缺点是质脆。（   ）

（9）填料是塑料中必不可少的成分。（   ）

（10）POM 的抗疲劳强度高，尺寸稳定性好，可反复扭曲，具有突出的回弹能力。（   ）

3. 填空题

（1）塑料一般由_____和_____组成。

（2）塑料根据合成树脂的分子结构及其热性能可分为_____和_____两种类型。

（3）塑料根据性能及用途可分为_____、_____和_____三种类型。

（4）常用热塑性塑料有_____、_____和_____等；常用热固性塑料有_____、_____和_____等。

（5）塑料中加入添加剂的目的是改变塑料的_____、_____和_____。

4. 简答题

（1）塑料有哪些特性？

（2）增塑剂的作用是什么？

（3）润滑剂的作用是什么？

（4）填料的作用是什么？

（5）塑料是如何进行分类的？热塑性塑料和热固性塑料有什么区别？

（6）聚苯乙烯有哪些性能？可实际应用于哪些方面？

（7）ABS 有哪些性能？可实际应用于哪些方面？

任务3 塑件成型工艺分析

3.1 任务导入

塑件成型方法有很多，确定具体的塑件成型方法应考虑所选塑料的种类、塑件生产批量、模具成本、不同成型方法的特点及应用范围，并根据塑料的工艺性能和各成型方法的工艺过程确定目标塑件的成型工艺。

本任务是对图1-1所示的肥皂盒进行塑件的成型工艺分析，为后续模具类型选择及模具结构设计做准备。通过学习，掌握注射成型、压缩成型等塑料成型工艺，能够合理确定塑件的成型方法及成型工艺过程；针对具体塑件，具备分析其成型工艺条件的能力。

3.2 相关知识

3.2.1 注射成型工艺

1. 注射成型原理

注射成型是热塑性塑料成型的一种主要方法，它能一次成型形状复杂、尺寸精度高、带有金属或非金属嵌件的塑件。注射成型周期短、生产率高、易实现自动化生产。到目前为止，除氟塑料外，几乎所有的热塑性塑料都可以采用注射成型方法成型，一些流动性好的热固性塑料也可注射成型。

（1）柱塞式注射机的成型原理

柱塞式注射机的成型原理如图3-1所示。首先，注射机合模机构带动模具的活动部分（动模）与固定部分（定模）闭合（图3-1b）。然后，注射机的柱塞将料斗中落入料筒的粒料或粉料推进到加热料筒中；同时，加热料筒中已经熔融成黏流状态的塑料，在柱塞的高压、高速推动下，通过料筒端部的喷嘴和模具的浇注系统射入已经闭合的型腔中。充满型腔的熔体在受压情况下，经冷却固化而保持型腔所赋予的形状。最后，柱塞复位，料斗中的粒料或粉料继续落入料筒中；合模机构带动模具动模部分打开模具，并由推件板将塑件推出模具（图3-1c）。至此，完成一个注射成型周期。周而复始地重复上述动作，可连续进行注射成型。

柱塞式注射机的成型原理简单，但在注射成型过程中存在以下问题：

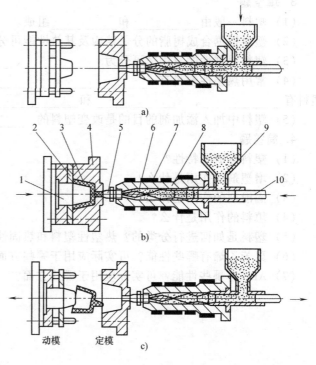

图 3-1 柱塞式注射机的成型原理
1—型芯 2—推件板 3—塑件 4—凹模 5—喷嘴
6—分流梭 7—加热器 8—料筒 9—料斗 10—柱塞

1）塑化不均匀。塑化，是指塑料在料筒内借助热能和机械功软化成具有良好可塑性的均匀熔体的过程。塑料在柱塞式注射机料筒中的移动仅依靠柱塞的推动，几乎没有混合作用。塑料与料筒、分流梭相接触的外层温度较高，由于塑料导热性较差，所以当塑料内层熔融时，其外层可能因长时间高温受热而降解，对于热敏性塑料该问题尤其突出。塑化不均匀将使塑件的内应力较大。

2）注射压力损失大。柱塞式注射机的注射压力虽然很高，但相当部分的压力消耗于压实固体塑料和克服塑料与料筒内壁之间的摩擦阻力，传到模具型腔内的有效压力仅为理论注射压力的 30% ~ 50%。

3）注射量的提高受到限制。注射机的单次最大注射量取决于料筒的塑化能力、柱塞的直径和行程，塑化能力又与塑料受热面积有关。要提高塑化能力，主要是增加料筒直径和长度，但这样易使塑料塑化更不均匀，使塑料发生降解的可能性增大，故塑化能力提高受到限制，从而限制了注射量的提高。另外，柱塞式注射机注射成型时，塑料的流动状态并不理想，料筒清理较困难，单次注射量一般都在 60g 以下。

（2）螺杆式注射机的成型原理 螺杆式注射机的成型原理如图 3-2 所示。首先，模具动模与定模闭合。然后，液压缸活塞带动螺杆按要求的压力和速度将已经熔融并积存于料筒端部的塑料经喷嘴射入模具型腔中，此时螺杆自身不转动（图 3-2a）。当熔料充满模具型腔后，螺杆对熔料仍保持一定压力（即保压），以阻止其倒流；之后向型腔内补充塑件冷却收缩后所需要的熔料（图 3-2b）。经过一定时间的保压后，活塞的压力消失，螺杆开始转动；此时由料斗落入料筒的塑料将随着螺杆的转动沿着螺杆向前输送。在向料筒前端输送的过程中，塑料受加热器加热和螺杆剪切摩擦的影响而逐渐升温，直至熔融成黏流状态，并建立起一定的压力。当螺杆头部的熔体压力达到能克服液压缸活塞退回的阻力时，螺杆在转动的同时逐步向后退回，料筒前端的熔体也逐渐增多；当螺杆退到预定位置时，即停止转动和后退，以上过

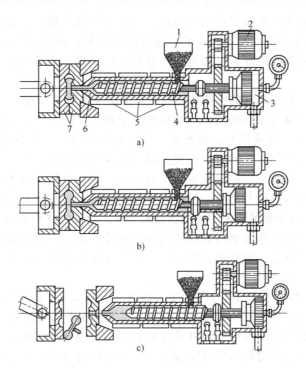

图 3-2 螺杆式注射机的成型原理

1—料斗 2—螺杆转动传动装置 3—液压缸 4—螺杆 5—加热器 6—喷嘴 7—模具

程称为预塑。

在预塑过程中或再稍长的时间内，已成型的塑件在模具内逐渐冷却固化。当塑件完全冷却固化后，打开模具，在推出机构作用下将塑件推出模具（图 3-2c）。至此，完成一个注射成型周期。螺杆式注射机注射成型的工作循环如图 3-3 所示。

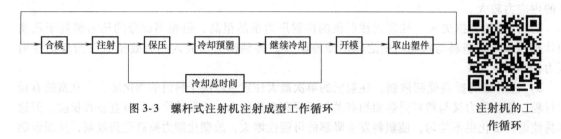

图 3-3　螺杆式注射机注射成型工作循环

注射机的工
作循环

与柱塞式注射机相比，螺杆式注射机注射成型可使塑料在料筒内得到良好的混合与塑化，改善成型工艺，提高塑件质量；同时还能扩大注射成型塑料品种的范围、提高最大注射量。对于热敏性塑料、流动性差的塑料，以及大中型塑件，一般均可采用螺杆式注射机注射成型。

2. 注射成型工艺过程

一个完整的注射成型工艺过程包括成型前的准备、注射过程及塑件的后处理 3 个阶段。

（1）成型前的准备　注射成型前的准备工作包括原料的检验、预热和干燥，嵌件的预热，注射机料筒的清洗及脱模剂的选用等，有时还需对模具进行预热处理。

1）原料的检验和预处理。检查原料的色泽、粒度及其均匀性、流动性（熔体流动速率、黏度）、热稳定性、收缩性及水分含量等。有的塑件有色彩或透明度要求，在成型前应先加入所需的着色剂；如果是粉料，有时还需要进行染色和造粒。

对于吸湿性强的塑料，如聚碳酸酯、聚酰胺、聚砜、聚甲基丙烯酸甲酯等，在成型前必须进行干燥处理，否则塑件表面将会出现斑纹、银丝和气泡等缺陷，甚至导致高分子在成型前发生降解，严重影响塑件的质量。对于不易吸湿的塑料，如聚乙烯、聚丙烯、聚甲醛等，只要包装、运输、存储条件良好，一般可以不进行干燥处理。聚苯乙烯、ABS 塑料往往需要进行干燥处理。

干燥处理的方法应根据塑料的性能和塑件生产批量等条件进行选择。小批量生产用塑料，大多采用热风循环干燥烘箱或红外线加热烘箱进行干燥；大批量生产用塑料，宜采用负压沸腾干燥或真空干燥，其干燥效果好，时间短。干燥效果与温度、时间关系很大，一般来说，温度高，时间长，干燥效果好。但温度不宜过高，时间不宜过长，如果干燥温度超过玻璃化温度或熔点，会导致塑料结块，造成成型时加料困难；对于热稳定性差的塑料，还会导致变色、降解。干燥后的塑料应马上使用，否则要加以妥善储存，以防再次受潮。

2）嵌件的预热。为了满足装配和使用强度的要求，塑件内往往需要嵌入金属嵌件。对于有嵌件的塑件，由于金属嵌件与塑料熔体的收缩率相差较大，在冷却定型过程中，嵌件周围的塑料会产生较大的内应力，容易使塑件产生裂纹或导致塑件强度下降。在成型前对金属嵌件进行预热可以克服这一缺点。

3）料筒的清洗。塑件生产过程中需要变换产品、更换压力、调换颜色及排除已分解的物料时，均需对注射机料筒进行清洗或拆换。柱塞式注射机的料筒存料量大又不易转动，清洗时必须拆卸清洗，或采用专用料筒。螺杆式注射机通常可直接换料清洗，清洗时，若欲置换塑料的成型温度比料筒内残留塑料的成型温度高，应先将料筒和喷嘴温度升高到欲置换塑料的最低加工温度，然后加热欲置换塑料，并连续对空注射，直至全部存料清洗完毕时才调整温度进行正常生产；若欲置换塑料的成型温度比料筒内残留塑料的成型温度低，则应将料筒和喷嘴温度升高到料筒内残留塑料的最佳流动温度后，切断加热电源，用欲换料在降温条件下进行清洗；若欲置换塑料的成型温度高、熔体黏度大，而料筒内的存留料又是热敏性的（如聚氯乙烯、聚甲醛等），为了预防塑料分解，应选用流动性好、热稳定性高的聚苯乙烯或低密度聚乙烯作为过渡料来清洗料筒。

4）脱模剂的选用。为了使塑件容易从模具内脱出，有时还需要对模具型腔或模具涂脱模剂，常用的脱模剂有硬脂酸锌、液状石蜡和硅油等。

（2）注射过程　注射过程一般包括加料、塑化、充模、保压补缩、冷却定型和脱模等步骤。

1）加料。将粒状或粉状塑料加入到注射机的料斗中。

2）塑化。塑化直接影响塑件的产量和质量，因此对塑化的要求是在规定的时间内塑化出足够的熔融塑料；塑料熔体在进入模具型腔之前应达到规定的成型温度，而且熔体各部位的温度应均匀一致，避免局部温度过低或过高。

要达到上述要求，必须掌握塑料的特性，正确控制成型工艺条件，恰当选择注射机类型及螺杆结构。塑料特性与塑化质量关系很大，热敏性塑料对注射机类型和工艺条件比较敏感，应特别注意；吸水性强的塑料如果干燥工作没有做好，对塑化质量也有影响。此外，料筒温度、螺杆转速等因素对塑化质量也影响甚大；柱塞式注射机的塑化质量比螺杆式注射机差，而螺杆的结构对塑化过程也有影响。

总之，塑料的塑化是一个比较复杂的物理过程，涉及固体塑料的输送、熔化，熔体的输送，注射机类型，料筒温度，螺杆结构，工艺条件的控制等诸多因素。在实际生产中必须重视这一过程的分析与控制，以保证塑件质量和生产过程的稳定。

3）充模。充模是指塑料从浇注系统进入型腔，充满型腔的过程。充模是整个注射过程的关键步骤，时间从模具闭合后开始算起，到模具型腔充填到大约95%为止。理论上，充模时间越短，成型效率越高，但实际生产中，成型时间或注射速度会受到很多条件的制约。

高速充填时，剪切率较高，塑料由于剪切力的作用而出现黏度下降的情形，使整体流动阻力降低；局部的黏滞加热也会使固化层厚度变薄。因此，在流动控制阶段，充填质量往往取决于待充填的体积大小，即在流动控制阶段，由于高速充填，熔体的剪切变稀效果往往十分明显，而对塑件薄壁的冷却作用并不明显。

低速充填时，剪切率较低，局部黏度较高，流动阻力较大。由于塑料补充速率较慢，流动较为缓慢，因此热传导效应较为明显，热量可迅速被温度较低的模壁带走，加之黏滞加热现象较少，固化层厚度较厚，会进一步增加壁部较薄处的流动阻力。

4）保压补缩。模具中的熔体冷却收缩时，注射机的柱塞或螺杆会持续缓慢向前推进，迫使料筒中的熔体不断补充到模具中，以补偿其体积的收缩，保持型腔中熔体压力不变，从而成型出形状完整、质地致密的塑件，这一阶段称为保压。保压还有防止熔体倒流的作用。保压结束后，为了准备下次注射的塑化熔料，注射机的柱塞或螺杆后退，模具型腔内的压力比浇注系统和料筒前端内的压力高，此时若浇口未固结，就会导致熔体倒流，塑件产生收缩、变形及质地疏松等缺陷。一般保压时间较长，通常保压结束时浇口已经封闭，从而可以防止熔体倒流。

5）冷却定型。塑件在模内的冷却定型是指在浇口处的塑料熔体完全固结时起到塑件从型腔内被推出前的全过程。模具内的塑料在这一阶段持续冷却、硬化、定型，以使塑件在脱模时具有足够的刚度而不致产生翘曲或变形。

6）脱模。塑件冷却到一定的温度即可脱模，通常在推出机构的作用下被推出模外。

（3）塑件的后处理　由于塑化不均，或塑料在模具型腔中的结晶、定向和冷却不均，或金属嵌件的影响和塑件的二次加工不当等原因，塑件内部不可避免地存在内应力。而内应力的存在往往导致塑件在使用过程中产生变形或开裂。为了解决这一问题，根据塑料的特性和塑件使用要求，可对塑件进行退火处理或调湿处理。

退火处理是把塑件放在一定温度的烘箱中或液体介质（如热水、热矿物油、甘油、乙二醇和液状石蜡等）中保温一段时间，然后使之缓慢冷却的处理方法。其目的是消除塑件的内应力，稳定尺寸；对于结晶型塑料，还能提高结晶度，稳定结晶结构，从而提高其弹性模量，但却降低了断裂伸长率。退火温度一般控制在塑件使用温度以上 10~20℃，或塑料热变形温度以下 10~20℃。保温时间与塑料品种、塑件壁厚有关，一般可按每毫米壁厚需保温 0.5h计算。

调湿处理是将刚脱模的塑件放在热水中，以隔绝空气，防止塑件氧化，加快吸湿平衡速度的处理方法。其目的是保持塑件的颜色、性能及尺寸稳定。调湿处理所用的介质一般为沸水或醋酸钾溶液，调湿处理温度一般为 100~120℃，处理时间取决于塑料品种、塑件形状与壁厚和结晶度大小。达到调湿处理时间后，塑件应缓慢冷却至室温。

当然，并非所有的塑件都要经过后处理，如聚甲醛和氯化聚醚塑件，虽然存在内应力，但由于高分子材料本身柔性较大且玻璃化温度较低，塑件内应力能够自行缓慢消除。当塑件要求不严格时，也可以不必进行后处理。

3. 注射成型工艺条件

当塑料品种、塑件成型方法及成型设备选择适当，成型工艺过程选择和模具结构设计合理时，工艺条件的选择和控制就成为保证塑件顺利成型的关键。注射成型最主要的工艺条件是温度、压力和时间。

（1）温度　注射成型需要控制的温度主要有料筒温度、喷嘴温度和模具温度。前两项温度主要影响塑料塑化和充满型腔的质量，后一项温度主要影响塑料充满型腔和冷却固化的质量。

1）料筒温度。料筒温度选择涉及的因素很多，主要有以下几方面：

① 塑料的黏流温度或熔点。不同塑料的黏流温度或熔点是不同的，对于非结晶型塑料，料筒末端温度应控制在塑料的黏流温度（T_f）以上；对于结晶型塑料，则应控制在熔点（T_m）以上。但不论非结晶型还是结晶型塑料，料筒温度均不能超过塑料本身的分解温度（T_d）。也就是说，料筒温度应控制在黏流温度（或熔点）与分解温度之间。对于黏流温度与分解温度之间范围较窄的塑料（如未增塑聚氯乙烯），为防止塑料分解，料筒温度应偏低一些，即取稍高于黏流温度的值，但温度低，会使熔体流动性变差，成型加工困难。即使料筒温度取值接近 T_d，并在高压作用下成型，未增塑聚氯乙烯的流动性仍较差。对于黏流温度与分解温度之间范围较宽的塑料（如聚苯乙烯、聚乙烯、聚丙烯），料筒温度可以比黏流温度高得多一些。

在高温下，塑料会氧化降解。一般来说，环境温度越高，时间越长（即使温度不十分高的情况下），塑料的降解量越大，尤其对于热敏性塑料（如聚甲醛、聚氯乙烯、聚三氟氯乙烯），必须特别注意控制料筒的最高温度和塑料在料筒中停留的时间。

② 聚合物的相对分子质量及其分布。同一种塑料，平均相对分子质量高、相对分子质量分布较窄，熔体黏度大时，料筒温度应高些；而平均相对分子质量低、相对分子质量分布宽，熔体黏度小时，料筒温度可低些。随着玻璃纤维含量的增加，玻璃纤维增强塑料熔体的流动性下降，因而料筒温度要相应地提高。

③ 注射机的类型。柱塞式注射机加热塑料仅靠料筒壁和分流梭表面传热，料层较厚，升温较慢，因此料筒的温度要高些。螺杆式注射机中，塑料受到螺杆的搅拌混合作用，可获得较多的剪切摩擦热，料层较薄，升温较快，因此料筒温度可以低于柱塞式注射机 10~20℃。

④ 塑件及模具的结构特点。成型薄壁塑件的型腔狭窄，熔体充模阻力大且冷却快，为了提高熔体流动性，便于其充满型腔，料筒温度应取高一些。相反，成型厚壁塑件时，料筒温

度可取低一些。对于形状复杂或带有嵌件的塑件，或熔体充模流程较长、曲折较多的塑件，料筒温度也应取高一些。

从料斗端（后端）至喷嘴处（前端），料筒温度一般是逐步升高的。螺杆式注射机中，料筒中的塑料受螺杆剪切摩擦作用会进一步塑化，故料筒前段的温度可以略低于中段，以防止塑料的过热分解。

2）喷嘴温度。喷嘴温度通常比料筒温度低，以防熔体产生"流涎"现象。虽然喷嘴温度低，但塑料熔体经过狭小喷嘴时会产生摩擦热，使进入模具的熔体温度升高，在快速注射时尤其明显。当然，喷嘴温度也不能太低，否则喷嘴处的塑料容易凝固而将喷嘴堵死，或将凝料注入型腔而使其成为塑件的一部分，影响塑件的质量。

料筒和喷嘴的温度还应与其他工艺条件结合起来考虑。注射压力较高时，料筒温度可以低些；相反，料筒温度应高些。成型周期长，塑料在料筒中受热时间长，料筒温度应稍低些；反之，料筒温度应高些。可见，选择料筒和喷嘴温度需要考虑的因素很多，在生产中，可根据经验数据，结合实际条件初步确定适当的温度，然后通过对塑件的直观分析和熔体的"对空注射"进行检查，进而对料筒和喷嘴温度进行调整。

3）模具温度。模具温度对塑料熔体流动、塑件内在性能及表面质量的影响很大。模具必须保持一定的温度，这个温度应低于塑料的玻璃化温度或热变形温度，以保证塑料熔体冷却定型和脱模。

模具温度的选择主要取决于塑料的特性、塑件的结构与尺寸、塑件的性能要求及成型工艺条件。对于非结晶型塑料，模具温度主要影响熔体黏度，从而影响熔体充满型腔的能力和冷却时间。在保证熔体顺利充满型腔的前提下，较低的模具温度可以缩短冷却时间，提高生产率。所以，熔体黏度低或中等的塑料（如聚苯乙烯、乙酸纤维素），模具温度可以偏低些；熔体黏度高的塑料（如聚碳酸酯、聚苯醚、聚砜等），则采用较高的模温，以保证熔体充满型腔，缓和塑件冷却速率的不均匀性，防止塑件产生凹陷、内应力、开裂等缺陷。对于结晶型塑料，选择模具温度不仅要考虑熔体充满型腔的能力和成型周期，还要考虑塑件的结晶及其对性能的影响。一般来说，模具温度高，冷却速度慢，塑件结晶度较高，硬度和刚度大，耐磨性较好，但成型周期长，收缩率较大，质地较脆；模具温度低，冷却速度快，塑件结晶度较低。玻璃化温度低的塑料（如聚烯烃），还会产生后期结晶过程，使塑件后收缩率增大。因此，对于结晶型塑料，模具温度取中等值为宜，高的模具温度仅用于结晶速率很小的塑料（如聚对苯二甲酸乙二酯）。模具温度还要根据塑件的壁厚进行选择，对于壁厚大的塑件，模具温度一般较高，以减小内应力和防止塑件出现凹陷等缺陷。

（2）压力 注射成型需要控制的压力有塑化压力、注射压力和保压压力。

1）塑化压力。塑化压力是指采用螺杆式注射机时，螺杆顶部熔体在螺杆转动后退时所受到的压力。塑化压力又称背压，其大小可以通过液压系统中的溢流阀来调整。

塑化压力对熔体实际温度、塑化效率及成型周期等均有影响。在其他条件相同的情况下，增大塑化压力，会提高熔体温度及温度的均匀性，有利于塑料的均匀混合和熔体中气体的排除。但塑化压力增大会降低塑化效率，从而延长成型周期，而且会增大塑料分解的可能性。因此，在保证塑件质量的前提下，塑化压力一般取较低值为好，通常很少超过 6MPa。

塑化压力的大小应根据塑料品种而定，热敏性塑料（如聚氯乙烯、聚甲醛、聚三氟氯乙烯），塑化压力应低些，以防塑料过热分解；热稳定性高的塑料（如聚乙烯），塑化压力可高些，不会有分解的危险；熔体黏度高的塑料（如聚碳酸酯、聚砜、聚苯醚），若塑化压力高，螺杆传动系统很容易超载；熔体黏度低的塑料（如聚酰胺），塑化压力要低些，否则塑化效率会很快降低。因此，总的来讲塑化压力不宜过高。

应该指出，料筒中熔体的实际温度除了与料筒温度直接有关外，还与塑化压力、螺杆转速、螺杆结构与长度等因素有关。螺杆转速提高，熔体温度也会增高；长径比小的螺杆，应选用较高的塑化压力和螺杆转速，反之，应选用较低的塑化压力和螺杆转速。

既然螺杆转速与熔体温度有关，因此应适当控制螺杆转速。一般来说，在不影响生产率的前提下，螺杆转速以低为宜，尤其对于热敏性塑料或熔体黏度大的塑料，更是如此。

2）注射压力。注射压力是指柱塞或螺杆顶部对熔体所施加的压力。其作用是克服熔体从料筒流向型腔的流动阻力，使熔体具有一定的充满型腔的速率，对熔体进行压实。因此，注射压力和保压时间对熔体充模及塑件的质量影响很大。

注射压力的大小取决于塑料品种、注射机类型、模具结构、塑件壁厚及其他工艺条件，其中浇注系统的结构和尺寸起关键作用。熔体黏度高的塑料，其注射压力应比黏度低的塑料高；柱塞式注射机因料筒内压力损失较大，注射压力应比螺杆式注射机高；壁薄、面积大、形状复杂及成型时熔体流程长的塑料，注射压力应高些；模具结构简单、浇口尺寸较大时，注射压力可以低些；料筒温度与模具温度较高时，注射压力也可以低些。

注射压力应按下述原则确定：熔体黏度高和冷却速度快、薄壁和长流程的塑件，以及玻璃纤维增强的塑料，成型应采用高压注射（否则其表面可能出现不均匀、不光滑等情况）；除此之外，一般应尽量采用低的注射压力。一般热塑性工程塑料的注射压力为 $40\sim130\text{MPa}$；聚砜、聚酰亚胺、聚芳砜等塑料的注射压力则要高些。在实际生产中，可以从较低注射压力开始注射试成型，再根据塑件质量酌量增减，最后确定注射压力的合理值。

3）保压压力。保压压力是指熔体充满型腔后，在冷却收缩阶段注射机持续作用于熔体的压力。保压的作用是对型腔内的熔体进行压实，使塑料紧贴于模壁以获得精确的形状，使不同时间和不同方向进入型腔同一部位的塑料熔合成一个整体，补充冷却收缩。保压压力应小于或等于注射压力。保压压力高，塑件的密度高、尺寸收缩小、力学性能好，但脱模后的残余应力较大；压缩强烈的塑件在压力解除后会产生较大的回弹，可能卡在型腔内而造成脱模困难。因此，保压压力大小要适当。

另外，要达到压实的效果，除了注意适当降低流道的冷却速度和增加保压时间外，还要注意加料量。加料量应保证每次注射成型时，熔体充满型腔后，料筒前端还剩有一定的熔体作为传压介质，以满足压实和补缩的需要。

（3）时间（成型周期）　完成一次注射成型过程所需的时间称为成型周期，其组成如下：

$$成型周期\begin{cases} 注射时间\begin{cases}充模时间（柱塞或螺杆前进的时间）\\ 保压时间\end{cases}\Bigg\}冷却总时间 \\ 模内冷却时间（柱塞后退或螺杆转动后退的时间包含其中）\\ 其他时间（指开模、脱模、喷脱模剂、安放嵌件和合模等时间）\end{cases}$$

成型周期直接影响生产率和设备利用率，应在保证产品质量的前提下，尽量缩短成型周期中各阶段的时间。

在整个成型周期中，注射时间和模内冷却时间最重要，它们不仅是成型周期的主要组成部分，而且对塑件的质量有决定性的影响。

注射时间中的充模时间与充模速率成反比，而充模速率取决于注射速率，为保证塑件质量，应正确控制注射速率。对于熔体黏度高、玻璃化温度高、冷却速率快的塑件、玻璃纤维增强塑料、低发泡塑料，应采用快速注射（即高压注射）。在生产中，充模时间并不长，一般不超过 10s。注射时间中的保压时间（即压实时间）在整个注射时间内所占的比例较大，一般为 $20\sim120\text{s}$，对于壁厚特别大的塑件可达 $5\sim10\text{min}$。保压时间不仅与塑件的结构尺寸有关，而且与料温、模温、主流道及浇口大小有密切关系，如果工艺条件正常，主流道及浇口尺寸合理，通常以塑件收缩率波动范围最小的保压时间为最佳值。如前所述，保压时间对型腔内的熔体压力及塑件质量有影响，因此应适当确定其长短。

模内冷却时间主要取决于塑件的壁厚、模具的温度、塑料的热性能和结晶性能。模内冷却时间的长短应以塑件脱模时不会变形为原则，一般为30~120s。模内冷却时间过长，不仅延长了成型周期，有时还会造成塑件脱模困难，强行脱模可能会导致塑件应力过大而破裂。

成型周期中的其他时间与生产自动化程度和生产组织管理有关。应尽量缩短这些时间，以缩短成型周期，提高劳动生产率。

从以上分析可以看出，注射成型工艺条件的正确选择对保证注射成型顺利进行和塑件质量是至关重要的。同时又可以看出，影响这些工艺条件的因素比较复杂，各因素之间的关系又十分密切。因此，正确地确定成型工艺条件既要对工艺条件的影响因素及其相互关系有较深入的了解，又要有较丰富的实践经验。在实际生产中，往往通过对塑件的直观分析或"对空注射"进行工艺条件检查，然后酌情对原定工艺条件加以修正。

常用热塑性塑料注射成型的工艺参数见附表1。

3.2.2　压缩成型工艺

1. 压缩成型原理

压缩成型又称压制成型、压塑成型、模压成型等。压缩成型是将松散状（粉状、粒状、碎屑状及纤维状）的固态塑料直接加入到成型温度条件下的模具型腔中（图3-4a），然后合模加压（图3-4b），使塑料受热逐渐软化熔融，并在压力下使塑料充满型腔，塑料产生化学交联反应，经固化转变为塑件（图3-4c）。压缩成型过程如图3-4所示。

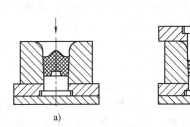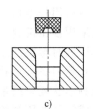

图 3-4　压缩成型原理

1—上模座板　2—上凸模　3—凹模　4—下凸模　5—下模板　6—下模座板

压缩成型主要用于热固性塑料的成型，也可用于热塑性塑料的成型。压制热固性塑料时，置于型腔中的热固性塑料在高温高压的作用下，由固态变为黏流态，并在这种状态下充满型腔；同时高聚物产生交联反应，随着交联反应的深化，黏流态的塑料逐步变为固态，最后脱模获得塑件。压缩成型的工作循环如图3-5所示。

热塑性塑料的压缩成型同样存在固态变为黏流态而充满型腔的过程，但不存在交联反应，

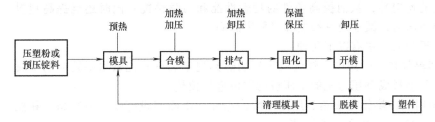

图 3-5　压缩成型的工作循环

压缩成型
工艺过程

所以在塑料充满型腔后，需将模具冷却，使塑料凝固，才能脱模获得塑件。由于热塑性塑料压缩成型时模具需要交替地加热和冷却，生产周期长、效率低，因此热塑性塑料的成型采用注射成型更经济，只有不宜采用高温注射成型的硝化纤维塑料以及一些流动性很差的塑料（如聚四氟乙烯等）才采用压缩成型。

压缩成型的特点是塑料被直接加入型腔内，压力机的压力通过凸模直接传递给塑料，模具是在塑料最终成型时才完全闭合的。其优点是没有浇注系统，料耗少，使用的设备为一般的压力机，模具比较简单，可以压制较大平面的塑件，或利用多型腔模，一次压制多个塑件。压制时，由于塑料在型腔内直接受压成型，所以有利于压缩成型流动性较差的以纤维为填料的塑料，而且塑件收缩较小、变形小，各向性能比较均匀。压缩成型的缺点是生产周期长、效率低，不易压制形状复杂、壁厚相差较大的塑件，不易获得尺寸精确尤其是高度尺寸要求精确的塑件，而且不能压制带有精细和易断嵌件的塑件。

用于压缩成型的塑料包括酚醛塑料、氨基塑料、不饱和聚酯塑料、聚酰亚胺等，其中以酚醛塑料和氨基塑料使用最广泛。

2. 压缩成型工艺过程

一个完整的压缩成型工艺过程包括成型前的准备、压缩成型过程及塑件的后处理 3 个阶段。

（1）成型前的准备　成型前的准备工作包括预压、预热与干燥等预处理工序。

1）预压。压缩成型前，为了成型时操作方便和提高塑件质量，可利用预压模将粉状或纤维状的热固性塑料在预压机上压成质量一定、形状一致的锭料。在压制时将一定数目的锭料放入压缩模的型腔中。锭料的形状一般以能十分紧凑地放入模具中便于预热为宜。广泛采用圆片状锭料，也可用长条形、扁球形、空心体或与塑件相似形状的锭料。

压缩成型采用预压锭料的优点是加料简单、迅速、准确，可避免因加料太多或太少而造成废品；降低压制时塑料的压缩率，减小模具的加料腔尺寸；可以提高预热温度，且预压锭料中空气含量较粉料少，传热更快，可以缩短预热和固化时间，避免产生气泡，提高塑件的质量；便于压制形状复杂或带精细嵌件的塑件；避免加料过程中压塑粉飞扬，改善劳动条件。

用于预压成锭料的压塑粉需具备必要的预压性能，同时又要满足压缩成型工艺性的要求。压塑粉应含有一定的水分和润滑剂，以利于预压成型，但水分不宜过多；压塑粉的颗粒应大小相间，不宜有过多的大颗粒或小颗粒；压塑粉的压缩比一般为 3.0。

预压一般在室温下进行，但如果在室温下进行有困难，也可加热到 50~90℃ 进行预压。预压的压力范围为 40~200MPa，压力大小的选择应以能使锭料的密度达到塑件最大密度的 80% 为原则。这样的锭料预热效果好，并且具有足够的强度。

尽管预压有许多优点，但生产过程复杂，在实际生产中一般只适用于大批量生产。

2）预热与干燥。有的塑料在成型前需要进行加热。加热不仅能够去除水分和挥发物，还能为压缩成型提供热塑料。前者为干燥，后者为预热。通过预热和干燥可以缩短压缩成型周期，提高塑件内部固化的均匀性，从而提高塑件的物理性能和力学性能；同时还能提高塑料熔体的流动性，降低成型压力，减少模具磨损和降低废品率。

压缩成型前预热和干燥的方法有以下几种：

① 热板预热：将塑料放在一个用电、煤气或蒸汽加热到规定温度且能做水平转动的金属板上进行预热，也可利用塑料成型压力机的下压板的空位进行预热。

② 烘箱预热：把塑料放在烘箱内预热。热源一般为电能，烘箱内设有强制空气循环和控温装置，其温度可在 40~230℃ 范围内任意调节。

③ 红外线预热：利用红外线灯照射进行预热。由于是辐射传热，所以加热效率高，但应防止塑料表层因过热而分解。

④ 高频加热：高频加热的预热时间短，温度容易调节，塑料受热均匀，预热的塑料在压缩成型时，固化时间较短。但由于高频加热升温快，塑料中的水分不易去除，所以塑件中的含水量较大，电性能不如烘箱预热后制成的塑件好。

高频加热法用于极性分子聚合物的预热，而不用于干燥。

（2）压缩成型过程　压缩成型过程一般包括加料、闭模、排气、固化、脱模、模具清理等步骤。如果塑件中有嵌件，则应在加料前将嵌件放入模具型腔内一起预热。首件生产时需将压缩模放在压力机上预热至成型温度。

1）嵌件的安放。塑件中的嵌件通常用于导电或使塑件与其他零件相连。常用的嵌件有轴套、螺钉、螺母和接线柱等。嵌件在安放前应放在预热设备或压力机加热板上预热，小型嵌件可以不预热。嵌件安放时要求位置正确和平稳，以免造成废品或损坏模具。

2）加料。加料的关键是加料量。加料量的多少直接影响塑件的尺寸和密度，所以必须严格定量。定量方法有质量法、容量法、记数法三种。质量法比较准确，但比较麻烦，每次加料前必须称料；容量法不如质量法准确，但操作方便；记数法只用于预压锭料的加料，实质上也是容量法。塑料加入型腔时，应根据成型时塑料在型腔中的流动情况和各部位需要量的大致情况做合理堆放，以免造成塑件局部疏松等缺陷，流动性差的塑料更要注意。

3）闭模。加料完成后进行闭模，即通过压力机使模具内成型零部件闭合成与塑件形状一致的型腔。在凸模尚未接触塑料之前，应尽量加快闭模速度，以缩短成型周期和避免塑料过早固化。而在凸模接触塑料以后，闭模速度应放慢，以避免模具中的嵌件和成型零件发生位移和损坏，并使模具中的空气顺利排放。

4）排气。压缩成型热固性塑料时，必须排除塑料中水分和挥发物变成的气体以及化学反应产生的副产物，以免影响塑件的性能和表面质量。为此，在闭模之后，最好将压缩模松动少许时间，以便排出气体。排气操作应力求迅速，并在塑料处于可塑状态时进行。排气的次数和时间应根据实际需要而定，通常排气次数为 1~2 次，每次时间为几秒，最长为20 秒。

5）固化。热固性塑料压缩成型对固化阶段的要求是，在成型压力与温度下保持一定时间，使高分子交联反应进行到要求的程度，塑件性能好，生产率高。为此，必须注意固化速度和固化程度。

固化速度通常以试样硬化 1mm 厚度所需要的时间表示。在一定的情况下，可以通过调整成型工艺条件、预热、预压来控制固化速度。固化速度慢，成型周期长，生产率低；固化速度过快，塑料未充满型腔就已经固化，不能成型形状很复杂的塑件。对于固化速度不高的塑料，可在塑件能够完整地脱模时就结束压制过程，然后用烘干的方法完成全部固化过程，以缩短成型周期，提高压力机的利用率。

固化程度对塑件的质量影响很大。固化不足（俗称"欠熟"）或固化过度（俗称"过熟"）的塑件质量都不好。固化不足的塑件，其力学强度、耐蠕变性、耐热性、耐化学性、电绝缘性等性能均下降，热膨胀、后收缩增加，有时还会产生裂纹；固化过度的塑件，其力学强度不高，脆性大，变色，表面会出现密集小泡。固化不足和固化过度可能发生在同一塑件上，为了获得合格的塑件必须确定适当的固化时间。鉴定固化程度的常用方法有脱模后硬度检验法、密度法、导电度测验法、红外线辐射法和超声波法等，其中超声波法最好。

6）脱模。脱模的方法有机动推出脱模和手动推出脱模。对于有嵌件的塑件，需要先将成型杆拧脱，而后再脱模。如果塑件由于冷却不均匀产生翘曲，则可将脱模后的塑件放在形状与之相吻合的型面间，在加压的情况下冷却。由于冷却不均匀，有的塑件内部会产生较大的内应力，可将塑件放在烘箱中进行缓慢冷却。

7）模具清理。脱模后，必要时需要用铜刀或铜刷去除残留在模具内的塑料废边，然后用压缩空气吹净模具。如果塑料有黏模现象，用上述方法不易清理时，则用抛光剂拭刷。

（3）塑件的后处理　塑件的后处理主要是退火处理，是指在热固性塑件脱模后，将其置于较高温度下保持一段时间，以提高塑件质量。后处理的目的是促使塑料固化趋于完全，减小或消除塑件内应力，夫除水分和挥发物，提高塑件的力学性能及电性能。

3. 压缩成型工艺条件

压缩成型工艺条件主要包括成型压力、成型温度和模压时间。其中成型温度和模压时间有密切关系。

（1）成型压力　成型压力是指压力机施加在塑件投影面积上的压力。其作用是使塑料充满型腔并让黏流态的塑料在压力作用下固化。成型压力对塑件密度及性能影响甚大。成型压力大，塑件密度高，但密度达到一定程度后随压力的增加有限。密度大的塑件，其力学性能一般较高。成型压力小的塑件易产生气孔。

成型压力主要根据塑料种类、塑料形态（粉料或锭料）、塑件形状及尺寸、成型温度和压缩模结构等因素而定。塑料的填料纤维越长，流动性越小，固化速度越快，成型压力越大；压缩率高的塑料所需的成型压力比压缩率低的大；经过正确预热的塑料所需的成型压力比不预热或预热温度过高的小。塑件结构复杂、厚度大、压缩模型腔深，所需的成型压力大。在一定的温度范围内提高模具温度有利于降低成型压力；但模温过高时，靠近模壁的塑料会提前固化，不利于降低成型压力，同时还可能使塑料"过热"，影响塑件的性能。

综上所述，提高成型压力有利于提高塑料流动性，有利于塑料充满型腔，并能加快交联固化速度。但成型压力过高，则消耗能量多，易损坏嵌件和模具。因而压缩成型时应选择适当的成型压力。

成型压力是选择压力机与调整压力机压力的依据，也是设计模具尺寸、校核模具强度和刚度的依据。

（2）成型温度　成型温度是指压缩成型时所需的模具温度。在这个温度下，塑料由玻璃态变为黏流态，再变为固态。与热塑性塑料成型相比，热固性塑料成型时模具的温度更重要。

模具温度不等于型腔内塑料的温度。热固性塑料在模具型腔中的温度变化规律如图3-6中曲线a所示（以试样中心温度为依据）。温度变化情况表明，塑料的最高温度比模具温度高，这是塑料交联反应放热的结果。而热塑性塑料压缩成型时，型腔中塑料的温度则以模具温度为上限。

塑件强度随压缩成型时间的变化如图3-6中曲线b所示。时间过长会使塑件强度下降（图3-6中曲线b最高点A的右侧）。在一定的成型压力下，不同的成型温度所得强度变化规律是一致的，但强度最大值是不同的，成型温度过高或过低都会使强度最大值降低。成型温度过高，虽然固化加快，模压时间短，但充满型腔困难，还会使塑件表面暗淡、无光泽，甚至使塑件发生肿胀、变形、开裂；成型温度过低，固化速度慢，模压时间长。所以，成型温度与塑件质量和模压时间关系极大。

（3）模压时间　成型温度越高，模压时间越短。图3-7所示为以木粉为填料的酚醛塑料粉压缩成型时，其成型温度与模压时间的关系，其他热固性塑料也有类似的关系。在保证塑件质量的前提下，提高成型温度，可以缩短模压时间，从而提高生产率。模压时间不仅取决于成型温度，而且与塑料种类、塑件形状及尺寸、压缩模结构、预压和预热、成型压力等因素有关。对于复杂的塑件，由于塑料在型腔中的受热面积大，塑料流动时摩擦热多，所以模压时间反而短，但应控制适当的固化速度，以保证塑料充满型腔；对于厚度大的塑件，模压时间要长，否则会造成塑件内层固化程度不足；采用不溢式压缩模时，排出气体和挥发物困难，模压时间较采用溢式压缩模时长；采用经过预压的锭料和预热的塑料时，模压时间比采用粉料和不预热的塑料时短；成型压力大时，塑料的模压时间短。

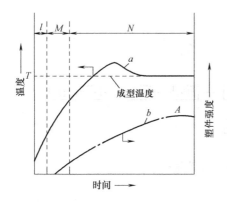

图 3-6　塑料温度和塑件强度随时间变化示意图

T—成型温度　a—塑料温度随时间的变化
b—塑件强度随时间的变化　l—塑料受压流动阶段
M—塑料受热膨胀阶段　N—塑料固化阶段

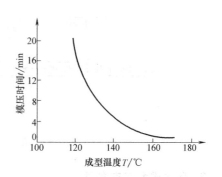

图 3-7　成型温度与模压时间的关系

实践证明，增加模压时间，对塑件物理与力学性能的增强并无好处；相反还会降低塑件的强度和电性能。但模压时间过短，会造成塑件"欠熟"，影响塑件质量。

综上所述，成型温度和模压时间有密切关系，而且两者对塑件质量都有极大影响。成型温度过高或过低，塑件质量都不高；模压时间过长或过短，塑件的质量也都不高。关键是既要保证应有的固化程度，又要防止塑件"过熟"。在保证塑件质量的前提下，应力求缩短模压时间。

3.2.3　压注成型工艺

1. 压注成型原理

压注成型又称传递成型，它是在压缩成型的基础上发展起来的一种热固性塑料成型方法，成型原理如图 3-8 所示。先将固态塑料（通常为预压锭料或预热塑料）加入模具的加料腔内（图 3-8a），使其受热软化成黏流态；然后在柱塞压力作用下，塑料经浇注系统充满型腔，塑料在型腔内继续受热受压，发生交联反应而固化定型（图 3-8b）；最后打开模具，取出塑件（图 3-8c）。

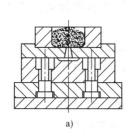

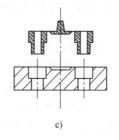

a)　　　　　　b)　　　　　　c)

图 3-8　压注成型原理

1—柱塞　2—加料腔　3—上模板　4—凹模　5—型芯　6—型芯固定板　7—下模板

压注成型
工艺过程

2. 压注成型工艺过程

压注成型工艺过程和压缩成型工艺过程基本相同，但改进了压缩成型的缺点，吸收了注射成型的优点。压注成型的工艺流程如图 3-9 所示。压注成型过程中，模具在塑料开始成型之前已经完全闭合，塑料的加热熔融在加料腔内进行。压力机在成型开始时只施压于加料腔内的塑料，使之通过浇注系统快速射入型腔；当塑料完全充满型腔后，型腔与加料腔中的压力趋于平衡。

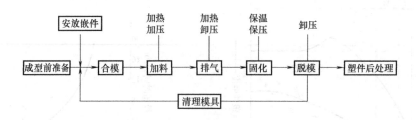

图 3-9 压注成型的工艺流程

3. 压注成型工艺条件

压注成型的工艺条件与压缩成型的工艺条件有一定的区别。

（1）成型压力　由于有浇注系统的消耗，压注成型的压力一般为压缩成型压力的 2～3 倍。采用压注成型时，成型压力随塑料种类、模具结构及塑件形状的不同而不同。

（2）模具温度　压注成型的模具温度通常比压缩成型的模具温度低 15～30℃，一般为 130～190℃。这是因为塑料通过浇注系统时会产生一部分摩擦热，故加料腔和模具的温度可以低一些。

（3）压注时间及保压时间　一般情况下，压注时间为 10～50s。保压时间与压注时间比较，可以短一些，因为塑料在热和压力作用下，通过浇口的料量少，加热迅速而均匀，化学反应也较均匀，所以当塑料进入型腔时已临近树脂固化的最后温度。

4. 压注成型的特点及应用

压注成型与压缩成型有许多相同之处，如两者的加工对象都是热固性塑料，但是压注成型与压缩成型相比又具有以下优缺点：

1）成型周期短，生产率高。塑料在加料腔中首先被加热塑化，成型时，塑料高速通过浇注系统挤入型腔，未完全塑化的塑料与高温的浇注系统摩擦接触，快速而均匀地升温，因此有利于塑料在型腔内迅速固化，从而缩短了固化时间。压注成型的固化时间只相当于压缩成型时的 1/5～1/3。

2）塑件的尺寸精度高，表面质量好。压注成型时塑料受热均匀，交联固化充分，改善了塑件的力学性能，使塑件的强度、电性能都得以提高。塑件高度方向的尺寸精度较高，飞边很薄。

3）适用于成型壁薄、高度方向尺寸大而嵌件又多的复杂塑件。压注成型时塑料以熔融状态压入型腔，对细长型芯、嵌件等零部件产生的挤压力比压缩成型时小，可成型孔深不大于直径 10 倍的通孔、孔深不大于直径 3 倍的盲孔。

4）原料消耗大。由于存在浇注系统凝料，同时为了传递压力，压注成型后总有一部分余料留在加料腔，使原料消耗增大，对于小型塑件尤为突出，模具宜采用多型腔结构。

5）压注成型的收缩率比压缩成型大。一般酚醛塑料压缩成型时的收缩率为 0.8%，压注成型时则为 0.9%～1%。同时，压注成型时塑件收缩的方向性也较明显。

6）压注模的结构比压缩模复杂，成型压力大，操作较麻烦，因此，只有压缩成型无法达到要求时才采用压注成型。

3.2.4　挤出成型工艺

挤出成型又称挤出模塑。在热塑性塑料的成型中，挤出成型是一种用途广泛、使用比例很大的重要加工方法，主要用于管材、棒材、板材、片材、线材和薄膜等连续型材的成型加工。

1. 挤出成型原理

热塑性塑料的挤出成型原理如图 3-10 所示（以管材挤出为例）。首先将粉状或粒状塑料加入料斗中，在挤出机旋转螺杆作用下，塑料通过螺杆的螺旋槽向前方输送；在此过程中，塑料不断地接受外加热，同时吸收螺杆与物料之间、物料与物料之间、物料与料筒之间的剪切摩擦热，逐渐熔融成黏流态；然后在挤出系统的作用下，塑料熔体通过具有一定形状的挤出模具（机头）口模以及一系列辅助装置（定型、冷却、牵引、切割等功能装置），获得截面形状一定的塑料型材。挤出成型主要用于生产热塑性塑件。

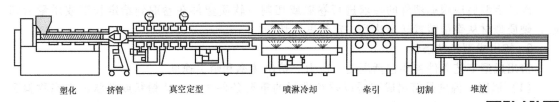

| 塑化 | 挤管 | 真空定型 | 喷淋冷却 | 牵引 | 切割 | 堆放 |

图 3-10　挤出成型原理

2. 挤出成型工艺过程

热塑性塑料挤出成型的工艺过程可分为三个阶段。

第一阶段为塑化阶段。经过干燥处理的塑料原料由挤出机料斗进入料筒后，在料筒加热器和螺杆旋转、压实及混合的作用下，由粉状或粒状转变成具有一定流动性的黏流态物质，这种塑化方法称为干法塑化；将固体塑料在机外溶解于有机溶剂中而成为具有一定流动性的黏流态物质，然后再加入到挤出机的料筒中，这种塑化方法称为湿法塑化。生产中，通常采用干法塑化方式。

挤出成型
工艺过程

第二阶段为成型阶段。均匀塑化的塑料熔体随挤出机螺杆的旋转向料筒前端移动，在螺杆的旋转挤压作用下，熔体以一定的速度和压力连续通过成型机头，从而获得具有一定截面形状的连续型材。

第三阶段为定型阶段。通过适当的处理方法，如定径处理、冷却处理等，使已挤出的塑料连续型材固化为塑件。

下面详细介绍热塑性塑料的干法塑化挤出成型工艺过程。

（1）原料的准备和预处理　挤出成型所用的热塑性塑料原料通常是粉状或粒状塑料。原料中可能含有水分，将会影响挤出成型的正常进行，也会影响塑件质量，使塑件出现气泡、表面黯淡无光、流痕、力学性能下降等。因此，加工前应对原料进行预热和干燥。不同塑料允许的含水量不同，一般原料含水率控制在 0.5% 以下。原料中的金属及其他杂质应尽可能去除。原料的预热和干燥通常在烘箱或烘房内进行。

（2）挤出成型　首先将挤出机加热到预定温度，然后开启螺杆驱动电机，同时加入原料。料筒中的塑料在外加热和剪切摩擦热作用下熔融塑化。螺杆旋转时对塑料不断推挤，迫使塑料经过滤板上的过滤网，再通过机头口模成型为具有一定截面形状的连续型材。

初期的挤出质量较差，外观也欠佳，要调整工艺条件及设备装置，达到正常状态后才能投入正式生产。在挤出成型过程中，料筒内的温度和剪切摩擦热对塑件质量有很大的影响。

（3）冷却与定型　挤出物离开机头口模后仍处于高温熔融状态，具有很大的塑性变形能力，应立即进行冷却与定型。若冷却定型不及时，塑件在自身重力作用下会变形，出现凹陷或扭曲等现象。在大多数情况下，冷却与定型同时进行，只有在挤出各种棒料和管材时，才有一个独立的定径过程；而挤出薄膜、单丝等型材时无须定型，仅冷却便可。

未经定型的挤出物必须用冷却装置及时降温，以固定挤出物的形状和尺寸；已定型的挤出物由于在定型装置中的冷却并不充分，仍需用冷却装置进一步冷却。冷却介质一般采用空气或冷水。冷却速度对塑件性能有较大影响，硬质塑件不能冷却过快，否则易产生内应力，并影响外观；软质或结晶型塑件则要求及时冷却，以免塑件变形。

（4）塑件的牵引和卷取（切割）　热塑性塑料挤出物离开口模后，由于冷却收缩和离模膨胀双重作用，挤出物的截面与口模断面形状尺寸并不一致。此外，塑件连续不断挤出，其质量越来越大，如不及时引出，会造成物料堵塞，挤出不能顺利进行或塑件变形。因此，在挤出生产的同时，要连续而均匀地将挤出物引出，这就是牵引。牵引过程由挤出机辅机的牵引装置完成，牵引速度要与挤出速度相适应。

冷却定型后应根据塑件的要求进行卷取或切割。软质塑件在卷取到给定长度或质量后切断，硬质型材从牵引装置送出达到一定长度后切断。

3. 挤出成型工艺条件

挤出成型工艺条件主要包括温度、压力、挤出速率和牵引速度。

（1）温度　温度是挤出成型得以顺利进行的重要条件之一。从粉状或粒状的固态物料到机头中挤出的高温塑料，原料经历了一个复杂的温度变化过程。严格来讲，挤出成型温度应指塑料熔体的温度，但该温度却在很大程度上取决于料筒和螺杆的温度，受料筒中混合时产生的摩擦热的影响较小，所以经常用料筒温度近似表示成型温度。

由于料筒和塑料的温度在螺杆各段是有差异的，为了使塑料在料筒中输送、熔融、均化和挤出的过程顺利进行，以便高效率地生产高质量塑件，要控制好料筒各段温度。料筒温度的调节依靠挤出机的加热冷却系统和温度控制系统来实现。机头温度必须控制在塑料热分解温度以下，口模处的温度可比机头温度稍微低一些，但应保证塑料熔体具有良好的流动性。

此外，成型过程中温度的波动和温差都会使塑件产生残余应力、各点强度不均匀和表面灰暗无光泽。产生温度波动和温差的因素很多，如加热冷却系统不稳定，螺杆转速的变化等，其中螺杆设计和选用的好坏影响最大。

（2）压力　在挤出过程中，由于料流的阻力，螺杆槽深度的变化，以及过滤网、过滤板和口模的阻力，在沿料筒轴线方向的塑料内部会产生一定的压力。这种压力是塑料变为均匀熔体并得到致密塑件的重要条件之一。

增大机头压力可以提高挤出熔体的混合均匀性和稳定性，提高产品致密度，但机头压力过大将影响产量。和温度一样，压力也会随时间产生周期性波动，这种波动对塑件质量同样有不利影响。螺杆转速的变化，加热冷却系统的不稳定都是产生压力波动的原因。为了减小压力波动，应合理控制螺杆转速，保证加热和冷却装置的温度控制精度。

（3）挤出速率　挤出速率（亦称挤出速度）是单位时间内挤出机口模挤出的塑料质量（单位为 kg/h）或长度（单位为 m/min），其大小表征挤出机生产能力的高低。

影响挤出速率的因素很多，如机头、螺杆和料筒的结构，螺杆转速，加热冷却系统的结构和塑料的特性等。理论和实践证明，挤出速率随螺杆直径、螺旋槽深度、均化段长度和螺杆转速的增大而增大，随螺杆末端熔体压力、螺杆与料筒间隙的增大而减小。在挤出机的结构、塑料品种及塑件类型已确定的情况下，挤出速率仅与螺杆转速有关，因此，调整螺杆转速是控制挤出速率的主要措施。

生产过程中的挤出速率也存在波动现象，会影响塑件的几何形状和尺寸精度。因此，除了正确确定螺杆结构和尺寸参数之外，还应严格控制螺杆转速和加热冷却系统的稳定性，防止因温度改变而引起挤出压力和熔体黏度变化，进而导致挤出速率的波动。

（4）牵引速度　挤出成型主要生产连续的塑件，因此必须设置牵引装置。从机头和口模中挤出的塑件，在牵引力作用下将会发生拉伸取向。拉伸取向程度越高，塑件沿取向方向的拉伸强度也越大，但冷却后长度收缩也大。通常，牵引速度可与挤出速度相当。牵引速度与挤出速度的比值称为牵引比,其值必须大于或等于1。

4. 挤出成型的特点及应用

挤出成型适用于连续生产,产量大、生产率高、成本低、经济效益显著;塑件的几何形状简单,横截面形状不变,所以模具结构也简单,制造维修方便;塑件内部组织均匀致密,尺寸比较稳定准确;适应性强,除氟塑料外,所有的热塑性塑料都可采用挤出成型工艺,部分热固性塑料也可挤出成型。变更机头口模,产品的截面形状和尺寸可相应改变,这样就能生产不同规格的各种塑件。挤出成型工艺所用设备结构简单,操作方便,应用广泛。

5. 吹塑薄膜成型

吹塑薄膜成型作为一种薄膜生产方法,先用挤出法将塑料挤成管坯,然后向管内吹入压缩空气,使其连续膨胀到一定尺寸而形成管状薄膜,冷却后薄膜合拢为具有一定宽度的管膜。吹塑薄膜成型的关键是挤出与吹胀,以及工艺条件的控制。

(1) 挤出与吹胀 吹塑薄膜成型所用的设备和装置包括挤出机及机头、冷却装置、夹板、牵引辊、导辊、卷取装置等,具体设备和装置如图 3-11 所示。

主要的吹塑薄膜成型模具是机头。冷却和定型则依靠冷却风环装置。塑料熔体由口模与芯模形成的环形间隙挤出,形成薄壁管坯。挤出的管坯由芯模引进的压缩空气吹胀成管状薄膜,并以压缩空气的压力来控制管状薄膜的壁厚。吹成的管状薄膜经冷却风环进行冷却定型。已定型的管状薄膜被牵引辊牵引一定距离后,通过人字板和牵引辊夹拢,再经过导辊,最后卷取成捆。吹塑薄膜成型是连续性的生产。

吹塑薄膜成型通常采用单螺杆挤出机挤出,其规格根据塑料特性和薄膜的宽度及厚度确定。为保证薄膜的质量,一种规格的挤出机只能用于吹塑少数几种规格的塑件。这是因为以大的挤出速率生产窄而薄的薄膜时,在快速牵引条件下冷却较困难;而以小的挤出速率生产宽而厚的薄膜时,塑料处于高温状态下的时间较长,塑件质量差,生产率低。

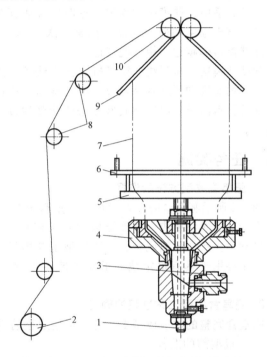

图 3-11 吹塑薄膜设备和装置示意图
1—进气孔 2—卷取辊 3—机颈 4—口模套(上机头体)
5—冷却风环 6—调节器 7—吹胀管膜 8—导辊
9—人字板 10—牵引辊

吹塑薄膜机头按熔体流动方向和机头结构分为直向型和横向式直角型两类。直向型机头适用于熔体黏度大的塑料和热敏性塑料。工业中常用的是横向式直角型机头,图 3-11 中所示的机头即为横向式直角型机头。机头中熔体的流动过程与管材挤出机头中熔体的流动过程有相同之处,也有分流和成型的过程。因此,为保证机头中熔体流动状态良好及塑料薄膜的质量,必须正确设计机头结构和几何参数,如口模与芯模之间的缝隙宽度和平直部分长度等。

(2) 吹塑薄膜成型工艺条件

1) 温度。吹塑薄膜时,料筒、机头和机颈的温度都应予以控制。温度高低主要取决于塑料的种类。温度过高,所得薄膜发脆,拉伸强度明显下降;温度过低,塑料塑化不充分,熔体流动和吹胀不良,薄膜拉伸强度和冲击强度也低,表面光泽度差,透明度下降,甚至出现如木材年轮一样的花纹或明显的熔接痕。

2）吹胀比与牵伸比。吹塑薄膜时，吹胀比是吹胀管膜直径与口模直径的比值；牵伸比是薄膜纵向伸长的倍数（亦即薄膜通过牵引辊的速度与挤出速度之比）。为了获得性能良好的薄膜，吹胀比与牵伸比最好相等。实践证明，吹胀比越大，薄膜的透明度和光泽度也越好。但吹胀比过大会导致吹胀管膜不稳定，致使薄膜厚度不均匀，甚至会产生皱纹，通常吹胀比为2~3。由于吹胀比不宜随意增加，为使塑件厚度符合要求，必须调整牵伸比，牵伸比通常控制为4~6。为了保证薄膜的纵向性能和横向性能一致，可以适当控制冷却速度和口模温度等工艺参数。

3）冷却速度。冷却速度的控制靠调节冷却装置实现。冷却速度越快，吹胀管膜上的冷冻线（指吹胀管膜上已经冷却定型的线，对于结晶型塑料为已经产生结晶的线）离口模越近；冷却速度越慢，冷冻线离口模越远。冷冻线离口模远，薄膜容易横向撕裂；冷却速度适当，冷冻线位置适中，薄膜冷却均匀，透明度和表面光泽度好。冷冻线离口模距离的远近还与牵引速度、挤出温度和薄膜厚度等因素有关。牵引速度越大，挤出温度越高，薄膜厚度越大，则冷冻线离口模越远；相反就越近。

吹塑薄膜法与压延法、狭缝机头挤出法等生产塑料薄膜的方法相比较，其所用的设备紧凑，薄膜的宽度和厚度容易调节，不必整边，所以吹塑薄膜成型广泛应用于生产聚氯乙烯和聚乙烯等塑料薄膜。但这种成型方法的冷却速度一般偏小，制得的塑件透明度较差，厚度偏差较大。

3.3　任务实施

1. 肥皂盒成型方法的选择

图1-1所示肥皂盒的材料为热塑性塑料PP，成型性能好，易于注射成型。该塑件需要大批量生产，虽然注射成型模具结构相对比较复杂，成本较高，但生产周期短，效率高，容易实现自动化生产。压缩成型、压注成型主要用于热固性塑件或小批量热塑性塑件的生产。挤出成型主要用于具有恒定截面形状的连续型材的生产。综合考虑，该肥皂盒采用注射成型工艺。

2. 肥皂盒成型工艺过程的确定

肥皂盒完整的注射成型工艺过程包括成型前的准备、注射过程及塑件的后处理3个阶段。

（1）成型前的准备

1）外观检查。检查PP原材料的色泽、粒度均匀性等外观特性，要求色泽符合要求，粒度均匀。

2）干燥与预热。由于PP塑料吸水性小，可以不进行干燥处理。预热时，预热温度为80~100℃，时间为1~2h。

3）注射机料筒的检查。如需更换塑料品种、颜色，成型过程中会发生热分解或降解反应等，需要进行料筒清洗。

4）脱模剂选用。在成型前，采用高黏度聚硅氧烷、环保型表面活性剂及高效乳化剂反应而成的水性乳液作为脱模剂，并将其均匀喷涂在模具的型腔和型芯上，以利于脱模。

（2）注射过程　将PP塑料放入注射机的料斗中，塑料进入料筒，经过加热、塑化达到黏流状态后，经模具的浇注系统注入模具型腔，再经过保压补缩、冷却定型，在注射机开、合模结构的作用下开启模具，利用推出机构将塑件从模具中推出。整个过程简化为：加料→塑化→注射→保压→冷却→开模→取件。

（3）塑件的后处理　由于该肥皂盒在使用过程中对尺寸没有精度要求，尽管PP材料成型后尺寸精度比较低，但不影响使用，所以不需要进行后处理操作。

3. 成型工艺条件的确定

采用螺杆式注射机成型，注射成型工艺参数可查附表1。该肥皂盒注射成型工艺卡片见表3-1。

表 3-1 肥皂盒注射成型工艺卡片

×××学院	注射成型工艺卡片		资料编号	
车间			共 页	
塑件名称	肥皂盒	材料牌号	PP	设备型号	G54-S200
装配图号		材料定额		型腔数目	2
零件号		单件质量/g	35.91	工装号	

		材料干燥	设备	烘箱
			温度/℃	80~100
			时间/h	1~2
		料筒温度/℃	前段	180~200
			中段	200~220
			后段	160~170
		喷嘴温度/℃		170~190
		模具温度/℃		40~80
		压力/MPa	注射压力	70~120
			保压压力	50~60
			塑化压力	1~2
		时间/s	注射时间	0~5
			保压时间	20~60
			冷却时间	15~50

技术要求
1. 材料：PP，壁厚均匀，为1.5，未注圆角R1。
2. 生产50万件。

后处理	温度/℃			时间定额 /min	辅助时间	10~20
	时间/h				单件生产	40~120
检验						

编制	校对	审核	组长	车间主任	检验组长	主管领导

3.4 任务训练与考核

1. 任务训练

如图1-38所示，盒盖材料为ABS，表面光滑，尺寸公差等级为MT4，生产20万件。请对此塑件进行成型工艺分析。

2. 任务考核（表3-2）

表 3-2 塑件成型工艺分析任务考核卡

任务考核	考核内容	参考分值	考核结果	考核人
素质目标考核	遵守规则	5		
	课堂互动	10		
	团队合作	5		

（续）

任务考核	考核内容	参考分值	考核结果	考核人
知识目标考核	注射成型原理	5		
	注射过程	5		
	注射成型工艺条件	5		
	压缩成型原理	5		
	压缩过程	5		
	压缩成型工艺条件	5		
	压注成型原理	5		
	压注成型的特点及应用	5		
	挤出成型原理	5		
	挤出成型的特点及应用	5		
能力目标考核	塑件成型工艺分析	15		
	塑件成型工艺卡片编制	15		
小　　计				

3.5　思考与练习

1. 选择题

（1）在生产过程中，塑件表面出现银纹，其原因可能是（　　　）。

A. 塑料内有水汽　　　　　　　B. 料温高，塑料质量差，产生分解气体

C. 注射压力过大　　　　　　　D. 成型周期太长

E. 塑料不纯

（2）试模时，塑件出现填充不足的现象，其原因可能是（　　　）。

A. 加料量过大　　　　　　　　B. 加料量不足

C. 注射压力不足　　　　　　　D. 注射压力过大

E. 模具温度太低　　　　　　　F. 料筒喷嘴未对准模具主流道

2. 简答题

（1）阐述注射成型的成型原理和工艺过程。

（2）什么是固化？固化对塑料成型和塑件质量有什么影响？

（3）压缩成型和压注成型有何不同？

（4）挤出成型有什么特点？

（5）什么是塑件的后处理？后处理有哪些方式？

（6）列举日常生活中常用的塑件，并根据塑料种类、塑件结构等条件初步确定成型方法、成型工艺过程。

（7）如何评价塑件是否合格？

（8）使塑件产生缺陷的原因有哪些？其中什么原因是最主要的，也是最难解决的？

（9）推出塑件时经常会出现什么问题？如何解决？

3. 综合题

如图3-12所示，连接座塑件为某电器产品配套零件，需求量大，要求外形美观、使用方

便、质量轻、品质可靠。请合理选择塑件的材料并分析塑料性能，选择合理的成型方法，确定塑件的成型工艺过程。

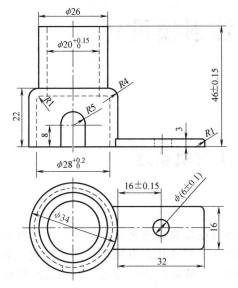

技术要求

1. 生产批量：大批量。
2. 模腔数：2。
3. 表面粗糙度：Ra 1.6 μm。
4. 脱模斜度：1°。
5. 要求制件壁厚均匀。

图 3-12　连接座

第二篇　注射模设计

任务4　注射机初选

4.1　任务导入

注射成型的塑件约占塑件总量的30%，并将逐步取代传统的金属和非金属材料制品，与之相应的注射机也由单一品种向系列化、标准化、自动化、专用化、高速高效、节能省料方向发展，成为塑料机械制造业中增长速度最快、产量最高的品种之一，约占成型设备总量的50%。注射机是生产热塑性塑料制品的主要设备，近年来在热固性塑料制品成型中也得到应用。

本任务以肥皂盒（图1-1）为载体，初选注射机。通过学习，掌握注射机的结构和主要参数，具备合理选择成型设备的能力。

4.2　相关知识

4.2.1　注射机的基本结构及规格

1. 注射机的分类

（1）按外形分　注射机按外形可分为卧式、立式和角式三种，应用较多的是卧式注射机。

1）卧式注射机。卧式注射机的合模系统与注射系统的轴线重合，并与机器安装底面平行，是最普遍、最主要的注射机形式，如图4-1a所示。一般大中型注射机均采用这种形式，注射量通常在60cm³以上，目前国内卧式注射机注射量最高为60,000cm³左右。

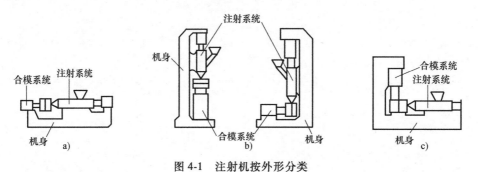

图4-1　注射机按外形分类

卧式注射机在结构及操作方面的特点有：①适合高速化生产，生产效率高；②模具装拆及调整容易；③塑件推出后可自行下落，易于取出，适合自动化生产；④机械重心低，稳定，原料供应及操作维修方便；⑤占地面积大。

2）立式注射机。立式注射机的合模系统与注射系统的轴线重合，并与机器安装底面垂直，如图 4-1b 所示。此类注射机的注射量一般为 $60cm^3$ 以下，特殊用途立式注射机的注射量范围为 $60\sim10060cm^3$。

立式注射机的优点是占地面积小，模具装拆方便，安装嵌件和活动型芯简便可靠；缺点是机械重心高，不稳定，加料较困难，塑件要人工取出，不易实现自动化生产。

3）角式注射机。角式注射机的合模系统与注射系统的轴线互相垂直排列，如图 4-1c、d 所示。此类注射机适用于成型中心部分不允许有浇口痕迹、小注射量的塑件，以及形状不对称、采用侧浇口的模具。

角式注射机的特点是结构简单，可利用开模时的丝杠转动对有螺纹的塑件实行自动脱卸；但加料困难，嵌件、活动型芯安装不便，机械传动无法准确可靠地注射和保持压力、锁模力，模具受冲击和振动较大。

（2）按塑化方式分　注射机按照塑料的塑化方式可分为柱塞式注射机和螺杆式注射机。

1）柱塞式注射机。柱塞式注射机通过柱塞在料筒内的往复运动将料筒内的熔融塑料向前推送，通过分流梭经喷嘴注入模具。塑料在料筒中塑化主要依靠料筒外加热器提供的热量。由于塑料的导热性差，柱塞式注射机不宜用于成型材料流动性差、热敏性强的塑料制品。立式注射机与角式注射机的结构多为柱塞式。

2）螺杆式注射机。螺杆式注射机中螺杆可做旋转运动，亦可做往复运动。进入料筒的塑料，一方面在料筒温度及螺杆与塑料之间剪切摩擦的加热作用下逐步熔融塑化；另一方面被螺杆不断推向料筒前端，当靠近喷嘴处的熔体达到一次注射量时，螺杆停止转动，并在液压系统驱动下向前推进，将熔体注入模具型腔中。卧式注射机的结构多为螺杆式。

（3）按用途分　注射机按用途可分为通用型、专用型。通用型注射机适用于一般模具，专用型注射机适用于一些特殊结构的模具，如齿轮模、双色模、吹塑模等。

（4）按传动方式分　注射机按传动方式可分为机械式、液压式和机械液压联合式。

2. 注射机的基本结构

注射机的基本结构一般包括注射机构、合模机构、液压传动系统和电气控制系统四大部分。以卧式螺杆式注射机为例，其结构示意图如图 4-2 所示。

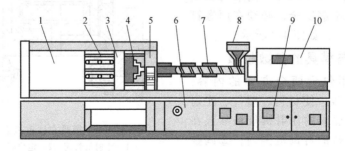

图 4-2　卧式螺杆式注射机示意图
1—内装合模液压缸　2—合模机构　3—动模板　4—模具　5—定模板　6—控制表盘位置
7—料筒　8—料斗　9—内装电气控制系统　10—内装注射液压缸

注射机构由料斗、料筒、加热器、螺杆（柱塞式注射机为柱塞和分流梭）、喷嘴及注射液压缸等组成。其作用是使固态塑料均匀地塑化成熔融状态，并以足够压力和速度将塑料熔体注入闭合的型腔中。

合模机构包括定模板、动模板、拉杆、液压缸和推出装置等。其作用是实现模具的开闭动作，在塑料成型时锁紧模具，在开模时打开模具并顶出塑件。合模机构多采用液压和机械联合作用的方式，有时也采用全液压式。推出装置有机械式和液压式两种。

液压传动系统和电气控制系统是为了保证注射成型按照预定的工艺要求（压力、温度和时间）及动作程序准确进行而设置的。液压传动系统是注射机的动力系统，而电气控制系统则是控制各个动力液压缸完成开启、闭合、注射和推出等动作的系统。

3. 注射机的规格和技术参数

注射机的规格主要用机器吨位或锁模力或注射量表示。附表 2 列出了常用的部分国产注射机的主要技术参数。

注射机的主要技术参数体现了注射机的注射、合模和综合性能，如额定注射量、额定注射压力、额定锁模力、模具安装尺寸及开模行程等。

目前世界上注射机的规格尚无统一的标准，我国常采用额定注射量来表示注射机的规格。如 XS-ZY-125 表示注射机额定注射量为 $125cm^3$，其他字母的意义分别是：X 指"成型"，S 指"塑料"，Z 指"注射"，Y 指"螺杆式注射机"。该注射机具有两侧双顶杆机械推出装置，锁模力为 900kN，模具最大厚度为 300mm，模具最小厚度为 200mm，喷嘴直径为 4mm，动、定模固定板尺寸为 428mm×458mm。

4.2.2 模具在注射机上的安装形式

注射模动模部分的底板（动模板）和定模部分的面板（或定模板），通过定位圈 2、双头螺钉 4、螺母 3、压块 6、螺钉 7 装配在注射机的动模座板和定模座板上，如图 4-3 所示。模具在注射机上的安装形式有三种。

（1）压块（又叫码模铁）固定 只要模具固定板在需要安放压板的外侧附近有螺孔就能固定，因此压块固定具有较大的灵活性。

（2）螺钉固定 模具固定板与注射机模板上的螺孔应完全吻合。

（3）压块与螺钉联合固定 对于质量较大的模具（模宽大于 250mm），仅采用压块或螺钉单一固定还不够安全，必须在用螺钉紧固后再加压块固定，如图 4-3 所示。

4.2.3 注射机与模具的参数校核

注射机的选用包含两个方面的内容：①确定注射机的型号，使材料、塑件、注射模及注射工艺等所要求的注射机规格参数在所选注射机规格参数的可调范围内；②调整注射机的技术参数至所需要的参数值。

注射机的尺寸必须与模具的尺寸相匹配。注射机尺寸太小，难以生产出合格的制品；注射机太大，运转费用高，且动作缓

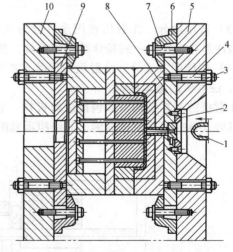

图 4-3 模具在注射机上的安装
1—注射机料筒 2—定位圈 3—螺母
4—双头螺钉（8 个） 5—定模座板
6—压块（8 块） 7—螺钉 8—定模板
9—动模板 10—动模座板

慢，增加了模具的生产成本。在选用注射机时，一般要校核其最大注射量、注射压力、锁模力、模具与注射机安装部分相关尺寸、开模行程和顶出装置等。

1. 最大注射量的校核

注射机的最大注射量和塑件质量（或体积）有关，两者必须相适应，否则会影响塑件的产量和质量。若最大注射量小于塑件质量，就会造成塑件的形状不完整或内部组织疏松、

塑件强度下降等缺陷；若注射量过大，则注射机的利用率过低，浪费能量，并有可能导致塑料长时间处于高温状态下而分解。因此，为了保证正常的注射成型，注射机的最大注射量应稍大于塑件的质量（或体积，包括流道凝料）。通常，注射机的实际注射量最好在注射机最大注射量的 80% 以内。

当注射机的最大注射量以最大注射质量标定时，其校核公式为

$$Km_0 \geq m = \sum_{i=1}^{n} m_i + m_{流} \tag{4-1}$$

式中 m_0——注射机的最大注射质量（g）；

    m——塑件的总质量，即塑件、流道凝料的质量之和，（g）；

    m_i——单个塑件的质量（g）；

    $m_{流}$——流道凝料的质量（g）；

    n——型腔数目；

    K——注射机最大利用系数，一般取 0.8。

当注射机的最大注射量以最大注射容积标定时，其校核公式为

$$KV_0 \geq V = \sum_{i=1}^{n} V_i + V_{流} \tag{4-2}$$

式中 V_0——注射机的最大注射容积（cm³）；

    V——塑件的总体积，即塑件、流道凝料的体积之和，（cm³）；

    V_i——单个塑件的体积（cm³）；

    $V_{流}$——流道凝料的体积（cm³）。

其他符号意义同前。

以上计算中，注射机的最大注射量是以成型聚苯乙烯为标准而规定的。由于各种塑料的密度和压缩比不同，因而实际最大注射量是随着塑料种类的不同而变化的，但经过实践证明，塑料密度和压缩比对注射机最大注射量影响不大，一般可以不予考虑。

2. 注射压力的校核

注射压力校核的目的是校核注射机的最大注射压力能否满足塑件成型的需要。注射机的最大注射压力应稍大于塑件成型所需的注射压力，即

$$p_0 \geq p \tag{4-3}$$

式中 p_0——注射机的最大注射压力（MPa）；

    p——塑件成型所需的注射压力（MPa）。

3. 锁模力的校核

锁模力又称合模力，是指注射机的合模机构对模具所能施加的最大夹紧力。当熔体充满型腔时，注射压力在型腔内所产生的作用力总是力图使模具沿分型面胀开，此力称为胀型力，为此，注射机的锁模力必须大于胀型力，即大于型腔内熔体压力与塑件及浇注系统在分型面上投影面积之和的乘积，即

$$F_0 \geq F = A_{分} P_{模} \tag{4-4}$$

式中 F_0——注射机的锁模力（kN）；

    $A_{分}$——塑件、浇注系统在分型面上的投影面积之和（mm²）

    $P_{模}$——塑料熔体对型腔的平均压力（MPa），具体数值可参见表 4-1。

表 4-1　常用塑料注射成型时的型腔压力

塑料代号	型腔压力/MPa	塑料代号	型腔压力/MPa
PE-LD	15~30	PA	42
PE-HD	23~29	POM	45
PP	20	PMMA	30
PS	25	PC	50
ABS	40		

4. 模具与注射机安装部分相关尺寸的校核

设计模具时应加以校核的主要尺寸有喷嘴尺寸、定位圈（浇口套凸缘）尺寸、模具最大厚度和最小厚度、模板上安装螺孔的尺寸等。

（1）注射机喷嘴与模具浇口套（主流道衬套）的关系　如图 4-4a 所示，注射机喷嘴前端孔径 d 和球面半径 r 与模具浇口套的小端直径 D 和球面半径 R 一般应满足如下关系

$$R = r + (1\sim2)\,\text{mm} \qquad (4-5)$$

$$D = d + (0.5\sim1)\,\text{mm} \qquad (4-6)$$

以保证注射成型时在浇口套处不形成死角，无熔料积存，并便于主流道凝料的脱模。图 4-4b 所示的配合是不良的。

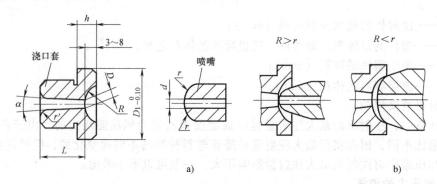

图 4-4　注射机喷嘴与模具浇口套的关系

（2）注射机固定模板定位孔与模具定位圈的关系　注射机固定模板的定位孔与模具定位圈按 H9/f9 配合，以保证模具主流道的轴线与注射机喷嘴轴线重合，否则将产生溢料并造成流道凝料脱模困难。小型模具的定位圈高度 h 为 8~10mm，大型模具的定位圈高度 h 为 10~15mm。

（3）模具闭合厚度与注射机装模空间的关系　各种规格的注射机，其可安装模具的最大厚度和最小厚度一般都有限制（国产机械合模的角式注射机的最小厚度无限制），所设计的模具闭合厚度必须在模具最大厚度与最小厚度之间（图 4-5），即各尺寸应满足如下关系

$$H_{\max} = H_{\min} + l \qquad (4-7)$$

$$H_{\min} \leqslant H \leqslant H_{\max} \qquad (4-8)$$

式中　$H_{\max}$——注射机允许的最大模具厚度；

$H_{\min}$——注射机允许的最小模具厚度；

H——模具闭合厚度；

l——注射机在模具厚度方向的长度调节量。

当 $H < H_{\min}$ 时，可采用垫板来调整，以使模具闭合。当 $H > H_{\max}$ 时，则模具无法锁紧或影响开模行程，尤其是采用液压肘杆式机构合模的注射机，其肘杆无法撑直，这是不允许的。

（4）拉杆空间 模具的外形尺寸不应超出注射机的模板尺寸，并应小于注射机的拉杆间距，以便模具的安装与调整，如图4-6所示，即 $A>C$。

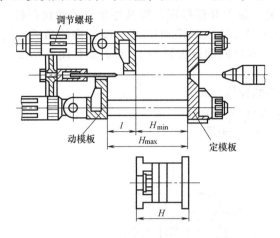

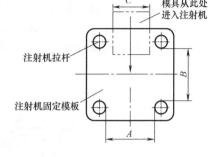

图4-5 模具闭合厚度与注射机装模空间的关系

图4-6 模具尺寸与拉杆间距

5. 开模行程的校核

注射机的开模行程是有限的，取出塑件所需的开模行程必须小于注射机的最大开模距离。开模行程的校核分为下面几种情况：

（1）注射机的最大开模行程与模具厚度无关 最大开模行程与模具厚度无关的注射机，主要是指采用液压、机械联合作用的合模机构的注射机，如 XS-Z-30、XS-Z-60、XS-ZY-125、XS-ZY-500 、XS-ZY-1000 和 G54-S200 等，其最大开模行程的大小由连杆机构（或移模缸）的最大行程决定。

对于单分型面模具（图4-7），开模行程的校核公式为

$$S \geqslant H_1 + H_2 + (5 \sim 10)\,\mathrm{mm} \tag{4-9}$$

式中 S——注射机最大开模行程（动模板行程）；

H_1——塑件的推出距离；

H_2——塑件的总高度。

对于双分型面模具（图4-8），开模行程需要增加取出浇注系统凝料时定模座板与中间板的分离距离 a，此时，开模行程的校核公式为

$$S \geqslant H_1 + H_2 + a + (5 \sim 10)\,\mathrm{mm} \tag{4-10}$$

式中 a——取出浇注系统凝料所需的定模座板与中间板分离的距离。

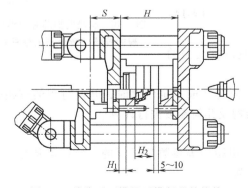

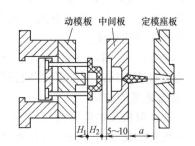

图4-7 单分型面模具开模行程的校核

图4-8 双分型面模具开模行程的校核

塑件推出距离 H_1 一般等于型芯高度，但对于内表面为阶梯形的塑件，推出距离可以不必等于型芯的高度，如图 4-7 所示。

（2）注射机最大开模行程与模具厚度有关 最大开模行程与模具厚度有关的注射机，主要是指采用全液压合模机构的注射机（如 XS-ZY-250）和采用机械合模机构的角式注射机（如 SYS-20，SYS-45 等），其移动模板和固定模板之间的最大开距 S_0 减去模具闭合厚度 H 等于注射机的最大开模行程 S，即 $S = S_0 - H$。

对于单分型面注射模（图 4-9），开模行程的校核公式为

$$S_0 \geqslant H_1 + H_2 + H + (5 \sim 10) \, \mathrm{mm} \tag{4-11}$$

式中 S_0——注射机移动模板和固定模板之间的最大开距。

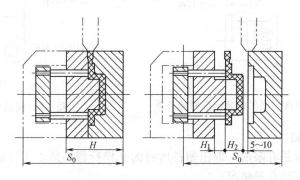

图 4-9 注射机最大开模行程与模具厚度有关时
开模行程的校核（单分型面模具）

同样，对于双分型面注射模，开模行程的校核公式为

$$S_0 \geqslant H_1 + H_2 + H + a + (5 \sim 10) \, \mathrm{mm} \tag{4-12}$$

（3）有侧向抽芯时开模行程的校核 有的模具的侧向分型或抽芯是利用注射机的开模动作，通过斜导柱（或齿轮齿条等形式）分型抽芯机构来完成的。这时所需开模行程必须根据侧向分型抽芯机构抽拔距离的需要和塑件高度、推出距离、模具厚度等因素来确定。图 4-10 所示的斜导柱侧向抽芯机构，其完成侧向抽芯的距离 $S_{抽}$ 所需的开模行程为 H_4。当 $H_4 > H_1 + H_2$ 时，对于单分型面模具，开模行程的校核公式为

$$S \geqslant H_4 + (5 \sim 10) \, \mathrm{mm} \tag{4-13}$$

若 $H_4 > H_1 + H_2$，且为双分型面模具时，则开模行程的校核公式为

$$S \geqslant H_4 + a + (5 \sim 10) \, \mathrm{mm} \tag{4-14}$$

式中 a——取出浇注系统凝料所需行程。

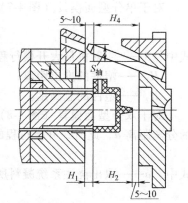

图 4-10 有侧向抽芯时开模行
程的校核（单分型面模具）

当 $H_4 < H_1 + H_2$ 时，则按最大开模行程与模具厚度无关的注射模的开模行程校核。

应当注意，当抽芯方向不与开模方向垂直，而与之成一定角度时，开模行程的校核公式与上述公式有所不同，应根据抽芯机构的具体结构及几何参数进行计算。

6. 顶出装置的校核

各型号注射机顶出装置的结构形式、最大顶出距离等参数是不同的。设计模具时，必须了解注射机顶出装置的类型、顶杆直径和顶杆位置。

国产注射机的顶出装置大致可分为以下几类：

1）中心顶杆机械顶出。

2）两侧双顶杆机械顶出。

3）中心顶杆液压顶出与两侧双顶杆机械顶出联合作用。

4）中心顶杆液压顶出与其他开模辅助液压缸联合作用。

对于采用中心顶杆顶出的注射机，模具应对称地固定在移动模板中心位置上，以便注射机的顶杆顶在模具的推板中心位置上。而对于采用两侧双顶杆顶出的注射机，模具的推板应足够长，以使注射机的顶杆能顶到模具的推板。

4.3 任务实施

初选注射机，其规格通常依据注射机的最大注射量、锁模力及塑件外形尺寸等因素确定，习惯上选择其中一个因素作为选择依据，其余因素作为校核依据（在后续任务中完成）。

1. 按最大注射量初选注射机

通常保证塑件所需注射量小于或等于注射机最大注射量的80%，而注射机能够处理的最小注射量通常大于最大注射量的20%。

（1）计算肥皂盒的体积和质量 聚丙烯（PP）的密度 ρ 取 0.91g/cm^3，根据形状尺寸计算出肥皂盒的体积 V_S 约为 39.9cm^3（大致估算），则单个肥皂盒的质量 M_S 为

$$M_S = 0.91 \times 39.9\text{g} = 36.31\text{g}$$

（2）估算浇注系统凝料的体积和质量 虽然浇注系统凝料的体积在设计之前不能确定具体的数值，但是可以根据经验按照塑件体积的 $0.2 \sim 1$ 倍来估算。考虑到该塑件尺寸中等，可以按照塑件体积的 0.4 倍进行估算，则凝料的体积 V_N 为

$$V_N = 0.4V_S = 0.4 \times 39.9\text{cm}^3 \approx 16\text{cm}^3$$

则凝料的质量 M_N 为

$$M_N = 0.91 \times 16\text{g} = 14.56\text{g}$$

（3）计算一个成型周期所需的塑料总质量 PP的流动性较好，该塑件的形状不复杂，尺寸中等，根据生产批量的要求，结合生产企业已有的注射机规格，初步确定采用一模两腔的模具结构，则一次注入模具型腔的塑料熔体的总质量 $M_{总}$（浇注系统凝料与两个塑件的质量总和）为

$$M_{总} = 2 \times (M_S + M_N) = 2 \times (36.31 + 14.56)\text{g} = 101.74\text{g}$$

（4）注射机初选 注射成型一次所需的注射量应该不大于注射机最大注射量的80%，根据上述计算可知肥皂盒一次注射所需的注射量大约为101.74g，因此选择的注射机的最大注射量应大于128g（101.74g/0.8 = 127.2g）。初选最大注射量为200g的G54-S200卧式螺杆注射机，其主要技术参数见表4-2。

表 4-2 G54-S200 注射机的主要技术参数

结构形式	卧式		最大开模行程/mm	260
注射方式	螺杆式	喷嘴	球半径/mm	18
螺杆直径/mm	55		孔直径/mm	4
最大注射量/g	200		定位圈直径/mm	125
注射压力/MPa	109		顶出形式	中心顶杆机械顶出
锁模力/kN	2540		合模方式	液压-机械
最大注射面积/cm²	645		拉杆空间（长×宽）/mm×mm	368×290
模具最大厚度/mm	406		动、定模固定板尺寸（长×宽）/mm×mm	634×532
模具最小厚度/mm	165		机器外形尺寸（长×宽×高）/mm×mm×mm	4700×1400×1800

2. 校核锁模力

当熔体充满型腔时，注射压力在型腔内所产生的胀型力会使模具沿分型面胀开，因此胀型力应该小于注射机的锁模力，通常为注射机锁模力的 80% 左右，以避免注射时发生溢料或胀模现象。

如图 1-1 所示，肥皂盒在分型面上的投影面积为塑件的最大投影面积 A_S，则

$$A_S = 128 \times 88 \text{mm}^2 = 11264 \text{mm}^2$$

浇注系统在模具分型面上的投影面积 A_j，可按照投影形状为矩形进行估算，由于肥皂盒在型腔中的布局为一模两腔的形式，初步估算长 40mm、宽 6mm，则 A_j 为 240mm²。由表 4-1 查得 PP 塑料成型时产生的型腔压力 $P_模$ 为 20MPa，则胀型力 F 为

$$F = (A_S + A_j) P_模 = (11264 + 240) \times 20 \text{N} = 230.08 \text{kN}$$

估算注射肥皂盒所需的注射机锁模力为

$$F / 0.8 = 230.08 \text{kN} / 0.8 = 287.6 \text{kN}$$

由表 4-2 可知 G54-S200 注射机的锁模力为 2540kN，远大于 287.6kN，满足要求。

综合以上计算和校核结果，选择型号为 G54-S200 的卧式螺杆注射机可行。

3. 校核注射压力

PP 在注射成型时所需的注射压力为 70~120MPa，肥皂盒成型所需的压力应在此范围内进行选择，选择注射压力为 100MPa。由表 4-2 可知 G54-S200 注射机的注射压力为 109MPa，满足 PP 材料肥皂盒的成型要求。

其余的各项参数，在完成模架选择之后再进行校核。

4.4 任务训练与考核

1. 任务训练

根据图 1-38 所示的盒盖的生产和使用要求，初选注射机。

2. 任务考核（表 4-3）

表 4-3 注射机初选任务考核卡

任务考核	考核内容	参考分值	考核结果	考核人
素质目标考核	遵守规则	5		
	课堂互动	10		
	团队合作	5		
知识目标考核	注射机的分类	5		
	注射机的基本结构	5		
	注射机的规格和技术参数	5		
	模具在注射机上的安装形式	5		
	注射机的选用方法	20		
能力目标考核	注射机初选	20		
	主要参数校核	20		
小　计				

4.5　思考与练习

1. 简答题

（1）简述卧式注射机的优缺点及常用的技术参数。

（2）模具安装在注射机上时需要考虑哪些因素？

（3）如何选用与注射模相匹配的注射机？

（4）注射机如何分类？

（5）注射机与模具的参数校核包括哪些方面？

2. 综合题

根据图 4-11 所示塑件的相关条件，初选适于其批量生产的注射机，并校核锁模力。

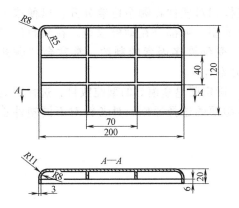

技术要求

1. 材料为 ABS。

2. 塑件壁厚均匀，外表面光滑，无缺陷。

3. 未注尺寸公差为 MT3 级。

4. 生产数量为 50 万件。

图 4-11　塑料制品

任务 5   分型面确定

5.1   任务导入

前面所述的工作任务是针对具体塑件进行结构及材料分析，确定塑件成型工艺，并根据生产要求选择合适的注射机。按照企业模具设计岗位的工作流程，接下来进行模具型腔数目确定及分型面选择。

对模具而言，分型面是指塑件成型后，动、定模相对塑件在哪个位置分开，以便取出塑件。对塑件而言，分型线决定塑件的哪部分在定模成型，哪部分在动模成型。在塑料注射模设计过程中，分型面的确定是一个很复杂的问题，受到许多因素的制约，常常会"顾此失彼"，所以在选择分型面时应抓住主要因素，放弃次要因素。

本任务是根据图 1-1 所示的肥皂盒的生产要求，确定肥皂盒模具的型腔数目，选择肥皂盒的分型线，并确定模具分型面。通过学习，掌握分型面的选择原则，具备针对不同塑件正确选择分型面的能力。

5.2   相关知识

5.2.1   塑料模分类及注射模基本组成

1. 塑料模分类

（1）按模塑方法分类

1）压缩模。压缩模又称为压塑模或压模。这种模具主要用于热固性塑料制品的成型，有时也用于热塑性塑料制品的成型。

2）压注模。压注模又称为挤塑模。这种模具用于热固性塑料制品的成型。压注模较压缩模增加了加料腔、柱塞和浇注系统等结构，结构比压缩模复杂，造价更高。

3）注射模。注射模又称为注塑模。这种模具主要用于热塑性塑料制品的成型，也可用于热固性塑料制品的成型。注射模结构一般比较复杂，造价高。

4）机头与口模。机头与口模主要用于热塑性塑料制品的挤出成型，较少用于热固性塑料制品的成型。

除上述种类外，还有中空吹塑成型模、真空成型模、浇铸模等类型。

（2）按模具在成型设备上的安装方式分类

1）移动式模具。这种模具不固定地安装在设备上。使用移动式模具时，在整个模塑成型周期中，加热和加压在设备上进行，而安装嵌件、装料、合模、开模、取出制品、清理模具等均在设备外进行。常见的移动式模具有用于生产批量不大的小型热固性塑料制品的压缩模、压注模和立式注射机上的小型注射模。

移动式模具的结构一般较简单，通常为单型腔模具，造价低，便于成型带有较多嵌件和形状复杂的塑料制品。但工人劳动强度大，生产率较低；成型温度波动大，能源利用率较低；模具容易磨损，寿命较短。

2）固定式模具。这种模具固定安装在设备上。使用固定式模具时，整个模塑周期内的动作都在成型设备上进行。广泛应用于压缩模、压注模、注射模及挤出模，卧式注射机和挤出机上使用的模具都是固定式模具。固定式注射模的基本结构如图 5-1 所示。

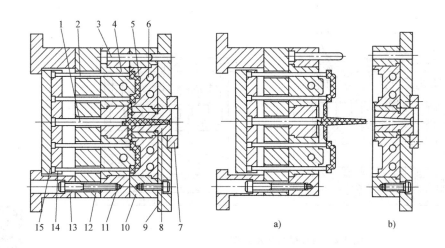

图 5-1　固定式注射模的基本结构
a）动模　b）定模
1—拉料杆　2—推杆　3—带头导柱　4—型芯　5—凹模　6—冷却通道　7—定位圈　8—浇口套
9—定模座板　10—定模板　11—动模板　12—支承板　13—动模支架　14—推杆固定板　15—推板

固定式模具的质量不受工人体力限制，但成型的制品大小受设备能力的限制。根据设备类型及技术参数，它可以成型不同生产批量和尺寸的塑料制品；可以制成多型腔模具，易于实现自动化生产，生产率高；成型工艺条件波动小，能源利用率高；磨损小，寿命较长。但模具本身结构较复杂，造价高，不便成型嵌件较多的制品，且更换产品时换模与调整比较麻烦。

3）半固定式模具。这种模具的一部分在开模时可以移出，一部分则始终固定在设备上。半固定式模具兼有移动式模具和固定式模具的一些优点，多见于成型热固性塑料制品的压缩模和压注模。

（3）按型腔数目分类

1）单型腔模具。是指在一副塑料模具中只有一个型腔，一个模塑周期内只生产一个制品的模具。与多型腔模具相比，单型腔模具结构较简单，造价较低，但生产率较低，往往不能充分发挥设备潜力。单型腔模具主要用于大型塑件和形状复杂或嵌件较多的塑件的生产，用于生产批量不大的场合。

2）多型腔模具。是指在一副塑料模具中有两个或两个以上型腔，一个模塑周期内能够同时生产两个或两个以上制品的模具。这种模具生产率高，但结构较复杂，造价较高。多型腔模具主要用于塑件较小、生产批量较大的场合。

除上述分类方法外，各种塑料模还可根据使用设备的不同或模具自身的结构特点进行分类。

2. 注射模的分类

注射模的分类方法有很多，按注射模浇注系统基本结构的不同可分为三类：第一类是两板模〔在我国某些地区（如广东）也称大水口模〕；第二类是三板模〔在我国某些地区（如广东）也称细水口模〕；第三类是无流道模。其他模具如有侧向抽芯机构的模具、有内螺纹机动推出机构的模具、定模推出的模具和复合脱模的模具等，都是由这三类模具演变而得的。

（1）两板模　两板模又称单分型面模，是注射模中最简单、应用最普遍的一种模具，它以分型面为界将整个模具分为动模和定模两部分。主流道设在定模，分流道开设在分型面上。开模后，制品和流道留在动模，制品和浇注系统凝料可从同一分型面内取出；动模部分设有推出系统，开模后将制品推离模具。两板模结构示意图如图 5-2 所示。

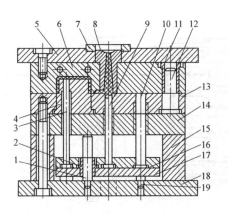
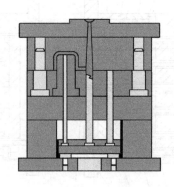

注射模的
工作原理

图 5-2　两板模结构示意图

1—推板导柱　2—推板导套　3—推杆　4—型芯　5—定模座板　6—凹模（型腔板）　7—定位圈
8—浇口套　9—拉料杆　10—复位杆　11—导套　12—导柱　13—动模板　14—支承板
15—垫块　16—推杆固定板　17—推板　18—动模座板　19—支承柱

（2）三板模　三板模又称双分型面模，模具开模后分成三部分，较两板模增加了一块流道推板（中间板），适用于制品的四周要求无浇口痕迹或投影面积较大、需要多点进浇的场合。这种模具采用点浇口，所以也称细水口模，结构比较复杂，需要增加定距分型机构。三板模结构示意图如图 5-3 所示。

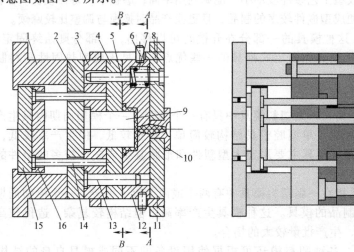

图 5-3　三板模结构示意图

1—垫块　2—支承板　3—型芯固定板　4—推件板　5、13—导柱　6—限位销　7—弹簧　8—定距拉板　9—型芯
10—浇口套　11—定模座板　12—中间板　14—推杆　15—推杆固定板　16—推板

（3）无流道模　无流道模包括绝热流道模和热流道模（图 5-4）。这种模具的浇注系统中的塑料始终处于熔融状态，故在生产过程中不会像两板模和三板模一样产生浇注系统凝料。热流道模既有两板模动作简单的优点，又有三板模熔体可以从型腔内任一点进入的优点，加之热流道模无熔体在流道中的压力、温度和时间的损失，所以它既能提高模具的成型质量，又能缩短模具的成型周期，是注射模浇注系统技术的重大革新。在注射模技术高度发达的日本、美国和德国等国家，热流道注射模的使用非常普及，所占比例约为 70%。随着我国注射

模技术的发展，热流道模也逐渐得到非常普遍的应用。

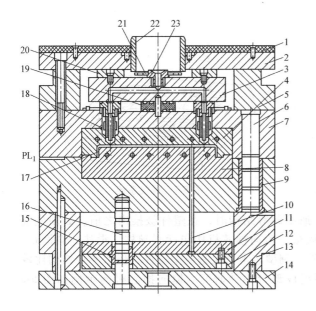
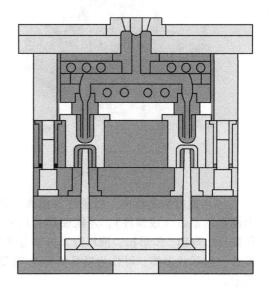

图 5-4　热流道注射模结构示意图

1—隔热板　2—定模座板　3—热流道板　4—凹模　5—支脚　6—导柱　7—定模板　8—型芯　9—导套
10—推杆　11—推杆固定板　12—推板　13—垫块（方铁）　14—动模座板　15—推板导套　16—推板导柱
17—制品　18—热喷嘴　19—中心隔热垫片　20—隔热垫片　21—垫圈　22—定位圈　23—浇口套

3. 注射模的基本组成

不管是两板模、三板模还是热流道模，都由动模和定模两大部分组成，图 5-5 所示为塑料齿轮模具的动模和定模部分。根据模具中各个部件的不同作用，注射模一般可以分成八个基本组成部分。

（1）成型零件　成型零件是构成模具型腔部分的零件，包括凹模、型芯和侧型芯等，它们是成型塑件形状和尺寸的零件，如图 5-6 所示。

（2）排气系统　排气系统是在熔体填充时将型腔内空气排出模具，在开模时让空气及时进入型腔，从而避免型腔产生真空的结构，如图 5-7 所示。一般来说，能排气的结构也能进气。注射模的排气方式包括分型面排气、排气槽排气、镶件排气、推杆排气和排气杆排气等。

图 5-5　塑料齿轮模具的动模和定模

注射模零件的作用

大多数情况下，排气系统的设计是很简单的，但对于有深加强筋或深腔的制品，设计时需要重点考虑排气系统的设计，否则可能导致模具设计的失败。

（3）结构件　结构件包括模架、限位件等。模架分为定模和动模，其中定模包括定模座板（面板）、流道推板、定模板（A 板）；动模包括推板、动模板（B 板）、支承板（托板）、垫块（方铁、撑铁）、动模座板（底板）、推杆固定板和推板（推杆底板）、支承柱（撑柱）等。限位件包括定距分型机构、开闭器、限位螺钉、先复位机构、复位弹簧、复位杆等。

图 5-6　成型零件

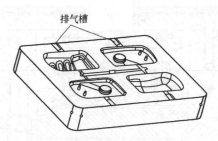

图 5-7　排气系统

（4）侧向抽芯机构　当塑件的侧面有孔或凸凹等结构时，在塑件被推出之前，必须先抽出侧向的型芯（或镶件），才能使塑件顺利脱模。侧向抽芯机构包括斜导柱、滑块、斜滑块、斜推杆、弯销、T形扣、液压缸及弹簧等零件。侧型芯本身也是成型零件，但该零件结构比较复杂，且形式多样，可作为模具的一个重要组成部分单独研究。侧向抽芯机构示例如图 5-8 所示。

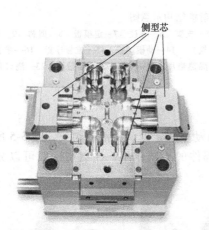
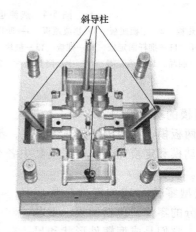

图 5-8　侧向抽芯机构

（5）浇注系统　浇注系统是塑料熔体进入模具型腔的通道，其作用是将熔融塑料由注射机喷嘴顺利引入模具型腔。浇注系统的设计直接影响模具的生产率和塑件的成型质量。浇注系统的浇口形式、位置和数量决定模架的组合形式。浇注系统包括普通浇注系统和热流道浇注系统。普通浇注系统包括主流道、分流道、浇口和冷料穴，普通浇注系统凝料如图 5-9 所示；热流道浇注系统包括热流道板和喷嘴等机构，如图 5-10 所示。

（6）温度调节系统　注射模的温度调节系统包括冷却系统和加热系统。大多数情况下，注射模需要设计冷却系统，因为进入模具型腔的塑料熔体温度一般为 200~300℃，而塑件从模具中被推出时的温度一般为 60~80℃，熔体释放的热量都被模具吸收，导致模具的温度升高。为了使模具温度满足注射工艺的要求，需要将模具内的热量带走，以便对模具温度进行比较精确的控制，所以需要设置冷却系统。冷却系统包括水管冷却、铍青铜冷却、喷流冷却等形式，温度控制介质有水、油、铍青铜、空气等。图 5-11 所示为注射模的冷却系统。

（7）脱模系统　脱模系统又称推出机构，可帮助塑件从模具型腔安全无损地脱离出来。

图 5-9 普通浇注系统凝料

图 5-10 热流道浇注系统

推出机构结构比较复杂，形式多样，最常用的机构有推杆，推管，推块，推件板，气动、液压、螺纹自动脱模机构及复合推出机构等。图 5-12 所示为推杆与推块等零部件共同作用的推出机构。

（8）导向定位系统 导向定位系统主要包括动模和定模的导柱导套、侧向抽芯机构的导向槽、锥面定位机构等。其作用是保证动模与定模闭合时能够准确定位，脱模时运动可靠，并在模具工作时能够承受一定的侧压力，典型导向机构如图 5-13 所示。

图 5-11 注射模冷却系统

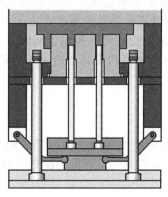

图 5-12 推出机构

导柱

图 5-13 导向机构

5.2.2 型腔数目确定

1. 确定型腔数目的方法

（1）根据注射机的额定（或公称）注射量确定型腔数目 通常注射机的实际注射量最好在注射机最大注射量的 80% 以内。假定单个塑件的质量为 $M_{塑}$（g），浇注系统凝料的总质量为 $M_{流}$（g），注射机的额定（或公称）注射量为 M_0（g），则型腔数目的计算公式为

$$n \leqslant \frac{0.8M_0 - M_{流}}{M_{塑}} \tag{5-1}$$

需要注意的是，算出的数值不能四舍五入，只能取较大的整数。

（2）根据注射机的额定（或公称）锁模力确定型腔数目　假定单个塑件在分型面上的投影面积为 $A_塑$（mm^2），浇注系统凝料在分型面上的投影面积为 $A_流$（mm^2），注射机的额定（或公称）锁模力为 $F_锁$（kN），塑料熔体对型腔的平均压力为 $P_模$（MPa），则型腔数目的计算公式为

$$n \leqslant \frac{\dfrac{F_锁}{P_模} - A_流}{A_塑}$$

（5-2）

不同塑料熔体对型腔的平均压力 $P_模$ 见表 4-1。

（3）根据塑件的精度确定型腔数目　生产经验表明，每增加一个型腔，塑件的尺寸精度将降低 4%~8%。成型高精度的制品时，型腔不宜过多，通常不超过 4 腔，因为多型腔将导致各个型腔的成型条件不一致。对于一般要求的塑件，不宜超过 16 腔。即使各个型腔塑件相同，尺寸较小，成型容易，如果每模超过 24 腔也是必须要慎重考虑的。

2. 确定型腔数目需要考虑的因素

在确定模具型腔数目时，必须兼顾经济及技术各方面诸多因素，虽然有关文献也有详尽的计算公式，但计算结果必须依据设计师的经验和实际情况进行修正。在确定型腔数目时，应考虑以下因素：

（1）塑件精度　由于分流道和浇口的制造误差，即使分流道采用平衡布置的方式，也很难将各个型腔的注射工艺参数同时调整到最佳，从而无法保证各个型腔塑件的收缩均匀一致，对于精度要求很高的塑件，其互换性也会受到严重影响。

（2）经济性　型腔数目越多，模具的外形尺寸相对越大，与之匹配的注射机也必须增大。大型注射机价格高，运转费用高，且动作缓慢，用于多型腔注射模未必有利。此外，型腔数目越多，模具的制造费用越高，制造难度也越大，质量难以保证。

（3）成型工艺　型腔数目的增加使分流道增长，熔体到达型腔前热量将会有较大的损失。若分流道及浇口尺寸设计不合理，就会发生一腔或多腔注射不满的情况，即使注满，也会存在诸如熔接不良或内部组织疏松等缺陷；若调高注射压力，又容易使其他型腔产生飞边。

（4）保养和维修　模具型腔数目越多，故障发生率也越高，任何一腔出了问题，都必须立即修理，否则会破坏模具原有的压力和温度平衡，甚至对注射机和模具会造成永久的损害。而经常性的停机修模，又会影响模具生产率的提高。

5.2.3　分型面选择

1. 塑件分型线与模具分型面的关系

根据塑件形状确定分型线，分型线就是将塑件分为两部分的分界线，使一部分塑件在定模内成型，一部分塑件在动模内成型。将分型线向动、定模四周延拓就可得到模具的分型面。

构建模具分型面的注意事项：

1）如果塑件的分型线在同一个平面内，则模具的分型面就是一个平面，如图 5-14 所示。

2）塑件分型线在具有单一特性的曲面（如柱面）上时，则按照图 5-15 的形式将曲面沿曲率方向伸展一定距离（通常不小于 5mm），创建模具的分型面。

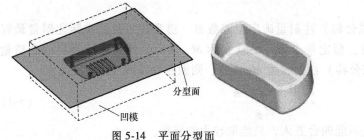

图 5-14　平面分型面

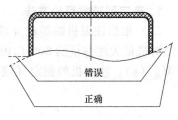

图 5-15　曲面分型面

3）如果塑件分型线为较复杂的空间曲线，则无法沿曲面的曲率方向伸展一定的距离，否则会产生如图 5-16a 和图 5-17a 所示的尖角锐边及台阶，此时应该沿曲率方向构建一个较平滑的分型面，如图 5-16b 和图 5-17b 所示，这种分型面易于加工，不易损坏。由此可知，同一个塑件，即使分型线相同，但因设计方法不同，模具分型面也会有所不同。

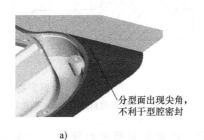
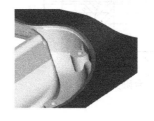

图 5-16　空间曲面分型面（一）

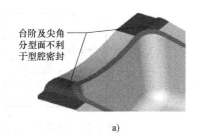
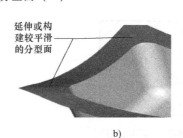

图 5-17　空间曲面分型面（二）

2. 模具分型面的定义

在模具中，能够取出塑件或浇注系统凝料的可分离的表面，叫作分型面。单分型面模具的分型面是模具的全部分型面，即动、定模板的接触面。双分型面模具的分型面为可分别取出塑件和流道凝料的可分离表面，即流道板与定模座板、流道板与动模的接触面。

分型面可以是平面、斜面、阶梯面、曲面，或者是它们的组合。分型面既可以与开模方向垂直，也可以与开模方向成一定的倾斜角度，但最好不要与开模方向平行，否则会导致模具制造困难，也容易导致动、定模的内模镶件磨损而产生飞边。曲面或斜面分型面的两端都要设计成平面，或者加设定位结构，以方便内模镶件的加工，保证内模镶件的定位及刚度。

分型面一般用箭头表示。当模具分开时，若分型面两侧的模板都做移动，用符号"←┼→"表示；若其中一侧不动，另一侧做移动，用符号"┠►"表示，箭头指向移动的方向；若有多个分型面，则应该按照分型的先后顺序，标示出"Ⅰ""Ⅱ""Ⅲ"或"A""B""C"等。

3. 模具分型面的设计要点

（1）台阶分型面　台阶分型面插穿面的倾斜角度一般为 3°~5°，最少 1.5°，太小会使模具制造比较困难。如图 5-18 所示，当分型面中有多个台阶面，且 $H_1 \geqslant H_2 \geqslant H_3$ 时，倾斜角度 A 应满足 $A_1 \leqslant A_2 \leqslant A_3$，并尽量取同一角度，以方便加工。应按照以下要求选用倾斜角度：当 $H \leqslant 3mm$ 时，倾斜角度 $A \geqslant 5°$；当 $3mm < H \leqslant 10mm$ 时，倾斜角度 $A \geqslant 3°$；当 $H > 10mm$ 时，倾斜角度 $A \geqslant 1.5°$。当塑件斜度有特殊要求时，应该按照塑件要求设计。

（2）封料距离　模具中同一分型面上保证注射时塑料熔体不泄漏的有效密封距离，叫作封料距离，也叫封胶距离。一般情况下，封料距离 $L \geqslant 5mm$，如图 5-19 所示。

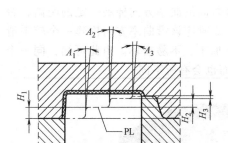

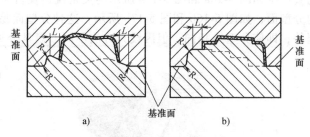

图 5-18 台阶分型面

图 5-19 封料距离
a) 曲面封料距离 b) 平面封料距离

（3）基准平面 模具中含有斜面、台阶、曲面等有高度差异的一个或多个分型面时，必须设计一个基准平面，以方便加工和测量，如图 5-20 和图 5-21 所示。

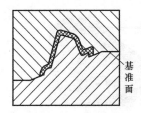

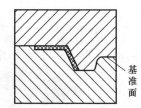

图 5-20 斜面分型面

图 5-21 分型面加锥面定位

（4）平衡侧向压力 由于型腔产生的侧向压力不能自身平衡，容易引起动、定模在受力方向上的错位，一般通过增加锥面定位机构，利用动、定模的刚性平衡侧向压力，如图 5-21 所示。锁紧斜面在合模时要求完全贴合，锁紧斜面的倾斜角度一般为 10°～15°，斜度越大，平衡效果越差。

4. 分型面选择的一般原则

分型面选择合理与否对模具零件制造与组装、模具生产和塑件质量有很大影响，是模具设计中非常重要的步骤。模具分型面的选择应遵循以下原则：

（1）有利于脱模 开模后塑件尽量留在动模上，以方便脱模，如图 5-22b 所示。图 5-22a 所示的塑件容易粘在定模上，不易脱模。当塑件带有金属嵌件时，应将型腔设置在动模一侧，因为嵌件不会收缩包紧型芯，如图 5-22d 所示。图 5-22c 所示的塑件开模后留在定模，脱模困难。

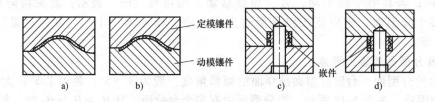

图 5-22 保证塑件留在动模

当塑件外形简单，内形复杂或有较多的孔时，开模后塑件必须留在动模。此时，尽量将型腔设置在定模，型芯放置在动模。如图 5-23 所示，图 5-23b 和图 5-23d 所示的结构较好，便于脱模。

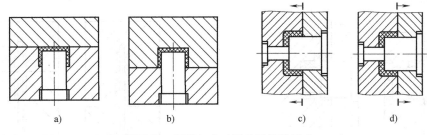

图 5-23 留模方式对塑件脱模的影响

（2）有利于侧向分型和抽芯　塑料制品有侧孔时，应尽可能将滑块设计在动模部分，避免定模抽芯，使模具结构复杂化。如图 5-24a 所示，开模前需要先将侧型芯抽出，若将侧型芯放置在动模，则在开模时侧型芯随动模一起移动，可简化模具结构，如图 5-24b 所示。同时，除了液压抽芯机构能获得较大的抽芯距离外，一般侧向分型与抽芯机构的抽芯距离较小，因而选择分型面时，应将抽芯或分型距离较大的方向设为与开模方向平行，而将抽芯距离较小的方向设为垂直于开模方向，如图 5-24c 所示的分型面选择合理，而图 5-24d 所示的分型面是不妥的。

由于侧向滑块合模时的锁紧力较小，对于需要侧向抽芯的大型制品，应将投影面积大的分型面设在垂直于合模方向上，而将投影面积较小的分型面作为侧向分型面，如图 5-24e 所示。如果采用图 5-24f 所示的结构，则可能由于侧滑块锁紧力不足而产生溢料，为了防止溢料，侧滑块的锁紧机构必须做得很大。

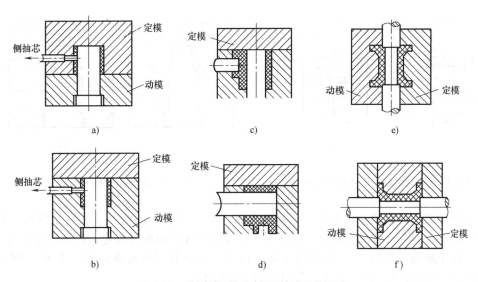

图 5-24 分型面对侧向分型与抽芯的影响

（3）保证塑件的尺寸精度　有同轴度要求的塑件应该全部放在动模或定模成型，若分别放在动、定模成型，会因模具零件制造误差和装配误差而难以保证同轴度，图 5-25a 所示的结构并不合理，而图 5-25b 所示的结构则能很好地保证塑件的同轴度。

选择分型面时，应考虑减小因脱模斜度造成的塑件大、小端尺寸差异。如图 5-26 所示的长筒塑件，若型腔全部设在定模（图 5-26a），会因脱模斜度造成塑件大、小端尺寸相差较大；如果采用较小的脱模斜度，又会使塑件粘在定模而造成脱模困难。若塑件外观无严格要求，可将分型面选在塑件中间，如图 5-26b 所示，不但可以提高塑件精度，还可采用较大的脱模斜度，有利于脱模。

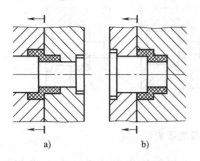
图 5-25　分型面对塑件精度的影响

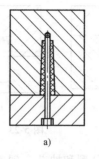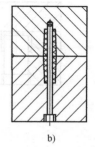
图 5-26　脱模斜度对塑件精度的影响

（4）保证塑件的外观质量要求　由于塑件在分型面处会不可避免地留下飞边，因此分型面应尽可能选择在不影响塑件外观的部位，以及光亮平滑的外表面或带圆弧的转角处，以免影响塑件的外观质量。如图 5-27a 所示的分型面在圆弧和大圆柱面交接处，产生的飞边不易清除且影响塑件的外观，若按图 5-27b 所示分型面进行分型，飞边处于大圆柱面与小圆柱面的交界处，不影响外观质量。

（5）利于模具结构简化　熔体在分流道内的能量损失最小，布置分流道的分型面起伏不宜过大。分型面应尽可能与料流的末端重合，有利于气体的排出，如图 5-28b 所示。而图 5-28a 所示的分型面下侧的气体排出困难。嵌件位置应尽量靠近分型面，以方便安放。为使模具总体结构简化，还应尽量减少分型面的数目。

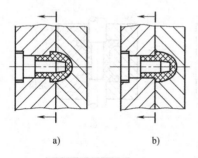
图 5-27　分型面对塑件外观的影响

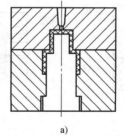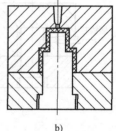
图 5-28　分型面对排气的影响

（6）分型面上尽量避免尖角锐边　如图 5-16、图 5-17 所示的制品，其边缘圆角处若分型面设置不合理，模具上易出现尖角。若分型面沿圆弧法线方向伸展构建，则可避免尖角。

（7）便于成型零件加工　为使型芯易于加工，可将分型面做成斜面，如图 5-29b 所示。而图 5-29a 所示的分型面加工方便，但型芯加工比较困难。

（8）满足注射机技术规格的要求

1）锁模力最小。尽可能减少塑件在分型面上的投影面积。当塑件在分型面上的投影面积接近于注射机的最大注射面积时，可能会产生溢料，如图 5-30a 所示。在保证不溢料的情况下，应尽可能减少分型面接触面积，以增加分型面的接触压力，并简化分型面的加工，如图 5-30b 所示。

2）开模行程最短。当制品很深，注射机的开模行程

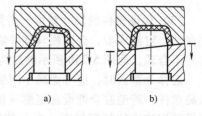
图 5-29　分型面对成型
零件加工的影响

无法满足要求时，分型面要保证动、定模开模行程最短。图5-31a所示的结构开模行程长，需要较大的注射机成型；图5-31b所示的结构则可以采用较小的注射机保证开模行程最短，而且注射机越小，运转费用越低，动作越快。

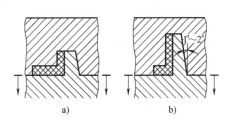

图 5-30 分型面对锁模力的影响

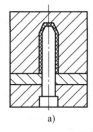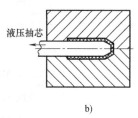

图 5-31 分型面对开模行程的影响

对于某些塑件，以上分型面选择原则有时可能相互矛盾，不能全部符合上述选择原则，在这种情况下，应根据实际情况，以满足塑件的主要要求为宜。

5.3 任务实施

1. 确定型腔数目及布局

由于肥皂盒塑件形状比较简单，质量较轻，生产批量大，所以可采用多型腔模具。综合肥皂盒材料、精度及经济性等多方面因素考虑，采用一模两腔的平衡式布局（图5-32），这样模具尺寸较小，生产率高，塑件质量可靠，成本较低。

2. 分型面选择

分型面应尽可能选择位于截面尺寸最大的部位，肥皂盒塑件的分型面选择如图5-32所示。采用设在定模的凹模成型肥皂盒的外表面，采用设在动模的型芯成型肥皂盒的内形，模具结构简单，便于脱模，可保证肥皂盒的外观质量，排气通畅。

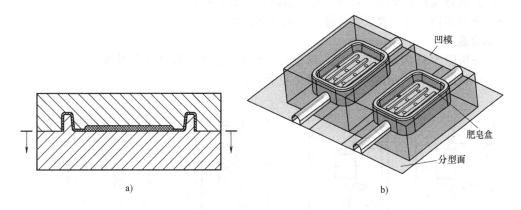

图 5-32 肥皂盒模具的分型面

a）肥皂盒模具分型面2D示意图 b）肥皂盒模具分型面3D示意图

5.4 任务训练与考核

1. 任务训练

如图1-38所示盒盖，请确定此塑件的模具型腔数目；画出此塑件的模具分型面，并说明模具分型面的选择依据。

2. 任务考核（表 5-1）

表 5-1　分型面确定任务考核卡

任务考核	考核内容	参考分值	考核结果	考核人
素质目标考核	遵守规则	5		
	课堂互动	10		
	团队合作	5		
知识目标考核	型腔数目确定方法	5		
	确定型腔数目需考虑的因素	10		
	分型面选择的一般原则	10		
	分型面概念	5		
	分型面形状	5		
	分型面设计要点	5		
能力目标考核	型腔数目确定	10		
	模具分型面示意图绘制	15		
	模具分型面选择依据	15		
小　计				

5.5　思考与练习

1. 简答题

（1）确定型腔数目需要考虑哪些因素？

（2）什么是模具分型面？它与塑件分型线有什么关系？

（3）分型面选择的一般原则有哪些？请举例说明。

2. 综合题

（1）分析图 5-33 所示的两个图，哪个分型面更容易保证尺寸 L 的精度？

（2）分析图 5-34 所示的分型面，哪个更利于排气？

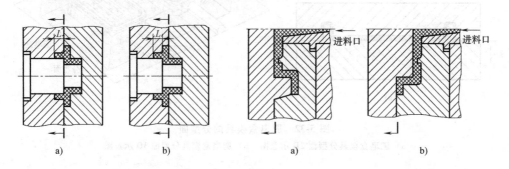

图 5-33　分型面对塑件尺寸的影响　　　　图 5-34　分型面是否利于排气

（3）如图 5-35 所示键盘按钮塑件，材料为 ABS（黑色），尺寸公差等级为 MT3，要求表面光滑、无划痕，生产 100 万件。请根据图 5-35 所示尺寸要求确定模具型腔数目；画出模具分型面，并说明分型面选择依据。

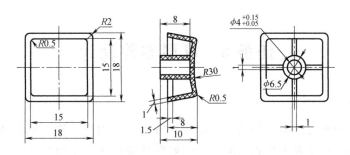

图 5-35　键盘按钮

任务6 成型零件设计

6.1 任务导入

随着注射机动模板的运动，模具动、定模在分型面处闭合，构成模具型腔。模具型腔决定制品的几何形状、尺寸大小和表面质量，构成模具型腔并与塑料直接接触的零件称为成型零件，也叫内模镶件。成型零件不仅要有正确的几何形状、较高的尺寸精度和较低的表面粗糙度值，而且还要有合理的结构和较高的强度、刚度和耐磨性。

本任务是针对图1-1所示的肥皂盒，合理设计模具成型零件的结构形式，准确计算成型零件的尺寸和公差，并保证其具有足够的强度、刚度。通过学习，具备正确设计模具成型零件的能力。

6.2 相关知识

6.2.1 成型零件结构设计

在注射模具中，用于成型塑件外表面的腔体零件称为凹模，如凹模板、凹模镶件、螺纹型环等。用于成型塑件内表面的零件称为型芯，包括主型芯、小型芯、螺纹型芯、侧型芯等。

1. 凹模结构设计

根据塑件成型的需要和加工装配的工艺要求，凹模有整体式和组合式两类。

（1）整体式凹模 整体式凹模直接在模板上加工而成，如图6-1所示。其特点是结构简单，成型的塑件质量较好；但是消耗的模具钢多，对于形状复杂的型腔，其机械加工工艺性较差。随着数控加工技术和电加工技术的发展与应用，整体式凹模的应用越来越多。日用品中的脸盆、水桶、储物箱等塑件的成型模具大多采用整体式凹模结构。

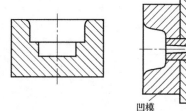

凹模

图6-1 整体式凹模

（2）组合式凹模 组合式凹模由两个或两个以上的零部件组合而成。常见的组合式凹模有以下几种：

1）嵌入式组合凹模 如图6-2所示，整体嵌入式凹模广泛用于批量生产、高精度要求及结构复杂塑件的模具。这种结构加工效率高，装拆方便，可以保证各个型腔的形状尺寸一致。图6-2a~c所示均为通孔台肩式结构，即凹模带有台肩，嵌入定模板后用垫板与螺钉紧固。如果凹模是回转体，则需要用销钉或键止转定位。图6-2b所示凹模采用销钉定位，结构简单，装拆方便。图6-2d所示凹模是盲孔式，凹模嵌入固定板后直接用螺钉定位，在固定板下部设计有装拆凹模用的工艺通孔，这种结构可省去垫板。

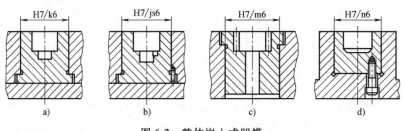

图6-2 整体嵌入式凹模

需要说明的是，H7/k6 为过渡配合。整体嵌入式凹模镶件需要修理或更换时，需通过压力机缓慢压出或压入（切勿使用锤子随意敲打）进行拆装，仍能保持 H7/k6 的配合精度。H7/m6 虽然在公差带上为过渡配合，但在模具中使用时为过盈配合（即凹模镶件配合部位的尺寸比模板上加工的安装孔尺寸大），装配时强行压入，拆下时强行压出，拆下之后的配合精度被破坏，所以 H7/m6 的配合精度只能使用一次。

为了加工方便，或由于某一部分容易损坏而导致凹模需要经常更换时，应采用局部嵌入式凹模。常见局部嵌入式凹模的结构如图 6-3 所示。图 6-3a 所示为异形凹模，先加工周围小孔，再在小孔内装入芯棒并加工大孔，之后取出芯棒，将型芯镶入小孔，与大孔组成凹模；图 6-3b 所示为局部凸起结构，将凸起结构单独加工，然后通过圆形槽或 T 形槽镶进圆形凹模内；图 6-3c、d 所示镶件为单独加工的型腔底部，用螺钉紧固；图 6-3e 所示为长条形凹模，用螺钉紧固；图 6-3f 所示镶件采用台肩式结构，底部需用垫板与螺钉紧固。

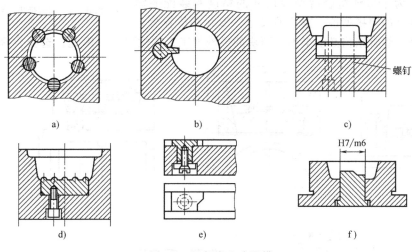

图 6-3 局部嵌入式凹模

2）镶拼组合式凹模。为了方便加工制造、研磨抛光、减少热处理变形及节约优质钢材，比较复杂或尺寸较大的型腔可以由几部分零部件镶拼而成。当凹模型腔的底部形状比较复杂或面积很大时，可将其底部与四周分离出来单独加工，以降低加工难度，如图 6-4 所示。

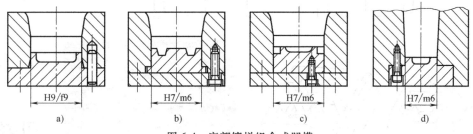

图 6-4 底部镶拼组合式凹模

对于大型和形状复杂的凹模，为了便于加工、利于淬透、减少热处理变形和节省模具钢，可将四壁和底板分别进行加工，再镶入模板，用垫板螺钉紧固，如图 6-5 所示。侧壁之间采用扣锁连接，以保证装配的准确性，减少塑料挤入接缝。

3）瓣合式凹模。对于侧壁带凹的塑件（如线圈骨架），为了便于脱模，可将凹模做成两瓣或多瓣组合形式，成型时瓣合，脱模时瓣开，如图 6-6 所示。常见的瓣合式凹模是两瓣组合式，由两瓣对拼镶块、定位销和模套组成，这种凹模通常称为哈夫（Half）凹模。图 6-6a 所示凹模用于移动式压缩模，使用时先将两拼块合拢，利用模套与拼块 8°~10° 的斜面配合而锁紧拼块，压制成型后松开模套，然后水平分开拼块，取出制品；图 6-6b 所示凹模用于单型腔压注小型塑件且成型压力不大的场合；图 6-6c 所示为多型腔的矩形凹模拼块；图 6-6d 和图 6-6e 所示为封闭式模套的瓣合模，利用 12° 斜面或斜滑槽分开拼块，取出制品，这种结构适用于成型尺寸较大的制品或多型腔成型压力较大的场合。图 6-6f 所示为立体的瓣合凹模，图 6-6g 所示为注射模的瓣合凹模实例，在实际生产中应用效果很好。

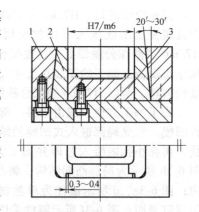

图 6-5　侧壁镶拼组合式凹模
1—模套　2—侧壁拼块　3—模底拼块

　　综上所述，采用组合式凹模可简化复杂凹模的加工工艺，减少热处理变形，有利于排气，便于模具维修，节省贵重的模具钢。为了保证组合后型腔尺寸的精度和装配的牢固、减少塑件上的镶拼痕迹，镶块的尺寸、形状和位置公差等级要求较高，组合结构必须牢固，镶块的机械加工工艺性要好。因此，选择合理的组合镶

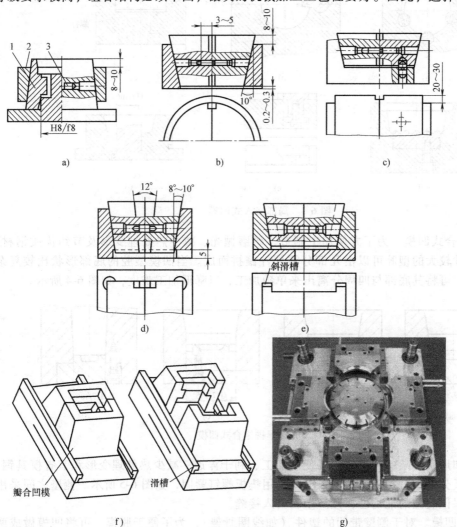

a)　　　　　　　　　　b)　　　　　　　　　　c)

d)　　　　　　　　　　e)

瓣合凹模

f)　　　　　　　　　　g)

图 6-6　瓣合式凹模
1—斜滑块　2—模套　3—导销

拼结构非常重要。

2. 型芯结构设计

型芯是用来成型塑件内形的零部件。一般将成型塑件整体内形的模具零部件称为主型芯，成型塑件某些局部特殊内形，或局部孔、槽等形状所用的模具零部件称为成型杆或小型芯。型芯的结构形式可分为整体式和组合式，组合式包括整体镶拼式和镶拼组合式等。

（1）整体式型芯　整体式型芯是指直接在动模板上加工出的型芯，典型结构如图 6-7 所示，其结构牢靠、不易变形、成型出来的塑件不会有镶拼接缝的痕迹。但型芯形状复杂时，不容易进行整体加工，而且消耗的模具材料较多，因此主要用于工艺试验或用作小型模具上形状简单的型芯。

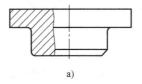

图 6-7　整体式型芯

（2）组合式型芯

1）整体镶拼式型芯。对于一些大中型塑件，为方便机械加工和热处理，或为节省优质模具材料，可以将凸模的成型部分与安装固定部分分开加工，然后再用紧固件连接起来形成整体镶拼式型芯，其典型结构如图 6-8 所示。图 6-8a 所示型芯结构用螺钉联接，结构简单；图 6-8b 所示结构采用局部嵌入固定，其牢固度较图 6-8a 所示结构好；图 6-8c 所示结构采用台阶连接，连接牢固，比较常用，但结构较复杂，为防止固定部分为圆形而成型部分为非圆形的型芯在固定板内转动，必须装防转销止转。

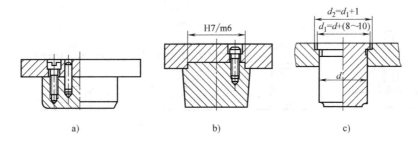

图 6-8　整体镶拼式型芯

2）镶拼组合式型芯。图 6-9 所示形状复杂的型芯，如果采用整体式结构，加工较困难，而采用镶拼组合式结构可简化加工工艺。镶拼组合式型芯的优缺点与镶拼组合式凹模的基本相同。设计和制造这类型芯时，必须注意保证拼块的加工和热处理工艺性，拼接必须牢靠严密。图 6-9a 中两个小型芯如果靠得太近，可采用图 6-9b 所示的结构，以免在热处理时薄壁处开裂。图 6-9c 所示为典型的组合式型芯。

（3）小型芯（成型杆）　小型芯用来成型塑料制品上的小孔或槽。小型芯单独制造后，再嵌入模板中，小型芯（包含螺纹小型芯）典型的固定结构如图 6-10 所示。其中图 6-10a 所示为铆接式结构，它可以防止型芯在制品脱模时被拔出，但熔体容易从 S 处渗入型芯底面，为防止发生这种现象，可将型芯嵌入固定板内一定距离，如图 6-10b 所示。图 6-10b 所示为压入式结构，是一种最简单的固定方式，但型芯松动后可能会被拔出。图 6-10c 所示的固定方式较为常用，型芯与固定板之间留有 0.5mm 的双边间隙，这是为了方便加工和装配，型芯下段加粗是为了提高小而长的型芯的强度。图 6-10d 所示为带推件板型芯的固定方法。图 6-10e 和图 6-10f 所示分别为采用顶销和紧定螺钉的固定方法。对于尺寸较大的型芯，可以采用图

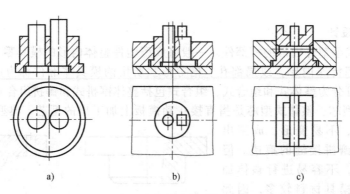

图 6-9　镶拼组合式型芯

6-10g~j所示的固定方法；当局部有小型芯时，可采用图 6-10k、l所示的固定方式，在小型芯下嵌入垫板，以缩短型芯尺寸及其配合长度。

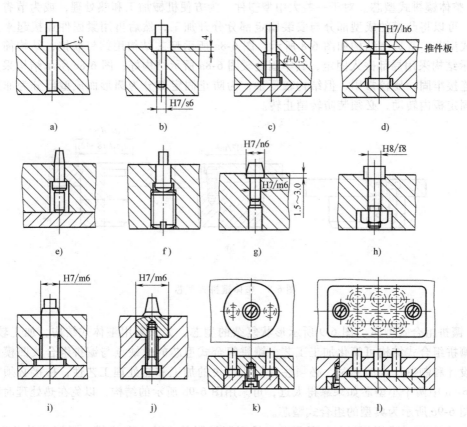

图 6-10　小型芯（含螺纹小型芯）典型的固定结构

　　多个紧密排列的小型芯用台肩固定时，如果台肩发生重叠干涉，可将台肩的干涉部分切去磨平，将型芯固定板的台阶孔加工成大圆台阶孔或长腰圆形台阶孔，然后再将型芯镶入其中，如图 6-11 所示。

　　对于异形型芯或异形成型镶块，可以只将成型部分按塑件形状加工，而将安装部分做成圆柱形或其他容易安装定位的形状。通常将连接固定部分做成圆柱形，并采用台阶固定（图 6-12a），或用螺母和弹簧垫圈固定（图 6-12b）。

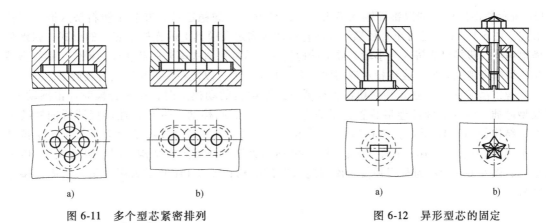

图 6-11 多个型芯紧密排列　　　　　图 6-12 异形型芯的固定

3. 螺纹型芯和螺纹型环的结构设计

塑件上的内螺纹采用螺纹型芯成型，外螺纹采用螺纹型环成型。螺纹型芯和螺纹型环还可以用来固定带螺孔和螺杆的嵌件。螺纹型芯和螺纹型环在塑件成型之后必须卸除，卸除方法分为强制脱卸、机动脱卸和手动脱卸三种类型。这里仅介绍手动脱卸螺纹型芯和螺纹型环的结构及其固定方法。

（1）螺纹型芯　螺纹型芯分为两类：一类用来成型塑件上的内螺纹；另一类用来在模内固定有内螺纹的金属嵌件。两种螺纹型芯在结构上没有本质区别，但前一种螺纹型芯在设计时要求塑件的收缩率、型芯表面粗糙度值要小（$Ra0.1\mu m$），始端和末端应按塑件结构要求设计；而后一种螺纹型芯在设计时不必考虑塑件收缩率，且表面粗糙度值可以大些（$Ra0.8\mu m$即可）。

螺纹型芯的固定结构形式如图 6-13 所示。图 6-13a~c 所示为成型内螺纹的螺纹型芯，图 6-13d~f 所示为固定螺纹嵌件的螺纹型芯。图 6-13a 所示是利用锥面定位和支撑的形式；图 6-13b 所示是利用大圆柱面定位和台阶支撑的形式；图 6-13c 所示是用圆柱面定位和垫板支撑的形式；图 6-13d 所示是利用嵌件与模具的接触面起支撑作用，防止型芯受压下沉的形式；图

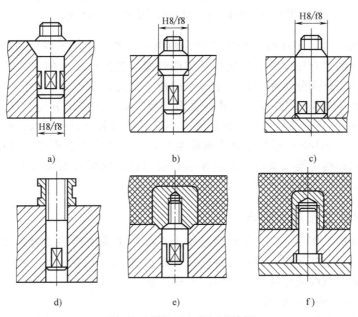

图 6-13 螺纹型芯的固定结构

6-13e 所示是将嵌件下端以锥面镶入模板中，以增强嵌件的稳定性，并防止塑料挤入嵌件螺孔的形式；图 6-13f 所示是将小直径螺纹嵌件直接插入固定在模具上的光杆型芯上的形式，因螺牙沟槽很细小，塑料仅能挤入一小段，并不妨碍使用，这样可省去模外脱卸螺纹的操作。螺纹型芯的非成型端应制成方形，或将相对应的两边磨成两个平面，以便在模外用工具将其旋下。

当螺纹型芯固定在立式注射机的上模或卧式注射机的动模上时，由于合模时冲击振动大，螺纹型芯插入时应有弹性连接装置，以免造成型芯脱落或移动。带有弹性连接装置的螺纹型芯安装结构如图 6-14 所示。图 6-14a、b 所示为豁口柄结构；图 6-14c 所示为弹簧钢丝定位结构，常用于直径为 5~10mm 的型芯；图 6-14d 所示为钢球弹簧固定结构，用于直径大于 10mm 的型芯；图 6-14e 所示为利用弹簧卡圈固定型芯的结构；图 6-14f 所示为用弹簧夹头固定型芯的结构。

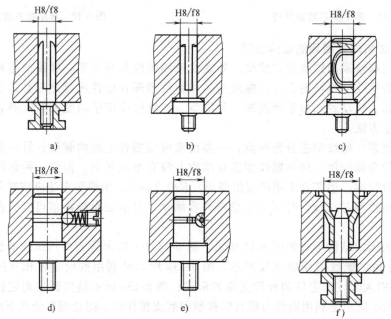

图 6-14　带弹性连接装置的螺纹型芯安装结构

（2）螺纹型环　螺纹型环按其用途也分为两类：一类直接用于成型塑件上的外螺纹；另一类则用来在模内固定有外螺纹的金属嵌件。两种螺纹型环在模内的安装固定方法如图 6-15 所示。螺纹型环的工作部分实际上相当于一个凹模，因此它也可分为整体式和组合式两种结构。图 6-16a 所示为整体式螺纹型环，其外表面呈台阶状，大端部分与模具上的固定孔配合，配合高度为 3~5mm，其余部分可加工成锥度；小端部分用来与扳手配合，以便成型后将制品与螺纹型环旋开。图 6-16b 所示为组合式螺纹型环，它由两瓣拼合而成，并用锁合导销定位；成型后，可将尖状卸模器楔入型环两边的楔形槽撬口内，使螺纹型环分开，这种方法快而省力，但会在成型的塑件外螺纹上留下难以修整的拼合痕迹。

6.2.2　成型零件工作尺寸确定

所谓成型零件的工作尺寸，是指成型零件上直接用于成型塑件部分的尺寸，主要有型腔和型芯的径向尺寸（包括矩形和异形零件的长和宽）、深度和高度尺寸、孔间距、孔或凸台至某成型表面的距离、螺纹成型零件的径向尺寸和螺距等。

1. 影响塑件尺寸精度的因素

（1）成型零件的制造误差　成型零件的制造精度直接影响塑件的尺寸精度，成型零件的

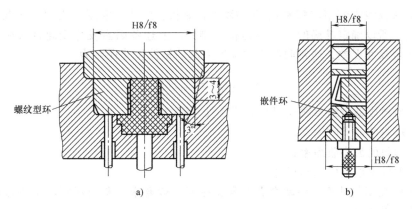

图 6-15 螺纹型环的类型及固定

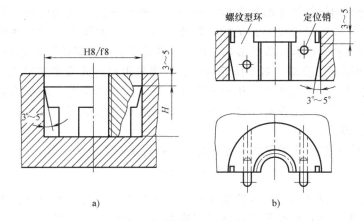

图 6-16 螺纹型环的结构

公差等级越低，塑件的尺寸公差等级也越低。实验表明，成型零件的制造公差约占塑件总公差的 1/3 左右，因而在确定成型零件的工作尺寸公差值时可取塑件尺寸公差的 1/3，即 $\delta_z = \Delta/3$（δ_z 为成型零件的制造公差，Δ 为塑件的尺寸公差）。组合式成型零件的制造公差应根据尺寸链加以确定。

（2）成型零件的磨损　成型零件磨损的结果是型腔尺寸变大，型芯尺寸变小，中心距基本保持不变。影响成型零件磨损的因素有脱模过程中塑件与成型零件表面的相对摩擦，熔体在充模过程中的冲刷，成型过程中可能产生的腐蚀性气体的锈蚀作用，以及由于上述原因造成成型零件表面粗糙度值变大而需打磨抛光导致的零件实体尺寸的减小。磨损程度还与塑料的品种、模具的材料及其热处理有关。上述影响磨损的诸因素中，塑件脱模过程中的摩擦磨损是主要的。因而，为了简化计算，垂直于脱模方向的成型零件表面可不考虑磨损，只考虑平行于脱模方向的表面的磨损。

计算成型零件的尺寸时，磨损量应根据塑件的产量，结合磨损的影响因素来确定。塑件生产批量小时，磨损量取小值，甚至可以不考虑磨损量；成型玻璃纤维等增强塑料时，磨损量应取较大值；成型摩擦因数小的热塑性塑料（如聚乙烯、聚丙烯、聚酰胺、聚甲醛）时，磨损量取小值；模具材料耐磨性好，表面若进行镀铬或氮化等强化处理，磨损量可取小值。对于中小型塑件，最大磨损量可取塑件尺寸公差的 1/6，即 $\delta_c = \Delta/6$（δ_c 为成型零件允许的最大磨损量）；对于大型塑件，则取 $\Delta/6$ 以下。

（3）成型收缩率的偏差和波动　所谓成型收缩率，系指室温下塑件尺寸与模具型腔尺寸的相对差。塑料成型收缩率与塑料品种，塑件的形状、尺寸、壁厚，成型工艺条件，模具结构等因素有关，所以确定准确的收缩率是很困难的。上述各因素发生变化都会引起收缩率的波动，进而产生尺寸误差，通常收缩率波动所引起的塑件尺寸误差为

$$\delta_s = (s_{max} - s_{min})L_S \qquad (6-1)$$

式中　δ_s——塑料成型收缩率波动引起的塑件尺寸误差；

　　　s_{max}——塑料的最大收缩率；

　　　s_{min}——塑料的最小收缩率；

　　　L_S——塑件室温下的基本尺寸。

由于实际收缩率与计算收缩率会有差异，按照一般要求，塑料成型收缩率波动所引起的误差应小于塑件公差的 1/3。

（4）成型零件的安装配合误差　模具成型零件的安装误差，或成型过程中成型零件配合间隙的变化，都会影响塑件尺寸的精确性。例如，上模与下模，或动模与定模合模位置不准确，就会影响塑件壁厚等尺寸误差；又如，螺纹型芯如果按间隙配合安放在模具中，制品中螺纹孔的位置公差就会受配合间隙的影响。成型零件的安装配合误差以 δ_j 表示。

（5）水平飞边厚度的波动　对于压缩模塑，如果采用溢料式或半溢料式模具，其飞边厚度常因成型工艺条件的变化而变化，从而导致制品高度尺寸的误差。对于传递模塑和注射模塑，水平飞边厚度很薄，甚至没有飞边，故对制品高度尺寸影响不大。水平飞边厚度的波动所造成的误差以 δ_f 表示。

综上所述，塑件可能产生的最大误差 δ 为上述各种误差的总和。即

$$\delta = \delta_z + \delta_c + \delta_s + \delta_j + \delta_f \qquad (6-2)$$

由此看来，塑件的尺寸精度难以精确保证。设计塑件时，其公差的选择不仅要从塑件的装配和使用需要出发，而且要充分考虑塑件在成型过程中可能产生的误差。换句话说，塑件的公差要求受可能产生的误差限制。塑件的公差值应大于或等于上述各因素所引起的积累误差，即

$$\Delta \geqslant \delta \qquad (6-3)$$

否则将给模具制造和成型工艺条件的控制带来困难。

在一般情况下，以上影响塑件尺寸公差的因素中，成型零件的制造误差、成型零件的磨损和收缩率的波动是主要的。而且并不是塑件的所有尺寸都受上述各因素的影响。例如，采用整体式凹模成型时，塑件的外径尺寸（宽或长）只受 δ_z、δ_c、δ_s 的影响，而高度尺寸则受 δ_z、δ_s 的影响（压缩模塑制品的高度尺寸还受 δ_f 的影响）。

还应该注意到，收缩率波动引起的误差值 δ_s 是随着塑件尺寸的增大而增大的。因此，当生产大型塑件时，收缩率的波动对塑件公差影响很大。在这种情况下，应着重设法稳定工艺条件并选择收缩率波动较小的塑料，单靠提高成型零件的制造精度是不经济的。相反，当生产小型塑件时，模具成型零件的制造精度和磨损对塑件公差的影响较突出，因此，应注意提高成型零件的制造精度并减少磨损量。在精密成型中，如何减小成型工艺条件的波动是一个很重要的问题，单纯地根据塑件的公差来确定模具成型零件的尺寸公差是难以达到要求的。

2. 型芯、型腔工作尺寸的确定

在一般情况下，成型零件的制造误差、磨损和成型收缩率的波动是影响塑件公差的主要因素，成型零件的工作尺寸应根据以上三项因素进行计算。

（1）成型零件工作尺寸的一般计算方法　成型零件工作尺寸的计算方法有两种：一种是按平均收缩率、平均制造公差和平均磨损量进行计算；另一种是按极限收缩率、极限制造公

差和极限磨损量进行计算。前一种计算方法简便，但可能有误差，在精密塑件的模具设计中受到一定限制；后一种计算方法能保证所成型的塑件在规定的公差范围内，但计算比较复杂。下面介绍基于参数平均值的计算方法。

在计算成型零件的工作尺寸时，塑件和成型零件的尺寸均取单边极限，如果塑件的公差带为双向分布，则按这个要求加以换算。而中心距尺寸应按公差带对称分布的原则进行计算。

图 6-17 所示为模具成型零件工作尺寸与塑件尺寸的关系。

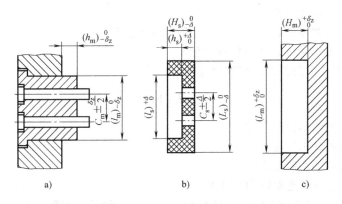

图 6-17 成型零件工作尺寸与塑件尺寸的关系
a）型芯尺寸 b）塑件尺寸 c）型腔尺寸

1）型腔内形径向尺寸

$$L_{\mathrm{m}} = \left(L_{\mathrm{s}} + L_{\mathrm{s}}S - \frac{3}{4}\Delta \right)_{0}^{+\delta_{\mathrm{z}}} \tag{6-4}$$

2）型腔深度尺寸

$$H_{\mathrm{m}} = \left(H_{\mathrm{s}} + H_{\mathrm{s}}S - \frac{2}{3}\Delta \right)_{0}^{+\delta_{\mathrm{z}}} \tag{6-5}$$

3）型芯外形径向尺寸

$$l_{\mathrm{m}} = \left(l_{\mathrm{s}} + l_{\mathrm{s}}S + \frac{3}{4}\Delta \right)_{-\delta_{\mathrm{z}}}^{0} \tag{6-6}$$

4）型芯高度尺寸

$$h_{\mathrm{m}} = \left(h_{\mathrm{s}} + h_{\mathrm{s}}S + \frac{2}{3}\Delta \right)_{-\delta_{\mathrm{z}}}^{0} \tag{6-7}$$

5）中心距尺寸

$$C_{\mathrm{m}} = \left(C_{\mathrm{s}} + C_{\mathrm{s}}S \right) \pm \frac{1}{2}\delta_{\mathrm{z}} \tag{6-8}$$

式中 L_{m}——型腔的内形径向尺寸，公差为 $_{0}^{+\delta_{\mathrm{z}}}$；

L_{s}——塑件的外形径向尺寸，公差为 $_{-\Delta}^{0}$；

H_{m}——型腔的深度尺寸，公差为 $_{0}^{+\delta_{\mathrm{z}}}$；

H_{s}——塑件的高度尺寸，公差为 $_{-\Delta}^{0}$；

l_{m}——型芯的外形径向尺寸，公差为 $_{-\delta_{\mathrm{z}}}^{0}$；

l_{s}——塑件的内形径向尺寸，公差为 $_{0}^{+\Delta}$；

h_{m}——型芯的高度尺寸，公差为 $_{-\delta_{\mathrm{z}}}^{0}$；

h_s——塑件的内形高度尺寸，公差为 $^{+\Delta}_{0}$；

C_m——成型零件的中心距尺寸，公差为 $\pm\frac{1}{2}\delta_z$；

C_s——塑件的中心距尺寸，公差为 $\pm\frac{1}{2}\Delta$；

S——塑料的平均收缩率；

Δ——塑件的尺寸公差；

δ_z——模具成型零件的制造误差，一般取 $\delta_z = \Delta/3$。

（2）成型零件工作尺寸的其他估算方法

1）塑件尺寸为自由公差时，型腔尺寸为

$$L_m = L_s(1+S) \tag{6-9}$$

式中　L_m——型腔的内形径向尺寸；

　　　L_s——塑件的基本尺寸；

　　　S——塑料的平均收缩率。

型腔的尺寸公差等级通常取 IT6~IT8。

2）塑件尺寸为非自由公差时，有两种估算方法：一种是对型腔的基本尺寸按照自由公差条件计算，但型腔的尺寸公差取塑件尺寸公差的 $\frac{1}{3}$~$\frac{1}{2}$；另一种方法是对型腔的基本尺寸按照下面的公式进行计算

$$L_m = \frac{L_{smax}+L_{smin}}{2}\times(1+S) \tag{6-10}$$

式中　L_{smax}——塑件的最大极限尺寸；

　　　L_{smin}——塑件的最小极限尺寸。

型腔的尺寸公差仍然取塑件尺寸公差的 $\frac{1}{3}$~$\frac{1}{2}$，精密注射模常采用这种方法计算。

3. 螺纹型芯和螺纹型环工作尺寸的确定

螺纹联接的种类很多，配合性质也不相同。对于塑料螺纹来说，影响其联接的因素很复杂，目前尚无塑料螺纹的统一标准，也没有成熟的计算方法，因而目前要满足塑料螺纹配合的准确要求，难度较大。

下面介绍米制普通螺纹型芯和螺纹型环工作尺寸的计算方法，对应的几何参数如图6-18所示。

（1）螺纹型芯工作尺寸计算　按照平均值计算法计算，螺纹型芯的中径、大径、小径、螺距计算公式如下：

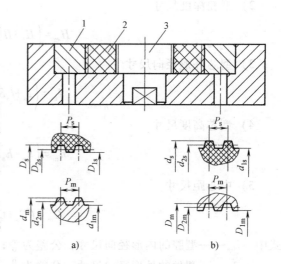

图 6-18　螺纹型芯和螺纹型环的几何参数
1—螺纹型环　2—塑件　3—螺纹型芯

$$中径\ d_{2m} = (D_{2s}+D_{2s}S+b)\ ^{0}_{-\delta_z} \tag{6-11}$$

$$大径\ d_m = (D_s+D_sS+b)\ ^{0}_{-\delta_z} \tag{6-12}$$

$$小径\ d_{1m} = (D_{1s}+D_{1s}S+b)\ ^{0}_{-\delta_z} \tag{6-13}$$

$$\text{螺距 } P_{\mathrm{m}} = (P_{\mathrm{s}} + P_{\mathrm{s}}S) \pm \frac{1}{2}\delta_{\mathrm{z}}' \tag{6-14}$$

式中　$d_{2\mathrm{m}}$、d_{m}、$d_{1\mathrm{m}}$、P_{m}——分别为螺纹型芯的中径、大径、小径、螺距；

$\quad\quad D_{2\mathrm{s}}$、$D_{\mathrm{s}}$、$D_{1\mathrm{s}}$、$P_{\mathrm{s}}$——分别为塑件内螺纹的中径、大径、小径、螺距的基本尺寸；

$\quad\quad S$——塑料的平均收缩率；

$\quad\quad b$——塑件内螺纹中径公差，目前因为我国尚无塑料螺纹的公差标准，可参照金属螺纹公差标准中精度最低者选用，其值可查公差标准 GB/T 197—2003；

$\quad\quad \delta_{\mathrm{z}}$——螺纹型芯的直径制造公差，对于螺纹型芯中径，其值应小于塑件的公差值，一般取 $\delta_{\mathrm{z}} = b/5$，或查表 6-1；对于螺纹型芯大径、小径，一般取 $\delta_{\mathrm{z}} = b/4$，或查表 6-1；

$\quad\quad \delta_{\mathrm{z}}'$——螺纹型芯的螺距制造公差，其值可查表 6-2。

表 6-1　普通螺纹型芯和螺纹型环的直径制造公差

螺纹类型	螺纹直径（d 或 D）/mm	制造公差 δ_x/mm		
		大径	中径	小径
粗牙	3~12	0.03	0.02	0.03
	14~33	0.04	0.03	0.04
	36~45	0.05	0.04	0.05
	48~68	0.06	0.05	0.06
细牙	4~22	0.03	0.02	0.03
	24~52	0.04	0.03	0.04
	56~68	0.05	0.04	0.05

表 6-2　螺纹型芯和螺纹型环的螺距制造公差

螺纹直径（d 或 D）/mm	配合长度 L/mm	制造公差 δ_x'/mm
3~10	≤12	0.01~0.03
12~22	>12~20	0.02~0.04
24~68	>20	0.03~0.05

（2）螺纹型环工作尺寸计算　按照平均值计算法计算，螺纹型环中径、大径、小径的计算公式如下：

$$\text{中径 } D_{2\mathrm{m}} = (d_{2\mathrm{s}} + d_{2\mathrm{s}}S - b)_{\;0}^{+\delta_{\mathrm{z}}} \tag{6-15}$$

$$\text{大径 } D_{\mathrm{m}} = (d_{\mathrm{s}} + d_{\mathrm{s}}S - b)_{\;0}^{+\delta_{\mathrm{z}}} \tag{6-16}$$

$$\text{小径 } D_{1\mathrm{m}} = (d_{1\mathrm{s}} + d_{1\mathrm{s}}S - b)_{\;0}^{+\delta_{\mathrm{z}}} \tag{6-17}$$

式中　$D_{2\mathrm{m}}$、D_{m}、$D_{1\mathrm{m}}$——分别为螺纹型环的中径、大径、小径；

$\quad\quad d_{2\mathrm{s}}$、$d_{\mathrm{s}}$、$d_{1\mathrm{s}}$——分别为塑件外螺纹的中径、大径、小径的基本尺寸；

$\quad\quad S$——塑料的平均收缩率；

$\quad\quad b$——塑件外螺纹中径公差，与螺纹型芯工作尺寸计算中的塑件内螺纹中径公差的取值方法相同；

$\quad\quad \delta_{\mathrm{z}}$——螺纹型环的直径制造公差，对于螺纹型环中径，其值应小于塑件的公差值，一般取 $\delta_{\mathrm{z}} = b/5$，或查表 6-1；对于螺纹型环大径、小径，一般取 $\delta_{\mathrm{z}} = b/4$，或查表 6-1。

螺纹型环的螺距计算与螺纹型芯的螺距计算完全相同。

由于考虑了塑料的收缩率，计算所得螺距带有不规则的小数，加工这样的螺纹型芯和螺纹型环很困难。为此，当收缩率相同或相近的塑料外螺纹与塑料内螺纹相配合时，计算螺距时可以不考虑收缩率。当塑料螺纹与金属螺纹配合时，可在中径公差范围内，用上述方法加大型芯中径或缩小型环中径（大径和小径也同样按比例增大或减小）来补偿塑料螺纹螺距的累计误差，但配合使用的螺纹长度 L 有一定限制，其极限值为

$$L_{max} \leqslant \frac{0.432b}{S} \tag{6-18}$$

式中 L_{max}——配合使用的螺纹极限长度；

b——塑料螺纹的中径公差；

S——塑料的平均收缩率。

虽然特殊螺距的螺纹型芯和螺纹型环加工困难，但必要时还是可以采用在车床上配置特殊齿数的变速交换齿轮等方法进行加工。

6.2.3 成型零件的强度、刚度计算

1. 计算成型零件强度、刚度时考虑的要素

型腔侧壁和底板厚度过小，可能因强度不够而产生塑性变形，甚至破坏，也可能因刚度不足而产生挠曲变形，导致溢料和飞边，从而降低塑件尺寸精度并影响顺利脱模。因此，应通过强度和刚度计算来确定型腔壁厚，尤其对于精度要求高的大型模具型腔，更不能单纯地凭经验来确定型腔壁厚和底板厚度。

理论分析和生产实践表明，对于大尺寸模具型腔，刚度不足是主要矛盾，型腔壁厚应以满足刚度条件为准；而对于小尺寸的模具型腔，在其发生弹性变形之前，内应力往往已经超过许用应力，因而强度不足是主要矛盾，所以，设计型腔壁厚应以满足强度为准。

型腔的强度计算条件是型腔在各种受力形式下的应力值不得超过模具材料的许用应力，即 $\sigma_{max} \leqslant [\sigma]$。型腔的刚度计算条件是型腔的弹性变形不超过允许变形量，即 $\delta_{max} \leqslant [\delta]$，计算条件主要基于以下三方面考虑：

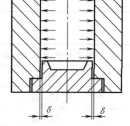

图 6-19 型腔弹性变形与溢料的发生

（1）成型过程不发生溢料 当高压熔体注入型腔时，模具型腔的某些配合面会产生可能发生溢料的间隙，如图 6-19 所示。这时，应根据塑料的黏度特性，在不发生溢料的前提下，将允许的最大间隙 $[\delta]$ 作为型腔的刚度条件。不发生溢料的间隙值见表 6-3。

（2）保证塑件的尺寸精度 对精度高的塑件要求模具型腔具有良好的刚性，以保证塑料熔体注入型腔时不产生过大的弹性变形。此时，型腔的允许变形量 $[\delta]$ 受塑件尺寸和公差的限制。由塑件尺寸精度确定的型腔的允许变形量见表 6-4。

表 6-3 不发生溢料的间隙值 $[\delta]$

黏度特性	塑料品种举例	型腔允许变形量$[\delta]$/mm
低黏度塑料	PA、PE、PP、POM	$\leqslant 0.025 \sim 0.04$
中等黏度塑料	PS、ABS、PMMA	$\leqslant 0.05$
高黏度塑料	PC、PSF、PPE	$\leqslant 0.06 \sim 0.08$

表 6-4　保证塑件尺寸精度的型腔允许变形量

塑件尺寸/mm	型腔允许变形量[δ]/mm	塑件尺寸/mm	型腔允许变形量[δ]/mm
≤10	$\Delta_i/3$	>200~500	$\Delta_i/[10\times(1+\Delta_i)]$
>10~50	$\Delta_i/[3\times(1+\Delta_i)]$	>500~1000	$\Delta_i/[15\times(1+\Delta_i)]$
>50~200	$\Delta_i/[5\times(1+\Delta_i)]$	>1000~2000	$\Delta_i/[20\times(1+\Delta_i)]$

注：i 为塑件尺寸公差等级，由表 1-4 选定；Δ 为塑件公差值，由表 1-3 选定。Δ_i 为 i 级公差等级的公差值。

（3）保证塑件顺利脱模　如果型腔刚度不足，成型时变形大，当变形量超过塑件的收缩量时，塑件周边将被型腔紧紧包住而难以脱模。此时，型腔的允许变形量应小于塑件壁厚的收缩量，即

$$[\delta]<tS \tag{6-19}$$

式中　$[\delta]$——保证塑件顺利脱模的型腔允许变形量；

　　　t——塑件壁厚；

　　　S——塑料成型收缩率。

在一般情况下，塑料的收缩率较大，型腔的弹性变形量不会超过塑料冷却时的收缩值，因此，型腔的刚度要求主要是由不溢料和塑件尺寸精度来决定的。

以强度计算所需壁厚和以刚度计算所需壁厚相等时的型腔内腔尺寸即为强度计算和刚度计算的分界值。在分界值不明确的情况下，则应该按照强度条件和刚度条件分别计算出壁厚，然后取较大值作为型腔的壁厚。

2. 强度和刚度校核

表 6-5 列出了典型型腔、型芯部分结构尺寸基于强度条件和刚度条件的计算公式，表中各个符号的意义如下：

p——型腔压力（MPa）；

E——模具钢材的弹性模量，一般中碳钢 $E=2.1\times10^5$ MPa，预硬化模具钢 $E=2.2\times10^5$ MPa；

$[\sigma]$——模具钢材的许用应力，一般中碳钢 $[\sigma]=160$ MPa，预硬化模具钢 $[\sigma]=300$ MPa；

μ——模具钢材的泊松比，一般 $\mu=0.25$；

$[\delta]$——成型零件的许用变形量（mm）；

r——凹模型腔内径或型芯外圆的半径（mm）；

R——凹模的外部轮廓半径（mm）；

l——凹模型腔的内孔（矩形）长边尺寸（mm）；

L——型芯的长度或模具支承块（垫块）的间距（mm）；

H_1——凹模型腔的深度（mm）；

H——凹模外侧的高度（mm）；

b——凹模型腔的内孔（矩形）短边尺寸，或其底面的受压宽度（mm）；

B——凹模外侧底面的宽度（mm）；

t——凹模型腔侧壁的计算厚度（mm）；

h——凹模型腔底部的计算厚度（mm）。

系数 c、c'、a、a' 的取值见表 6-6~表 6-9。

表 6-5　凹模型腔侧壁和底板厚度、型芯半径的计算公式

类型		图　示	部位	按强度条件计算	按刚度条件计算
圆形凹模	整体式		侧壁	$t=r\left(\sqrt{\dfrac{[\sigma]}{[\sigma]-2p}}-1\right)$	$t=r\left(\sqrt{\dfrac{\dfrac{E[\delta]}{rp}-(\mu-1)}{\dfrac{E[\delta]}{rp}-(\mu+1)}}-1\right)$
			底板	$h=r\sqrt{\dfrac{3p}{4[\sigma]}}$	$h=\sqrt[3]{\dfrac{0.175pr^4}{E[\delta]}}$
	镶拼组合式		侧壁	$t=r\left(\sqrt{\dfrac{[\sigma]}{[\sigma]-2p}}-1\right)$	$t=r\left(\sqrt{\dfrac{\dfrac{E[\delta]}{rp}-(\mu-1)}{\dfrac{E[\delta]}{rp}-(\mu+1)}}-1\right)$
			底板	$h=r\sqrt{\dfrac{1.22p}{[\sigma]}}$	$h=\sqrt[3]{\dfrac{0.74pr^4}{E[\delta]}}$
矩形凹模	整体式		侧壁	$t=H_1\sqrt{\dfrac{ap}{[\sigma]}}$	$t=\sqrt[3]{\dfrac{cpH_1^4}{E[\delta]}}$
			底板	$h=b\sqrt{\dfrac{a'p}{[\sigma]}}$	$h=\sqrt[3]{\dfrac{c'pb^4}{E[\delta]}}$
	镶拼组合式		侧壁	$t=l\sqrt{\dfrac{pH_1}{2H[\sigma]}}$	$t=\sqrt[3]{\dfrac{pH_1l^4}{32EH[\delta]}}$
			底板	$h=L\sqrt{\dfrac{3pb}{4B[\sigma]}}$	$h=\sqrt[3]{\dfrac{5pbL^4}{32EB[\delta]}}$
型芯	悬臂式		半径	$r=2L\sqrt{\dfrac{p}{\pi[\sigma]}}$	$r=\sqrt[3]{\dfrac{pL^4}{\pi E[\delta]}}$
	悬臂+简支梁		半径	$r=L\sqrt{\dfrac{p}{\pi[\sigma]}}$	$r=\sqrt[3]{\dfrac{0.0432pL^4}{\pi E[\delta]}}$

表 6-6　系数 c 取值

H_1/l	c	H_1/l	c
0.3	0.930	0.9	0.045
0.4	0.570	1.0	0.031
0.5	0.330	1.2	0.015
0.6	0.188	1.5	0.006
0.7	0.117	2.0	0.002
0.8	0.073		

表 6-7　系数 c' 取值

l/b	c'	l/b	c'
1	0.0138	1.6	0.0251
1.1	0.0164	1.7	0.0260
1.2	0.0188	1.8	0.0267
1.3	0.0209	1.9	0.0272
1.4	0.0226	2.0	0.0277
1.5	0.0240		

表 6-8　系数 a 取值

L/H_1	0.25	0.50	0.75	1.0	1.5	2.0	3.0
a	0.020	0.081	0.173	0.321	0.727	1.266	2.105

表 6-9　系数 a' 取值

L/b	1.0	1.2	1.4	1.6	1.8	2.0	∞
a'	0.3078	0.3834	0.4356	0.4680	0.4872	0.4974	0.5000

　　由于型腔壁厚计算比较麻烦，附表 3 和附表 4 分别列举了矩形和圆形型腔壁厚的经验推荐数据，供设计者参考。

6.3　任务实施

1. 成型零件结构设计

　　肥皂盒（图 1-1）尺寸中等，生产批量大，成型肥皂盒外形的凹模采用整体嵌入的组合式结构，并用螺钉与定模板紧固；成型肥皂盒内形的型芯采用台肩固定的整体镶拼式结构，将其固定在动模板上，底部由模架上的垫板进行强度和刚度支撑。肥皂盒的成型零件结构如图 6-20 所示。

2. 成型零件工作尺寸计算

　　常用的成型零件工作尺寸计算方法有平均值法和极限值法两种，由于平均值法计算比较简单，在此根据平均值法进行计算。

　　根据表 2-1 查得聚丙烯（PP）的收

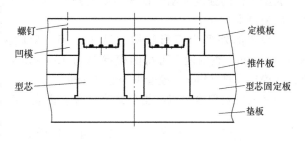

图 6-20　肥皂盒的成型零件结构示意图

缩率为 $1.0\% \sim 2.5\%$ ，则可知聚丙烯材料的平均收缩率 $S = \dfrac{1.0 + 2.5}{2} \times 100\% = 1.75\%$ 。根据成型

零件工作尺寸计算公式可知：制造误差 $\delta_z = \dfrac{\Delta}{3}$ ，磨损误差 $\delta_c = \dfrac{\Delta}{6}$ ，其中 Δ 为塑件的尺寸公差。

由于肥皂盒的尺寸较多，计算较为麻烦，在此，只重点展示肥皂盒关键的几个尺寸，而圆角、漏水孔、凸台、斜度等相关尺寸在此略过。

查表 1-4 可知聚丙烯材料常用的精度等级，由于肥皂盒的尺寸精度要求不高，可以选择一般精度或者低精度，在此选择一般精度，即 MT5 级。由表 1-3 可查得肥皂盒各个尺寸的相关公差值。型芯、型腔的工作尺寸计算见表 6-10。

表 6-10 肥皂盒成型零件工作尺寸计算

成型零件	肥皂盒尺寸/mm	计算公式	成型零件工作尺寸/mm
凹模型腔	$128^{\ 0}_{-1.28}$	$L_m = \left(L_s + L_s S - \dfrac{3}{4}\Delta \right)^{+\delta_z}_{\ \ 0}$	$129.28^{+0.43}_{\ \ 0}$
	$88^{\ 0}_{-1.00}$	$L_m = \left(L_s + L_s S - \dfrac{3}{4}\Delta \right)^{+\delta_z}_{\ \ 0}$	$88.79^{+0.33}_{\ \ 0}$
	$103^{\ 0}_{-1.14}$	$L_m = \left(L_s + L_s S - \dfrac{3}{4}\Delta \right)^{+\delta_z}_{\ \ 0}$	$103.95^{+0.38}_{\ \ 0}$
	$63^{\ 0}_{-0.74}$	$L_m = \left(L_s + L_s S - \dfrac{3}{4}\Delta \right)^{+\delta_z}_{\ \ 0}$	$63.55^{+0.25}_{\ \ 0}$
	$32^{\ 0}_{-0.56}$	$H_m = \left(H_s + H_s S - \dfrac{2}{3}\Delta \right)^{+\delta_z}_{\ \ 0}$	$32.19^{+0.19}_{\ \ 0}$
型芯	$17^{+0.38}_{\ \ 0}$	$h_m = \left(h_s + h_s S + \dfrac{2}{3}\Delta \right)^{\ \ 0}_{-\delta_z}$	$17.55^{\ \ 0}_{-0.13}$
	58 ± 0.37	$C_m = (C_s + C_s S) \pm \dfrac{1}{2}\delta_z$	59.02 ± 0.12
	19 ± 0.22	$C_m = (C_s + C_s S) \pm \dfrac{1}{2}\delta_z$	19.33 ± 0.07
	57 ± 0.37	$C_m = (C_s + C_s S) \pm \dfrac{1}{2}\delta_z$	58.00 ± 0.12

3. 成型零件的强度和刚度校核

成型零件的强度和刚度校核实质上是以强度和刚度为条件来计算成型零件所需的侧壁厚度和底板厚度。

肥皂盒的外形为矩形结构，尺寸中等，型腔采用组合式结构，型腔内壁短边尺寸为 $88.79^{+0.33}_{\ \ 0}$ mm，查附表 3 可得凹模壁厚为 $13 \sim 14$ mm，模套壁厚为 $40 \sim 45$ mm，在此均选较大值，凹模壁厚选 14mm，模套壁厚选 45mm。

型腔的底板厚度可以根据公式来计算。由表 6-5 可知型腔底板厚度按照强度条件的计算公式为 $h = L\sqrt{\dfrac{3pb}{4B\ [\ \sigma\ ]}}$ 。L 取型腔长边，由表 6-10 得 129.28mm；b 为型腔短边，为 88.79mm；B 为底板宽度，为 $(88.79 + 14 + 14)$ mm $= 116.79$ mm。肥皂盒材料为 PP，可知型腔压力 p 为

24.5MPa。$[\sigma]$ 为模具钢材的许用应力，选预硬化模具钢 P20，$[\sigma]=300$MPa。则底板厚度为

$$h=L\sqrt{\dfrac{3pb}{4B[\sigma]}}=129.28\sqrt{\dfrac{3\times24.5\times88.79}{4\times116.79\times300}}\text{mm}=27.90\text{mm}$$

6.4　任务训练与考核

1. 任务训练

针对图 1-38 所示的盒盖，请：（1）设计其成型零件的结构，并绘出成型零件的结构示意图；（2）计算型芯和型腔的工作尺寸；（3）进行成型零件的强度和刚度校核。

2. 任务考核（表 6-11）

表 6-11　成型零件设计任务考核卡

任务考核	考核内容	参考分值	考核结果	考核人
素质目标考核	遵守规则	5		
	课堂互动	10		
	团队合作	5		
知识目标考核	凹模结构	5		
	型芯结构	5		
	成型零件工作尺寸计算	20		
	型腔底板和侧壁厚度计算	5		
	成型零件强度、刚度校核	5		
能力目标考核	凹模、型芯结构设计	10		
	成型零件工作尺寸计算	20		
	成型零件结构示意图	10		
小　计				

6.5　思考与练习

1. 简答题

（1）什么是凹模和型芯？绘出整体嵌入（镶拼）式凹模和型芯的三种基本结构，并标上配合精度。

（2）整体式凹模、型芯与组合式凹模、型芯有什么区别？

（3）小型芯常用的固定方法有哪几种形式？分别适用于什么场合？

（4）影响成型零件工作尺寸的因素有哪些

（5）型腔侧壁和底板厚度的计算依据是什么？

（6）螺纹型芯在结构设计上应注意哪些问题？

（7）在设计组合式螺纹型环时应注意哪些问题？

2. 综合题

（1）图 6-21 所示的壳体塑件，材料为 ABS，大批量生产，未注圆角为 $R1$mm。试确定其型芯、凹模结构，计算出型芯、型腔的工作尺寸，并绘制其结构简图。

（2）图 6-22 所示的盒盖塑件，已知制品收缩率为 $0.4\%\sim0.8\%$，$\delta_z=\Delta/3$，$\delta_c=\Delta/6$。请：①按照平均值法计算该塑料制品注射模型芯与型腔的工作尺寸，计算结果保留到小数点后第

二位；②绘出成型零件的结构示意图，并标注工作尺寸。

（3）根据图 6-23 所示的塑件形状与尺寸，计算成型零件的工作尺寸。已知制品收缩率为 0.5%，$\delta_z = \Delta/3$。

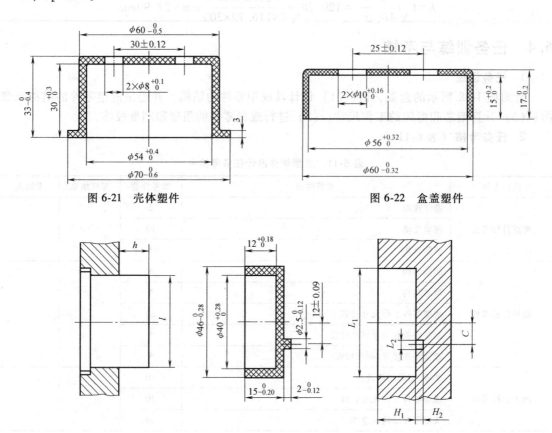

图 6-21　壳体塑件　　　　　　　　　　　　图 6-22　盒盖塑件

图 6-23　塑件及成型零件工作尺寸

任务 7 浇注系统设计

7.1 任务导入

模具浇注系统的作用是让塑料熔体在高压条件下快速进入模具型腔，实现型腔填充。模具的进料方式、浇口的形式和数量，往往决定了模架的规格型号。浇注系统的设计合理与否直接影响成型塑件的外观、内部质量、尺寸精度和成型周期，其重要性不言而喻。

本任务是针对图 1-1 所示的肥皂盖，合理设计其成型模具的浇注系统。通过学习，掌握浇注系统设计的相关知识，具备合理设计模具浇注系统的能力。

7.2 相关知识

模具的浇注系统是指从注射机喷嘴到模具型腔入口的一段熔体通道，可分为普通流道浇注系统和热流道浇注系统两大类型。普通流道浇注系统又分为侧浇口浇注系统和点浇口浇注系统。热流道浇注系统的熔体经过热流道板和喷嘴直接由浇口进入型腔，具体结构将在后文介绍。本部分内容主要介绍普通流道浇注系统。

7.2.1 浇注系统的组成及设计原则

1. 浇注系统的组成

注射模结构不同，浇注系统的组成也有所不同，但通常由主流道、分流道、浇口及冷料穴四个部分组成。特殊情况下可不设分流道或冷料穴。图 7-1 所示为卧式注射机常用模具的普通浇注系统，图 7-2 所示为角式注射机常用模具的普通浇注系统。

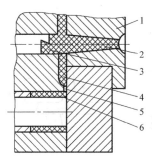

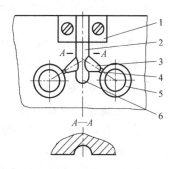

图 7-1 卧式注射机常用模具的普通浇注系统
1—主流道衬套 2—主流道 3—冷料穴
4—分流道 5—浇口 6—型腔

浇注系统

图 7-2 角式注射机常用
模具的普通浇注系统
1 镶块 2 主流道 3—分流道
4—浇口 5—型腔 6—冷料穴

（1）主流道 主流道是指从注射机喷嘴与模具接触的部位到分流道为止的一段流道。它与注射机喷嘴在同一轴线上，熔体在主流道中不改变流动方向。主流道是熔融塑料最先经过的流道，它的大小直接影响熔体的流动速度和充模时间。

（2）分流道 分流道是介于主流道和浇口之间的一段流道。它是熔体由主流道流入型腔的过渡通道，也是浇注系统的截面发生变化和熔体流动转向的过渡通道。

（3）浇口 浇口是分流道与型腔之间最狭窄短小的一段流道。浇口既能使由分流道流入的熔体加速，形成理想的流动状态而充满型腔，又便于注射成型后的制品与浇口分离。

（4）冷料穴　注射成型操作是周期性的。在注射成型间歇时间内，喷嘴口部有冷料产生，为了防止在下一次注射成型时，冷料被带进型腔而影响制品质量，一般在主流道或分流道的末端设置冷料穴，以储藏冷料并使熔体顺利充满型腔。

2．浇注系统的设计原则

设计注射模时，浇注系统应遵循以下基本原则：

（1）适应塑料的工艺特性　应深入了解塑料的工艺特性，以便设计出适合塑料工艺特性的理想的浇注系统，保证塑料制品的质量。

（2）排气良好　排气的顺利与否直接影响成型过程和制品质量。排气不畅会导致充型不满或产生明显的熔接痕等缺陷。因此，浇注系统应该引导熔体顺利充满型腔，并在填充过程中不产生紊流或湍流，使型腔内的气体顺利地排出。

（3）流程要短　在保证成型质量和满足良好排气的前提下，尽量缩短熔体的流程并减少拐弯，以减少熔体压力和热量的损失，保证充填型腔的压力和速度，缩短填充及冷却时间，提高效率，减少塑料用量。对于大型塑料制品，可采用多浇口进料，从而缩短流程。

（4）避免料流直冲型芯或嵌件　高速熔体进入型腔时，要尽量避免料流直冲型芯或嵌件，防止型芯或嵌件变形和位移。

（5）修整方便，保证制品外观质量　设计浇注系统时要结合制品大小、结构形状、壁厚及技术要求，确定浇注系统的结构形式、浇口数量和位置，保证浇口去除、修整方便，无损制品的美观和使用。例如电视机、录音机等电器外壳，浇口绝不能开设在对外观有严重影响的外表面上，而应设在隐蔽处。

（6）防止塑料制品变形　冷却收缩的不均匀性或多点浇口进料可能会引起制品变形，设计时应采取适当的浇注系统和浇口位置，以减少或消除制品变形。

（7）浇注系统在分型面上的投影面积和容积应尽量小　这样既能减少塑料用量，又能减小所需的锁模力。

（8）浇注系统的位置尽量关于模具的轴线对称，浇注系统与型腔的布置应尽量减小模具的尺寸。

7.2.2　主流道设计

1．主流道的结构设计

主流道直径的大小与塑料流速及充模时间的长短有密切关系。直径太大时，容易造成回收冷料过多，冷却时间增长，而流道空气过多也会造成气泡和组织松散，容易产生涡流和冷却不足，熔体的热量损失增大、流动性降低，注射压力损失增大，造成成型困难；直径太小时，则熔体的流动阻力增大，同样不利于成型。

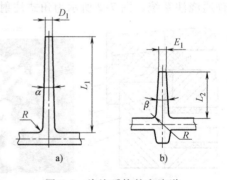

图 7-3　浇注系统的主流道
a）侧浇口浇注系统主流道
b）点浇口浇注系统主流道

侧浇口浇注系统和点浇口浇注系统中的主流道形状大致相同，但尺寸有所不同。典型浇注系统的主流道如图 7-3 所示，其中，D_1、$E_1 = 3 \sim 6mm$，$R = 1 \sim 3mm$，$\alpha = 2° \sim 6°$，$\beta = 6° \sim 10°$。

热塑性塑料用主流道，一般在浇口套内，浇口套可做成单独镶件，镶在定模板上；但一些小型模具也可直接在定模板上开设主流道，而不使用浇口套。浇口套可分为两板模浇口套和三板模浇口套两大类。

（1）两板模浇口套　两板模浇口套是标准件，通常根据模具成型塑件所需的塑料质量、浇口套长度来选择。所需塑料多时，浇口套选大些，反之选小些。主流道的锥度根据浇口套的长度来选择，以方便浇口套末端孔径与主流道的直径相匹配。一般情况下，浇口套的直径根据模架尺寸选取，模架尺寸为400mm×400mm以下，选用$D=12$mm（或1/2in）的浇口套；模架尺寸为400mm×400mm以上，选用$D=16$mm（或5/8in）的浇口套。浇口套的长度由模板的厚度确定。两板模浇口套的装配形式如图7-4所示。

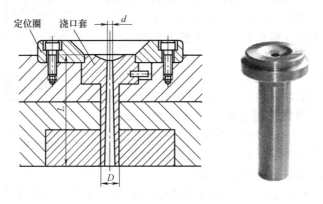

图7-4　两板模浇口套装配图

（2）三板模浇口套　三板模浇口套内的主流道较短，模架不需要安装定位圈。三板模浇口套的装配形式如图7-5所示。三板模浇口套在开模时要脱离流道推板，因此设计成90°锥面与之配合，以减少合模时的摩擦，外径D与两板模浇口套外径尺寸相同。

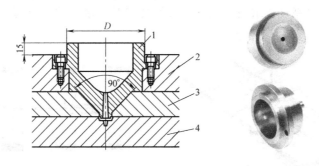

图7-5　三板模浇口套装配图
1—浇口套　2—定模座板　3—流道推板　4—定模板

2. 主流道的设计原则

（1）主流道的长度越短越好　主流道越短，模具排气负担越轻，流道凝料越少，成型周期越短，熔体的能量（温度和压力）损失越少。尤其对于点浇口浇注系统和流动性差的塑料，主流道应尽可能短。

（2）主流道采用圆锥形，便于脱模　如图7-6所示，锥度需适当，锥度太大造成熔体流速减小，形成涡流，易混入空气，产生气孔；锥度过小，会使流速增大，造成注射困难，还会使主流道凝料脱模困难。主流道的表面粗糙度通常为$Ra0.8\sim1.6\mu m$。

（3）主流道尺寸要满足装配要求　如图7-6所示，在注射成型时，为了避免主流道与注射机喷嘴之间发生溢料而影响脱模，主流道小端直径D_1要比注射机喷嘴前端孔径D_2大0.5~1mm，大端直径比最大分流道直径大10%~20%；主流道小端球面半径R_1比注射机喷嘴球面半径R_2大1~2mm，以保证塑料熔体能顺利进入流道。

（4）主流道应设计在浇口套内　尽量避免将主流道直接做在模板上，可采用镶拼结构，注意防止塑料进入接缝而造成脱模困难。

（5）主流道应尽量和模具中心重合　这样有利于浇注系统的对称布置。

7.2.3　分流道设计

分流道起分流和转向作用。侧浇口浇注系统的分流道布置在分型面上，点浇口浇注系统的分流道布置在流道推板和定模板之间的分型面以及定模板内的竖直方向上。

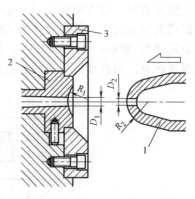

图 7-6　注射机喷嘴与浇口套
1—注射机喷嘴　2—浇口套　3—定位圈

在一模多腔的模具中，分流道的设计必须解决如何使塑料熔体对所有型腔同时填充的问题。如果所有型腔的体积、形状相同，分流道最好采用等截面和等距离；反之，在流速相等的条件下，必须采用不等截面来实现流量不等，使所有型腔几乎同时充满。有时还可以通过改变流道长度来调节阻力大小，保证型腔同时充满。

熔融塑料在分流道中流动时，热量损失要尽可能小，流动阻力要尽可能低，并将熔体均衡地分配到各个型腔。

1．分流道的布置

（1）按分流道特性分类

1）平衡布置。平衡布置是指熔体进入各型腔的距离相等。因为这种布置使各型腔可以在相同的注射工艺条件下同时充满，同时冷却，同时固化，制品收缩率相同，有利于保证制品的尺寸精度，所以制品精度要求较高或有互换性要求时，多型腔注射模一般都要求采用平衡布置，如图 7-7 所示。

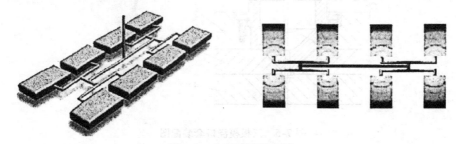

图 7-7　分流道平衡布置

2）非平衡布置。非平衡布置是指熔体进入各型腔的距离不相等。其优点是分流道整体布置较简洁，缺点是各型腔难以做到同时充满，制品收缩率难以达到一致，因此它常用于制品精度要求一般、没有互换性要求的多型腔注射模，如图 7-8 所示。

在非平衡布置中，如果能够合理改变分流道的截面大小或浇口宽度，也可以保证各型腔同时进料或几乎同时充满。可以将靠近主流道的分流道的直径适当取小一些，或者将靠近主流道的型腔的浇口宽度（注意不是深度）适当取小一点，达到各型腔进料平衡，但这种平衡进料只是微调，很难完全做到真正的平衡进料。

（2）按型腔排位的形状分类

1）"O"形。模具中每个型腔均匀分布在同一圆周上，如图 7-9 所示，其分流道布置属平衡布置。有利于保证制品的尺寸精度，但不能充分利用模具的有效面积，不便于冷却系统的设计。

2）"H"形。有平衡布置和非平衡布置两种，如图 7-10 所示。分流道平衡布置的各型腔

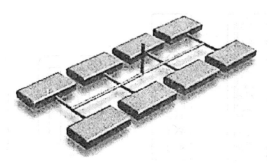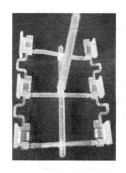

图 7-8　分流道非平衡布置

同时进料，有利于保证制品的尺寸精度；但分流道转折多，流程较长，压力损失和热量损失较大，适用于 PP、PE 和 PA 等塑料。分流道非平衡布置的型腔排列紧凑，分流道设计简单，便于冷却系统的设计，但浇口大小必须调整，以保证各型腔几乎同时充满。

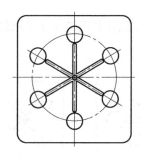

图 7-9　"O"形型腔排位

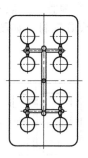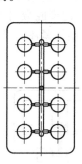

图 7-10　"H"形型腔排位

3）"X"形。如图 7-11 所示，"X"形型腔排位的分流道转折较少，热量损失和压力损失较少，但对模具面积的利用不如"H"形充分。

4）"S"形。"S"形分流道可满足模具温度与压力的平衡，但流程较长，适用于滑块对开多型腔模具的分流道排列。如图 7-12 所示，对于平板类制品，如果熔体直冲型腔，制品易产生蛇纹等流痕，而采用"S"形分流道可避免此类问题。

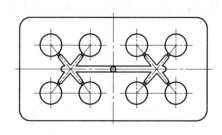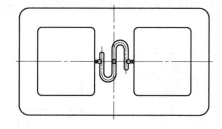

图 7-11　"X"形型腔排位　　　　　　　　　图 7-12　"S"形型腔排位

2. 型腔的排列方式及分流道布置原则

注射模型腔的排列和分流道布置，在实际设计中应遵循以下原则：

1）力求平衡、对称。一模多腔的模具，尽量采用平衡布置，使各型腔在相同温度下同时充模，如图 7-13 所示。流道要平衡布置，图 7-14b 和图 7-15a 所示的结构更合理。大小不同的制品应该对称布置，保证模具型腔的压力和温度平衡，使注射压力中心与锁模力中心（主流道中心）重合，防止产生飞边，图 7-16b 所示的结构更合理，而图 7-16a 所示的布局不合理。

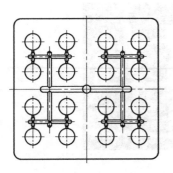

图 7-13　型腔平衡布置

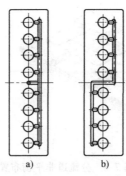

图 7-14　流道平衡布置 1

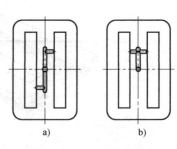

图 7-15　流道平衡布置 2

2）分流道尽可能短，以降低浇注系统凝料比例、缩短成型周期和减少热量损失。

3）对于高精度制品，型腔数目应尽可能少。因为每增加一个型腔，制品精度将下降 5%，精密模具的型腔数目以 4 个为宜，一般不超过 8 个。

4）结构紧凑，节约模具钢材。如图 7-17 所示，图 7-17b 所示结构比图 7-17a 所示结构更合理。

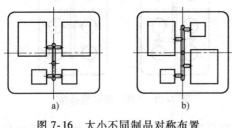

图 7-16　大小不同制品对称布置

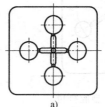

图 7-17　紧凑布置

5）一副模具成型的塑件，不管是同一种产品，还是不同的产品，都尽量将大的塑件或塑件的大端靠近主流道的位置，如图 7-18 所示。图 7-18a 所示为不同塑件的型腔排列方式，大的塑件靠近主流道便于成型；图 7-18b 所示为相同塑件的型腔排列方式，塑件大端靠近主流道较好。

6）高度相差悬殊的制品不宜排在一起，会影响产品注射成型及模具压力平衡，如图 7-19 所示。

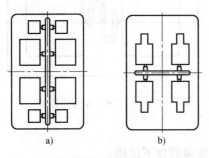

图 7-18　大塑件或塑件大端靠近主流道

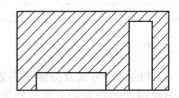

图 7-19　型腔深度相差太大

3. 分流道的截面形状

分流道的截面形状有很多种，因塑料种类和模具结构不同而异，如圆形、半圆形、梯形、"U" 形、矩形和正六边形。常用的形状有圆形、梯形和 "U" 形。

在选取分流道截面形状时，必须确保在压力损失最小的情况下，使塑料熔体以较快速度注入型腔。截面形状按流道流动效率从高到低的排列顺序是圆形、正六边形、"U"形、矩形、梯形、半圆形。但按流道加工难度从易到难的排列顺序是矩形、梯形、半圆形、"U"形、正六边形、圆形，这是因为圆形、正六边形流道都要在分型面所对应的两块模板上加工。

综合考虑各截面形状分流道的流动效率及成型效果，通常采用以下三种截面形状的分流道：

（1）圆形截面　一般用比表面积来衡量流道的流动效率，比表面积越小，流动效率越高。流道比表面积是指周长与截面面积的比值（即流道表面积与其体积的比值）。圆形截面的孔口做成15°是为了防止流道口出现倒刺而影响流道凝料脱模。

圆形截面分流道的优点是比表面积最小，体积大而与模具的接触面积小，阻力小，有助于熔融材料的流动并可减少热量传导，广泛应用于侧浇口模具中（有推件板的侧浇口模具除外）。缺点是需同时开设在动、定模上，而且要互相吻合，故制造较困难，较费时。

（2）梯形截面　梯形截面分流道的优点是在模具的单侧进行加工，较省时。一般应用在以下三个方面：①三板式点浇口模具中设计在流道推板和定模板之间的分流道；②带有瓣合凹模的侧浇口模具中设计在瓣合凹模分型面上的分流道；③有推件板的两板模中设计在凹模上的分流道。

与相同截面积的圆形截面分流道比较，梯形截面分流道的缺点是与模具有较大的接触面积，加大了熔体与分流道的摩擦力及热量损失。

（3）"U"形截面　"U"形截面分流道的流动效率低于圆形与正六边形截面，但加工容易，又比圆形和正六边形截面流道容易脱模，所以"U"形截面分流道具有优良的综合性能。"U"形截面分流道中，熔料与分流道的摩擦力及热量损失较梯形截面分流道要小，是梯形截面的改良。能用梯形截面分流道的场合都可以采用"U"形截面分流道。"U"形截面外形尺寸 H 可与圆形截面的直径 D 相等。

上述三种分流道的截面形状及设计参数见表7-1。

表7-1　常用分流道的截面形状及设计参数

分流道截面形状	(圆形截面图，标注15°、D)	(梯形截面图，标注B、15°、H、$R0.5$)	("U"形截面图，标注10°~20°、H)
设计参数/mm	常用 D 值：$\phi3$、$\phi4$、$\phi5$、$\phi6$、$\phi8$、$\phi10$	<table><tr><td>B</td><td>H</td></tr><tr><td>3</td><td>2.5</td></tr><tr><td>4</td><td>3</td></tr><tr><td>5</td><td>4</td></tr><tr><td>6</td><td>5</td></tr><tr><td>8</td><td>6</td></tr></table>	常用 H 值：3、4、5、6、8、10

4. 分流道的截面尺寸

塑件的材料及尺寸不同，分流道截面尺寸也会不同，但必须保证分流道的比表面积最小。表7-2为常用塑料的圆形截面分流道直径尺寸。

表 7-2　常用塑料的圆形截面分流道直径

塑料	分流道直径/mm	塑料	分流道直径/mm
ABS、AS	4.8~9.5	PP	4.8~9.5
POM	3.2~9.5	PE	1.6~9.5
PMMA	8.0~9.5	PPE	6.4~9.5
耐冲击 PMMA	8.0~12.7	PS	3.2~9.5
PA	1.6~9.5	PVC	3.2~9.5
PC	4.8~9.5		

在设计分流道截面尺寸时，应考虑以下因素：

1) 制品的大小、壁厚、形状。制品的质量及投影面积越大，壁厚越厚时，分流道截面积应设计得大一些，反之，应设计得小一些。

2) 塑料的工艺性能。对于流动性好的塑料，如 PP、PE、PS、PS-HI、ABS、PA、POM、AS 和 PE-C 等，分流道截面积可适当取小一些；对于流动性差的塑料，如 PC、未增塑 PVC、PPE 和 PSU 等，分流道应设计得短一些，截面积应大一些，而且尽量采用圆形截面流道，以减小熔体在分流道内的损失。常见壁厚为 1.5~2.0mm 的塑件，采用圆形截面分流道的直径一般为 3.5~7.0mm；对于流动性好的塑料，分流道很短时，直径最小可取 2.5mm；对于流动性差的塑料，分流道较长时，直径可取 8~10mm。实验证明，对于多数塑料，分流道直径在 5mm 以下时，增大直径对熔体流动性能的改善影响最大；但直径为 8.0mm 以上时，再增大直径，对改善塑料流动性的影响很小，而且，分流道直径超过 10mm 时，流道熔体难以冷却，效率较低。

3) 为了减小流道的阻力以及实现正常的保压，要求流道在不分支时，截面面积不应有很大的突变。流道的最小横截面积必须大于浇口处的最小截面积。

4) 分流道应修正方便。设计流道时，应先取较小尺寸，以便试模后有修正余量。

5. 分流道的设计要点

(1) 尽量减少熔体的能量损失　分流道的长度应尽量短，容积（截面面积）应尽可能小，转角处应采用圆弧过渡。

(2) 分流道末端应设计冷料穴　冷料穴用以容纳冷料和防止空气进入，冷料穴上一般会设置拉料杆，以便于流道凝料脱模。

(3) 分流道应尽量采用平衡布置　一模多腔时，若各型腔相同或大致相同，应尽量采用平衡布置，各型腔的分流道流程应尽量相等，以保证各型腔同时充满；如果分流道采用非平衡布置，或因配套等原因导致各型腔的体积不相同时，一般可通过改变分流道的截面尺寸来调节流量，以保证各型腔同时充满。

(4) 薄片制品成型时应避免熔体直冲型腔　镜面透明制品（如 PS、PMMA、PC）的熔体不能直冲型腔，一般通过"S"形分流道（图 7-20），或采用扇形浇口（图 7-21）进料，避免制品表面产生蛇纹、震纹等缺陷。

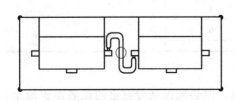

图 7-20　"S"形分流道

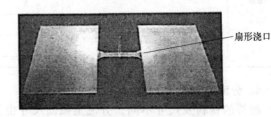

图 7-21　扇形浇口

（5）合理确定表面粗糙度　成型热塑性塑料时，分流道表面不必修得很光滑，表面粗糙度 Ra 值一般为 $1.6\mu m$ 即可，这样，流道内料流的外层流速较低，容易冷却而形成固定表皮层，有利于流道保温（相当于外层塑料起绝热层作用）。而成型热固性塑料时，分流道表面粗糙度 Ra 值要求尽可能小，因为热固性塑料注射成型时，分流道不需要形成固定表皮层。

7.2.4　拉料杆与冷料穴设计

1. 拉料杆的设计

拉料杆的作用是开模时将流道凝料留在需要的地方。拉料杆按其结构分为直身拉料杆、钩形拉料杆、球头拉料杆、圆锥拉料杆和塔形拉料杆等；按其装配位置又分为主流道拉料杆和分流道拉料杆。

（1）主流道拉料杆的设计　一般只有侧浇口浇注系统的主流道才用拉料杆，其作用是将主流道内的凝料拉出，确保将浇注系统凝料、制品留在动模一侧。图 7-22a 所示为钩形（Z形）拉料杆，开模时，由于钩形部分将凝料钩住，可使主流道凝料从主流道衬套中脱出。因拉料杆的另一端固定在推杆固定板上，所以在推出制品的同时将凝料从动模中一同推出。取出制品时，手动朝着钩形部分的侧向稍加移动，就可将浇注系统凝料和制品一起取下。这种拉料杆常与推杆、推管等推出机构同时使用，但不适用于制品形状受限制、脱模时不能左右移动的情况。

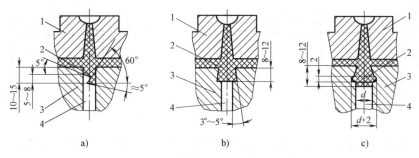

图 7-22　拉料杆和底部带推杆的冷料穴
1—定模　2—冷料穴　3—动模　4—拉料杆（推杆）

起相同作用的还有倒锥形冷料穴（图 7-22b）和圆环槽冷料穴（图 7-22c）。开模时，倒锥和圆环槽部分起拉料作用，然后利用推杆强制推出制品和凝料。显然，这两种结构在取出主流道凝料时无须做横向移动，因而可实现自动化操作。但倒锥和圆环槽尺寸不宜太大，宜按图 7-22b、c 所示的尺寸确定。这两种结构适用于弹性较好的塑料成型。

有推件板和没有推件板的主流道拉料杆是不同的。有推件板的拉料杆用于制品以推件板推出的模具中。如图 7-23a 所示，熔体进入冷料穴后紧包在球头上，开模时，球头将主流道凝料从主流道衬套中拉出。由于球头拉料杆的另一端固定在型芯固定板上，并不随推件板移动，因此，推件板推动制品时也将主流道凝料从球头上强行脱出。为了减小球头的制造难度，由球头拉料杆演变出菌形拉料杆（图 7-23b）和锥形拉料杆（图 7-24）两种形式。锥形拉料杆无储存冷料的作用，靠塑料收缩的包紧力将主流道凝料拉出，所以可靠性较差；但其锥形可起分流作用，常用于带有中心孔制品的单型腔模，如齿轮注射模。

（2）分流道拉料杆的设计

1）侧浇口浇注系统分流道的拉料杆即推杆，其直径等于分流道直径，安装在推杆固定板上。

2）点浇口浇注系统分流道的拉料杆如图 7-25 所示，用无头螺钉固定在定模座板上，直径为 5mm（或 3/16in），头部磨成球形，其作用是在流道推板和定模板分离时，将浇口凝料拉

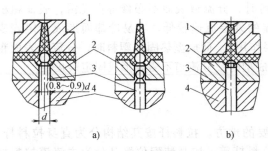
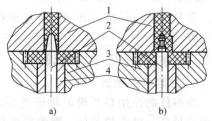

图 7-23　有推件板模具的拉料杆和冷料穴
1—凹模　2—推件板　3—拉料杆　4—动模板

图 7-24　锥形拉料杆
1—凹模　2—拉料杆（推管型芯）
3—动模板　4—推管

出定模板，使浇口凝料和制品自动切断。

3）侧浇口模具有推件板时，则分流道必须设在凹模上。如图 7-26 所示，拉料杆固定在动模板或动模板内的镶件上，直径为 5mm（或 3/16in），头部磨成球形。

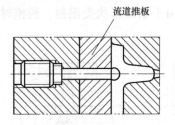
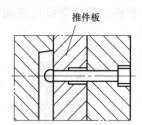

图 7-25　点浇口浇注系
统分流道拉料杆

图 7-26　有推件板的侧浇
口浇注系统拉料杆

使用拉料杆时应注意：①一套模具中若使用多个钩形拉料杆，拉料杆的钩形方向要一致。对于在脱模时无法做横向移动的制品，应避免使用钩形拉料杆；②流道处的钩形拉料杆，必须预留一定的空间作为冷料穴，一般预留尺寸如图 7-22 所示；③使用球头形拉料杆时，应注意图 7-27 所示的 D、L 尺寸。若尺寸 D 较小，拉料杆的头部会阻滞塑料的流动；若尺寸 L 较小，流道脱离拉料杆时易拉裂。增大尺寸 D 的方法，一是采用直径较小的拉料杆，但拉料杆直径不宜小于 4mm；二是减小尺寸 H，一般要求 H 大于 3.0mm；三是增大尺寸 R；四是增大分流道局部尺寸，如图 7-28 所示。

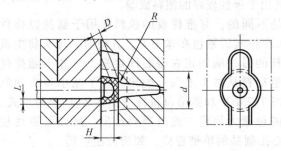
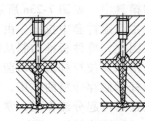

图 7-27　球头形拉料杆尺寸

图 7-28　增大分流道局部尺寸

2. 冷料穴的设计

冷料穴是为储存因熔体与低温模具接触而在料流前锋产生的冷料而设置的，这些冷料如果进入型腔将减慢熔体填充速度，影响制品的成型质量。冷料穴一般设置在主流道的末端和较长分流道的末端。

一般情况下，主流道冷料穴圆柱体的直径为5~6mm，深度为5~6mm。对于大型制品，冷料穴的尺寸可适当增大。分流道冷料穴的长度为1~1.5倍的流道直径，如图7-29所示。

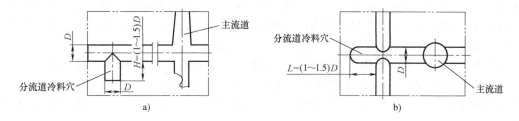

图7-29   分流道冷料穴

除了底部带推杆的冷料穴和推件板推出的冷料穴外，还有无拉料杆的冷料穴。对于具有垂直分型面的注射模（两边抽芯的哈夫模），冷料穴置于左右两半模的接触面上，开模时分型面左右分开，制品与冷料一起拔出，冷料穴不必设置拉料杆，如图7-30所示。分流道的冷料穴一般采用图7-29所示的两种形式。图7-29a所示结构将冷料穴设在动模的深度方向上；图7-29b所示结构将分流道在分型面上延伸成为冷料穴。

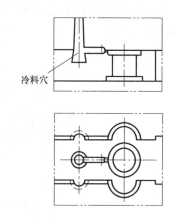

图7-30   无拉料杆的冷料穴

7.2.5 浇口的设计

浇口的基本作用是使从分流道来的熔体加速，以快速充满型腔。由于一般浇口尺寸比型腔尺寸小得多，所以熔体总是在浇口处先凝固，只要保压时间足够，熔体凝固封闭后的浇口就能防止熔料倒流，而且也便于浇口凝料与制品的分离。

浇口在大多数情况下是整个浇注系统中截面尺寸最小的（除直浇口外）。当熔体通过狭小浇口时，其剪切速率增大，同时由于摩擦作用，熔体温度升高，黏度降低，流动性提高，有利于充填型腔，获得外形清晰的塑料制品。

浇口的形式、大小、数量及位置的确定在很大程度上决定制品质量的好坏，也影响成型周期的长短。一般来说，小浇口优点较多，应用较广泛。其优点是可以加快熔体通过的流速，使充模容易，对于熔体黏度对剪切速率较敏感的塑料（如聚乙烯、聚苯乙烯、ABS等），尤其有利；小浇口对熔体有较大的摩擦阻力，结果使熔体温度明显上升，黏度降低，流动性增强，有利于薄壁复杂制品的成型；小浇口可以控制并缩短保压补缩时间，以减小制品内应力，防止变形和破裂；对于多型腔模具，小浇口可以做到各型腔同时充模，使制品性能一致；小浇口便于流道凝料与制品的分离，便于自动切断浇口和修整制品。小浇口的缺点是熔体流动阻力大，压力损失大，会延长充模时间，因此对于成型收缩率大的高黏度塑料、要求补缩作用强的塑料以及热敏性塑料的成型，浇口尺寸不宜过小。如果浇口横截面尺寸过小，压力损失大，冷凝快，补缩困难，会造成制品缺料，产生缩孔等缺陷，甚至还会产生熔体破裂，形成喷射现象，使制品表面凹凸不平。对于热敏性塑料，如聚氯乙烯，当浇口尺寸过小时，在浇口处的塑料会因过热而变质，在这种情况下，应适当增大浇口横截面；但浇口过大时，注射速度降低，熔体温度下降，制品可能产生明显的熔接痕和表面云层。因此，浇口尺寸必须根据塑料特性、制品结构及尺寸等因素确定。

常见的浇口截面形状有矩形和圆形，矩形和圆形的形状和尺寸精度容易保证，加工方便，因而应用较广。一般浇口的横截面积与分流道的横截面积之比为0.03~0.09，浇口的表面粗

糙度 Ra 值不大于 $0.4\mu m$。

1. 浇口的类型

注射模的浇口结构形式较多,按浇口宽度可分为窄浇口和宽浇口;按浇口特征可分为非限制浇口(又称直浇口或主流道型浇口)和限制浇口;按浇口在制品中的位置可分为中心浇口和侧浇口;按浇口形状可分为扇形浇口、环形浇口、盘形浇口、轮辐式浇口、薄片式浇口、点浇口;按浇口的特殊性又可分为潜伏式浇口、护耳浇口等。

(1)侧浇口 侧浇口又称普通浇口,或大水口,或边缘浇口,如图 7-31 所示。一般情况下,侧浇口均开设在模具的分型面上,即从制品侧面边缘进料。通过调整浇口尺寸,可控制剪切速率和浇口封闭时间,是一种被广泛采用的浇口形式。侧浇口的横截面形状通常为矩形。

侧浇口适用于多种塑料的成型,如 PE、PP、未增塑 PVC、PC、PS、PA、POM、ABS、PMMA 等,尤其适用于一模多腔的模具,更为方便。需要注意的是,侧浇口深度尺寸的微小变化可使塑料熔体的流量发生较大改变。所以,侧浇口的尺寸精度对成型制品的质量及生产率有很大影响。

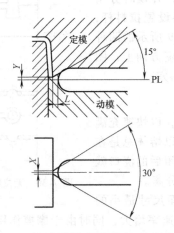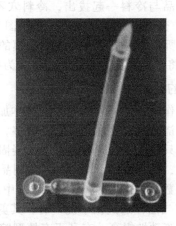

图 7-31　侧浇口

1)侧浇口的特点:侧浇口具有与成型制品分离容易、分流道较短、加工修正方便等优点。但是,侧浇口的位置容易受到一定的限制,浇口到型腔的局部距离有时较长,熔体压力损失较大;流动性差的塑料(如 PC)容易出现充填不足或半途固化;对于平板状或面积较大的制品,由于浇口狭小,易出现气泡或流痕等不良现象;去除浇口时易留下明显痕迹。

2)侧浇口设计参数:侧浇口应设计成锥面形状,如图 7-31 所示,其长、宽、高经验值见表 7-3。

表 7-3　侧浇口有关参数的经验值

塑件质量/g	浇口高度 Y/mm	浇口宽度 X/mm	浇口长度 L/mm
0~5	0.25~0.5	0.75~1.5	0.5~0.8
5~40	0.5~0.75	1.5~2	0.5~0.8
40~200	0.75~1	2~3	0.8~1
>200	1~1.2	3~4	1~2

3）侧浇口的演变形式

① 搭接式浇口。搭接式浇口也称重叠式浇口，是侧浇口的一种演变形式，具有侧浇口的各种优点，结构如图 7-32 所示，W 等于分流道直径，$L = 0.5 \sim 2mm$。它是典型的冲击型浇口，可有效防止塑料熔体的喷射流动，如图 7-33 所示。对于平板类制品，若采用图 7-33a 所示的浇口，塑件表面容易产生纹痕，而采用图 7-33b 所示的搭接式浇口，塑料熔体喷到型腔表面时会受阻，从而改变方向，降低流速，能够均匀填充型腔。搭接式浇口不能实现浇口和制品的自行分离，容易留下明显的浇口痕迹。

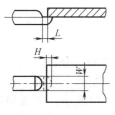

图 7-32 搭接式浇口

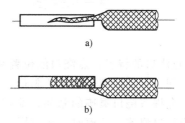

a)

b)

图 7-33 避免产生喷射

② 扇形浇口。浇口从分流道到型腔方向逐渐放大呈扇形，如图 7-34 所示，适用于平板类、壳形和盒形制品，如标尺、盖板、托盘等。其流程较短，充填效果较好。扇形浇口沿进料方向逐渐变薄变宽，与制品连接处最薄，熔体均匀地通过长约 1mm 的台阶进入型腔；同时浇口宽度在与制品连接处最宽，其扇形角大小的选取以不产生涡流为原则。浇口的厚度由制品的形状、尺寸及塑料特性确定，一般 $a = 0.25 \sim 1mm$，或取制品厚度 t 的 $1/3 \sim 2/3$。但浇口的横截面积应小于分流道横截面积。这种浇口的特点是熔体进入型腔的速度较均匀，可降低制品的内应力和减少带入空气的可能性，去除浇口方便，适用于一模多腔的场合。

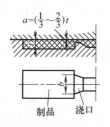

$a = (\frac{1}{3} \sim \frac{2}{3})t$

制品   浇口

图 7-34 扇形浇口

③ 薄片式浇口。薄片式浇口又称平缝式浇口，如图 7-35 所示。熔体通过开设的平行流道，以较低的线速度呈平行流态均匀地进入型腔，因而制品的内应力小，尤其是减少了因高分子取向而产生的翘曲变形、气泡和流纹等缺陷。由于浇口厚度 a 很小（$a = H/4 \sim H/3$，H 为塑件的壁厚），熔体通过薄片浇口颈部时，因剪切摩擦升温而进一步塑化。成型后的制品表面光泽清晰，但浇口去除工作量大且痕迹明显。浇口宽度通常为型腔宽度的 75% ~ 100%，或更宽；浇口台阶长度 L 不大于 1.5mm，一般取 0.6 ~ 0.7mm。这种浇口特别适用于成型透明平板类制品，如仪表面板、各种表面装饰板等。

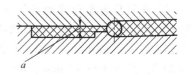

a

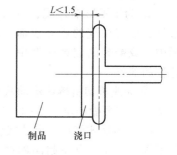

$L < 1.5$

制品   浇口

图 7-35 薄片式浇口

（2）点浇口 点浇口又称细水口，常用于三板模的浇注系统，熔体可由型腔顶面任一点或多点进入型腔，适合

PE、PP、PS、PA、POM、ABS 等多种塑料。点浇口的基本结构如图 7-36 所示。

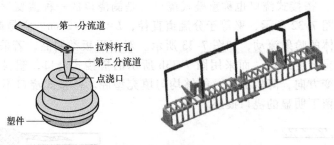

图 7-36　点浇口

1）点浇口的特点：点浇口的位置有较大的自由度，可以多点进料。分流道在流道推板和定模板之间，不受凹模、型芯的阻碍，对于大型、避免成型变形的制品，以及一模多腔且分型面处不允许有浇口痕迹的制品，非常适合。点浇口可自行脱落，留痕小，在成型制品上几乎看不出浇口痕迹；开模时，在定距分型机构的作用下，浇口被自动切断，可以实现全自动化生产。但点浇口模具的注射压力损失较大，流道凝料多；相对于侧浇口模，点浇口模的结构较复杂，制作成本高。

2）点浇口的使用场合：采用点浇口时要选用三板模，结构较复杂，故能用侧浇口时尽量避免采用点浇口，但以下五种情况宜采用点浇口进料。

① 成型制品在分型面上的投影面积较大的单型腔模具应采用多点进料。

② 容易引起制品变形或填充不足的多型腔模具应采用多点进料，否则会导致排气不畅或填充不足，影响塑件外观；各型腔大小悬殊的侧浇口模具需采用偏离模具中心的大尺寸浇口套，成型时容易产生飞边或变形，宜采用点浇口进料。

③ 塑料齿轮大多采用点浇口。为了提高齿轮的尺寸精度，常采用三点进料。多型腔的玩具轮胎常采用点浇口转环形浇口的形式，气动强行脱模。

④ 对于壁厚小、结构复杂的制品，熔体在型腔内的流动阻力大，采用侧浇口难以填满或难以保证成型质量，应该采用点浇口进料。

⑤ 对于高度尺寸大的桶形、盒形及壳形制品，采用点浇口进料有利于排气，可以提高成型质量，缩短成型周期。

3）点浇口的设计要点

① 在制品表面允许的条件下，点浇口尽量设置在制品表面较高处，如图 7-37 所示，使流道凝料尺寸 C 最小。图 7-37 中各尺寸关系为：$L \geq A+B$，其中 $A=6\sim10$mm，$B=C+30$mm。

② 为了不影响外观，可将点浇口设置于隐蔽处，如有纹理的亚光表面，或封闭的字母图形中，或雕刻的装饰图案中，或某些装配后被遮住的部位。

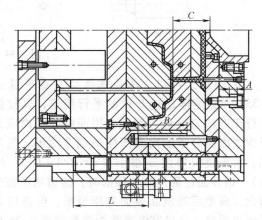

图 7-37　点浇口模具

③ 为改善塑料熔体流动状况以及安全起见，点浇口处需要做凹坑，俗称"肚脐眼"，如图 7-38 所示，图中 $\alpha=20°\sim30°$。

（3）潜伏式浇口　潜伏式浇口又称隧道式浇口或剪切浇口。采用这种浇口的流道设置在分型面上；浇口设在制品侧面不影响外观的隐蔽部位，并与流道成一定角度（一般不超过 45°），潜入分型面下面（或上面），斜向进入型腔，形成能切断浇口的刀口（图 7-39）。开模

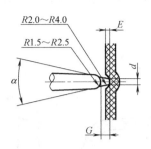

序号	d	E	G
1	0.5	0.5	1.5
2	0.6	0.8	1.5
3	0.8	0.8	1.5
4	1.0	0.8	1.5
5	1.2	1.0	2.0
6	1.4	1.0	2.0
7	1.6	1.5	2.5

图 7-38　点浇口设计参数

时，流道凝料由推出机构推出，并与制品自动切断，省掉了切除浇口的工序。

1）潜伏式浇口的种类

① 潜凹模。熔体由凹模进入型腔，如图 7-39b 所示，打开模具时，在拉料杆和型芯包紧力的作用下，浇口和制品被凹模切断，实现浇口和制品的自动分离。此种浇口的优点是能改善熔体流动性能，适用于高度尺寸不大的盒形、壳形、桶形类制品；缺点是会在制品的外表面留下痕迹。

② 潜动模。熔体由动模进入型腔，如图 7-40 所示。开模后，制品和浇口分别由推杆推出，实现自动分离。

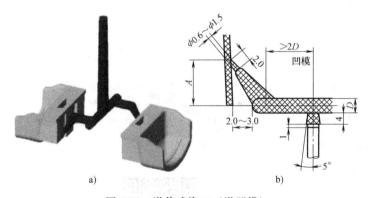

图 7-39　潜伏式浇口（潜凹模）

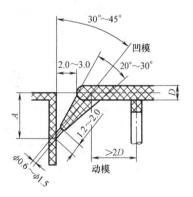

图 7-40　潜动模

③ 潜小推杆。熔体经过推杆孔进入型腔，如图 7-41 所示。小推杆直径通常取 2.5~3mm（或 3/32~7/64in）。如果直径太大，制品表面会有收缩凹痕。

④ 潜大推杆。熔体经过推杆的磨削部位进入型腔，如图 7-42所示。大推杆的直径不宜小于 5mm（或 3/16in）。这种结构可采用延时推出的方法实现浇口和制品的自动分离。

⑤ 潜筋。熔体经过制品的加强筋进入型腔，如图 7-43 所示。这个筋可以是制品原有的，也可以是为进料而增设的，成型后可再切除。

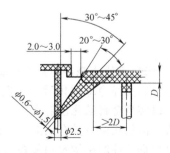

图 7-41　潜小推杆

⑥ 圆弧形（牛角）潜伏式浇口。如图 7-44 所示，此种浇口的进料口设置于制品内表面，注射时产生的熔体喷射会在制品外表面（进料点正上方）产生斑痕。由于此种浇口加工较复杂，所以除非制品有特殊要求（如外表面不允许有浇口痕迹，而内表面又无筋、柱且无顶

杆），否则尽量避免使用。制作此种浇口时，需设计成两部分镶拼结构，用螺钉固定或者镶块通底加台阶固定。

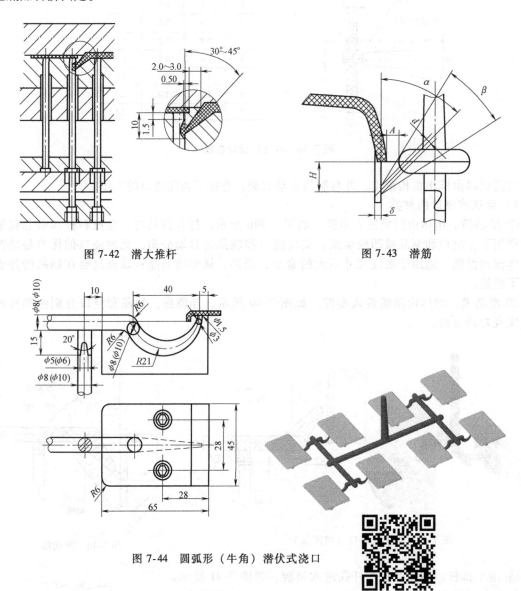

图 7-42　潜大推杆

图 7-43　潜筋

图 7-44　圆弧形（牛角）潜伏式浇口

潜伏式牛角浇口

2）潜伏式浇口的特点：潜伏式浇口的进料位置较灵活，且在制品分型面处没有浇口痕迹。制品经冷却固化后，从模具中被推顶出来时，潜伏式浇口会被自动切断，无须后处理，可以实现全自动化注射生产。潜伏式浇口不会在制品表面留有因喷射带来的喷痕和气纹等缺陷。潜伏式浇口具有点浇口的优点，又有侧浇口的简便（采用两板模架）。潜伏式浇口的位置可根据塑件的结构及相关要求进行自由选择。但潜伏式浇口的注射压力损失大，适用于软质塑料（如 PE、PP、ABS、POM 等）成型；对于质脆的塑料，如 PS、PMMA 等，则不宜选用。

3）潜伏式浇口的重要参数：图 7-43 所示的结构中，$\alpha = 30° \sim 45°$，$\beta = 20° \sim 30°$，$A = 2 \sim 3\text{mm}$，$d = 0.6 \sim 1.5\text{mm}$，$\delta = 1.0 \sim 1.5\text{mm}$，$H$ 的取值应尽量小。

（4）直浇口　直浇口又称主流道型浇口，如图 7-45 所示。其特点是熔体通过主流道直接进入型腔，流程短，进料快，流动阻力小，传递压力好，保压补缩作用强，有利于消除熔接痕；同时，浇注系统耗料少，模具结构简单紧凑，制造方便，因此应用广泛；但去除浇口不便，制品上有明显的浇口痕迹，浇口部位热量集中，内应力大，易产生气孔和缩孔等缺陷。

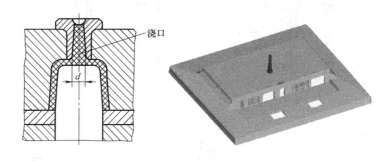

图 7-45　直浇口

采用直浇口的模具为单型腔模具，适用于成型有深腔的壳形或箱形制品，不宜用于成型平薄或容易变形的制品；适合于各种塑料的注射成型，尤其对热敏性塑料及流动性差的塑料的成型有利，但对结晶型塑料或容易产生内应力和变形的塑料的成型不利。成型薄壁制品时，浇口根部直径 d 不应超过制品壁厚的两倍。

（5）中心浇口　中心浇口是直浇口的演变形式，熔体直接从流道中心流向型腔。它具有与直浇口相同的优点，但去除浇口较方便。当制品内部有通孔时，可利用通孔设分流锥，将浇口设置于制品的顶端。这类浇口一般用于单型腔注射模，适用于圆筒形、圆环形等中心带孔的制品成型。根据制品形状及尺寸大小，中心浇口有多种演变形式，如图 7-46 所示。

图 7-46a、b 所示为盘形浇口，它具有进料均匀，不容易产生熔接痕，排气条件好等优点。这种浇口适用于圆筒形带有比主流道直径大的孔的制品成型。采用图 7-46a 所示的浇口时，模具型芯还能起到分流作用，充模条件较理想，但料耗较多。图 7-46c 所示为由旁侧进料的环形浇口。这种浇口可使熔体环绕型芯均匀进料，避免了单侧进料可能产生的熔接痕。这种浇口主要用于成型长管类制品的多型腔注射模。盘形浇口和环形浇口的凝料去除较难，常用切削加工方法去除，有时可用冲切法去除。

轮辐式浇口如图 7-46d 所示，它将整个圆周进料改成几个小段圆弧进料，去除浇口方便，且浇注系统的凝料少。但制品容易产生熔接痕，从而影响了制品的强度与外观。这种浇口适用于圆筒形、扁平状和浅杯形制品的成型。

爪形浇口如图 7-46e 所示，它是轮辐式浇口的演变形式。它主要用于长管类或同轴度要求较高、孔径较小的制品成型。它除了具有中心浇口的共同特点外，型芯还具有定位作用，避免了型芯的弯曲变形，保证了制品内外形同轴度和壁厚均匀性；因浇口尺寸较小，去除浇口方便，但制品也容易产生熔接痕。

（6）护耳浇口　护耳浇口又称调整片式浇口或分接式浇口，它专用于透明度高和要求无内应力的制品成型。这类制品如采用小浇口，高速流动的熔融塑料通过浇口时会受到很高的剪切应力的作用，产生喷射和蛇形流等现象，在制品表面留下明显流痕和气纹。为消除这一缺陷并降低成型难度，可采用如图 7-47 所示的护耳浇口。护耳浇口将流痕、气纹控制在护耳上，可采用后加工方法去除，使制品外观保持完好。护耳浇口主要适用于聚碳酸酯、ABS、有机玻璃和未增塑聚氯乙烯等流动性差和对应力较敏感的塑料。

护耳浇口可以消除收缩凹陷，可避免过剩充填所致的应变及流痕的发生，可消除制品浇口附近的应力集中，熔体通过浇口时产生的摩擦热可再次提升熔体温度。但熔体压力损失较

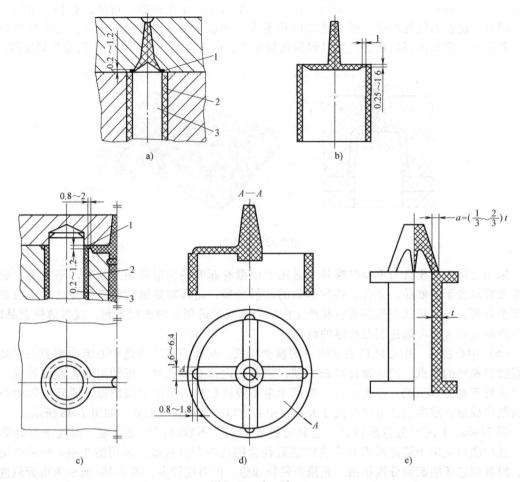

图 7-46　中心浇口

a)、b) 盘形浇口　c) 环形浇口　d) 轮辐式浇口 e) 爪形浇口

1—浇口　2—制品　3—型芯

大，浇口凝料切除较困难。图 7-47 所示的结构中，$A = 10 \sim 13 \text{mm}$，$B = 6 \sim 8 \text{mm}$，$L = 0.8 \sim 1.5 \text{mm}$，$H = 0.6 \sim 1.2 \text{mm}$，$W = 2 \sim 3 \text{mm}$。

2. 浇口位置设计原则

浇口位置主要根据制品的几何形状和技术要求，并分析熔体在流道和型腔中的流动、填充、补缩及排气状态等因素后确定。一般应遵循如下原则：

1) 避免制品产生缺陷。如果横截面尺寸较小的浇口正对着一个宽度和厚度都较大的型腔，则熔体高速流过浇口时，由于受到很高的剪切应力的作用，将

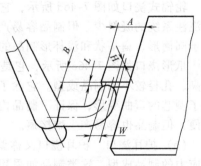

图 7-47　护耳浇口

会产生喷射和蠕动（蛇形流）等现象。这些喷射出的高度定向的细丝或断裂物很快冷却变硬，与后进入型腔的熔体不能很好熔合而使制品出现明显的熔接痕。有时熔体直接从型腔一端喷到另一端，产生折叠，使制品出现波纹状痕迹，如图 7-48 所示。此外，喷射还会使型腔内气体难以排出，形成气泡。克服上述缺陷的办法是：加大浇口横截面尺寸，或采用护耳浇口，或采用冲击型浇口。冲击型浇口的浇口位置设在正对型腔壁或粗大型芯的方位，使高速料流

直接冲击型腔壁或型芯，从而改变熔体流向，降低流速，平稳地充满型腔，使熔体喷射的现象消失，以保证制品质量，如图7-49所示。

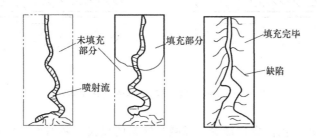

图7-48　熔体喷射造成的制品缺陷

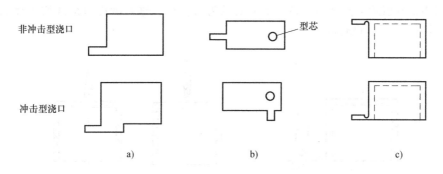

图7-49　冲击型浇口克服熔体喷射现象

2）浇口开设的位置应有利于熔体流动和补缩。当同一制品的各处壁厚相差较大时，为了保证注射过程中最终压力能有效地传递到制品较厚部位以防止缩孔，在避免产生喷射的前提下，浇口的位置应开设在制品横截面最厚处，以利于熔体填充及补缩。对于厚薄不均匀的制品，如果采用图7-50a所示的浇口位置，由于收缩时得不到补料，制品会出现凹痕；图7-50b所示的浇口位置选在厚壁处，可以克服凹痕的缺陷；图7-50c所示为直浇口，可以大大改善熔体的充模条件，补缩作用大，但去除浇口凝料比较困难。

熔体由薄壁型腔进入厚壁型腔时，会出现再喷射现象，使熔体的速度和温度突然下降，而不利于填充和补缩。这种情况下，应避免采用图7-51a所示的不合理浇口位置，图7-51b所示的浇口位置则较合理。

3）浇口位置应设在熔体流动时能量损失最小的部位。在保证型腔得到良好填充的前提

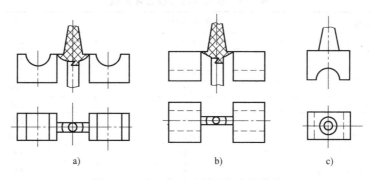

图7-50　浇口位置对制品收缩的影响

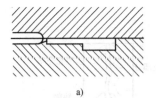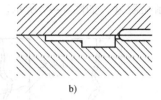

图 7-51　浇口位置应利于熔体填充和补缩

下，应使熔体流程最短，流向变化最少，以减少能量的损失。采用图 7-52a 所示浇口位置，熔体流程长，流向变化多，充模条件差，且不利于排气，往往会造成制品顶部缺料或产生气泡等缺陷。对于这类制品，一般采用中心进料为宜，可缩短熔体流程，有利于排气，避免产生熔接痕。图 7-52b 所示为点浇口，图 7-52c 所示为直浇口，这两种浇口形式均可克服图 7-52a 所示浇口结构可能产生的缺陷。

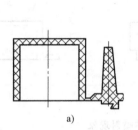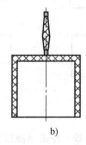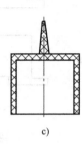

图 7-52　浇口位置对填充的影响

设计浇口位置时，必要时应进行流动比的校核，即熔体流程长度与厚度之比的校核。流动比又称流程比，其计算公式为

$$流程比 = \sum_{i=1}^{n} \frac{L_i}{t_i} \tag{7-1}$$

式中　L_i——熔体各段流程的长度；

　　　t_i——熔体各段流程的厚度。

设计浇口位置时，为保证熔体完全充型，流程比不能太大，实际流程比应小于许用流程比。许用流程比是随着塑料性质、成型温度、压力、浇口种类等因素而变化的。常用塑料流程比许用值参见表 7-4。设计时，如果流程比大于许用值，则应改变浇口位置或增加制品的壁厚。

表 7-4　常用塑料流程比许用值

塑料名称	注射压力/MPa	流程比
聚乙烯(PE)	150	250~280
	60	100~140
聚丙烯(PP)	120	280
	70	200~240
聚苯乙烯(PS)	90	280~300
聚酰胺(PA)	90	200~360
聚甲醛(POM)	100	110~210
未增塑聚氯乙烯(PVC-U)	130	130~170
	90	100~140
	70	70~110

（续）

塑料名称	注射压力/MPa	流程比
软质聚氯乙烯(PVC-P)	90	200~280
	70	160~240
聚碳酸酯(PC)	130	120~180
	90	90~130

4）浇口位置应有利于型腔内气体的排出。如果进入型腔的熔体过早地封闭排气通道，型腔内的气体就不能顺利排出，会在制品上形成气泡、产生疏松，或出现充不满、熔接不牢等缺陷，甚至在注射时由于气体被压缩而产生高温，使塑料制品局部烧焦碳化。因此，在型腔最后充满处，应设排气槽。由于型腔各处的充模阻力不一致，熔体首先充满阻力最小的空间，因此，最后充满的地方不一定是离浇口最远处，而往往是制品最薄处。如图 7-53 所示的盒形制品，由于侧壁厚度大于顶部厚度，如采用图 7-53a 所示的浇口位置，在进料时，熔体沿侧壁流速比顶部流速快，因而侧壁很快被充满，而顶部形成封闭的气囊，结果在顶部留下明显的熔接痕或烧焦的痕迹。图 7-53a 中的 A 处即为熔接痕。从便于排气的角度出发，改用图 7-53c 所示的中心浇口，使顶部最先充满，最后充满的部位在分型面处。若不允许中心进料，仍采用侧浇口，则应增大顶部厚度或减小侧壁厚度，如图 7-53b 所示，可使料流末端在浇口对面的分型面处，利于排气。另外，也可在顶部开设排气结构，如采用组合式型腔，利用配合间隙排气，或在空气汇集处镶入多孔的粉末冶金材料，利用微孔的透气作用排气，效果较好。

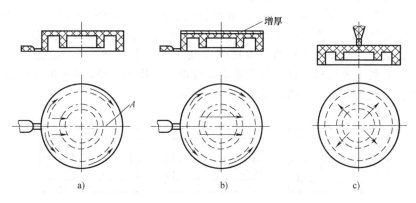

图 7-53　浇口位置对排气的影响

5）避免塑料制品产生熔接痕。严格来说，熔体在充型过程中都有料流间的熔接存在。但应增加熔接的强度，避免产生熔接痕，以保证制品的强度。产生熔接痕的原因很多，就浇口数量的设置而言，浇口数量多，产生熔接痕的可能性就大，如图 7-54 所示。因而在熔体流程不太长的情况下，如无特殊要求，最好不设两个或两个以上浇

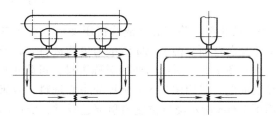

图 7-54　浇口数量对熔接痕的影响

口。但浇口数量多，料流的流程缩短，熔接的强度有所提高。这是因为熔接的强度与熔接时的料温有关，料温高熔接痕不明显且熔接强度高；反之，熔接痕明显且熔接强度低。因此，对于大型制品，采用多点进料有利于提高熔接的强度；对于大型板状制品，为了减小内应力

和翘曲变形，必要时也设置多个浇口，如图 7-55 所示。在可能产生熔接痕的情况下，应采取工艺和模具设计的措施，增加料流熔接强度。如图 7-56 所示，在料流末端（可能产生熔接痕处）开设溢料槽，便于料流前锋的冷料溢出型腔，避免产生熔接痕。

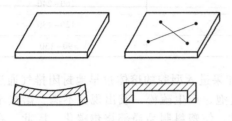

图 7-55　设置多浇口以减小变形

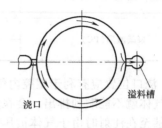

图 7-56　开设溢料槽以避免熔接痕

　　在设计模具时，可以通过正确设置浇口的位置来达到防止熔接痕产生或控制料流熔接的目的。如图 7-57 所示的齿轮类制品，一般不允许有熔接痕存在，否则会产生应力集中，影响其强度。如图 7-57a 所示，以侧浇口进料时，不但可能产生熔接痕，而且去除浇口时容易损伤齿部。采用图 7-57b 所示的中心浇口，不仅可以避免产生熔接痕，而且齿形也不会因清除浇口而受损。图 7-58 所示的

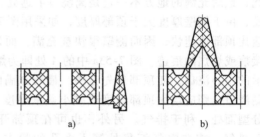

图 7-57　齿轮类制品的浇口位置

箱形壳体制品，浇口位置不仅影响其熔体流程长短，而且会影响熔接的方位和熔接的强度。采用图 7-58a 所示的浇口位置，成型时熔体流程长，压力损失大，温度下降多，料流末端处已失去熔接能力，会产生明显的熔接痕，熔接强度低。采用图 7-58b 所示的浇口位置，各处熔接条件差不多，有利于成型和熔接，但去除浇口较难。采用图 7-58c 所示的浇口位置，熔体流程较短，且可在熔接处开设溢料槽，以增加熔接强度。

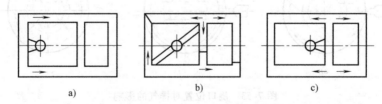

图 7-58　箱形壳体制品的浇口位置

　　6）防止料流将型芯或嵌件挤压变形。对于具有细长型芯的筒形制品，应避免偏心进料，以防止型芯弯曲。图 7-59a 所示为单侧进料，料流单边冲击型芯，易使型芯偏斜，导致制品壁厚不均；图 7-59b 所示为两侧对称进料，可防止型芯弯曲，但与图 7-59a 所示结构均存在排气不良的问题。采用图 7-59c 所示的中心进料，效果最好。对于材料为聚碳酸酯的矿灯壳体，当采用图 7-60a 所示浇口位置由顶部进料时，浇口尺寸较小，中部进料快，两侧进料慢，从而会产生侧向力 F_1 和 F_2，如型芯的长径比大于 5，则型芯会产生较大弹性变形，成型后，制品因难以脱模而破裂。图 7-60b 所示的浇口较宽，图 7-60c 所示结构采用了正对型芯的两个冲击型浇口，采用这两种浇口时，进料都比较均匀，可克服图 7-60a 所示结构的缺点。

　　7）应考虑高分子取向对塑料制品性能的影响。注射成型时，应尽量减小高分子沿流动方向的定向作用，以免导致制品性能、应力开裂和收缩等的方向性。但要完全避免高分子在模

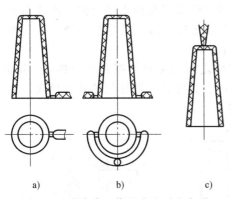

图 7-59　改变浇口位置防止型芯变形

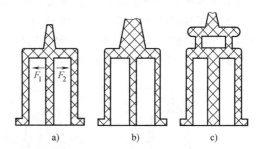

图 7-60　改变浇口形式和位置防止型芯变形

塑时的取向是不可能的，因而必须恰当设置浇口位置，尽量避免由于定向作用造成的不利影响。图 7-61a 所示为口部带有金属嵌件的聚苯乙烯制品，成型收缩会使金属嵌件周围的塑料层产生很大的切向拉应力，如果浇口开设在 A 处，则高分子定向和切向拉应力方向垂直，该制品容易开裂。图 7-61b 所示为聚丙烯盒子，其"铰链"处要求反复弯折而不断裂，把浇口设在 A 处（两点），注射成型时，熔体通过很薄的铰链（厚度约 0.25mm）充满盖部型腔，在铰链处产生高度的定向，可达到反复弯折而不断裂的要求。

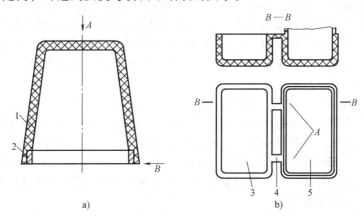

图 7-61　浇口设置对定向作用的影响

1—盒盖　2—金属嵌件　3—盖　4—"铰链"　5—盒体

7.2.6　排气与引气系统设计

1. 排气系统的设计

排气系统的作用是将型腔和浇注系统中原有的空气和成型过程中固化反应产生的气体顺利地排出模具之外，以保证注射过程的顺利进行。尤其对于高速注射和热固性塑料注射成型，排气是很有必要的，否则，被压缩气体所产生的高温将引起制品局部烧焦碳化或产生气泡、熔接痕等缺陷。

排气方式有开设排气槽和利用模具零件的配合间隙自然排气。排气槽通常设置在充型料流的末端处，而熔体在型腔内的充填情况与浇口的位置有关，因此，确定浇口位置时，同时要考虑排气槽的开设是否方便。

排气槽最好开设在分型面上，因为分型面上因设排气槽而产生的飞边很容易随制品脱出。通常在分型面凹模一侧开设排气槽，其槽深为 0.025～0.1mm，槽宽为 1.5～6mm，具体尺寸视塑料性质而定，以不产生飞边为限。排气槽需与大气相通。当型腔最后充满部分不在分型面上，且附近又无配合间隙可排气时，可在型腔相应部位镶嵌多孔粉末冶金件，或改变浇口位置以改变料流末端的位置。另外，排气槽最好开设在靠近嵌件或制品壁最薄处，这是因为这些部位容易形成熔接痕，应排尽气体并排出部分冷料。

在大多数情况下，可以利用模具分型面或模具零件之间的配合间隙自然地排气，这时，可不另开排气槽。图7-62所示结构就是利用模具分型面及其配合间隙排气的几种形式，其间隙值通常在0.01～0.03mm范围内，以不产生溢料为限。

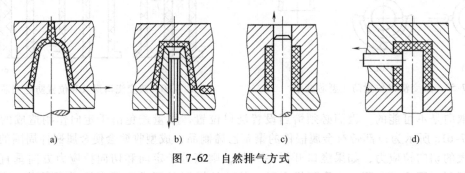

图7-62　自然排气方式

2. 引气系统的设计

排气是制品成型的需要，而引气则是制品脱模的需要。

对于一些大型深壳形制品，注射成型后，型腔内气体被排除，在推出制品的初始状态，型芯外表面与制品内表面之间基本上真空，造成制品脱模困难，如果强行脱模，制品势必变形或损坏，因此必须设置引气装置。对于热固性塑料等收缩微小的塑料注射成型，制品黏附型腔的情况较严重，开模时也应设置引气装置（尤其是整体结构的深型腔）。

常见的引气方式有：

（1）镶拼式侧隙引气　在利用模具分型面及模具零件配合间隙排气的场合，其排气间隙即为引气间隙，但在镶块或型芯与其他成型零件为过盈配合的情况下，空气是无法被引入型腔的，如将配合间隙放大，则镶块的位置精度将受到影响，所以只能在镶块侧面的局部位置开设引气槽，如图7-63a所示。引气槽的深度应不大于0.05mm，以免溢料堵塞而起不到应有的作用。引气槽必须延续到模外，其长度为0.2～0.8mm。这种引气方式结构简单，但引气槽容易堵塞，应该严格控制其深度。

（2）气阀式引气　这种引气方式主要依靠阀门的开启与关闭实现引气，如图7-63b所示。开模时，制品与型腔内表面之间的真空度使阀门开启，空气便能引入；而当熔体注射充模时，熔体的压力作用将阀门紧紧压住，处于关闭状态。由于接触面为锥形，所以不产生缝隙。这种引气方式比较理想，但对阀门锥面的加工要求较高。显然，型芯与制品内表面之间必要时也可以采用图7-63b所示的引气方式。应该指出，在有诸多推杆推出作用的情况下，可由推

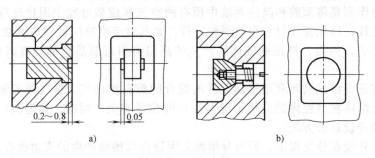

图7-63　引气方式

杆的配合间隙引气。

7.3 任务实施

1. 浇注系统设计

（1）主流道设计 根据任务4的分析和计算，肥皂盒塑件成型选择的注射机为G54-S200，其喷嘴的球面半径为18mm，喷嘴孔径为4.0mm，定位圈直径为125mm。可得主流道尺寸参数为：主流道衬套的球面半径比喷嘴球面半径大1~2mm，取值19mm；主流道小端直径比喷嘴孔径大0.5~1mm，取值4.5mm；主流道衬套的固定端直径为40mm，与定位圈的配合尺寸为$\phi35$mm，外径尺寸为16mm；主流道锥度取3°，表面粗糙度 Ra 取 0.8μm；主流道的长度由模板厚度确定，在此初定总长度为105mm。主流道衬套结构如图7-64所示。

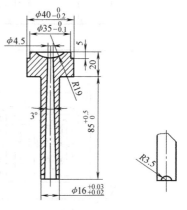

图7-64 主流道衬套结构

（2）浇口设计 肥皂盒长度尺寸超过100mm，为了便于充型，保证塑件质量，在每个肥皂盒长度方向上设计两个浇口位置，间距为60mm，浇口形状选择侧浇口类型中的扇形浇口。扇形浇口加工比较方便，利于防止塑件表面产生缺陷，塑件尺寸易于保证，模具结构简单。浇口厚度应为肥皂盒壁厚（1.5mm）的1/3~2/3，因此浇口厚度取为0.6mm，浇口宽度取为2mm；扇形角以不产生湍流为原则，在此选择90°，以利于试模修正。

（3）分流道设计 根据任务5的设计方案，肥皂盒注射模选择的是一模两腔的布局结构，因此，分流道选择平衡式布局，在主流道到浇口之间设计两级分流道（图7-65），分流道表面不必修得很光滑，Ra 值一般为 1.6μm。

分流道的截面形状选择圆形。圆形截面的分流道需同时开设在定、动模上，加工较困难，但是比表面积最小，体积最大，与模具的接触面积最小，阻力小，有助于熔体流动并可减少热量损失，因此两级分流道均选用圆形截面，第一级分流道直径为7mm，第二级分流道直径为6mm。

（4）冷料穴设计 肥皂盒高度尺寸为32mm，有凹凸结构及一定的斜度，塑件对型芯的包紧力不是很大，可以采用钩形拉料杆及底部带推杆的冷料穴，其结构比较简单，使用广泛。

主流道末端设置拉料杆，用于将主流道凝料拉出定模。肥皂盒采用的PP材料具有弹性，选用倒锥形的冷料穴，其锥度为3°，长度为10mm。拉料杆的直径比主流道大端直径稍小，便于将凝料推出，选取拉料杆直径为8mm。

分流道上的冷料穴通常布置在熔体流动方向的转折处，以便导入并储存冷料，冷料穴的长度一般为分流道直径的1.5~2倍，则一级分流道末端的冷料穴长度取为10.5mm。分流道上的拉料杆直径根据分流道的直径确定，为便于顶出凝料，分流道上布置两根拉料杆，放置在一级分流道的拐角处，直径为6mm。

综上所述，肥皂盒注射成型的浇注系统示意图如图7-65所示。

2. 排气系统和引气系统设计

肥皂盒塑件尺寸中等，塑件上有一些成型孔，可以通过模具分型面、模具零件之间的配合间隙自然排气，不用单独设计排气槽。

在开模过程中，塑件与成型零件之间不会形成真空，不需要设计引气系统。

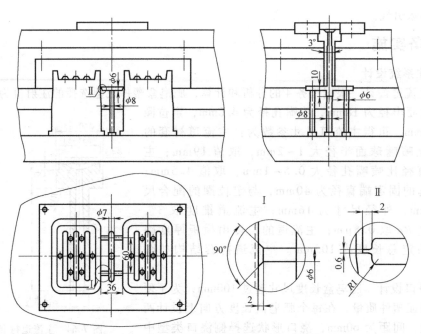

图 7-65　肥皂盒注射成型的浇注系统示意图

7.4　任务训练与考核

1. 任务训练

请针对图 1-38 所示的盒盖进行其成型模具的浇注系统设计。

2. 任务考核（表 7-5）

表 7-5　浇注系统设计任务考核卡

任务考核	考核内容	参考分值	考核结果	考核人
素质目标考核	遵守规则	5		
	课堂互动	10		
	团队合作	5		
知识目标考核	浇注系统的组成	5		
	浇注系统的设计原则	5		
	主流道设计	5		
	分流道设计	5		
	冷料穴设计	5		
	浇口的作用	5		
	浇口的类型	5		
	浇口位置设计原则	5		
	排气与引气系统设计	5		
能力目标考核	主流道设计	5		
	分流道设计	5		
	浇口设计	5		
	冷料穴设计	5		
	浇注系统示意图绘制	15		
小　计				

7.5　思考与练习

1. 选择题（备选项中至少有一项符合题意，请将正确选项填至括号内）

（1）采用直浇口的单型腔模具，适用于成型（　　）塑件，不宜用来成型（　　）的塑件。

  A. 平薄易变形　　　　　　　　　B. 壳形

  C. 箱形　　　　　　　　　　　　D. 盒形

（2）直浇口适用于各种塑料的注射成型，尤其对（　　）有利。

  A. 结晶型或易产生内应力的塑料　　B. 热敏性塑料

  C. 流动性差的塑料　　　　　　　　D. 易变形的塑料

（3）护耳浇口专门用于透明度高和要求无内应力的塑件，它主要用于（　　）等流动性差和对应力较敏感的塑料。

  A. ABS　　　　　　　　　　　　B. 有机玻璃

  C. 尼龙　　　　　　　　　　　　D. 聚碳酸酯和未增塑聚氯乙烯

2. 判断题（在正确的表述后面画"√"，在错误的表述后面画"×"）

（1）为了减小分流道对熔体流动的阻力，分流道表面必须修得很光滑。（　　）

（2）浇口的主要作用是防止熔体倒流，便于凝料与塑件分离。（　　）

（3）中心浇口适用于圆筒形、圆环形等中心带孔的塑件成型。属于这类浇口的有盘形浇口、环形浇口、爪形浇口和轮辐式浇口。（　　）

（4）侧浇口可分扇形浇口和薄片式浇口，扇形浇口常用来成型宽度较大的薄片状塑件；薄片式浇口常用来成型大面积薄板塑件。（　　）

（5）点浇口适用于流动性差和热敏性塑料，且利于平薄易变形和形状复杂塑料的注射成型。（　　）

（6）潜伏式浇口是由点浇口变化而来的，浇口位置常设在塑件侧面的较隐蔽部位，不影响塑件外观。（　　）

（7）浇口的截面尺寸越小越好。（　　）

（8）浇口的位置应使熔体的流程最短，流向变化最少。（　　）

（9）浇口的数量越多越好，因为这样可使熔体很快充满型腔。（　　）

3. 简答题

（1）简述浇注系统的分类和基本组成。

（2）比较点浇口浇注系统和侧浇口浇注系统的异同点。

（3）在注射模中，主流道是一段圆锥通道，简述这段圆锥通道的锥角和小端直径如何确定。

（4）分流道常用的截面形状有哪些？如何选用？

（5）简述分流道的作用和设计要点。

（6）简述冷料穴的作用和设计要点。

（7）简述浇口的作用、种类及设计要点。

（8）侧浇口和点浇口各有什么优缺点？什么情况下采用点浇口？

（9）如何理解"主流道和分流道应尽量短，截面积要尽量小"这句话？

（10）简述分流道平衡布置和非平衡布置的优缺点。

任务 8   推出机构设计

8.1   任务导入

注射动作结束后，制品在模具内冷却成型，由于体积收缩，对型芯产生包紧力。制品从模具中被推出时，就必须克服因包紧力而产生的摩擦力。对于不带通孔的筒、壳类塑料制品，推出时还需克服大气压力。

在注射模中，将冷却固化后的塑料制品及浇注系统凝料从模具中安全无损坏地推出的机构称为推出机构，也称脱模机构或顶出机构。安全无损坏是指制品被推出时不变形，不损坏，不黏模，无顶白（塑件在被顶出时因受力变白），推杆位置不影响制品美观，制品被推出时对人或模具不存在安全隐患。

本任务是针对图1-1所示的肥皂盖，合理设计其成型模具的推出机构。通过学习，掌握模具推出机构的相关知识，具备合理设计推出机构的能力。

8.2   相关知识

8.2.1   推出机构的组成、分类及设计原则

1. 推出机构的组成

注射模的推出机构包括：①推杆、推管、推板、推块等推出零件；②复位杆、复位弹簧及先复位机构等推出零件的复位零件；③推杆固定板和推板等推出零件的固定零件；④用于高压气体推出的气阀等配件；⑤内螺纹推出机构中的齿轮、齿条、马达、液压缸等配件。图8-1所示为典型的推出机构，由推杆、推杆固定板、推板、推板导柱、推板导套、拉料杆、复位杆、限位钉等零件组成。图8-1中的推杆直接与制品接触，将制品从型芯上推出。推杆由推杆固定板和推板经螺栓联接后固定。注射机上的顶杆作用在推板上，经推杆传递脱模力将制品从型芯上推出。为使推出平稳，

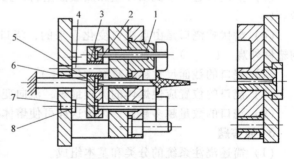

图 8-1   典型推出机构
1—推杆   2—推杆固定板   3—推板导套   4—推板导柱
5—推板   6—拉料杆   7—复位杆   8—限位钉

减小制品在被推出过程中的变形，避免卡滞和磨损，应在推板上设置导柱导向机构。拉料杆在开模瞬间拉住浇注系统凝料，使其随同制品滞留在动模一侧，脱模时再将凝料推出。合模时，复位杆被定模分型面推回，使整个推出机构复位。模具中还装有限位钉，对推出机构起支承和调整作用，并防止推出机构在复位时受异物阻碍。

2. 推出机构的分类

制品推出方法受制品材料及形状等因素影响，由于制品复杂多变，要求不一，制品的推出机构也多种多样。

（1）按结构分类

1）简单推出机构。也称一次推出机构，如常见的推杆、推管和推件板等推出机构。

2）二级推出机构。一些形状特殊的制品，如采用一次推出，易使其变形、损坏，甚至不能从模内脱出，在这种情况下，须对制品进行第二次推出。

3）双推出机构。指动模和定模两边均设有简单推出机构。

4）顺序推出机构。成型形状复杂制品的模具，一般会有多个分型面，此时应顺序分型和推出，才能使制品从模内顺利脱出。

5）螺纹制品推出机构。即使制品从螺纹型芯或螺纹型环上脱出的机构。

（2）按动力来源分类

1）手动推出机构。指当模具分开后，通过人工操纵推出机构使制品脱出，具体形式可分为模内手工推出和模外手工推出两种。模内手工推出常用于 PVC 塑件的脱模；模外手工脱模适用于形状复杂、不能设置推出机构的模具或制品结构简单、产量小的情况，目前很少采用。

2）机动推出机构。即依靠注射机的开模动作驱动模具的推出机构，实现制品自动推出。这类模具结构复杂，多用于生产批量大的情况，是目前应用最广泛的一种推出机构，也是本章的重点内容。机动推出机构包括推杆、推管、推件板、内螺纹机动推出机构及复合推出机构等。

3）液压或气动推出机构。是指在注射机或模具上设有专用液压或气动装置，将制品推出模外或将制品吹出模外的机构。

3. 推出机构的设计原则

（1）开模时制品尽可能留在动模一侧　由于注射机的顶杆安装在动模一侧，所以注射模的推出机构一般设在动模。这种模具结构简单，动作稳定可靠。

特殊情况下，考虑塑件结构及使用要求等因素，需要采用定模推出，此时制品开模后必须留在定模，需要设计定模推出机构。

（2）防止制品变形或损坏　需正确分析制品对型芯的包紧力和对型腔的黏附力，有针对性地选择合适的推出机构，选择合理的推出方式和推出部位。由于制品在收缩时包紧型芯，因此推出力的作用点应尽量靠近型芯，同时推出力应施于制品刚度和强度最大的部位，推出面积也应尽可能大一些，以防制品变形或损坏。

（3）力求制品外观良好　在选择推出位置时，应尽量选择制品的内部或对制品外观影响不大的部位。

（4）结构合理，工作稳定可靠　推出机构应推出可靠，复位准确，运动灵活，制造方便，更换容易，且具有足够的强度和刚度。推出零件在推出动作时会与成型零件发生摩擦，需要有良好的耐磨性和较高的寿命。

（5）推出行程合理　推出机构必须将制品完全推出，制品在重力作用下可自由落下。推出行程取决于制品的形状。对于锥度很小或没有锥度的制品，推出行程应等于动模型芯的最大高度加 5~10mm 的安全距离，如图 8-2a 所示。对于锥度很大的制品，推出行程可以小些，一般取动模型芯高度的 1/2~2/3，如图 8-2b 所示。

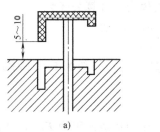 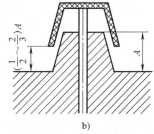

a)　　　　　　　　　　b)

图 8-2　推出行程

a）锥度很小或没有锥度的制品　b）锥度很大的制品

推出行程受到模架垫块高度的限制，垫块高度已随模架标准化。如果推出行程很大，而垫块不够高时，应在订购模架时加高垫块高度，并在技术要求中写明。

8.2.2 脱模力的计算

脱模力是指使塑件从模内脱出所需的力，等于脱出制品时所需克服的阻力，包括型芯包紧力、真空吸力、黏附力和推出机构本身的运动阻力。脱模力是设计推出机构的重要依据之一。

包紧力是指制品在冷却固化过程中，因体积收缩而产生的对型芯的包紧力。真空吸力是指由于封闭的壳类制品与型芯之间形成真空，在脱模时与大气压的压差产生的阻力。黏附力是指脱模时制品表面与模具钢材表面之间的吸附力。

脱模力分为初始脱模力和相继脱模力。初始脱模力是指开始推出塑件的瞬间需要克服的阻力。相继脱模力是指后续脱模所需的脱模力，比初始脱模力小很多。计算脱模力时，一般计算初始脱模力。

脱模力与制品结构、材料有关。制品壁厚越厚，型芯长度越长，垂直于推出方向上制品的投影面积越大，则脱模力越大。制品收缩率越大，弹性模量 E 越大，则脱模力越大。制品与型芯摩擦力越大，则推出阻力越大。推出斜度越小的制品，则推出阻力越大。透明制品冷却固化时对型芯的包紧力较大。

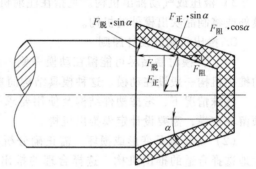

图 8-3 型芯受力分析

当塑件收缩包紧型芯时，型芯的受力情况如图 8-3 所示。未脱模时，正压力 $F_{正}$ 就是塑件对型芯的包紧力，此时的最大静摩擦阻力 $F_{阻} = fF_{正}$。由于型芯有锥度，故在脱模力 $F_{脱}$ 的作用下，塑件对型芯的正压力降低了 $F_{脱}\sin\alpha$，即变成了 $F_{正} - F_{脱}\sin\alpha$，此时的摩擦阻力为

$$F_{阻} = f(F_{正} - F_{脱}\sin\alpha) = fF_{正} - fF_{脱}\sin\alpha \tag{8-1}$$

式中 $F_{阻}$——摩擦阻力（N）；

$F_{正}$——塑件收缩对型芯产生的正压力（即包紧力）（N）；

f——摩擦因数，一般取 $0.15 \sim 1.0$；

$F_{脱}$——脱模力（N）；

α——脱模斜度，一般为 $1° \sim 2°$。

根据型芯受力分析图可以列出以下平衡方程式

$$\sum F_x = 0 \tag{8-2}$$

即

$$F_{脱} + F_{正}\sin\alpha = F_{阻}\cos\alpha \tag{8-3}$$

由于 α 很小，$fF_{脱}\sin\alpha$ 可以忽略不计，则脱模力的计算公式为

$$F_{脱} = F_{正}(f\cos\alpha - \sin\alpha) \tag{8-4}$$

$$F_{正} = pA \tag{8-5}$$

式中 p——塑件对型芯产生的单位正压力（包紧力），一般为 $8 \sim 12$MPa；薄壁塑件取小值，厚壁塑件取大值；

A——塑件包紧型芯的面积（mm²）。

无通孔的壳形塑件脱模时，还需要克服大气压力造成的阻力 $F_{气}$（N），其值为

$$F_{气} = 0.1A' \tag{8-6}$$

式中 A'——型芯端面面积（mm²）。

此时脱模力为

$$F_总 = pA(f\cos\alpha - \sin\alpha) + 0.1A'$$ (8-7)

8.2.3　简单推出机构

简单推出机构是应用最广的结构形式，包括推杆推出机构、推管推出机构、推件板推出机构、推块推出机构、活动镶件或凹模板推出机构、联合推出机构等类型，现分述如下。

1. 推杆推出机构

推杆推出机构是推出机构中最常见的一种形式。由于推杆加工简单、安装方便、维修容易、使用寿命长、脱模效果好，因此在生产中应用广泛，但由于它与塑件的接触面积一般比较小，设计不当易引起应力集中而顶穿塑件或使塑件变形，因此不适用于脱模斜度小和脱模阻力大的管状或箱类塑件，此类塑件必须采用推杆推出机构时，需要增加推杆数量，以增大接触面积。

推杆包括圆推杆、扁推杆及异形推杆。其中圆推杆推出时运动阻力小，推出动作灵活可靠，损坏后也便于更换，因此应用广泛。圆推杆推出机构是推出机构中最简单、最常见的形式。扁推杆的截面为长方形，加工成本高，易磨损，维修不方便。异形推杆的截面形状是根据制品推出部位的形状而设计的，如三角形、弧形、半圆形等，因加工复杂，很少被采用。

（1）推杆推出机构设计要点

1）推杆的推出位置应设在塑件脱模阻力大的地方，布置顺序依次为角、四周、加强筋、螺柱等。推杆不能太靠边，要与边保持 1~2mm 的距离，如图 8-4a 所示。图 8-4b 所示的盖类或箱类塑件，侧壁是脱模阻力最大的地方，因此在其端面设置推杆是合理的，而在盖子里面设置推杆时，以靠近侧壁的位置为佳。如果只在中心部位推出，则塑件可能会出现裂纹或被顶穿。设置多个推杆时，应根据各处脱模阻力的大小，合理分布推杆，使塑件脱模时受力均匀，避免变形。图 8-5 所示结构是在局部有细而深的凸台或加强筋的底部设推杆。

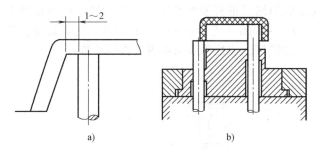

图 8-4　推杆推出位置

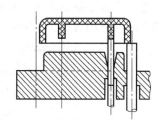

图 8-5　筋部增加推杆

2）推杆不宜设在塑件最薄处，以免塑件变形或损坏。需要在薄壁处设置推杆时，可通过增大推出面积来改善塑件受力状况。图 8-6 所示是采用锥形推杆推出塑件的形式。

3）推杆端面应和型腔在同一平面上或高出型腔表面 0.05~0.10mm，否则会影响塑件外观和使用。

4）为了保证塑件质量，应多设推杆，以减小各个推杆作用在塑件上的应力，减少变形、应力开裂、发白等现象。当塑件上不允许有推出痕迹时，可采用推出耳的形式，如图 8-7 所示，塑件脱模后再将推出耳剪掉。

5）尽量避免在斜面上布置推杆；若必须在斜面上布置推杆，为防止推出时推杆滑行，推杆的上端面要磨出"+"形或设计平行的台阶（图 8-8），同时底部须加防转销（俗称"管位"）防转，防转结构通常有三种，如图 8-9 所示。

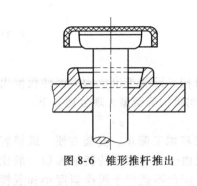

图 8-6 锥形推杆推出

锥形推杆推出

图 8-7 推出耳

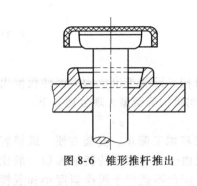

图 8-8 斜面推杆布置

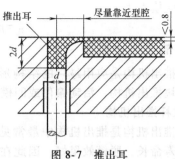

a)   b)   c)

图 8-9 推杆防转结构

6）圆推杆与推块联合使用可实现延时推出。图 8-10 所示为一种常见的推杆延时推出结构，延时推出装置适用于成型电视机外壳等塑件的大型模具，它先利用推块将制品推出一定距离 S，再由推杆和推块一起作用将制品推出。

7）推杆直径应尽量取大些，这样脱模力大而平稳。除非特殊情况，模具应避免使用直径为 1.5mm（或 1/16in）以下的推杆，这是因为细长推杆易弯易断。使用的细推杆要经淬火处理，使其具有足够的强度与耐磨性。直径为 4~6mm（或 1/8 ~1/4in）的推杆用得较多；制品特别大时，可用直径为 12mm（或 1/2in）的推杆，或视需要采用更大直径的推杆。

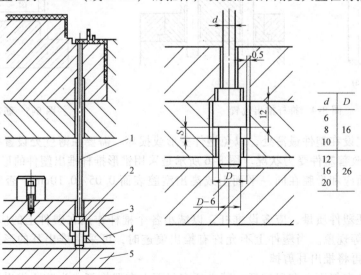

d	D
6	
8	16
10	
12	
16	26
20	

图 8-10 推杆延时推出

1—推杆 2—延时销 3—推杆固定板 4—推板 5—动模座板

8）推杆的端面形状除了最常用的圆形外，还有各种特殊的形状，这类推杆的加工和热处理较困难，但由于加工技术的进步，异形推杆应用越来越广泛。

（2）推杆设计

1）推杆的形状。最常见的推杆是直杆式圆柱推杆，如图 8-11a 所示，其常用直径为 1.5～25mm，高度不大于 600mm，与推杆孔的配合可采用 H7/f7 或 H8/f8。为了增加细长推杆的刚性，可将其设计成台阶形，如图 8-11b 所示，一般扩粗部分的直径大于或等于顶出部分直径的 2 倍。有时需将推杆端部截面做成与塑件一致的形状，例如设在塑件边缘或加强筋上的推杆，其上端需做成薄片状，但为了便于加工，其下端仍做成圆柱形。推杆的其他形状如图 8-11c～f 所示。

2）推杆的固定形式。推杆和推杆固定板常采用轴肩连接，推杆与固定孔之间设计有较大的配合间隙（0.8～1.0mm），如图 8-12a 所示，安装时推杆轴线可做少许位移，以确保与型腔上配合孔的同轴度，当推板上有多个推杆时，这样的设计

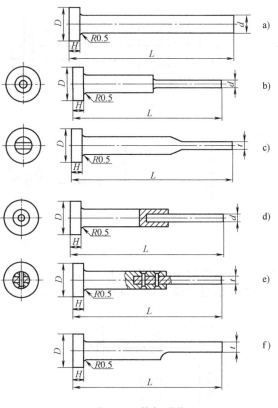

图 8-11　推杆形状

给安装和使用带来方便。为了避免发生磨损烧死（咬蚀），推杆与型芯的有效配合长度一般为推杆直径的 2～3 倍，但最小不能小于 10mm，最大不宜大于 20mm。图 8-12b 所示的结构将与轴肩厚度相同的垫圈置于推杆固定板和推板之间，这样推杆固定板不再加工凹坑，不但制作方便，而且易于保证两板之间的平行度。推杆与推杆固定板之间还可采用铆接（图 8-12c）、过盈配合（图 8-12d），也可采用螺钉或螺母联接（图 8-12e、f、g），这些固定形式的共同点是省去了推板。

3）推杆的选材。大部分推杆用热作模具钢制造，最后进行表面氮化处理，推杆上段表面硬度应达 60～65HRC，这样可防止推杆与配合孔拉毛咬死。此外，也可采用退火工具钢 T8A，T10A 或弹簧钢制造推杆，其头部局部淬火，配合段表面粗糙度 Ra 为 0.8μm，其余部分要求可低些。

（3）推杆复位装置

1）复位杆复位。推杆推出机构常采用复位杆复位，复位杆应对称布置，常取 2～4 根，但最好多于 2 根。与复位杆头部接触的定模板应淬火或局部镶入淬火镶块。采用复位杆复位时，只有当模具完全闭合，复位动作才可完成。某些模具要求在模具完全闭合之前完成复位动作，这时应采用特殊的先复位机构。

2）弹簧复位。弹簧复位是一种简单的复位方法，它具有先复位的功能，数根弹簧装在动模垫板与推板之间，如图 8-13 所示。推出塑件时，弹簧被压缩，当注射机的顶杆后退时，弹簧即将推板推回。弹簧复位的缺点是可靠性较差，特别是推杆数量较多时易发生卡滞现象，因此常与复位杆共同使用。

3）推杆兼作复位杆。成型壳形制品的模具，其推杆可同时兼作复位杆，推杆端面的一半起推杆作用，另一半复位时与定模板的分型面接触，起复位作用。图 8-4b 所示左边的推杆、

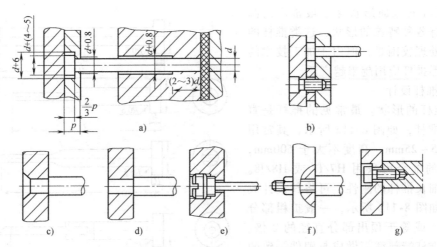

图 8-12　推杆的固定形式

图 8-5 所示右边的推杆及图 8-14 所示结构为推杆兼作复位杆的设计，这时不但推杆头部需淬火，而且型腔及其周边也应进行热处理，使边缘具有足够的硬度，否则将影响塑件的脱出。

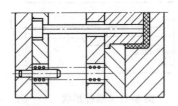

图 8-13　推杆弹簧复位机构

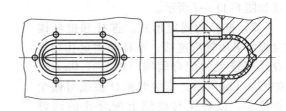

图 8-14　推杆兼作复位杆

（4）推出导向装置　大型模具或推杆较多的模具，为避免推板运动时发生偏斜，造成运动卡滞或推杆弯曲损坏等问题，可设计推出导向装置。中小型模具常采用两根导柱，大型模具可采用四根导柱。

1）不设导套和设置导套的推板导向装置。导向孔内可设置或不设置导套，如图 8-15 所示。为了加工方便，不设导套时，导柱与导向孔的配合部位一般只设计在推板上，而与推杆固定板采用较大的配合间隙；采用导套时，导套也仅与推板上的装配孔采用过渡配合，而与推杆固定板采用较松动的配合，导套与导柱之间也需有一段为间隙配合。

2）推板导柱兼作底板支柱。当动模底板支架间跨度较大时，导柱可兼作动模底板支柱，如图 8-16 所示，这样可减薄动模底板厚度。

即使有导向装置，在推杆布置时也应注意使各推杆的合力中心尽量靠近模具的中心轴线，以减少由于偏心力矩造成的附加脱模阻力。

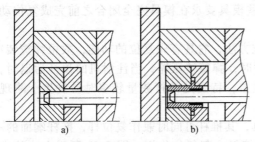

图 8-15　不设导套和设置导套的推板导向装置

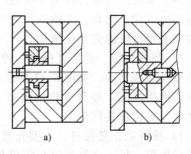

图 8-16　推板导柱兼作底板支柱

2. 推管推出机构

推管也叫司筒，适用于环形、筒形或中间带孔的塑件，其中尤以圆形截面推管使用较多。推管推出机构的特点是整个推管周边与塑件接触，故塑件受力均匀、不易变形；推出塑件时平衡可靠，也不会在塑件上留下明显的接触痕迹；推管需与复位杆配合使用；采用推管时，主型芯和凹模可以同时设计在动模一侧，有利于提高内外表面的同轴度。该机构按照主型芯固定方式的不同常有以下三种结构形式。

（1）主型芯固定在动模座板上 主型芯固定在动模座板上时，主型芯必须穿过推板，如图 8-17 所示。为减小型芯与推管的配合长度，可将型芯后段直径减小（图 8-17a），也可不改变型芯直径而将推管后段内孔扩大（图 8-17b）。为了保护凹模和型芯的成型表面，推出动作时推管不宜与成型表面摩擦，为此，推管配合公称外径宜稍小于凹模内径，推管配合内径应稍大于型芯外径，图 8-17a 所示的凹模设在定模，推出时不存在凹模内径与推管摩擦的问题，这里将推管外径做得比凹模内径大，使其在合模时兼有复位杆的作用。

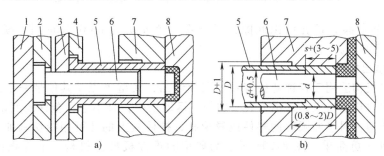

图 8-17 主型芯固定在动模座板上的推管推出机构
1—动模座板 2—主型芯固定板 3—推板 4—推管固定板 5—推管
6—型芯 7—动模板 8—定模板 s—推出行程

（2）主型芯固定在动模型芯固定板上 如图 8-18 所示，这种结构中的型芯长度可大大缩短，但动模板厚度却相应增大。为了固定型芯，可再增加一块垫板（图 8-18a），也可将型芯凸缘加大固定（图 8-18b），或采用螺栓固定（图 8-18c），可以省去一块垫板。

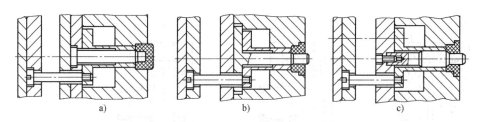

图 8-18 主型芯固定在动模型芯固定板上的推管推出机构

（3）主型芯用横销或带缺口的凸缘固定 如图 8-19 所示，为了使推管与横销或凸缘互不干涉，而在推管上开设长槽，这种设计既不增加主型芯的长度，也不增大动模板的厚度。图 8-19a 所示的结构缺点是主型芯连接强度较弱、定位精度较差，不宜用于受力大的型芯，图中的固定销除方销外也可用圆销。图 8-19b 中的推管强度较弱，不宜用于推出力较大的场合，特别是当塑件壁较薄（小于 2mm）时，推管壁也相应变薄，强度比较差。

推管材料的选择和热处理可参照推杆进行。推管内径和型芯的配合、外径和模板的配合可按 H8/f7 或 H8/f8 选用，大直径时可选用较高的配合精度，以免间隙值过大而溢料。推管和型芯的配合长度为推出行程再加上 3~5mm，推管和模板的配合长度取（0.8~2.0）D（D

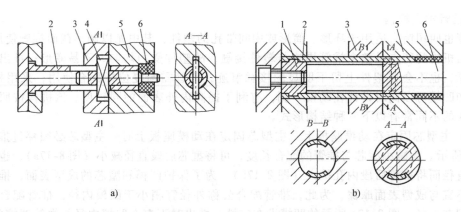

图 8-19　主型芯用横销或带缺口的凸缘固定的推管推出机构
1—压块　2—推管　3—支承板　4—横销　5—动模　6—主型芯

为推管外径），其余部分扩孔留出间隙；当推管内径 d 扩为 $d+0.5\mathrm{mm}$ 时，模板孔扩为 $D+1\mathrm{mm}$，如图 8-17 所示。

3. 推件板推出机构

推件板推出机构适用于各种薄壁容器、筒形制品、大型罩壳及其他带一个或多个孔的塑件。推件板推出机构的特点是推出力大而均匀，运动平稳，且不会在塑件表面留下推出痕迹，因此应用十分普遍。对于非圆形的塑件或异形孔，推件板上的孔可用线切割加工，制作十分方便，比推管机构更简单。图 8-20a 所示为典型的推件板推出机构，推件板由模具的推杆（一般为四根）推动向前运动，将塑件从型芯上脱下。推件板推出机构无须另设复位杆，合模时推件板被压回原位，推杆和推板也相应复位。推件板向前平移时需要有可靠的支撑，一般推件板上有四个导向孔与模具的四根导柱配合，可在导柱上滑动，因此在设计导柱长度时应考虑推出距离。推杆的前端可以是平头的，与推件板不相连，如图 8-20a 所示；也可以在推杆前端加工螺纹或利用螺钉等与推板相连，如图 8-20b、c 所示，这样可防止推件板推件时因运动惯性而从导柱上滑落。当推杆与推件板采用螺纹联接时，可以靠推杆本身支撑导向，而不必靠模具的导柱来支撑。

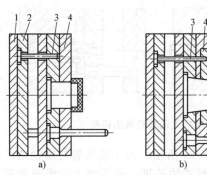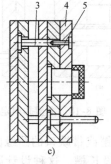

推件板推出

图 8-20　推件板推出机构
1—推板　2—推杆固定板　3—推杆　4—推件板　5—螺钉

采用推件板脱模的模具在适当的时候可以省去推板和推杆，以节省模具的推出空间，这样可使模具的高度大为降低，简化结构，同时由于动模座板直接和注射机动模板接触，动模座板不再发生弯曲变形，厚度可明显减薄。具体形式有：①当模具装在有双顶杆的注射机上时，可将推件板两边延长，使注射机顶杆直接顶在推件板上，如图 8-21 所示；②在推件板两侧采用螺钉或定距拉杆和定模相连，当分型到一定距离时，靠开模力拖动推件板，脱出塑件，如图 8-22 所示。

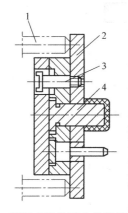

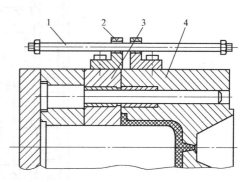

图 8-21　顶杆直接作用在推件板上的结构
1—顶杆　2—推件板　3—定距螺钉　4—型芯

图 8-22　拉杆拖动推件板结构
1—定距拉杆　2—支座　3—推件板　4—定模板

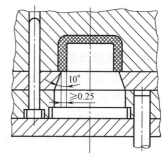

推件板脱模时应避免推件板孔的内表面与型芯的成型面相摩擦，造成型芯擦伤，推件板内孔直径应比型芯成型部分外径大 0.25mm，这对透明制品尤其重要。若将推件板与型芯成型面以下的配合段做成锥面，则效果更好，如图 8-23 所示，锥面能准确定位，防止推件板偏心，从而避免溢料，其单边斜度宜大于 5°，此结构适用于大型模具。

对于大型深腔薄壁壳体，特别是软质塑料成型的壳形件，若采用推件板脱模，应设置引气装置，以防止推件过程中因壳体内形成真空而造成脱模困难，甚至使塑件在压差作用下变形损坏。最常见的引气装置是在型芯上安装一菌形阀，如图 8-24所示。脱模时，阀芯前后的压差将菌形阀推开，空气进入塑件

图 8-23　推件板内孔与型芯
锥面配合的推件板结构

内腔，破坏真空，脱模后该阀靠弹簧复位（图 8-24a）。有的模具中菌形阀与推杆合为一体（图 8-24b），此时菌形阀起着推件和进气的双重作用。

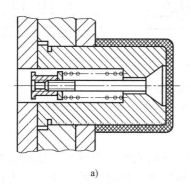

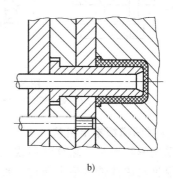

a)

b)

图 8-24　主型芯安装菌形阀

简化的点浇口模架没有推件板，制品需要采用推件板推出时，可采用嵌入式（也称埋入式）推件板。其典型结构如图 8-25 所示，动、定模打开后，顶杆通过推板推动推杆固定板，推杆固定板通过连接推杆 3 推动嵌入式推件板 6，从而将制品推出。为减少摩擦，以及使复位

可靠，嵌入式推件板四周要做出斜度为5°的斜面，型芯和嵌入式推件板之间也采用斜面配合。

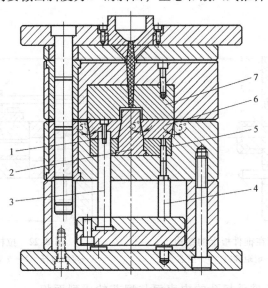

图8-25　嵌入式推件板推出机构
1—螺钉　2—型芯　3—连接推杆　4—复位杆　5—动模镶件　6—嵌入式推件板　7—凹模

4. 推块推出机构

需要推出平板状或盒形带凸缘的制品时，若推件板难以加工，或制品会黏附模具，则应使用推块推出机构。推块也是型腔的组成部分，所以应具有较高的硬度和较低的表面粗糙度值。如图8-26所示，推块的复位形式有两种：一种是依靠塑料成型压力和型腔压力复位（图8-26a），一种是采用复位杆复位（图8-26b、c）。

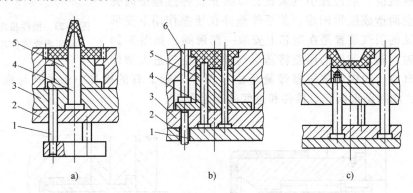

a)　　　　　　　　　　b)　　　　　　　　　　c)

图8-26　推块推出机构
1—连接推杆　2—支承板　3—型芯固定板　4—型芯　5—推块　6—复位杆

5. 活动镶件或凹模板推出机构

有的塑件采用螺纹型芯、螺纹型环或成型侧凹或侧孔的镶块成型，这时将推杆设置在这些镶件之下，靠推动镶件带出整个塑件，推出时塑件受力均匀。活动镶件推出机构通过采用在模外取出镶件，然后重新安置于模内的办法，避免了模内侧抽芯或模内旋螺纹，可使模具结构大为简化；其缺点是操作人员的劳动强度增加，仅适用于小批量生产的塑件。

图8-27a所示结构是用推杆推螺纹型芯；图8-27b所示结构是用推杆推螺纹型环，为了便于螺纹型环的安放，推杆采用弹簧复位，或将螺纹型环安放在定模，合模时再进入动模；图8-27c所示结构是用推杆推成型塑件内凹的镶件。以上三种形式的镶件在脱模时都和塑件一道

被推出模外，在重新安放镶件时应保证镶件在模内的位置准确并牢固定位。图 8-27d 所示结构的镶件与推杆连在一起，不脱出模外，推出时可减小脱模阻力。

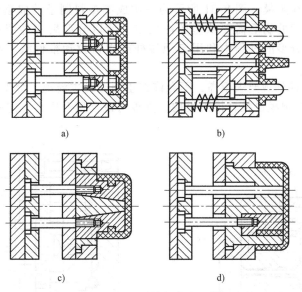

a)　　　　　　　　　　b)

c)　　　　　　　　　　d)

图 8-27　活动镶件推出机构

图 8-28 所示为用凹模板推出塑件的结构，与推件板推出机构类似，只不过在凹模板上加工有塑件的部分型腔，因此当塑件离开主型芯时，尚有部分仍然嵌在凹模板内，需通过手工或机械手取出，若需完全自动脱出，则应采用后文将要介绍的二级脱模结构。

6. 联合推出机构

有的制品形状和结构比较复杂，若仅采用一种推出机构，易使塑件局部受力过大而变形，甚至发生局部破裂，难以脱出。当采用多种推出元件同时脱模时，塑件的受力部位分散，受力面积增大，塑件在脱模过程中不易损伤和变形，可获得高精度的塑件。

图 8-29 所示为推杆与推件板联合使用的推出机构，用于脱出斜度小、深度较大的筒形制品。图 8-30 所示塑件中

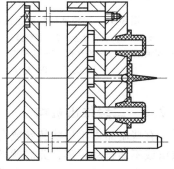

图 8-28　凹模板推出结构

心部位脱模阻力较大，因此采用推管与推杆联合使用的机构，推杆和推管都固定在同一推板上，可保证两种推出元件同步运动。凡是与推件板联合使用的推出机构，当推件板复位时可使整个推出机构复位，因此无须另设复位杆。

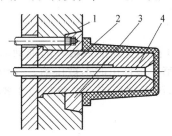

图 8-29　推杆与推件板联合推出机构
1—动模板　2—型芯　3—推件板　4—推杆

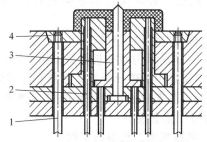

图 8-30　推杆与推管联合推出机构
1—连接推杆　2—推杆　3—推管　4—推件板

8.2.4 定模推出机构

塑件在开模后一般都留在动模，普通模具的推出机构也设在动模，个别情况下，塑件因形状特殊而必须留在定模。图 8-31 所示为一次成型塑料刷子的成型模，因主流道设在刷背，在分型时所成型的刷毛需要从型腔内拔出，所以分型后塑件留在定模，需要在定模设置推件板，在继续分型的过程中利用定距拉杆或螺钉拉动推件板，将塑件从型芯上强制脱下。

图 8-32 所示的塑件外观要求很高，不允许在正面开设主流道，分型时塑件由于热收缩包紧定模型芯，因此需在定模设推杆推出机构，推板可以利用开模力在定距拉杆（图 8-32 中未示出）拖动下启动。

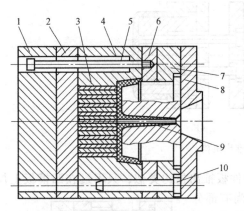

图 8-31 定模推件板脱出的模具

1—支架 2—动模垫板 3—成型镶件 4—动模板
5—定距螺钉 6—推件板 7—定模板 8—定模座板
9—主流道 10—导柱

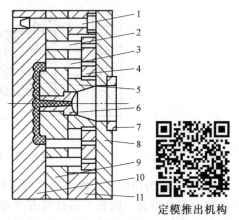

定模推出机构

图 8-32 定模推杆推出的模具

1—导柱 2—反推杆 3—推杆 4—推板
5、11—支承板 6—主流道衬套 7—定位圈
8—定模座板 9—定模板 10—动模板

8.2.5 二级推出机构

有些制品由于形状特殊或自动化生产的需要，在一次推出动作完成后，仍难以从型腔中取出或不能自动脱落，此时就必须再增加一次或数次推出动作才能使制品脱落；有时为避免一次推出使制品受力过大，也采用多次推出，以保证制品质量。多次推出塑料制品的机构称为多次推出机构，常用的多次推出机构为二级推出机构，也有三级或四级推出机构。本部分内容介绍二级推出机构。

二级推出机构用于大型薄壁制品一次推出时容易变形的情况，也用于制品有圆弧形倒扣时一次推出后再强行推出会损伤倒扣的情形，还用于在自动化生产时制品安全脱落的场合。

1. 弹簧二级推出机构

图 8-33 所示为双推板弹簧二级推出机构，塑件在脱模时首先受到推件板 6 的推动而脱离型芯 7。模具中的碟形弹簧 2 必须有足够的刚性，以保证在第一级推出时不被压缩。一级推板 3 接触到型芯支承板 4 后停止前进，弹簧在一级推板 3 的作用下被压缩，二级推板 1 推动推杆，将塑件完全推出。

2. 机械气动二级推出机构

最简单的二级推出机构可采用机械气动联合推出的办法，如图 8-34 所示的机构，推杆将凹模板推出一段距离后，再向凹模内通入压缩空气，使塑件完全从型腔内脱出。

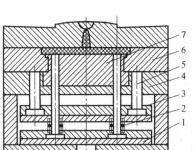

图 8-33　弹簧二级推出机构

1—二级推板　2—弹簧　3——级推板
4—型芯支承板　5—弹簧力推出杆
6—推件板　7—型芯

弹簧二级推出机构

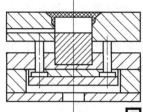

图 8-34　机械气动
联合二级推出机构

机械气动二级推出机构

3. 凸轮推杆二级推出机构

图 8-35 所示为采用凸轮顶动推件板实现第一次推出,再由推杆完成第二次推出的单推板式二级推出机构。活动摆杆固定在型芯固定板上。当开模达到一定距离时,固定在定模板 2 上的拉钩 1 带动凸轮 8,迫使凸轮 8 顶动推件板 4(又是凹模板)移动,使制品脱离型芯 7,实现第一次推出动作,并由限位螺钉 5 限制推件板的移动距离 l_1;继续开模,拉钩与凸轮脱开。第二次动作是由推杆 3 将制品从凹模板中推出,制品可自由落下。弹簧 9 使凸轮始终紧靠推件板。推杆的复位由复位杆 6 来完成。设计该推出机构时应做到:第一次推出时,推件板移动距离 l_1 应大于 h_1(h_1 为制品孔深);第二次推出时,推杆移动的距离应大于 l_1 与 h_2(h_2 为制品在凹模中的高度)之和。

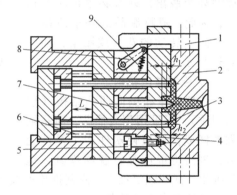

图 8-35　凸轮推杆二级推出机构

1—拉钩　2—定模板　3—推杆
4—推件板　5—限位螺钉　6—复位杆
7—型芯　8—凸轮　9—弹簧

8.2.6　螺纹制品推出机构

塑料制品螺纹分外螺纹和内螺纹两种。精度不高的外螺纹一般用哈夫块成型,采用侧向分型机构,如图 8-36 所示;内螺纹则由螺纹型芯成型,其推出机构根据制品生产批量、制品外形、模具制造工艺等因素可分为手动推出和机动推出两种形式,机动推出又包括强制推出和自动脱螺纹机构推出。手动推出的模具结构简单,加工方便,但生产效率低,劳动强度大,

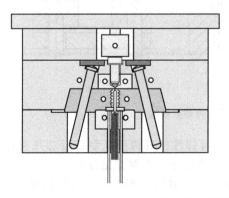

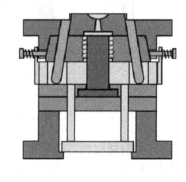

图 8-36　外螺纹成型机构

适用于小批量生产的制品；机动推出的模具结构复杂，加工费时，适用于大批量生产的制品，且易于实现自动化生产。

内螺纹强制推出须满足以下条件：伸长率＝（螺纹大径－螺纹小径）/螺纹小径≤A，其中 A 值取决于塑料品种；ABS 的 A 值为 8%、POM 的 A 值为 5%、PA 的 A 值为 9%、PE-LD 的 A 值为 21%、PE-HD 的 A 值为 6%、PP 的 A 值为 5%。

制品成型后要从螺纹型芯或螺纹型环上脱出，两者必须做相对运动，为此，塑料制品的外形或端面须有防止转动的花纹或图案，如图8-37 所示。

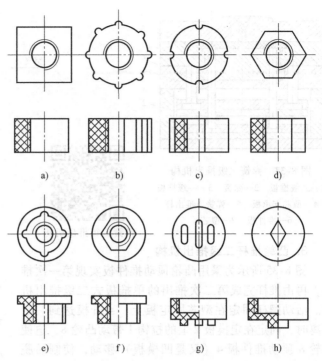

图 8-37　制品的防转外形和端面

1. 强制推出机构

若塑件存在侧向凹凸结构（包括螺纹），不采用侧向抽芯，而是依靠推杆或推件板使塑件产生弹性变形，进而将塑件强行脱离模具，这种推出方式叫强制推出。强制推出的模具相对于采用侧向抽芯的模具来说，结构更简单，适用于精度要求不高的制品。

（1）利用制品的弹性强制推出　图 8-38 所示结构适用于聚乙烯、聚丙烯等具有较好弹性的塑料制品，通常采用推件板推出，但应尽量避免采用如图 8-38c 所示的圆弧形曲面作为推动制品的接触面，否则制品脱模困难。

需强制推出的塑件的螺纹牙型侧面必须具有足够的斜度或采用圆牙螺纹；矩形或接近矩形的螺牙在强制推出时易被剪断，对于标准的三角形螺纹，由于牙尖很薄，强制推出时容易变形或刮伤，可将牙尖去掉一小段。

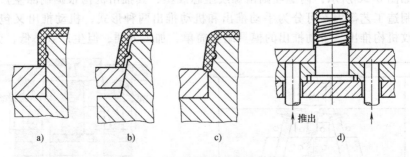

图 8-38　利用制品的弹性强制推出

（2）利用硅橡胶螺纹型芯强制推出　利用具有弹性的硅橡胶来制造型芯并实现制品强制推出的结构如图 8-39 所示。开模时，在弹簧 2 的作用下，A 面首先分开，退出橡胶型芯内的芯杆，橡胶螺纹型芯即收缩成锥形；继续开模，主分型面分型，并在注射机顶杆的作用下，通过模具推杆将螺纹制品推出（图 8-39b）。这种模具结构简单，但硅橡胶螺纹型芯寿命短，仅适用于小批量生产的场合。

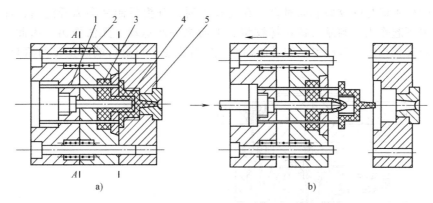

图 8-39　利用硅橡胶螺纹型芯的强制推出
1—推杆　2—弹簧　3—硅橡胶螺纹型芯　4—制品　5—凹模

2. 手动推出机构

图 8-40 所示为手动推出螺纹制品的三种常见形式。图 8-40a 所示为模内手动脱出螺纹型芯的形式，在制品脱模之前必须拧脱螺纹型芯，设计时必须使螺纹型芯两端的螺距相等。图 8-40b 和图 8-40c 所示为活动的螺纹型芯和螺纹型环开模后随制品一起被推出，在机外脱模，其模具结构简单，但操作麻烦，需备有若干个螺纹型芯或螺纹型环交替使用，且机外需设预热装置和辅助取出型芯或型环的装置。

图 8-41 所示为模内设有变向机构的手动推出螺纹制品的模具结构。开模后，用手转动轴 1，通过齿轮 2、3 的传动，使螺纹型芯 7 按旋出制品需要的方向转动。弹簧 4 在推出过程中始终顶住活动型芯 6，使它随制品向脱出方向移动，从而使制品与活动型芯 6 始终保持接触，防止制品随着螺纹型芯 7 转动，从而保证制品顺利脱出。

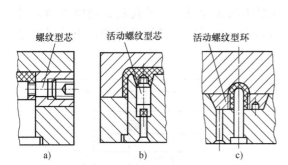

图 8-40　手动推出螺纹制品的常见形式

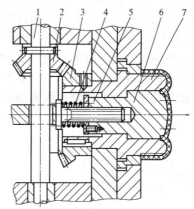

图 8-41　模内手动推出螺纹制品机构
1—轴　2、3—齿轮　4—弹簧
5—花键轴　6—活动型芯　7—螺纹型芯

模内脱螺纹

3. 机动推出机构

机动螺纹制品推出机构利用开模时的直线运动和齿轮齿条或螺杆的传动，或角式注射机开、合模螺杆传动，带动螺纹型芯做旋转运动而推出塑料制品。

图 8-42a 所示为通过螺纹型芯转动和推件板推动使制品脱离型芯的模具结构。由齿条 8 带动齿轮 6 转动，再由齿轮 5 带动齿轮 10 转动，最终由齿轮 10 带动螺纹型芯 4 转动，实现内螺纹脱模。在螺纹型芯 4 转动的同时，推件板 13 在弹簧 12 的作用下推动制品脱离模具。

塑料成型工艺与模具设计

需特别注意的是，当制品的凹模与螺纹型芯同时设计在动模上时，凹模可以保证制品不转动。但当凹模不能与螺纹型芯同时设计在动模上时，开模后制品会离开定模，即使制品有防转的花纹也不起作用，制品会留在螺纹型芯上与之一起运动，无法推出。因此，在设计模具时要考虑止转机构的合理设置，如采用端面止转等方法，可进行端面止转的镶套如图8-42b所示。

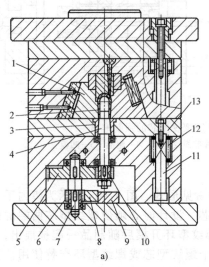
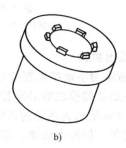

图 8-42　机动脱螺纹机构（一）

a）机动脱螺纹模具结构　b）镶套立体图

1—斜滑块　2—制品　3—镶套　4—螺纹型芯　5—传动齿轮1　6—传动齿轮2
7—齿轮轴　8—齿条　9—挡块　10—传动齿轮3　11—拉杆　12—弹簧　13—推件板

图 8-43 所示为采用液压缸与齿条的自动脱螺纹机构。动力来源于液压缸，可使齿条往复运动，通过齿轮带动螺纹型芯旋转，实现内螺纹脱出。

图 8-44 所示为采用齿条与锥齿轮的自动脱螺纹机构。动力来源于齿条，或者来源于注射机的开模力。这种结构利用开模时的直线运动，通过齿条齿轮或丝杠的传动，使螺纹型芯做回转运动而脱离制品，螺纹型芯可以一边回转一边移动，也可以只做回转运动，还可以通过大升角的丝杠螺母使螺纹型芯回转而脱离制品。

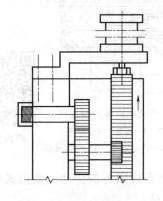
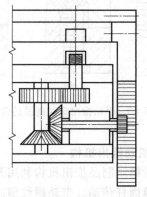

图 8-43　机动脱螺纹机构（二）　　　　　　图 8-44　机动脱螺纹机构（三）

螺纹制品机动推出机构的设计要点如下：

1）确定螺纹型芯转动圈数 U

$$U = L/P + U_s \tag{8-8}$$

式中　U——螺纹型芯转动圈数；

　　U_s——安全系数，为保证完全旋出螺纹所加余量，一般为 $0.25 \sim 1$；

　　L——螺纹牙长；

　　P——螺纹牙距。

2）确定齿轮模数 m。模数决定齿轮的齿厚。工业用齿轮一般取 $m \geqslant 2$，国标规定的齿轮标准模数系列见表 8-1。

对于正常齿制的渐开线标准直齿圆柱齿轮，模数和其他参数的关系为

$$d = mz \tag{8-9}$$
$$d_a = m(z+2) \tag{8-10}$$

式中　m——齿轮模数（mm）；

　　z——齿轮齿数；

　　d——分度圆直径（mm）；

　　d_a——齿顶圆直径（mm）。

渐开线直齿圆柱齿轮的啮合条件为：两轮的模数和压力角分别相同。

表 8-1　齿轮标准模数系列（GB/T 1357—2008）　　　　　　　（单位：mm）

第一系列	1,1.25,1.5,2,2.5,3,4,5,6,8,10,12,16,20,25,32,40,50
第二系列	1.125,1.375,1.75,2.25,2.75,3.5,4.5,5.5,(6.5),7,9,11,14,18,22,28,36,45

注：在选用模数时，应优先选用第一系列，其次是第二系列，括号内的模数尽可能不用。

3）确定齿轮齿数 z。齿数决定齿轮的外径。当传动中心距一定时，齿数越多，传动越平稳，噪声越低。但齿数多，模数就小，齿厚也小，齿轮弯曲强度降低。因此在满足齿轮弯曲强度的条件下，应尽量取较多的齿数和较小的模数。为避免干涉，齿数一般取 $z \geqslant 17$。螺纹型芯的齿数应尽可能少，但最少不少于 14，且最好取偶数。

4）确定齿轮传动比 i。传动比决定啮合齿轮的转速。在高速重载或开式传动情况下传动比选择质数，目的是为了避免失效集中在某几个齿上。传动比还与驱动方式有关系，比如采用齿条与锥度齿或来福线螺母这两种驱动方式时，因传动受行程限制，一般取 $1 \leqslant i \leqslant 4$；当选择电动机驱动时，因传动无限制，结构紧凑，节省空间，有利于降低马达瞬间起动力，还可以减慢螺纹型芯的旋转速度，一般取 $0.25 \leqslant i \leqslant 1$。

4. 分瓣式可胀缩型芯脱模

如图 8-45 所示，分瓣式可胀缩组合型芯在国外是一类批量生产的标准件，用来成型中小型塑件。型芯中心有一锥形孔，当中心锥杆插入后，型芯各瓣紧密排列成一圈，可成型内螺纹；成型后先抽回中心锥杆，型芯各瓣由于弹性向内侧间隔错开回缩而与塑件分离，这种结构需配合推件板等零部件使用。其缺点是在制品内表面会留下少许拼合线痕迹。分瓣式型芯也可用来成型塑件上其他形式的内侧凹凸结构。

8.2.7　浇注系统凝料的取出

为了保证模具自动化生产，除了要求塑件能顺利脱模外，浇注系统凝料亦应能够自动脱出。对于普通两板式模具，分型时主流道凝料从定模拔出，整个浇注系统凝料和塑件通过浇口连接在一起，推出塑件和冷料穴中的凝料，浇注系统凝料即可随塑件一道脱出。当分流道较长时，可在分流道下面增设推杆。对于采用潜伏式浇口的两板式模具和采用点浇口的三板式模具，则需单独考虑浇注系统凝料的取出问题。

1. 潜伏式浇口浇注系统凝料的取出

对于采用潜伏式浇口的模具，脱模时塑件和浇注系统凝料是从浇口处被切断后分别推出

的，浇口的切断分为分型切断和推出切断两种情况。分型切断如图 8-46 所示，浇口被切断后塑件和浇注系统凝料都留在动模，可用推杆将其推出。推出切断时，塑件可以用推杆、推管或推件板推出，而浇注系统凝料一般用推杆推出。当分流道长度很短时，浇注系统凝料可以利用冷料穴的中心推杆推出。

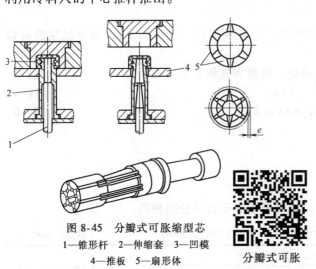

图 8-45　分瓣式可胀缩型芯
1—锥形杆　2—伸缩套　3—凹模
4—推板　5—扇形体

分瓣式可胀缩型芯脱模

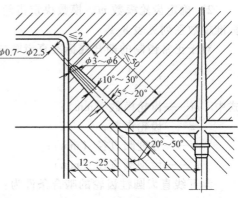

图 8-46　分型切断潜伏式浇口

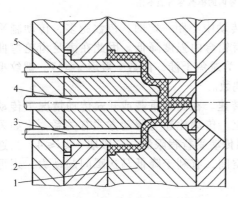

图 8-47　推杆推出切断潜伏式浇口
1—定模板　2—型芯固定板
3—推杆　4—中心推杆　5—型芯

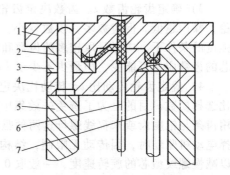

图 8-48　推件板和推杆推出切断潜伏式浇口
1—定模板　2—导柱　3—推件板　4—动模板
5—支架　6—中心推杆　7—推杆

　　图 8-47 所示的潜伏式浇口从塑件内圆面进浇，成型后塑件用推杆推出，浇注系统凝料采用中心推杆推出。图 8-48 所示为生产活塞环的模具，潜伏浇口开设在主型芯上，从塑件内圆柱面三点进浇，成型后塑件用推件板推出，流道凝料用中心推杆推出。图 8-49 所示为生产聚乙烯圆垫片的注射模型腔图，潜伏式浇口从圆垫片的外圆面进浇，塑件用推管推出，浇注系统凝料用多个推杆同步推出。

　　2. 点浇口浇注系统凝料的取出

　　(1) 利用斜孔拉断点浇口　图 8-50 所示为利用斜孔和倒锥头（或球头）拉料杆推出浇注系统凝料

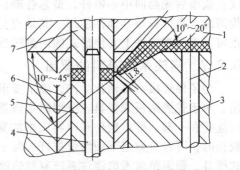

图 8-49　推管和推杆推出切断潜伏式浇口
1—定模板　2—推杆　3—动模板　4—型芯
5—推管　6—动模镶件　7—定模镶件

的结构，在定模座板上的分流道尽头钻一斜孔，第一次分型时由于斜孔内凝料的限制，分流道凝料被拉向定模座板4，流道凝料在点浇口处与塑件断开；分型到一定距离后凝料从斜孔内脱出，倒锥头拉料杆也将主流道凝料拔出，整个浇注系统凝料附着在定模板3上。当主分型面分型时，倒锥头拉料杆的头部缩回，浇注系统凝料脱落。分流道最好开设在定模座板上，如开在定模板的背面则难以自动掉落。斜孔部分的形状尺寸如图8-50的放大图所示，斜孔直径取3~5 mm，斜角取30°~45°。

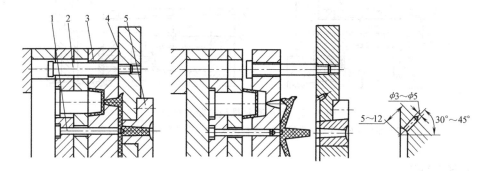

图 8-50　利用斜孔拉断点浇口

1—拉料杆　2—定距拉杆　3—定模板　4—定模座板　5—浇口套

（2）利用拉料杆拉断点浇口　如图8-51所示，分流道开设在定模板背面，在定模座板上装有分流道拉料杆，其前端呈倒锥形（也可为球形、菌形、菱锥形等），流道分型面分开时拉料杆将浇注系统凝料拉向定模座板一侧，使之从浇口处与塑件断开；紧接着拉动凝料推板，将流道凝料从定模座板一边强行推出，并自动掉落。图8-51给出了其他几种常见拉料杆的放大图，其中有菱锥形头、球形头和菌形头拉料杆。拉料杆和凝料推板孔除了采用圆柱面配合外，也可采用精度更高的锥面配合。拉料杆头部都应淬火，具有50HRC以上的硬度。

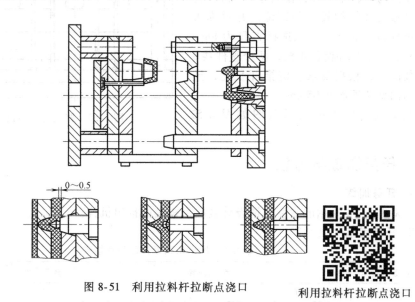

图 8-51　利用拉料杆拉断点浇口

利用拉料杆拉断点浇口

（3）利用凝料推板推出浇注系统凝料　如图8-52所示，可在定模座板和定模板之间设置一块凝料推板，分流道位于定模座板和凝料推板之间。A面分型时，由于塑件通过浇口和分流道凝料相连接，分流道凝料被拉向定模板一边，附着在凝料推板上，主流道凝料也同时从浇口套中被拉出；分型到一定距离后，由定距拉杆拖动凝料推板从 *B* 面分型，将流道凝料从浇口处与塑件拉断，并继续推出。定模板浇口周围凸起部分与凝料推板孔采用锥面配合，当定模板受定距拉杆限位时，模具最终从 *C* 面（主分型面）打开，此时塑件留于动模型芯上，通过推出机构推出。

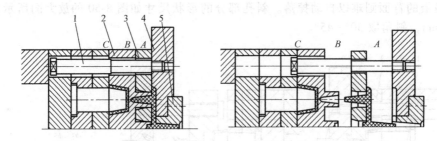

图 8-52　利用凝料推板拉断点浇口
1—定距拉杆　2—定模板　3—凝料推板　4—定模座板　5—浇口套

8.3　任务实施

　　根据任务 6 成型零件结构设计的内容可知，肥皂盒一部分在定模成型，一部分用动模主型芯成型，脱模时塑件留在动模。

　　肥皂盒底部平齐，考虑到脱模时应受力均匀，不发生变形，且不在肥皂盒表面留下推出痕迹，不影响塑件的表面质量，因此选用推件板作用于肥皂盒外边缘进行脱模。在选择模架时，直接选用有推件板的模架。

　　肥皂盒内部有凹凸结构，为了保证推出时受力均匀，采用推杆配合推件板推出。将推杆放置在结构较厚的部位，并对称布置。推杆为标准件，在此选择直径为 8mm 的推杆，一个塑件设置 4 根，两个塑件共 8 根。装配时，根据要求确定推杆长度，推杆要高出型芯顶面 0.05mm。

　　肥皂盒的推出机构示意图如图 8-53 所示。

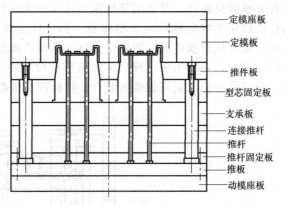

图 8-53　肥皂盒推出机构示意图

定模座板
定模板
推件板
型芯固定板
支承板
连接推杆
推杆
推杆固定板
推板
动模座板

8.4　任务训练与考核

1. 任务训练
针对图 1-38 所示的盒盖，请设计其成型模具的推出机构。

2. 任务考核（表 8-2）

表 8-2　推出机构设计任务考核卡

任务考核	考核内容	参考分值	考核结果	考核人
素质目标考核	遵守规则	5		
	课堂互动	10		
	团队合作	5		
知识目标考核	推出机构分类	5		
	推杆推出机构	5		

（续）

任务考核	考核内容	参考分值	考核结果	考核人
知识目标考核	推管推出机构	5		
	推件板推出机构	5		
	联合推出机构	5		
	定模推出机构	5		
	二级推出机构	10		
	螺纹制品推出机构	5		
	浇注系统凝料的取出	5		
能力目标考核	推出机构设计	15		
	推出机构结构示意图	15		
小　　计				

8.5　思考与练习

1. 选择题

（1）成型软质塑料如聚乙烯、软质聚氯乙烯等时，不宜采用单一的推管推出机构推出塑件，尤其是薄壁深筒形塑件，通常需采用（　　）推出机构。

　　A. 推件板　　　B. 顺序　　　C. 联合　　　D. 二级

（2）大型深腔容器，特别是软质塑料成型的塑件，用推件板推出时，应设（　　）装置。

　　A. 先复位　　　B. 引气　　　C. 排气　　　D. 二级推出

2. 判断题

（1）脱模斜度小，脱模阻力大的管形和箱形塑件，应尽量选用推杆推出。（　　）

（2）采用推件板推出时，由于推件板与塑件接触的部位有一定的硬度和表面粗糙度要求，为防止整体淬火引起变形，常用镶嵌的组合结构。（　　）

（3）推出机构中的联合推出机构，即推杆与推块同时推出塑件的推出机构。（　　）

3. 填空题

（1）为了便于塑件的推出，在一般情况下，应使塑件在开模时留在_____或_____上。

（2）设计注射模时，要求塑件开模时留在动模上，但由于结构形状的关系，塑件开模时既有可能留在定模上，也有可能留在动模上，此时须设_____机构。

（3）硬质塑料塑件比软质塑料塑件的脱模斜度_____（"大"或"小"），收缩率大的塑件比收缩率小的塑件的脱模斜度_____（"大"或"小"）；精度要求越高，脱模斜度要越_____（"大"或"小"）。

4. 简答题

（1）注射模的推出机构有哪几类？

（2）如何用推杆推加强筋、边和螺柱？

（3）推管推出机构因成本高、制作复杂，故尽量避免使用。但什么情况下必须采用推管推出机构？

（4）何时采用推件板推出机构？推件板推出机构的设计要点有哪些？

（5）内螺纹机动推出机构的动力来源有哪些？简述内螺纹机动推出机构的工作原理。

（6）制品在推出时容易出现哪些问题？如何解决？

（7）什么是二级推出机构？二级推出机构有哪些种类？

任务9 模架选取与标准件选用

9.1 任务导入

模架是设计、制造塑料注射模的基础部件。为适应大规模成批量生产塑料成型模具，提高模具精度和降低模具成本，模具的标准化工作是十分必要的。注射模的基本结构有很多共同点，所以模具标准的制定工作现在已经基本完成，市场上已有非常多的标准件出售。全球比较知名的三大标准模架是美国的 DME；德国的 HASCO、日本的 FUTABA。国内的模具企业大多选用中国香港的 LKM 标准模架。

模架的选择依据模具结构、型腔分布、流道布置等因素来考虑。本任务是针对图 1-1 所示的肥皂盒，依据前面设计的模具结构，进行模架的选取和标准件的选用。通过学习，掌握模架的基本知识，具备正确选用模架及标准件的能力。

9.2 相关知识

9.2.1 塑料注射模模架

1. 模架的组成零件

塑料注射模模架按其在模具中的应用方式分类，可分为直浇口模架与点浇口模架两种形式，对应的组成零件分别如图 9-1 和图 9-2 所示。

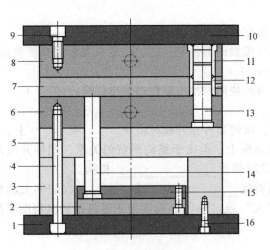

图 9-1 直浇口模架组成零件
1—动模座板（底板） 2—推板
3—垫块（方铁） 4、9、16—螺钉 5—支承板（垫板）
6—动模板（B 板） 7—推件板
8—定模板（A 板）
10—定模座板（面板）
11—带头导套 12—直导套
13—带头导柱 14—复位杆
15—推杆固定板

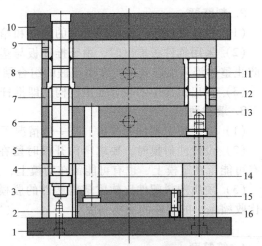

图 9-2 点浇口模架组成零件
1—动模座板 2—推板
3—垫块 4—拉杆导柱（拉杆）
5—支承板 6—动模板（B 板）
7—推件板 8—定模板（A 板）
9—推料板 10—定模座板
11—带头导套 12—直导套
13—带头导柱 14—复位杆
15—推杆固定板
16—螺钉

2. 模架的组合形式

塑料注射模模架按照结构特征可分为 36 种组合形式，其中直浇口模架 12 种、点浇口模架 16 种、简化点浇口模架 8 种。

（1）直浇口模架。直浇口模架，一般也称为大水口模架或两板模模架，共有 12 种，其中直浇口基本型 4 种、直身基本型 4 种、直身无定模座板型 4 种。直浇口基本型又分为 A 型、B 型、C 型和 D 型，这四种类型模架的共同特点是定模均有两块板，区别在于动模。A 型模架动模有两块模板；B 型模架动模有两块模板，加装推件板；C 型模架动模仅有一块模板；D 型模架动模有一块模板，加装推件板。直身基本型分为 ZA 型、ZB 型、ZC 型和 ZD 型，与直浇口基本型结构一一对应，只是定模座板和动模座板的尺寸分别与定模板和动模板的尺寸相同。直身无定模座板型分为 ZAZ 型、ZBZ 型、ZCZ 型和 ZDZ 型，与直身基本型结构一一对应，区别是没有定模座板。表 9-1 为直浇口基本型模架的组合形式。

表 9-1　直浇口基本型模架的组合形式

组合形式	结构简图	组合形式	结构简图
A 型		B 型	
C 型		D 型	

（2）点浇口模架　点浇口模架，也称为细水口模架，共有 16 种，其中点浇口基本型 4 种、直身点浇口基本型 4 种、点浇口无推料板型 4 种、直身点浇口无推料板型 4 种。

点浇口基本型分为 DA 型、DB 型、DC 型和 DD 型，其模板数量与直浇口基本型的 A 型、B 型、C 型和 D 型结构一一对应，区别在于点浇口基本型模架的定模部分没有 4 个紧固螺钉，而多了 4 根拉杆导柱（也叫拉杆）及相对应的导套、一块推料板（也叫水口推板）。直身点浇口基本型分为 ZDA 型、ZDB 型、ZDC 型和 ZDD 型，与点浇口基本型的区别在于动、定模座板的尺寸分别与动、定模板的尺寸相同。点浇口无推料板型分为 DAT 型、DBT 型、DCT 型和 DDT 型，与点浇口基本型的区别是少了推料板。直身点浇口无推料板型分为 ZDAT 型、ZDBT 型、ZDCT 型和 ZDDT 型，与点浇口无推料板型的区别是动、定模座板与动、定模板尺寸一致。表 9-2 为点浇口基本型模架的组合形式。

表 9-2　点浇口基本型模架的组合形式

组合形式	结构简图	组合形式	结构简图
DA 型		DB 型	
DC 型		DD 型	

（3）简化点浇口模架　简化点浇口模架也称为简化细水口模架，共有 8 种，其中简化点浇口基本型 2 种，直身简化点浇口型 2 种，简化点浇口无推料板型 2 种，直身简化点浇口无推料板型 2 种。

简化点浇口基本型分为 JA 型和 JC 型，与点浇口基本型的 DA 型、DC 型的结构一一对应，区别在于少了 4 根导柱及其导套。直身简化点浇口型分为 ZJA 型和 ZJC 型，与 JA 型和 JC 型的区别在于动、定模座板的尺寸分别与动、定模板一致。简化点浇口无推料板型分为 JAT 型和 JCT 型，与 JA 型和 JC 型的区别在于少了推料板。直身简化点浇口无推料板型分为 ZJAT 型和 ZJCT 型，与 JAT 型和 JCT 型的区别是动、定模座板的尺寸与动、定模板一致。表 9-3 为简化点浇口基本型模架的组合形式。

表 9-3　简化点浇口基本型模架的组合形式

组合形式	结构简图	组合形式	结构简图
JA 型		JC 型	

（4）模架导向件与螺钉安装方式　根据国家标准 GB/T 12555—2006《塑料注射模模架》，结合模架实际使用要求，模架中的导向件与螺钉可以有不同的安装方式。

1）根据模具使用要求，模架中的导柱导套安装可以分为正装和反装两种形式，如图 9-3 所示。

2）根据模具使用要求，模架中的推板可以加装推板导柱或限位钉，如图 9-4 所示。

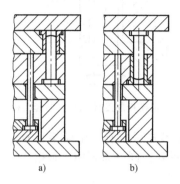

图 9-3　导柱导套的安装方式
a）导柱导套正装　b）导柱导套反装

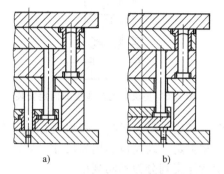

图 9-4　加装推板导柱或限位钉
a）加装推板导柱　b）加装限位钉

3）根据模具使用要求，模架中的拉杆导柱的安装可以分为装在外侧和装在内侧两种形式，如图 9-5 所示。

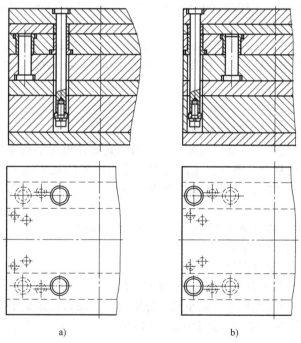

图 9-5　拉杆导柱的安装方式
a）拉杆导柱安装在内侧　b）拉杆导柱安装在外侧

4）根据模具使用要求，模架中的垫块可以通过增加螺钉单独固定在动模座板上，如图 9-6所示。

5）根据模具使用要求，模架中的定模板厚度较大时，导套可以装配成如图 9-7 所示的结构。

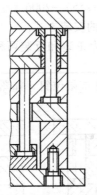

图 9-6　垫块与动模座板的固定安装

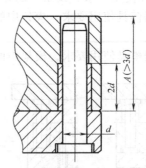

图 9-7　定模板厚度较大时的导套结构

（5）模架型号、系列、规格及标记　每一种模架组合形式对应有一个模架型号；同一型号中，根据定、动模板的周界尺寸（宽×长）划分为不同系列；同一系列中，根据定、动模板和垫块的厚度划分为不同规格。

依据 GB/T 12555—2006，模架应有下列标记：①模架；②基本型号；③系列代号；④定模板厚度 A（mm）；⑤动模板厚度 B（mm）；⑥垫块厚度 C（mm）；⑦拉杆导柱长度（mm）；⑧标准代号，即 GB/T 12555—2006。

示例 1：直浇口 B 型标准模架，模板宽为 300mm，长为 400mm，$A = 60$mm，$B = 50$mm，$C = 80$mm，则标记为：模架　B 3040-60×50×80　GB/T 12555—2006。其相应的其他部件尺寸可参见附表 5。

示例 2：模板宽为 300mm、长为 350mm，$A = 50$mm，$B = 60$mm，$C = 90$mm，拉杆导柱长度为 200mm 的点浇口 DB 型模架，标记为：模架　DB 3035-50×60×90 -200　GB/T 12555—2006。

9.2.2　模架的选择

1. 模架的选择原则

（1）直浇口模架和点浇口模架的选择

1）能用直浇口模架便不用点浇口模架。这是因为直浇口模架结构简单，制造成本相对较低；而点浇口模架结构较复杂，模具在生产过程中发生故障的概率也大。但在不能确定选择直浇口模架还是点浇口模架时，应尽量选用点浇口模架，因为点浇口进料灵活性较大，便于熔体充型。

2）当制品必须采用点浇口浇注系统时，选择点浇口模架。

3）热流道模都用直浇口模架。

4）齿轮模大多采用点浇口模架。

（2）标准型点浇口模架和简化点浇口模架的选择

1）龙记模架中，三种标准模架的最小尺寸分别为：点浇口模架最小尺寸为长 200mm、宽 250mm；简化点浇口模架最小尺寸为长 150mm、宽 200mm；直浇口模架最小尺寸为长 150mm、宽 150mm。

2）简化点浇口模架无推件板。制品需要用推件板推出时，宜选择标准型点浇口模架。

3）两侧有较大侧抽芯滑块（行位）时，可考虑选用简化点浇口模架，少四根短导柱，可以使模架长度尺寸减小。

4）采用斜滑块的模具在滑块推出时容易碰撞导柱，可选用简化点浇口模架。

5）精度、寿命要求高的模具，不宜采用简化点浇口模架，而应尽量采用标准型点浇口模架。

6）简化点浇口模架中的 JAT 型和 JCT 型模架常用于采用侧浇口浇注系统及定模有侧向抽芯机构的注射模。

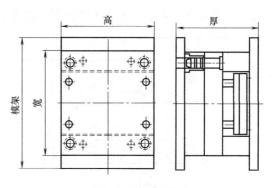

图 9-8　工字模架

（3）工字模架和直身模架的选择　所有模具按固定在注射设备上的需要，都有工字模架和直身模架之分。通常，模具宽度尺寸小于或等于 300mm 时，宜选择工字模架，如图 9-8 所示；模具宽度尺寸大于 300mm 时，宜选择直身模架，如图 9-9 所示。对于直浇口模架，模架宽度大于或等于 300mm，且要开通框时，可采用有面板的直身模架（T 形）。直身模架必须加工码模槽，码模槽的尺寸已标准化，可查阅模架手册选取，用户也可以根据需要自行设计或加工。而对于点浇口模架，通常都采用工字模架。

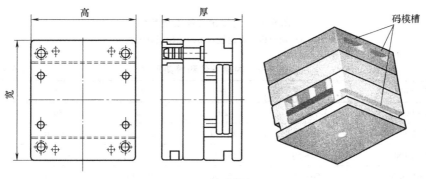

图 9-9　直身模架

模宽 450mm 以下的工字模架，边缘单边高出 25mm；模宽 450mm 以上（含 450mm）的工字模架，边缘单边高出 50mm。选择直身模架时，模架的宽度小于 50mm 时，与之匹配的注射机可以小一些。

（4）模架支承板（托板）的选择　如图 9-10 所示，支承板装配在动模板的下面，支承板厚度已实现标准化。当内模镶件为圆形，或者动模板开框很深时，宜开通框，此时需要加装支承板。动模有内侧抽芯或斜抽芯时，锁紧块和斜导柱安装在支承板上，需要选用有支承板的模架。

（5）模架推件板的选择

1）成型薄壁、深腔类塑件时，用推件板或推件板加推杆推出，平稳可靠。

2）成型塑件的表面不允许有推杆痕迹时，必须采用推件板。

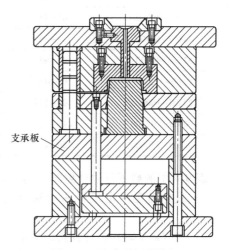

图 9-10　有支承板的模架

2. 模架的选择方法

（1）根据塑件尺寸及结构特点确定　根据塑件的外形尺寸（包括在分型面上的投影尺寸和高度）及结构特点（是否需要侧向抽芯），可以确定内模镶件的外形尺寸；当内模镶件的尺寸确定后，模架的尺寸就可以大致确定。对于一般的模具，内模镶件和定模板、动模板的尺寸可以参考表9-4确定，表9-4中各字母的含义如图9-11所示。

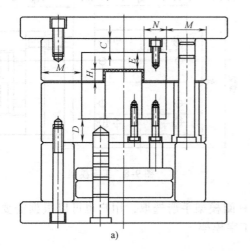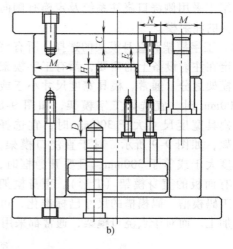

图 9-11　内模镶件和模架参数

a) 动模板不开通框　b) 动模板开通框

表 9-4　内模镶件和模架尺寸　　　　　　　（单位：mm）

塑件投影面积/mm²	M	N	C	D	E
100~900	40	20	20	30	20
900~2500	40~45	20~24	20~24	30~40	20~24
2500~6400	45~50	24~30	24~30	40~50	24~30
6400~14400	50~55	30~36	30~36	50~65	30~36
14400~25600	55~65	36~42	36~42	65~80	36~42
25600~40000	65~75	42~48	42~48	80~95	42~48
40000~62500	75~85	48~56	48~56	95~115	48~54
62500~90000	85~95	56~64	56~64	115~135	54~60
90000~122500	95~105	64~72	64~72	135~155	60~66
122500~160000	105~115	72~80	72~80	155~175	66~72
160000~202500	115~120	80~88	80~88	175~195	72~78
202500~250000	120~130	88~96	88~96	195~205	78~84

表9-4中的数据仅供注射模结构设计时参考，在实际设计过程中需要注意以下几点：

1）最终确定的定模板和动模板的长、宽、高尺寸，以及镶件的厚度尺寸一定要取标准值。

2）当$H \geqslant N$时，塑件较高，应适当加大N值，加大值为$\Delta N = (H-N)/2$。

3）若塑件壁厚较大，结构较复杂，有时为了冷却水道的需要，数据要做必要的调整。

4）塑件结构复杂，模具有侧向抽芯机构或需要特殊推出机构时，定模板和动模板的长、宽、高尺寸应相应加大。有滑块滑行的长度或宽度方向，根据滑块大小一般加大50mm、100mm或150mm，高度加大10mm或20mm。

5）定模没有定模座板的直身模，定模板厚度可以在以上基础上加大5~10mm，再取标准值。

6）在基本确定模架的规格型号和尺寸大小后，还应对模架的整体结构进行校核，检查所确定的模架是否符合客户给定的注射机的要求，校核内容包括模架的外形尺寸、最大开模行程、推出方式和推出行程等。

（2）根据企业生产经验方法确定

1）定模板和动模板宽度的确定。定模板和动模板的宽度，在实际工作中常根据经验方法选取。由于推杆固定板的宽度与模架的宽度具有对应关系，因此只要确定了内模镶件的边缘与复位杆的孔边缘之间的距离 C，就能确定模架的宽度。如图 9-12 所示，当模板宽度小于 400mm 时，距离 C 不小于 10mm；当模板宽度大于 400mm 时，距离 C 不小于 15mm。图 9-12 中 $A = B \pm (0 \sim 10)$ mm。

需要注意的是，以上模架长、宽尺寸的确定方法，仅适用于模具无外侧抽芯的情况，如果模具采用外侧滑块，需设计完滑块和锁紧块后，再确定模架长、宽尺寸。

龙记模架的宽度标准值有 150mm，180mm，200mm，230mm，250mm，270mm，290mm，300mm，330mm，350mm，400mm，450mm，500mm，大于 500mm 的尺寸用于特大型模具，宽度取值为 50 的倍数。长度标准值有 150mm，180mm，200mm，230mm，250mm，270mm，300mm，之后取值都是 50 的倍数。

2）定模板和动模板厚度的确定。如图 9-13 所示，模架有定模座板时，定模板的厚度一般等于框深 $a + 20 \sim 30$mm；模架无定模座板时，定模板的厚度一般等于框深 $a + 30 \sim 40$mm。定模板的厚度尽量取小些，便于减小主流道长度，利于模具排气，缩短成型周期，在注射机上生产时能紧贴注射机固定模板，以减少变形。

动模板的厚度一般等于开框深度加 30 ~ 60mm。动模板的厚度尽量取大些，以增加模具的强度和刚度。动模板开框后壁厚 C 的经验值参见表 9-5。

动、定模板的长、宽、高尺寸都已标准化，设计时应尽量取标准值，避免采用非标模架。

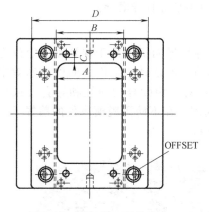

图 9-12 模架长、宽的确定

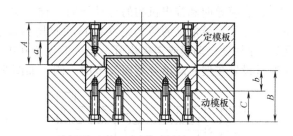

图 9-13 定模板和动模板厚度的确定

表 9-5 动模板开框后壁厚 C 的经验值 （单位：mm）

框深 长×宽	<20	20 ~ 30	30 ~ 40	40 ~ 50	50 ~ 60	>60
<100×100	20 ~ 25	25 ~ 30	30 ~ 35	35 ~ 40	40 ~ 45	45 ~ 50
100×100 ~ 200×200	25 ~ 30	30 ~ 35	35 ~ 40	40 ~ 45	45 ~ 50	50 ~ 55
200×200 ~ 300×300	30 ~ 35	35 ~ 40	40 ~ 45	45 ~ 50	50 ~ 55	55 ~ 60
>300×300	35 ~ 40	40 ~ 45	45 ~ 50	50 ~ 55	≈ 55	≈ 60

注：1. 表中"长""宽"和"框深"均指动模板开框后的长度、宽度和框深。

2. 动模板厚度等于开框深度加壁厚 C，应取较大标准值（一般为 10 的倍数）。

3. 如果动模有侧抽芯滑块"T"形槽，或因推杆太多而无法加装支承柱，取值必须在表中数据的基础上再加 5 ~ 10mm。

3. 垫块的设计

垫块（图9-14）的高度H，必须保证制品能顺利推出，并使推杆固定板距离动模板或支承板有10mm左右的间隙，不能在推杆固定板碰到动模板时，才推出制品。即

垫块高度H=推杆固定板厚度+推板厚度+限位钉头部高度+顶出距离+10~15mm

顶出距离=制品需要顶出高度+5~10mm

推杆固定板厚度和推板厚度由模架大小确定，限位钉头部高度通常为5mm。

上述10~15mm和5~10mm为安全距离。

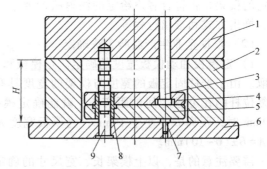

图9-14　垫块（方铁）
1—动模板　2—垫块　3—复位杆　4—推杆固定板
5—推板（推杆底板）　6—动模座板　7—限位钉
8—推板导套　9—推板导柱

标准模架中的垫块高度已标准化，一般情况下，垫块高度只需符合模架标准即可，但下列情况中的垫块需要增高：

1）制品高，顶出距离大，标准垫块高度不够时，需要加高垫块。

2）双推板二次顶出时，因垫块内有四块板，缩小了推件板的顶出距离，为将制品安全顶出，需要加高垫块。

3）螺纹自动脱模的模具中，因垫块内有齿轮传动，有时也要加高垫块。

4）采用斜推杆抽芯的模具，斜推杆倾斜角度和顶出距离成反比，若抽芯距离较大，可通过加大顶出距离来减小斜推杆的倾斜角度，从而使斜推杆顶出平稳可靠，磨损小。

垫块加高的尺寸较大时，为提高模具的强度和刚度，有时还要将垫块的宽度也加大；其次，为了提高制品推出的稳定性和可靠性，推杆固定板宜增加导柱导套导向。

9.2.3　合模导向机构设计

导向定位机构包括导柱导向机构和锥面定位机构。导柱导向机构用于保证动、定模之间的开、合模导向和推出机构的运动导向，锥面定位机构用于保证动、定模之间的精密对中定位。导柱导向最常见的结构是在模具型腔周围设置2~4对互相配合的导柱和导套（或导向孔），导柱设在动模或定模均可，但一般设置在主型芯周围，在不妨碍脱模取件的前提下，导柱通常设置在型芯高出分型面较多的一侧，如图9-15所示。

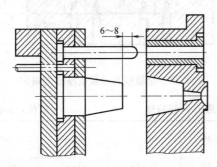

图9-15　导柱导套导向

1. 导向机构的作用

导向机构的主要作用是导向、定位和承受注射时的侧压力。

（1）导向作用　合模时，导向零件首先相互接触，引导动、定模或上、下模准确闭合，避免型芯先进入型腔，造成成型零件的损坏。

（2）定位作用　合模时，维持动、定模之间一定的方位，避免错位；模具闭合后，保证动、定模位置正确，保证型腔的形状和尺寸精度。

（3）承受一定的侧压力作用　塑料熔体在注入型腔过程中可能产生单向侧压力，或由于注射机精度的限制，导柱承受了一定的侧压力。若侧压力很大，不能单靠导柱来承担，需增设锥面定位机构。

2. 导柱导向机构

导柱导向机构通常由导柱与导套（或导向孔）的间隙配合构成。

（1）导柱的设计　导柱的典型结构如图 9-16 所示。导柱沿长度方向分为固定段和导向段。两段名义尺寸相同但公差不同的是带头导柱，也称为直导柱，如图 9-16a 所示；两段名义尺寸和公差都不同的是带肩导柱，也称为台阶式导柱，如图 9-16b、c 所示。图 9-16b 所示为Ⅰ型带肩导柱，图 9-16 c 所示为Ⅱ型带肩导柱，Ⅱ型带肩导柱还可起到模板间的定位作用，在导柱凸肩的另一侧有一段圆柱形定位段，可与另一模板相配合。导柱的导向部分可以根据需要加工出油槽，如图 9-16c 所示，以便润滑和集尘，延长使用寿命。小型模具和生产批量小的模具多采用带头导柱。小批量生产也可不设置导套，导柱直接与模板中的导向孔配合；大批量生产时，应设置导套。大、中型模具和生产批量大的模具多采用带肩导柱。

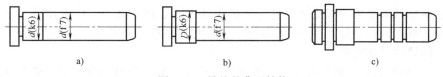

图 9-16　导柱的典型结构

导柱的设计要求如下：

1）国家标准规定导柱头部为圆锥形，圆锥长度为导柱直径的 1/3，半锥角为 10°～15°。也有头部为半球形的导柱。导柱导向部分直径已标准化，具体参见 GB/T 4169.4—2006。设计时导柱直径根据模板尺寸确定，中小型模具的导柱直径约为模板两直角边之和的 1/35～1/20，大型模具的导柱直径约为模板两直角边之和的 1/40～1/30，圆整后取标准值。导柱长度应比主型芯高出至少 6～8mm（图 9-15），以避免型芯先进入型腔。

2）导向段与导套（或导向孔）采用间隙配合 H7/f6，固定段与模板孔采用过渡配合 H7/k6 或 H7/m6。导向段的表面粗糙度 Ra 为 0.4μm，固定段的表面粗糙度 Ra 为 0.8μm。

3）导柱应具有硬而耐磨的表面，坚韧而不易折断的芯部，多采用 20 钢经渗碳淬火处理，表面硬度达 55～60 HRC，或采用碳素工具钢 T8A、T10A 经淬火或表面淬火处理，表面硬度达 50～55HRC。

4）对于单分型面模具，导柱数量可取 2～4 根，大、中型模具中 4 根最为常见，小型模具可采用 2 根。对于动、定模或上、下模在合模时没有方位限制的模具，可采用相同直径的导柱对称布置；对于有方位限制的模具，为保证模具的动、定模正确合模，防止在装配或合模时因方位搞错而使型腔遭到破坏，可采用等直径导柱不对称分布，如图 9-17a 所示，或不等直径导柱对称分布，如图 9-17b 所示。

（2）导套和导向孔的设计　导向孔直接开设在模板上，加工简单，但

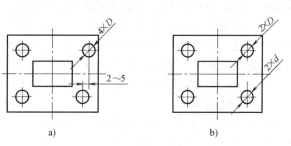

图 9-17　保证正确合模方向的导柱布置

模板一般未淬火，耐磨性差，所以导向孔适用于生产批量小、精度要求不高的模具。大多数的导向孔都镶有导套，导套不但可以淬硬以延长寿命，而且在磨损后方便更换。根据国家标准，导套有直导套和带头导套两类，如图 9-18 所示。图 9-18a 所示为直导套，用于简单模具或导套后面没有垫块的模具；图 9-18b 所示为 I 型带头导套；图 9-18c 所示为 II 型带头导套，结构较复杂，用于精度较高的场合。II 型带头导套在凸肩的另一侧设定位段，起到模板间的定位作用。

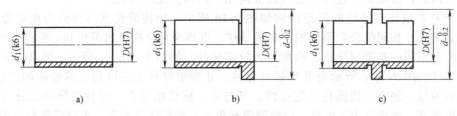

图 9-18　导套的典型结构

导套的设计要求如下：

1）为了便于导柱进入导套和导套压入模板，在导套端面内外应倒圆角。导向孔前端也应倒圆角，且最好做成通孔，以便排出空气及意外落入的塑料废屑。当模板较厚，导向孔必须做成盲孔时，可在盲孔的侧面打一小孔排气。直导套的结构尺寸可查阅 GB/T 4169.2—2006，根据相配合的导柱尺寸确定。

2）导套与模板为较紧的过渡配合，直导套与模板一般采用 H7/n6 配合，带头导套与模板一般采用 H7/k6 或 H7/m6 配合。带头导套因有凸肩，轴向固定容易。直导套固定后则应防止被拉出，常用螺钉从侧面紧固，如图 9-19 所示。图 9-19a 所示为将导套侧面加工成凹槽的形式，图 9-19b 所示为用环形槽代替凹槽的形式，图 9-19c 所示为在导套侧面开孔的形式。

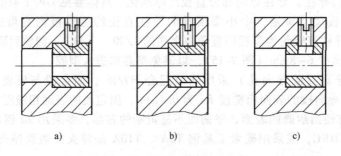

图 9-19　直导套的固定方式

3）导套可用与导柱相同的材料或铜合金等耐磨材料制造，但其硬度一般稍低于导柱，以减少磨损，防止导柱拉毛。导套固定段和导向段的表面粗糙度 Ra，一般均为 $0.8\mu m$。

（3）导柱和导套的配合使用。图 9-20 所示为导柱和导套常见的配合形式。图 9-20a~c 所示为带头导柱与导向孔、导套的配合形式；图 9-20d~f 所示为带肩导柱与导向孔、导套的配合形式，这种形式下，导柱固定孔和导套固定孔的尺寸应一致，便于配合加工，易于保证同轴度。图 9-20f 所示为 II 型带肩导柱与 II 型带头导套的配合形式，结构比较复杂。

3. 锥面定位机构

锥面定位机构用于成型精度要求高的大型、深腔塑件，特别是薄壁容器、侧壁形状不对称的塑件。对于大型薄壁塑件，合模偏心会引起壁厚不均，由于导柱与导套之间有间隙，不可能精确定位；壁厚不均使一侧进料快于另一侧，由于塑件大，两侧压力的不均衡可能产生

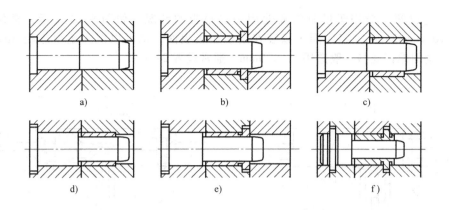

a)　　　　　　　b)　　　　　　　c)

d)　　　　　　　e)　　　　　　　f)

图 9-20　导柱和导套常见的配合形式

较大的侧向推力，引起型芯或型腔的偏移，如果这个力完全由导柱来承受，导柱会卡死、损坏或磨损。侧壁形状不对称的塑件，成型时也会产生较大的侧向推力。

　　锥面定位机构的配合间隙为零，不仅可以提高定位精度，还可以承受较大的侧向推力。如图 9-21 所示，在型腔周围I处设有锥形定位面，该锥形面不但起定位的作用，而且合模后动、定模互相扣锁，可限制型腔膨胀，增强模

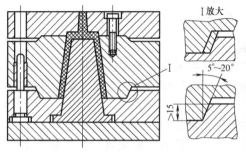

图 9-21　锥面定位机构

锥面定位
机构

具的刚度。互锁面受力大、易磨损，其配合一般采取两种方法：第一种是在两锥面之间镶上耐磨镶块，镶块经淬火处理，磨损后可更换；第二种是两锥面直接配合，配合面需进行淬火处理，以提高表面硬度和耐磨性。锥面的角度一般为 5°～20°，高度不低于 15mm。

9.2.4　模架标准件的选择

1. 定位圈

　　定位圈又叫法兰，用于模具安装在注射机上时与注射机定位孔的准确定位，从而保证注射机的喷嘴轴线与模具的中心线在同一条线上。定位圈还有压住浇口套的作用，定位圈的结构尺寸如图 9-22 所示。

　　定位圈的直径 D 一般为 100mm、120mm 和 150mm。定位圈通常采用自制或外购标准件，常用规格为 $\phi35mm×\phi100mm×15mm$。

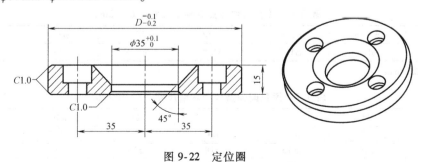

图 9-22　定位圈

加厚的定位圈一般用于模具需要使用隔热垫板的情况，如图 9-23 所示，常用规格为 $\phi70\text{mm}\times\phi100\text{mm}\times25\text{mm}$。定位圈可以装在定模座板表面，也可以沉入定模座板 5mm，如图 9-24 所示。紧固螺钉规格一般选用 M6×20mm，通常设置 2~4 个。

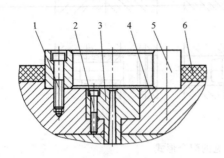

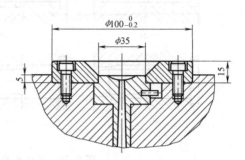

图 9-23　有隔热垫板的定位圈结构　　　　图 9-24　沉入定模座板的定位圈结构

1、2—紧固螺钉　3—浇口套

4—面板（定模座板）　5—定位圈　6—隔热垫板

2. 浇口套

浇口套的作用是使模具安装在注射机上时能很好地定位并与注射机喷嘴孔吻合，经受塑料熔体的反向压力。浇口套的形式与尺寸请参考任务 7，在此不再赘述。

3. 弹簧

弹簧的主要作用是缓冲、减振、储存能量。

弹簧没有冲击力，且易疲劳失效，在模具中不允许单独使用。弹簧装在复位杆上，在塑件推出后，将推杆拉回原位，恢复型腔的形状，具有先复位的功能；弹簧用于侧向抽芯中的滑块定位时，与挡块一起使用；弹簧还可用作活动板、流道推板等活动零件的辅助动力。

模具所用的弹簧主要有黑色圆弹簧和矩形蓝弹簧两种，相对于黑色圆弹簧，矩形蓝弹簧弹力较大，压缩比也较大，且不易疲劳失效。模具中常用的压缩弹簧是矩形蓝弹簧。

（1）黑色圆弹簧　黑色圆弹簧的基本形式如图 9-25 所示，规格尺寸见表 9-6 和表 9-7，因其压缩比较小，一般不超过 32%，在模具中使用不多，常根据实际需要从整条弹簧上截取所需尺寸的弹簧段。

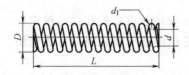

图 9-25　黑色圆弹簧的基本形式

表 9-6　黑色圆弹簧英制规格尺寸（$L=12\text{in}$）

D/in	$\phi5/16$	$\phi3/8$	$\phi1/2$	$\phi5/8$	$\phi3/4$	$\phi1$
d_1/mm	$\phi1.2$	$\phi1.5$	$\phi1.8$	$\phi2.5$	$\phi3$	$\phi3.5$

注：1in = 25.4mm。

表 9-7　黑色圆弹簧公制规格尺寸（$L=300\text{mm}$）　　　　　　（单位：mm）

D	$\phi3$	$\phi4$	$\phi6$	$\phi8$	$\phi10$	$\phi12$
d	$\phi2$	$\phi2.6$	$\phi4$	$\phi5.4$	$\phi6.5$	$\phi8$
D	$\phi14$	$\phi16$	$\phi18$	$\phi20$	$\phi22$	$\phi25$
d	$\phi9.3$	$\phi10.7$	$\phi12$	$\phi13.5$	$\phi14.7$	$\phi17$

（2）矩形弹簧 矩形弹簧的基本形式如图9-26所示，表9-8列出了模具中常用矩形弹簧的基本规格参数。弹簧颜色越深，弹簧强度越大；弹簧压缩比越小，弹簧使用寿命越长。

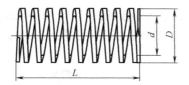

图 9-26 矩形弹簧的基本形式

表 9-8 矩形弹簧规格参数

种类	轻小荷重	轻荷重	中荷重	重荷重	极重荷重
色别	黄色(TF)	蓝色(TL)	红色(TM)	绿色(TH)	咖啡色(TB)
压缩100万次压缩比(%)	40	32	25.6	19.2	16
压缩50万次压缩比(%)	45	36	28.8	21.6	18
压缩30万次压缩比(%)	50	40	32	24	20
最大压缩比(%)	58	48	38	28	24

模具中常用的弹簧是轻载的蓝弹簧。当模具较大，推杆数量较多时，则必须考虑使用重载弹簧。选用轻载蓝弹簧时应该注意以下几个方面：

1）预压量和预压比。预压量除以弹簧自由长度即预压比，一般要求弹簧的预压比为10%~15%，直径较大的弹簧选用较小的预压比，直径较小的弹簧选用较大的预压比。

当推杆退回原位时，弹簧依然要保持对推杆固定板有弹力的作用，这个力来源于弹簧的预压量。

在选择模架推杆复位弹簧时，一般不以预压比为依据，而直接按预压量选择，这样可以保证在弹簧直径尺寸一致的情况下，施加于推杆固定板上的预压力不受弹簧自由长度的影响。预压量一般取 10.0~15.0mm。

2）压缩量和压缩比。模具中通常采用压缩弹簧，推杆推出制品时弹簧受到压缩，压缩量等于制品的推出距离。压缩比是压缩量和弹簧自由长度之比，矩形蓝弹簧的压缩比在30%~40%之间。

3）复位弹簧数量和弹簧中径。复位弹簧数量和弹簧中径的经验值见表9-9。

表 9-9 复位弹簧的数量和弹簧中径

模架宽度/mm	≤200	200<L≤300	300<L≤400	400<L≤500	>500
弹簧数量	2	4	4	4~6	4~6
弹簧中径/mm	25	25	30~40	40~50	50

注：1. 矩形蓝弹簧安装在复位杆旁边，由于内孔较小，不宜套在复位杆上，较长的弹簧内部要加导向杆，防止弹簧变形弹出。

2. 当模架为窄长形状（长度为宽度的两倍左右）时，弹簧数量应增加两根，安装在模具中间。

3. 弹簧位置要求尽量对称。弹簧中径根据模具所能利用的空间及模具所需的预压力而定，尽量选用中径较大的规格。当模架尺寸大于500mm×500mm时，须选用中径为 $\phi51.0$mm 的弹簧。

4）弹簧的自由长度

① 弹簧自由长度的确定。模具复位弹簧自由长度 L 的计算公式为

$$L = (E+P)/S \tag{9-1}$$

式中 E——推板行程，E>制品最小推出距离+(15~20)mm；

P——预压量，一般取 10~15mm，根据复位时的阻力确定，阻力小则预压量小；

S——压缩比，一般取 30%~40%，根据模具寿命、模具大小及制品尺寸等因素确定。

计算完成后，L 须取较大的规格长度。

② 推杆固定板复位弹簧的最小长度 L_{min}。弹簧嵌入动模的尺寸 $I_2 = 15~20mm$，若计算长度小于最小长度 L_{min}，则以最小长度 L_{min} 为准取值；若计算长度大于最小长度 L_{min}，则以计算长度为准取值，如图 9-27 所示。

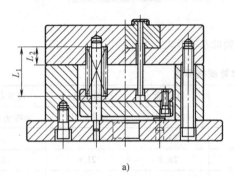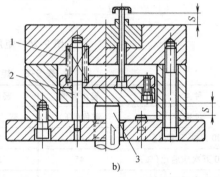

图 9-27 复位弹簧工作原理图

a) 弹簧压缩前状态 b) 弹簧压缩后状态

1—复位弹簧 2—弹簧导杆 3—注射机顶杆

弹簧复位是一种常用的复位方式。但由于摩擦、晃动以及弹簧疲劳失效等原因，有时容易导致复位不准确，甚至失灵。所以对于大中型模具，要充分考虑弹簧的可靠性。需要注意的是装配图 9-27a 中弹簧为预压状态，长度 $L_1 = $ 自由长度−预压量。

（3）侧向抽芯中的滑块定位弹簧 此类弹簧常用直径为 10mm、13mm、16mm、20mm，压缩比取值范围是 25%~30%，数量通常为两根，如图 9-28 所示。

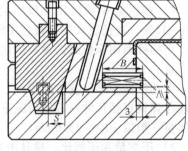

图 9-28 滑块定位弹簧

滑块定位弹簧长度计算公式为

$$L = (抽芯距 + 预压量)/压缩比 \qquad (9-2)$$

预压量通过计算确定，预压量 = 压力/弹簧弹性系数。向上抽芯的滑块压力为滑块自重。左右侧向抽芯时，预压量可取弹簧自由长度的 10%。L 须取较大的规格长度。

需要注意的是：

1）弹簧在滑块装配图 9-28 中为压缩状态。压缩长度 B 的计算公式为

$$B = L − 预压量 − 抽芯距 \qquad (9-3)$$

2）滑块定位弹簧应防止失稳，因此弹簧装配孔不宜太大；滑块抽芯距较大时，要加装导向销；滑块抽芯距较大，又不便加装导向销时，可采用外置式弹簧定位。

4. 支承柱

对于大型模架或者垫块之间跨距较大时，要保证动模部分的刚度和强度，可以增加动模板或者支承板的厚度，但这样既浪费材料，又会增加模具质量。通常可以在动模支承板和动模座板之间增加圆柱形或方形的支承柱，这样既可以减小动模板的厚度，也可以增强动模部分的强度和刚度。

支承柱须用螺钉紧固在动模座板上，具体连接方式如图 9-29 所示，其数量越多，效果越

好。支承柱的直径一般为 25~60mm，一般设置在动模板所受注射压力集中的位置，并尽量布置在模板的中间位置或对称位置。支承柱不得与推杆、顶杆孔、斜推杆、复位弹簧、推板导柱等零件发生干涉。

支承柱的高度 H_2 一般与模板及垫块尺寸有关。当模板宽度小于 300mm 时，$H_2 = H +$ 0.05mm；当模板宽度为 300~400mm 时，$H_2 = H + 0.1$mm；当模板宽度为 400~700mm 时，$H_2 = H + 0.15$mm；当模板宽度大于 700mm 时，$H_2 = H + 0.2$mm，其中，H 为模具垫块的高度。

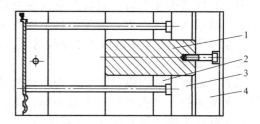

图 9-29　支承柱的连接方式
1—支承柱　2—推杆固定板　3—推板　4—动模座板

5. 吊环螺孔

模架动模板和定模板都必须钻吊环螺孔（至少上、下 2 个），其规格大小根据标准模架的质量确定。对于 30kg 以上的模架，每块模板都必须在四周加工吊环螺孔。如果吊环螺孔与方定位块、滑块、冷却水管等产生干涉，则螺孔需要偏离模板中心，此时螺孔须成双且对称加工。表 9-10 列出了吊环螺孔与螺钉的规格。

表 9-10　吊环螺孔与螺钉的规格

模架质量 G/kg	≤50	50<G≤100	100<G≤150	150<G≤250	250<G≤300	300<G≤400
吊环螺孔与螺钉规格/mm	M12	M16	M20	M24	M30	M36

6. 顶杆孔

塑件注射完毕，经冷却固化后开模，注射机顶杆通过顶杆孔，推动推杆固定板，将制品推离模具。顶杆孔加工在模具的动模座板上，如图 9-30a 所示，当注射机有推杆固定板拉回功能时，在推板上还要加工连接螺孔，如图 9-30b 所示。

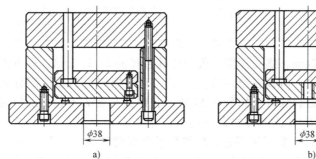

$\phi 38$　　　$\phi 38$

a)　　　　　　　　　　b)

图 9-30　顶杆孔
a) 无拉回功能　b) 有拉回功能

顶杆孔的直径一般为 38mm，或按客户提供的资料加工。正常情况下顶杆孔数量为 1 个，但当模具型腔配置偏心、斜推杆数量多、模具尺寸大、浇口套偏离模具中心及推杆数量严重不平衡时，顶杆孔至少应设置 2 个，以保持推出平稳可靠。

7. 限位钉

限位钉也叫垃圾钉，一般通过过盈配合固定在模具的动模座板上，用于减小推板和动模座板之间的接触面积，防止因掉入垃圾或模板变形而导致推杆复位不良，如图 9-31 所示。

限位钉大端直径一般取 10mm、15mm 和 20mm。限位钉的数量取决于模具大小，一般情况下，模板长度小于 350mm 时设置 4 个，模板长度为 350~550mm 时设置 6~8 个，模板长度大于 550mm 时宜设置 10~12 个。

限位钉数量为 4 个时，应将其布置在复位杆下面，当数量大于 4 个时，除复位杆下面的 4 个外，其余限位钉应尽量平均布置于推板的下面。

8. 紧固螺钉

模具中常用的紧固螺钉主要有内六角圆柱头螺钉、无头螺钉、杯头螺钉及六角头螺栓等，其中内六角圆柱头螺钉和无头螺钉用得最多。

螺钉只能用来紧固，不能用来定位。

在模具中，紧固螺钉应根据不同需要选用不同类型的优先规格，同时保证紧固力均匀、足够。下面仅就内六角圆柱头螺钉和无头螺钉的使用情况加以说明。

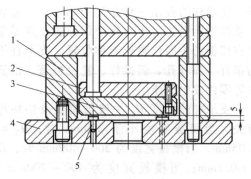

图 9-31　限位钉
1—垫块　2—推杆固定板　3—推板（推杆底板）
4—动模座板　5—限位钉

（1）内六角圆柱头螺钉（内六角螺钉）　内六角螺钉常用的规格：米制中优先采用 M4、M6、M10、M12；英制中优先采用 5/32"、1/4"、3/8"、和 1/2"。

内六角螺钉主要用于动、定模，内模镶件，型芯，小镶件及其他一些结构组件的连接。除定位圈、浇口套所用的螺钉外，其他如镶件、型芯、固定板等组件所用螺钉均以适用为主，并尽量满足优先规格。用于动、定模，内模镶件的紧固螺钉，应依照下述要求选用：

1）螺钉尽量布置在内模四个角上，如图 9-32 所示，但动模有时需要通冷却水，螺钉可布置在镶件的中间，但不能放在型腔底部。螺钉中心离内模边缘的最小距离 $W_1 = (1 \sim 1.5)d$（d 为螺钉直径），螺钉孔与冷却水孔之间的壁厚不小于 3mm。

2）螺钉规格和数量的经验值见表 9-11。

表 9-11　螺钉规格和数量经验值

镶件尺寸（长×宽）/mm×mm	≤50×50	50×50 ~ 100×100	100×100 ~ 200×200	200×200 ~ 300×300	>300×300
螺钉规格（英制）	M6(1/4″)	M6(1/4″)	M8(5/16″)	M10(3/8″)	M12(1/2″)
螺钉数量	2	4		4~6	4~8

3）螺钉头距孔端面 1~2mm，螺孔深度一般为螺孔直径的 2~2.5 倍，标准螺钉螺纹部分的长度一般为螺钉直径的 3 倍，所以在绘制模具图时，不可把螺钉的螺纹部分画得过长或过短，必须按正确的装配关系绘制螺钉。如图 9-33 所示，螺钉长度 L 不包括螺钉的头部，螺纹旋入的长度 $H = (1.5 \sim 2.5)d$（d 为螺钉的直径）。

（2）无头螺钉　无头螺钉主要用于型芯、拉料杆及推管的紧固。如图 9-34 所示，在标准件中，d 和 D 相互关联，d 是实际工作尺寸，通常以 d 作为螺钉的选用依据，参见表 9-12。

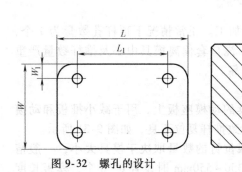

图 9-32　螺孔的设计

图 9-33　螺钉联接

图 9-34　无头螺钉联接
1—无头螺钉　2—推管

表 9-12 无头螺钉规格的确定

d/mm	≤3.0	>3~3.5	>3.5~7.0	>7.0~8.0	>8.0
螺钉规格/mm	M8	M10	M12	M16	用压板固定

9.3 任务实施

1. 模架的选取

（1）模架的组合形式确定 根据任务 1 至任务 8 的分析，成型零件的凹模采用螺钉紧固，型芯采用台肩式结构，采用支承板固定，采用推杆和推件板同时将肥皂盒推出，因此选用直浇口 B 型模架。B 型模架的定模有两块板，动模有三块板（一块推件板、一块动模板、一块支承板），适用于立式和卧式注射机，可用于直浇道，其分型面在合模面上，可以设置侧向抽芯机构。

（2）凹模镶件外形尺寸确定 由图 1-1 可知，肥皂盒长 128mm、宽 88mm、高 32mm，则可知两个肥皂盒在分型面上的投影面积为：128mm× 88mm×2=22528mm^2。由图 9-11 及表 9-4 可知：M 取值范围为 55~65mm，N、C、E 取值范围为 36~42mm，D 取值范围为 65~80mm，在此选择 M= 55mm，N、C、E=36mm，D=65mm。由图 9-35 可知，凹模镶件的外形长度 X=3N+2×肥皂盒宽度，外形宽度 Y=2N+肥皂盒长度。计算可得：X= 3×36mm+2×88mm=284mm，Y=2× 36mm+128mm=200mm。凹模镶件的高度为 32mm+36mm=68mm。则凹模镶件的外形尺寸可取为 290mm × 200mm×70mm。

（3）定模板和动模板尺寸确定 由图 9-11 可知，模板的宽度 W=2M+

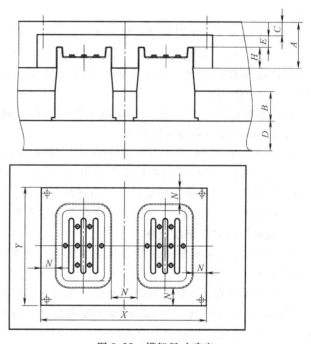

图 9-35 模架尺寸确定

Y=2×55mm+200mm=310mm，模板的长度 L=2M+X=2×55mm+290mm=400mm，选择模板尺寸为 350mm×400mm。再根据模架推杆固定板的宽度和凹模镶件宽度之差不小于 10mm 的经验要求进行校核。查附表 5 可知，推杆固定板的宽度 W_3=220mm，而凹模镶件宽度为 200mm，满足要求。

（4）模板厚度确定

1）定模板厚度确定。选取的模架有定模座板时，定模板的厚度可以适当取小一些，其原因是：①可以缩短主流道的长度，减轻模具的排气负担，缩短成型周期；②模具安装在注射机上时，可紧贴注射机的固定模板，没有变形隐患。

一般情况下，模架有定模座板时，定模板的厚度等于型腔深度再加上 20~30mm。本任务中定模板的厚度可以确定为 70mm+（20~30）mm，查附表 5，取定模板厚度的标准值 90mm。

2）动模板厚度确定。本模具采用的是在动模开通框的结构，采用推件板推出机构，型芯底部用支承板支撑。所以，动模板的厚度可以不用很厚。查附表 5，取动模板厚度的标准值 45mm。

3）垫块厚度确定。垫块为塑件推出提供推出空间。垫块厚度=推杆固定板厚度+推板厚度+制品推出高度+（10~15）mm。塑件推出高度取 30.5mm，余量选择 15mm，查附表 5 可知推杆固定板厚度为 20mm，推板厚度为 25mm，则垫块厚度为（20+25+30.5+15）mm=90.5mm。查附表 5，选择垫块厚度的标准值 100mm。

综上所述，肥皂盒塑件的模架为 B 3540-90×45×100　GB/T 12555—2006。

2. 标准件的选择

（1）螺钉

1）凹模镶件螺钉。紧固凹模镶件的螺钉一般根据镶件尺寸确定，根据表 9-11，选用 M10 的螺钉，共 4 个。

2）模架中的其他螺钉。模架中的其他螺钉根据标准模架可以方便查到，在此不再赘述。

（2）定位圈　定位圈按照常规尺寸进行选择，其规格为 ϕ35mm×ϕ100mm×15mm。

（3）支承柱　支承柱的直径一般为 25~60mm，尽量放置在注射压力集中的位置。本任务中支承柱选择对称布置，放置在两个型芯的正下方，直径选择 40mm，高度比垫块高度高 0.1mm，即 100.1mm。

（4）吊环螺孔　在模架的每块板上都增加吊环螺孔，模板四周均设吊环螺孔，根据表 9-10 选择吊环螺孔与螺钉规格为 M16。

（5）顶杆孔　顶杆孔的直径取 38mm，设置在模具中心位置。

（6）限位钉　限位钉的大端直径可为 10mm、15mm、20mm，本任务中大端直径选择 15mm。限位钉的数量根据模架尺寸进行选择，在此，限位钉的数量设为 6 个，其中 4 个均匀布置在复位杆（连接推杆）下面，其余两个对称布置。

3. 模具与注射机参数校核

在任务 4 中已经校核了锁模力和注射压力。在本任务中进行开模行程、模具厚度及拉杆间距的校核。

（1）开模行程的校核　取出肥皂盒所需的开模行程为：制品的推出距离+制品的总高度+（5~10）mm，其计算结果为 72.5mm（按最大值计算），G54-S200 注射机的最大开模行程为 260mm，满足肥皂盒的顺利取出条件。

（2）模具厚度校核　根据选择的模架尺寸及定模板、动模板、垫块的厚度，计算出该肥皂盒模具的总厚度为 390mm。G54-S200 注射机的模具最大厚度为 406mm，模具最小厚度为 165mm，满足肥皂盒模具的尺寸要求。

（3）拉杆间距校核　查附表 5 可知，模具的周界尺寸为 400mm×400mm，G54-S200 注射机的拉杆空间为 290mm×368mm，不能满足模具的安装要求，故需要根据拉杆间距重新选择注射机，再根据新选的注射机重新进行注射量、锁模力、注射压力、开模行程及模具厚度的校核，直到满足所有要求。

经过选择和重新校核，最终选用的注射机为 XS-ZY-500，可满足肥皂盒成型模具的所有使用要求。

9.4　任务训练与考核

1. 任务训练

针对图 1-38 所示的盒盖，请根据所设计的模具结构，选择模架及标准件。

2. 任务考核（表 9-13）

表 9-13　模架选取与标准件选用任务考核卡

任务考核	考核内容	参考分值	考核结果	考核人
素质目标考核	遵守规则	5		
	课堂互动	10		
	团队合作	5		
知识目标考核	模架的组成零件	5		
	模架的组合形式分类	10		
	模架导向件与螺钉的安装方式	5		
	模架选择原则	5		
	模架选择方法	5		
	模架标准件的选择	10		
能力目标考核	模架类型选择	10		
	模板长宽尺寸选择	10		
	模板厚度尺寸选择	10		
	标准件选择	10		
小　　计				

9.5　思考与练习

1. 简述直浇口模架、点浇口模架、简化点浇口模架的区别及用途。

2. 动、定模开框尺寸如何确定？

3. 模架的尺寸如何确定？

4. 如何确定推出机构复位弹簧的自由长度？装配图中的弹簧长度与其自由长度是什么关系？

5. 顶杆孔的大小和数量如何确定？

6. 支承柱的高度如何确定？

7. 模具中的螺钉有什么作用？是否具有定位功能？螺钉的大小、数量和位置如何确定？

任务10 模具温度控制系统设计

10.1 任务导入

模具温度是指与制品接触的模具型腔表面温度，它直接影响塑件成型的质量和生产率。各种塑料的性能和成型工艺不同，对模具的温度要求也不同。

一般的塑料都需在200℃左右的料筒中加热，再由注射机的喷嘴注射到模具内，熔体在60℃左右的模具内冷却固化、脱模，其热量除少数辐射、对流到大气环境外，大部分由通入模具内的冷却水带走，而有些塑料的成型工艺要求模具温度较高（80~120℃）时，模具不能仅靠塑料熔体来加热，此时需为注射模设计加热系统。

由此可见，有的模具仅需要设置冷却系统，适用于对模具温度要求较低（一般小于80℃）的塑料，如聚乙烯、聚丙烯、聚苯乙烯、ABS等。对于模具温度要求较高的塑料（如聚碳酸酯、聚砜、聚苯醚等），或当模具较大，散热面积广时，模具不仅需要设置冷却系统，还需要设置加热系统，以便在熔体注射之前对模具进行加热，当模具温度达到塑料的成型工艺要求，即可关闭加热系统；如果在熔体注射后，模具温度高于塑料的成型工艺要求，就要打开模具的冷却系统，使模具的温度适应成型工艺需要。

模具的温度调节即对模具进行冷却或加热，既关系到塑件的质量，又关系到生产率，因此，必须根据要求将模具温度控制在一个合理的范围内，以获得高品质的塑件和高生产率。

本任务是针对图1-1所示的肥皂盒，根据所设计的模具结构，进行模具温度控制系统设计。通过学习，掌握模具温度控制系统的相关知识，具备合理设计温度控制系统的能力。

10.2 相关知识

10.2.1 模具温度调节的重要性

1. 模具温度及其控制系统对塑件质量的影响

（1）对塑件尺寸精度的影响 模具温度稳定、冷却速度均匀可以减少塑料成型收缩率的波动，是塑件减少变形、保证尺寸稳定的根本条件。黏度低、流动性好、对模具温度要求较低的塑料（如聚乙烯、聚丙烯、聚苯乙烯等），应尽量减小冷却水出入口的温度差，采用常温水，甚至温水对模具进行冷却。尤其要注意对于壁厚不均匀、形状较复杂的塑件，要合理布置冷却管道。

（2）对塑件力学性能的影响 结晶型塑料的结晶度越高，塑件的应力开裂倾向越大。从减少应力开裂的角度出发，降低模温是有利的。但对于聚碳酸酯一类的高黏度无定形塑料，其应力开裂的倾向与塑件内应力的大小有关，提高模温有助于减小塑件的内应力，降低由于内应力而引起开裂的可能。

（3）对塑件表面质量的影响 提高模具温度可以改善塑件的表面光洁度，过低的模温会使塑件的轮廓不清晰，并产生明显的熔接痕。

2. 模具温度及其控制系统对成型周期的影响

缩短成型周期就是提高成型效率。对于注射成型，注射时间约占成型周期的5%，冷却时间约占 80%，推出（脱模）时间约占 15%。可见，缩短成型周期的关键在于缩短冷却硬化时间，而缩短冷却时间可通过调节塑料和模具的温差实现。因而在保证制品质量合格和成型工艺顺利进行的前提下，适当降低模具温度有利于缩短冷却时间，提高生产率。

综上所述，模具温度对塑料成型、制品质量以及生产率的保证是至关重要的。在成型过程中，要保持模具温度稳定，就应保持输入热量和输出热量平衡。为此，必须设置模具温度控制系统，对模具进行加热和冷却，以调节模具温度。

10.2.2　模具冷却系统设计

1. 塑料模具的冷却

塑料模具可以看成是一种热交换器，如果冷却介质不能及时有效地带走热量，则在一个成型周期内就不能维持热平衡，从而无法进行稳定的模塑成型。

对于塑料模具来说，只有进行高效率的热交换，才有可能进行快速成型，从而提高生产率。在这里，冷却时间是关键。所谓冷却时间，通常是指从熔体充满型腔到制品最厚壁部中心温度降到热变形温度所需要的时间，或制品断面内平均温度降到脱模温度所需要的时间。冷却时间的长短与以下几个因素有关：

（1）塑料品种　不同塑料的热容和传热性能是不同的，因而冷却时间也就不一样。热容大的塑料或导热系数小的塑料，冷却时间较长。

（2）塑料制品的壁厚　壁厚越大，需要的冷却时间越长。通常冷却时间与制品厚度的平方成正比。

（3）模具材料　不同的模具材料，其导热系数不同。如铜铝锌合金的导热系数为钢的 1.5~3 倍，铍青铜的导热系数也比钢大得多。而不锈钢的导热系数却只有钢的 1/2。所以，可在型腔需要加快散热的部位，选用导热系数大的材料，如铍青铜，制作镶件。

（4）模具温度　模具温度对制品冷却速度及冷却时间的影响见上所述。

（5）冷却回路的分布　塑料制品的形状往往很复杂，壁厚不均匀，与之相应的型腔也很复杂，各部位散热条件不一样，浇口处与远离浇口处温度有差别，因此，应注意冷却通道直径和位置的布置，以保证型腔和型芯表面迅速而均匀地冷却。

（6）冷却液温度及流动状态　为了使模具得到均匀冷却，冷却液的入口与出口的温差以小为好，对于一般的制品温差应控制在 5℃ 以下，精密成型模具的温差应控制在 2℃ 左右。这就要求控制回路长度在 1.2~1.5m 范围内，增加冷却回路数量，从而增大冷却液流量。控制冷却液温差的通道排列形式如图 10-1 所示，图 10-1a 所示的结构形式中入口与出口冷却液的温差大，塑料制品冷却不均匀；图 10-1b 所示的结构形式中入口与出口冷却液的温差小，冷却效果好。

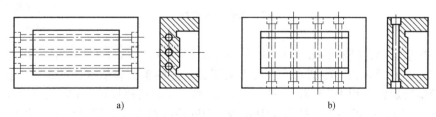

图 10-1　控制冷却液温差的通道排列形式

2. 提高模具冷却效果的途径

（1）适当的冷却通道尺寸和数量　冷却通道的尺寸应尽可能大，数量尽可能多，以增大传热面积，缩短冷却时间，达到提高生产率的目的。但如果冷却通道尺寸太大，数量太多，又会导致模具的尺寸增大，流道增长，从而使浇注系统凝料增加，模具排气负担加重。冷却通道尺寸太大，通道内冷却液的流动状态将变为层流，影响冷却效果。因此，冷却通道尺寸应根据模具尺寸和制品尺寸合理选用。

（2）采用导热系数大的模具材料　模具材料通常为钢，但在某些难以散热的位置，在保证模具刚度和强度的条件下，可选用铍青铜或铝合金制作镶件。

（3）制品壁厚设计要合理　制品壁厚越薄，所需冷却时间越少；反之，所需冷却时间越长。因此设计制品时壁厚不宜过厚，且应尽量壁厚均匀。

（4）正确的冷却回路位置　冷却回路与型腔的距离，以及通道之间的间隔应能保证型腔表面的温度均匀。

（5）加强对制品厚壁部位的冷却　制品厚壁部位的温度高，在其附近必须增加冷却通道进行冷却。

（6）快速冷却和缓慢冷却的设计原则　生产批量大的普通模具采用快速冷却，精密模具采用缓慢冷却。

（7）加强模具中心的冷却　在生产过程中，模具中心的温度最高，为了确保模具各部位的温度均匀一致，应加强对模具中心部位的冷却。

3. 冷却水管设计

采用水管冷却，就是在模具中钻圆孔，生产塑件时，向圆孔内通冷却水或冷却油，由水或油源源不断地将热量带走。这种冷却方式最常用，冷却效果也最好，其结构如图 10-2 所示。

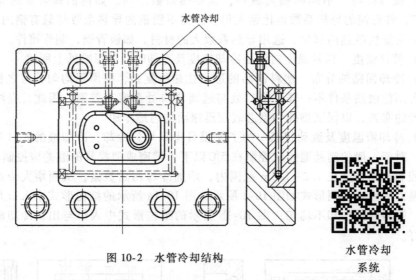

图 10-2　水管冷却结构

水管冷却系统

模具冷却水管的直径有 5mm（3/16in）、6mm（1/4in）、8mm（5/16in）、10mm（3/8in）和 12mm（1/2in）等规格。冷却水出入口常采用带锥度的英制管螺纹，其密封性比普通螺纹好。英制管螺纹通常采用 PT 1/8in、PT 1/4in 和 PT 3/8in 三种规格，1/8in、1/4in、3/8in 是指螺纹大径。PT 1/8in 可用于直径为 5/16in 及 1/4in 的冷却水孔；PT 1/4in 可用于直径为 29/64in 及以下的冷却水孔；PT 3/8in 不常用。冷却水通道易生锈，可磷化处理或定期除锈，也可采用 S136H 防锈钢材。

冷却水管直径的大小常凭经验确定，表 10-1 为根据模具尺寸确定的冷却系统管道直径经验值，在企业中比较常用。

表 10-1　根据模具尺寸确定的冷却系统管道直径经验值

模宽/mm	冷却管道直径/mm	模宽/mm	冷却管道直径/mm
<200	5	400~500	8~10
200~300	6	>500	10~13
300~400	6~8		

4. 冷却水路设计

1) 冷却水路的布置要根据制品形状而定。当制品壁厚基本均匀时，冷却水路离制品表面的距离最好相等，分布与轮廓相吻合，对应冷却水孔的分布如图 10-3 所示；当制品壁厚不均匀时，则应在厚壁处加强冷却，对应冷却水孔的分布如图 10-4 所示。

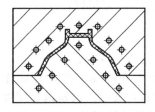

图 10-3　冷却水孔分布均匀

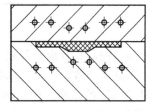

图 10-4　冷却水孔靠近厚壁处

在充填塑料熔体时，一般浇口附近温度最高，因而要加强浇口附近的冷却，且冷却水应从浇口附近开始流向其他地方，对应冷却水孔的分布如图 10-5 所示。

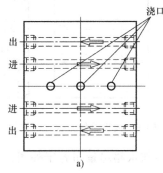

a)

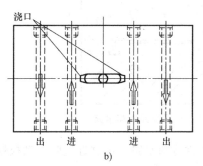

b)

图 10-5　冷却水孔分布在浇口附近

对于壁厚均匀、比较平整、长宽尺寸相差比较大的制品，冷却水路沿制品较长的方向排布，如图 10-6 所示。

制品为拱形且较高时，采用直通水路会离制品较远，冷却效果较差，采用隔水板则可以很好地冷却，如图 10-7 所示。

对于扁平、薄壁的制品，在使用侧浇口的情况下，常采用动、定模两侧与型腔等距离钻孔的形式设置冷却水路，如图 10-8 所示。

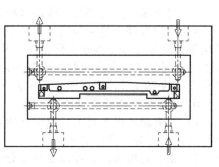

图 10-6　冷却水路沿制品较长的方向布置

2) 冷却水的作用是带走熔体传给内模镶件的热量，布置冷却水路时要注意是否能让型腔的每一部分均衡冷却。如图 10-8 所示，冷却水孔到型腔的距离 $B=10~15mm$ 较为适宜，如果冷却水孔的直径为 D，则相邻冷却水孔的中心距离 $A=(5~8)D$。当制品为聚乙烯材料时，冷却水路应顺着收缩方向设置，以防制品翘曲变形。

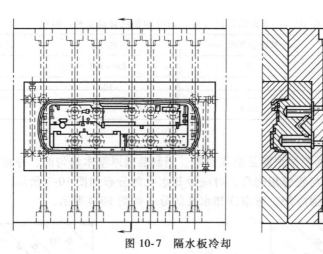

图 10-7 隔水板冷却

3）冷却水路的布置应避开制品易产生熔接痕的部位，以免产生熔接痕。

4）为提高冷却效果，冷却水必须流经内模镶件，必要时要在冷却水出入口处分别标记"OUT"和"IN"的字样。在制品比较小、比较薄，内模镶件也比较小，以及内模镶件材料为铍青铜或铝合金的情况下，冷却水路可以不流经内模镶件，只经过模板就可以达到冷却效果，如图 10-9 所示，图 10-9 中 H 通常取 5~10mm。

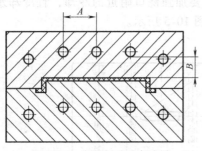

图 10-8 扁平制品冷却水路

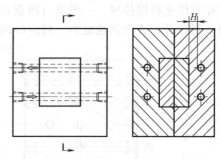

图 10-9 内模镶件为铍青铜或铝合金的冷却水路

5）定模镶件冷却水路尽量靠近型腔，动模镶件冷却水路尽量布置于外圈，内模型芯较大时，必须设置冷却水路。

6）对于大型模具，冷却水路往往较长，需要根据现有的设备设计冷却水路，以便于加工。

7）对于未定型的制品，冷却水路尽量布置在四周或各腔之间，为制品更改留下余地。

8）冷却水路应避免与模具上的其他机构（如推杆、镶件、型孔、定距分型机构、螺钉、滑块等）发生干涉。冷却水路通常采用钻孔或镗孔的方法加工。因此在设计冷却水路时，冷却水孔和其他结构孔之间的壁厚至少为 3mm；对于长的冷却水路（冷却水路的长度大于冷却水孔直径的 20 倍），建议壁厚至少为 5mm。

5. 冷却水路的长度设计

1）流道越长阻力越大，流道拐弯处的阻力更大。一般来说，要提高冷却效果，冷却水路不宜太长，弯头不宜超过 5 个。

2）动、定模镶件的冷却水路要分开，不能串联在一起。否则不但影响冷却效果，而且会存在安全隐患。

6. 水管接头的位置设计

水管接头又称喉嘴，材料为黄铜或结构钢，联接处为圆锥管螺纹。PT 为英制标准圆锥管螺纹，具有 1:16 的锥度。水管接头需要缠上密封胶进行密封，水管接头的规格有 PT 1/8in、PT 1/4in 和 PT 3/8in 三种。水管接头多用 PT 1/4in，深度最小为 20mm。常用水管直径、堵头与接头的规格及结构见表10-2。

表 10-2　常用水管直径、堵头与接头的规格及结构

水管公称直径/mm	6	8	10	12
水管接头	PT 1/8in	PT 1/8in	PT 1/4in	PT 1/4in
水管堵头	PT 1/8in	PT 1/8in	PT 1/4in	PT 1/4in
水管接头螺纹	$\phi 6.00$ PT 1/8in	$\phi 8.00$ PT 1/8in	$\phi 10.00$ PT 1/4in	$\phi 12.00$ PT 1/4in

　　冷却水管接头位置应合理确定，避免影响模具的安装、固定。水管接头最好设置在模架上，冷却水通过模架进入内模镶件，中间加密封圈，如果直接将水管接头设置在内模镶件上，则水管接头太长，反复振动时容易漏水，每次维修内模都要将其拆下，并且会影响水管接头原有的配合精度。

　　水管接头尽量不要设置在模架上端面，因为水管接头要经常拆卸，装拆冷却水管时冷却水容易流入型腔。水管接头也尽量不要设置在模架下端面，因为此时装拆冷却水管非常不便。水管接头最好设置在模架两侧，而且是在不影响操作的一侧，即朝向注射机的背面，以免影响操作，如图10-10所示。

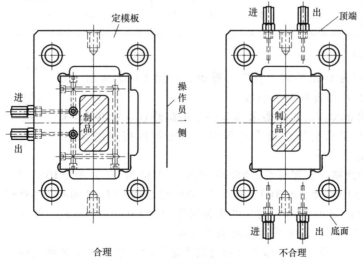

图 10-10　水管接头位置

两水管接头之间的距离不宜小于 30mm，以方便装卸冷却水管，如图 10-11 所示。

冷却水管接头宜嵌入模架，如图 10-12 所示。若水管接头外凸于模具表面，在运输与维修时易发生损坏。对于直身模架，当水管接头外凸于模具表面时，需在模具外表面安装支承柱，以保护其不致损坏。表 10-3 为欧洲 DIN 标准的冷却水管接头设计参数，有英制（BSP）及米制两种。

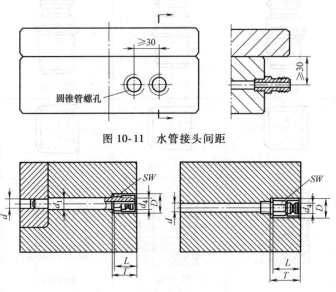

图 10-11　水管接头间距

图 10-12　冷却水管接头嵌入模架

表 10-3　冷却水管接头设计参数

管螺纹规格		d_4/mm	d_1/mm	标准水管接头/mm				加长水管接头/mm			
英制（BSP）	米制			D	T	SW	L	D	T	SW	L
1/8″ 1/4″	M8 M14	9	10	19	23	11	21	25	35	17	32.5
1/4″ 3/8″	M14 M16	13	14	24	25	15	23	34	35	22	32.5
1/2″ 3/4″	M20 M24	19	21	34	35	22	33	—	—	—	—

7. 密封圈的设计

常用的密封圈为 O 形结构，材料为橡胶，如图 10-13 所示，其作用是保证模具在冷却过程中不漏水。

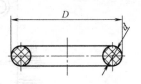

图 10-13　密封圈

1）密封圈的要求。密封圈要求具有一定的耐热性，能在 120℃的热油中使用。O 形密封圈在使用过程中处于被钢件挤压的状态，其硬度应当有一定的要求。

2）密封圈的规格。按照标准，密封圈规格（单位为 mm）有 φ10×2.5、φ13×2.5、φ15×2.5、φ16×2.5、φ19×2.5、φ13×3、φ16×3、φ19×3、φ25×3、φ30×3、φ35×3、φ40×3、φ45×3、φ50×3、φ40×4、φ50×4 等，常用的密封圈外径为 13mm、16mm、19mm 三种。需要注意的是，用油进行加热的模具需要采用耐高温的密封圈。

3）密封圈的设计要点。冷却水路经过两个镶件时，中间需要加密封圈。钢件需要提供足够的正压力，以保证密封效果。对于圆形冷却水路的密封，应尽量避免装配时对密封圈的磨损和剪切。圆形型芯和内模镶件之间的配合间隙要适当，间隙过大则导致压力不足，容易泄漏；间隙过小，密封圈容易被钢件切断，如图 10-14b 所示。图 10-14a 所示的密封圈比较容易安装，且不受剪切作用。安装密封圈的接触底面一定要平滑，否则容易漏水。常用密封圈在模具设计图中的画法及装配技术参数见表 10-4。

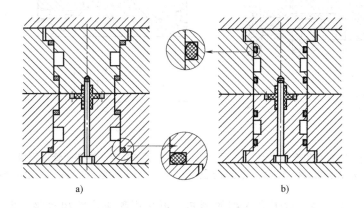

图 10-14　密封圈应避免装配时受剪切

表 10-4　常用密封圈的结构及装配技术参数　　　　　　　　　（单位：mm）

密封圈规格			装配技术参数	
D	d	D_1	H	W
13		8		
16	2.5	11	1.8	3.2
19		14		
16		9		
19	3.5	12	2.7	4.7
25		18		

8. 水管堵塞

堵塞起截流作用，常用 PT 1/4in 的无头圆锥管螺纹联接，也可用铜或者铝制作堵塞。

10.2.3　常见冷却水路结构形式

1. 型芯冷却水路结构形式

（1）低型芯冷却水路　对于高度尺寸较小的型芯，可将单层冷却回路开设在型芯的下部，如图10-15所示。

（2）稍高型芯冷却水路　对于稍高的型芯，可在型芯内开设有一定高度的冷却水沟槽，构成冷却回路，如图 10-16 所示，应注意周边密封，防止漏水。

（3）中等高度型芯的斜交叉冷却水路　对于中等高度的型芯，可采用由斜交叉管道构成的冷却回路，如图 10-17 所示。对于宽度较大的型芯，可采用几组斜交叉冷却管串联在一起，但斜交叉管道不易获得均匀的冷却效果。

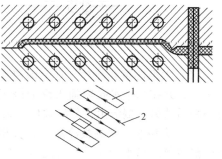

图 10-15　低型芯冷却水路
1—定模冷却水路　2—动模冷却水路

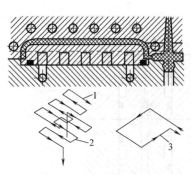

图 10-16　稍高型芯冷却水路
1—定模冷却水路　2—动模冷却水路　3—浇口套冷却水路

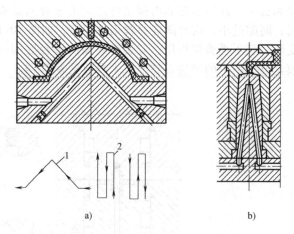

图 10-17　斜交叉管道构成的冷却水路
1—动模冷却水路　2—定模冷却水路

（4）喷流式冷却水路　对于高而细的型芯，可采用喷流式冷却水路。即在型芯中心安装喷水管，冷却水从型芯下部进入，喷向型芯顶部，冷却温度最高的顶部中心浇口处，然后冷却水分流，从四周流回，形成平行流动冷却，如图 10-18 所示。

（5）衬套式冷却水路　对于高而粗的型芯，可在型芯内开大圆孔，嵌入开有沟槽的衬套，冷却水首先从衬套中间的水道喷出，冷却温度较高的型芯顶部，然后沿侧壁的环形沟槽流动，冷却型芯四周。沟槽既可开成圆环形，也可开成螺旋形，这种冷却方式对型芯四周的冷却较均匀，如图 10-19 所示。

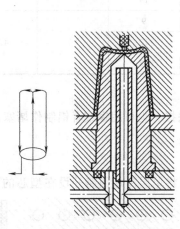

图 10-18　喷流式冷却水路

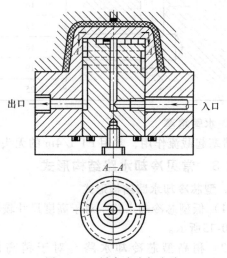

图 10-19　衬套式冷却水路

（6）大型芯多孔冷却　对于深腔大型制品，为使整个型芯都得到冷却，可以在型芯内钻多个孔，并在每个水孔内插入纵向隔板，如图 10-20 所示。冷却水从隔板一侧向上流动，翻过隔板后从另一侧流出，然后顺序进入相邻的孔，经过所有孔再流出模外。

（7）大型芯特殊隔板冷却　将大型芯内部挖空再进行冷却，为了避免冷却水短路，安装特殊隔板使冷却水沿一定方向流动，如图 10-21 所示。

（8）带菌形推杆的型芯冷却　当型芯中有菌形推杆时，冷却水路可避开中心推杆，如图 10-22 所示。

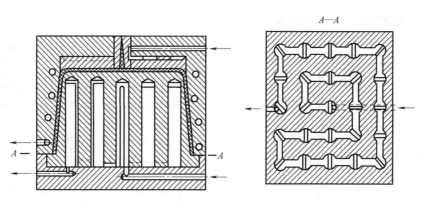

图 10-20　大型芯多孔冷却

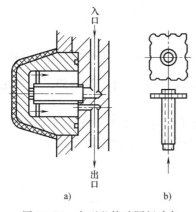

图 10-21　大型芯特殊隔板冷却

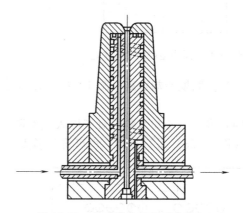

图 10-22　带菌形推杆的型芯冷却

（9）细小型芯通过铜棒传导热量　当型芯过于细小而无法开设进出水通道时，可采用导热性极佳的铍青铜制作型芯，让冷却水直接接触型芯的一端，可将另一端的热量导出，如图 10-23a 所示。也可在钢质型芯内嵌入纯铜或铍青铜棒，将另一端伸入到冷却水孔中冷却，如图 10-23b 所示。

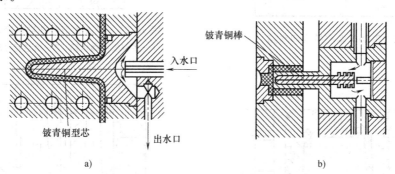

图 10-23　细小型芯通过铜棒传导热量

2. 型腔冷却水路结构形式

对于较浅的型腔，可在模板内钻单层的冷却水孔，孔与孔间用软管连接；或在模板内采用内部钻孔的办法互相连通，使其构成回路。

（1）围绕型腔的冷却水路　图 10-24 所示为围绕在型腔四周的冷却水路。

（2）模板上对称布置的冷却水路　图 10-25 所示为模板上左右均匀对称布置的冷却水路，

可用于冷却一模两件扁平制品的型腔。

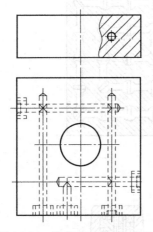

图 10-24　围绕型腔的冷却水路

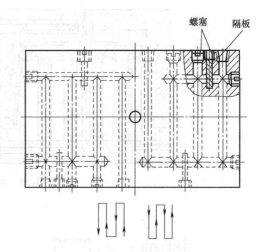

图 10-25　模板上对称布置的冷却水路

（3）多腔模冷却水路　图 10-26 所示为多腔模冷却水路布置，对于深型腔，可采用多层水路。

（4）嵌入式冷却水路　对于嵌入式型腔，可在型腔嵌件周围开环形槽（图 10-27）或螺旋槽（图 10-28）进行冷却，也可将环形槽互相连通构成回路，如图 10-29 所示。

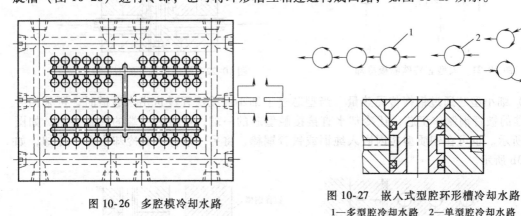

图 10-26　多腔模冷却水路

图 10-27　嵌入式型腔环形槽冷却水路
1—多型腔冷却水路　2—单型腔冷却水路

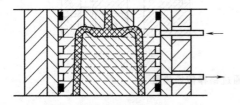

图 10-28　嵌入式型腔螺旋槽冷却水路

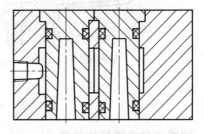

图 10-29　嵌入式型腔串联冷却水路

10.2.4　模具加热系统设计

当塑件的成型工艺要求模具温度在 80℃ 以上时，模具中必须设置有加热功能的温度控制系统。根据热能来源，模具的加热方法有热水、热油、蒸汽加热法，电阻加热法，工频感应加热法等。其中热水、热油、蒸汽加热法是通过模具中的冷却水路来加热模具的，其结构与设计原则与冷却水路相同，适用于大型模具开机前的预热，以及正常生产一段时间后又需冷却的注射模；这种加热方法可使模温分布较为均匀，有利于提高制品质量，但模温调节难度大，延滞期较长，设计时应充分考虑。

电加热装置应用较普遍，它具有结构简单、温度调节范围较大、加热清洁无污染等优点，缺点是会造成局部过热。电加热温度调节系统应用广泛，常用的电加热装置如图 10-30 所示，其中，图 10-30d 所示的电热棒是标准加热元件。模温要求高于 80℃ 的注射模或热流道注射模，一般采用电阻丝加热和电热棒加热两种方法。

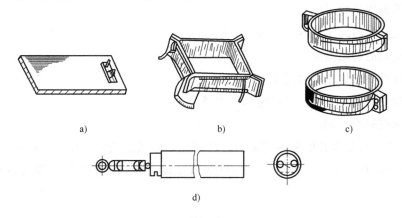

图 10-30 电加热装置
a）电热板 b）电热套 c）电热圈 d）电热棒

1. 电阻丝加热

采用电阻丝加热时要合理布设电热元件，保证电热元件的功率。若电热元件的功率不足，则不能达到模具要求的温度；若电热元件功率过大，模具加热过快，则会出现局部过热现象，难以控制模具温度。

电阻丝加热有两种方式：一种是把电阻丝组成的加热元件镶嵌到模具加热板内；另一种是把电阻丝直接布设在模具的加热板内。

模具电阻丝加热装置的基本设计要求是：①正确合理地布设电热元件；②加热板的中央和边缘部位分别采用不同功率的电热元件，一般模具中央部位的电热元件功率稍小，边缘部位的电热元件功率稍大；③大型模具的加热板应安装两套温度控制仪表，分别控制加热板中央和边缘部位的温度；④要考虑模具的保温措施，减少热量的传导和热辐射的损失。一般可在模具与注射机的上、下压板之间，以及模具四周设置石棉隔热板，其厚度约为 4～6mm。

2. 电热棒加热

将一定功率的电阻丝密封在不锈钢管内，做成标准的电热棒。在使用时，根据需要的加热功率选用电热棒的型号和数量，然后安装在加热板内，电热棒及其安装形式如图 10-31 所示。这种

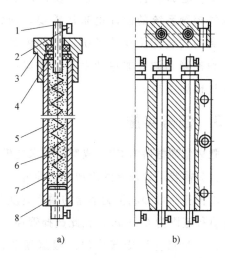

图 10-31 电热棒及其在加热板内的安装
1—接线柱 2—螺钉 3—帽 4—垫圈
5—外壳 6—电阻丝 7—石英砂 8—塞子

加热形式结构简单，使用安装方便，清洁卫生，寿命长，应用广泛。但使用电热棒加热时须注意局部过热现象。

3. 电加热装置的功率计算

（1）计算法　电加热装置加热模具的总功率计算公式为

$$P = \frac{mc_p(\theta_2 - \theta_1)}{3600\eta t} \tag{10-1}$$

式中　P——加热模具所需的总功率（kW）；

　　　m——模具的质量（kg）；

　　　c_p——模具材料的比热容 [kJ/(kg·K)]；

　　　θ_1——模具的初始温度（℃）；

　　　θ_2——模具要求加热后的温度（℃）；

　　　η——加热元件的效率，一般为 0.3~0.5；

　　　t——加热时间（h）。

（2）经验法　计算模具电加热所需的总功率是一项很复杂的工作，生产中为了方便，常采用单位质量模具所需电加热功率的经验数据和模具质量来计算模具所需的电加热总功率。计算公式为

$$P = mq \tag{10-2}$$

式中　q——单位质量模具加热至目标温度所需的电功率（W/kg）。

电热棒加热的小型模具（$m < 40$kg），q 为 35W/kg；电热棒加热的中型模具（40kg ≤ m ≤ 100kg），q 为 30W/kg；电热棒加热的大型模具（$m > 100$kg），q 为 20~25W/kg；电热圈加热的小型模具，q 为 40W/kg；电热圈加热的中型模具，q 为 50W/kg；电热圈加热的大型模具，q 为 60W/kg。

4. 电加热装置的设计要求

设计电加热装置时，除了设计加热元件外，模具中加热孔道的布排、电热套的安装和电气控制系统的设计也非常重要。通常要求能在模具中合理开设加热孔道、正确选择电热套的安装部位及其形状，以使模具温度保持一致。对于电气控制系统，要求系统能够准确控制和调节加热功率和加热温度，防止因功率不足达不到模温要求，或因功率过大超过模温要求。

10.3　任务实施

肥皂盒的材料为 PP，成型时要求的模具温度为 40~80℃，可以不用单独设置模具的加热系统，只需要设计模具的冷却系统即可。

由任务 9 可知成型肥皂盒的模板宽度为 350mm，长度为 400mm，根据表 10-1 选择冷却水管的直径范围为 6~8mm，在此选择管径为 8mm。

为了尽量保证冷却均匀，根据模具结构形式，在型腔设计循环式的冷却系统；型芯受到推出机构的影响，省略其冷却系统的设计。肥皂盒模具冷却系统的具体结构如图 10-32 所示。

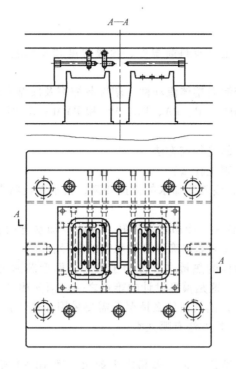

图 10-32　肥皂盒模具的冷却系统

10.4　任务训练与考核

1. 任务训练

针对图 1-38 所示的盒盖，请根据所设计的模具结构，设计模具的温度控制系统。

2. 任务考核（表 10-5）

表 10-5　模具温度控制系统任务考核卡

任务考核	考核内容	参考分值	考核结果	考核人
素质目标考核	遵守规则	5		
	课堂互动	10		
	团队合作	5		
知识目标考核	模具温度及其控制系统对塑件质量的影响	5		
	模具温度及其控制系统对成型周期的影响	5		
	影响模具冷却时间的因素	5		
	冷却时间的含义	5		
	提高模具冷却效果的途径	10		
	模具冷却系统设计	10		
	模具加热系统设计	10		
能力目标考核	模具冷却系统设计	15		
	模具冷却系统简图绘制	15		
小　　计				

10.5 思考与练习

1. 简答题

（1）注射中需要控制的温度有料筒温度、喷嘴温度和模具温度。请简述如何将模具温度控制在一个合理的范围内？

（2）简述模具温度的控制对熔体流动性、塑件收缩率及成型周期的影响。

（3）请说出 ABS、PS-HI、PP、PA、PE、PC 和 PMMA 等常用塑料在注射时对模具温度的要求。

（4）简述控制模具温度的途径或方法。

（5）冷却系统的设计原则是什么？

（6）"为了提高生产率，模具冷却水的流速要高，且呈湍流状态，因此，进水口的温度越低越好。"这种说法对不对？

（7）"冷却水管的直径越大，冷却效果越好，因此冷却水管的直径越大越好。"这种说法对不对？在冷却系统设计过程中如何确定冷却水管的直径？

（8）在成型过程中，熔体的热量主要传给了型芯，而型芯因为体积较小，且有推杆等零件通过，难以通冷却水冷却，这是模具设计的难点之一。请简述型芯冷却的五种方法。

（9）在注射成型过程中，模具在什么情况下需要采用加热装置？

（10）简述常用的模具加热方法有哪几类。

2. 综合题

冷却回路不宜采用并联结构，否则容易产生死水。图 10-33 所示为采用并联水管冷却的实例，请在原系统的基础上用堵塞将回路改为串联结构。

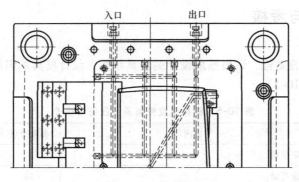

图 10-33 冷却水路

任务 11　模具工程图绘制

11.1　任务导入

塑料模的设计最终是通过设计图样来表达的。模具工程图分为总装配图和零件图两大部分。总装配图有时为了表达局部设计或者装配关系，会用到剖视图、局部放大图等；装配图中还应画出塑件图，填写明细表以及装配之间的要求等。

另外，在设计零部件时，还要正确选择零件的材料。由于模具零件的作用不同，所选用的材料也就不同。运动部件需要良好的耐磨性和较高的硬度，成型零件需要适当的硬度和良好的加工性，结构零件则要求有较好的综合机械性能，选择正确的零件材料就要求模具设计者具备丰富的材料方面的知识。

本任务是针对图 1-1 所示的肥皂盒，结合所设计的模具结构，进行模具工程图的绘制，并合理选择模具材料。

11.2　相关知识

11.2.1　模具装配图绘制

按照机械制图国家标准中的相关规定绘制塑料模具装配图，准确、清晰地表达模具的基本构造及模具零件之间的装配关系是基本技能训练的重要内容。

模具装配图用以表明模具结构、工作原理、组成模具的全部零件及其相互位置关系和装配关系。

一般情况下，模具装配图用主视图和俯视图表示，若不能表达清楚，再增加其他视图。一般按 1∶1 的比例绘制装配图，并标明必要的尺寸和技术要求。装配图主要包含以下内容：

（1）主视图　主视图一般位于图样上侧偏左，按模具正对操作者的方向绘制，采取剖视画法，一般按模具闭合状态进行绘制，在上、下模或定、动模之间绘有一个完成的塑件，塑件及流道部分画网格线。

主视图是模具装配图的主体部分，应尽量在主视图中将结构表达清楚，力求将成型零件的形状画完整。

剖视图的画法一般按照机械制图国家标准执行，但也有一些行业习惯和特殊画法，如为减少局部视图，在不影响剖视图表达剖面迹线通过部分结构的情况下，可以将剖面迹线以外的部分旋转或平移到剖视图上；螺钉和销钉可各画一半的结构等，但这些处理方法不能与国家标准相矛盾。

（2）俯视图　俯视图通常布置在图样的下侧偏左，与主视图相对应。通过俯视图可以了解模具的平面布置，排样方式，浇注系统、冷却系统的布置，以及模具的轮廓形状等。

（3）塑件图　塑件图通常布置在图样的右上角，并注明塑件名称、塑料牌号等要素，标注塑件尺寸。塑件尺寸较大或形状较复杂时，可单独画在零件图上，并装订在整套模具图样中。

（4）标题栏和零件明细表　标题栏的内容应按统一要求填写，特别是设计者必须在相应的位置签名。零件明细表必须包括序号、代号、零件名称、图号（或页次）、数量、材料及热处理要求等。其中，零件序号应自下往上进行顺序排列，选材时应注明牌号并尽量减少材料种类。标准件应按规定进行标记，"零件名称"栏中文字应首尾两字对齐，字间距应均匀，字体大小一致。

（5）尺寸标注　装配图上需标出模具的总体尺寸、必要的配合尺寸和安装尺寸，其余尺寸一般不标注。零件序号标注要求是不漏标，不重复标，引线不交叉，序号编制一般按顺时针方向排列，字体严格使用仿宋体，字间布置均匀、对齐等。

（6）技术要求　根据模具的实际情况撰写技术要求。

11.2.2　模具零件图绘制

装配图绘制完成后，由装配图拆画出各零件图，并标注各零件的尺寸公差、形位公差、表面粗糙度及相应的技术要求。

模具零件主要包括工作（成型）零件，如型芯、凹模、口模、定型套等；结构零件，如固定板、卸料板、定位板、浇注系统零件、导向零件、分型与抽芯零件、冷却与加热零件等；标准紧固件，如螺钉、销钉等；以及模架、弹簧等零件。

零件图的绘制和尺寸标注均应符合机械制图国家标准的规定，要注明全部尺寸、公差配合、形位公差、表面粗糙度、材料、热处理要求及其他技术要求。绘制零件图时应注意以下几个方面：

（1）视图和比例的选择

1）轴类零件通常仅需一个视图，按加工位置布置较好。

2）板类零件通常需要主视图和俯视图两个视图，一般而言按装配位置布置较好。

3）镶拼组合成型零件，通常画部件图，这样便于尺寸及偏差的标注，可按装配位置布置。

零件图比例大都采用1:1。小尺寸零件或尺寸较多的零件则需放大比例绘制。

（2）尺寸标注的基本规范　标注尺寸是零件设计中一项极为重要的内容，尺寸标注要做到既不少标、不漏标，又不多标、不重复标，同时又使整套模具零件图上的尺寸布置清晰、美观。

1）正确选择基准面。尽量使设计基准、加工基准、测量基准一致，避免加工时反复换算。成型零部件的尺寸标注基准应与塑件图中的标注基准一致。

2）尺寸布置合理。大部分尺寸最好集中标注在最能反映零件特征的视图上。如对于板类零件，主视图上应集中标注厚度尺寸，而平面尺寸则应集中标注在俯视图上。

另外，同一视图中的尺寸应尽量归类布置。如某一模板俯视图上的大部分尺寸可归成4类，第1类是孔径尺寸，可考虑将其集中标注在视图的左方；第2类是纵向间距尺寸，可考虑将其集中标注在视图轮廓外右方；第3类是横向间距尺寸，可考虑将其集中标注在视图轮廓外下方；第4类是型孔大小尺寸，可考虑将其集中标注在型孔周围空白处。全套图样的尺寸布置应尽量一致。

3）脱模斜度的标注。脱模斜度有3种标注方法：第1种是将大、小端尺寸均标出，第2种是标出一端尺寸，再标注角度；第3种是在技术要求中注明。

4）有精度要求的位置尺寸。与轴类零件相配合的通孔中心距，多型腔模具的型腔间距等有精度要求的位置尺寸，均需标注公差。

5）螺纹尺寸及齿轮尺寸。对于螺纹成型件和齿轮成型件，还需在零件图上列出主要几何参数及其公差。

（3）表面粗糙度及形位公差　各面的粗糙度均应注明。多个表面具有相同粗糙度要求时，可集中在图样的右上角统一标注。有形位公差要求的结构形状，需加注形位公差。

（4）技术要求及标题栏　零件图中技术要求标注在标题栏的上方，注明除尺寸、公差、粗糙度以外的加工要求。标题栏按统一规格填写，设计者必须在各零件图标题栏的相应位置上签名。

11.2.3 模具材料选择

1. 塑料模具的失效形式

塑料模具的失效形式主要有表面磨损、塑性变形和断裂，由于一般塑料制品对精度和表面粗糙度的要求较高，所以因为表面磨损而失效的模具所占的比重很大。

（1）表面磨损　塑料模具的表面磨损一般体现在以下三个方面：一是模具型腔表面粗糙度恶化。塑料制品对塑料模具型腔会产生很严重的摩擦，使模具型腔的表面粗糙度值变大，这样就会影响塑料制品的外观质量。所以模具型腔需及时抛光，但多次抛光会使型腔尺寸变大而失效。二是模具型腔尺寸超差。当塑料中含有石英砂、云母粉和玻璃纤维等固体无机填料时，会加剧模具型腔的磨损，造成型腔尺寸急剧变化。三是模具型腔表面被侵蚀。当塑料中含有氟、氯等元素时，在成型过程中，塑料受热分解会产生强腐蚀性的气体，侵蚀模具的表面，加剧模具的磨损失效。

（2）塑性变形　塑料模具在长时间受热、受压的情况下，很容易发生局部塑性变形失效。例如，用渗碳钢和碳素工具钢制造的模具，特别是小型模具在大吨位压力机上超载工作时，容易产生表面凹陷、棱角堆塌和麻点等缺陷，棱角尤其容易产生塑性变形。为防止塑料模具的塑性变形，需要将模具处理到具有足够的硬度和硬化层深度。

（3）断裂　塑料制品的成型模具形状复杂，有很多薄壁和棱角等结构，这些位置在应力集中作用时很容易发生断裂。断裂失效是一种危害很大的快速失效形式。在设计和制造塑料模具时，除了要注意选择合适的热处理工艺外，还要注意选择韧性比较好的塑料模具钢，对于大中型复杂模具，应采用高韧度钢制造。

2. 塑料模具材料的性能要求

1）加工性能好，热处理变形小。塑料模具结构一般很复杂，在淬火后加工很困难，有的根本无法加工，所以在选择塑料模具钢的时候，一般选择切削加工容易，热处理变形小的钢材。

2）耐热性能好，线膨胀系数小。塑料模具一般都是长时间在高温下工作的，所以塑料模具材料要有较好的耐热性，且线膨胀系数要小，否则过大的变形会影响塑料制品的质量。

3）高的强度和韧度。高强度和高韧度可防止塑料模具在工作过程中的塑性变形和冲击损坏。

4）高的表面硬度和耐磨性。防止因模具型腔和塑料制品的摩擦，而使模具的型腔尺寸变大失效。

5）抛光性能好。塑料制品一般要求有很好的表面质量，所以模具的型腔表面必须研磨、抛光，而且型腔的表面粗糙度要求一般要高于塑料制品的表面粗糙度 2~3 级。

6）花纹图案光蚀性好。一般塑料制品的表面都有花纹图案，为方便成型，就要求模具钢具有较好的图案光蚀性能。

3. 常用的塑料模具钢

（1）塑料模具钢的选用　表 11-1 列出了目前各国企业常用的塑料模具钢牌号及用途。

表 11-1　企业常用的塑料模具钢

模具钢牌号						用　途
中国	德国	美国	瑞典	日本	奥地利	
3Cr2Mo	1.2311	P20	618			用于大中型精密模具、模架、固定板等
3Cr2Mo+Ni	1.2738	P20+ Ni	718			用于大型长寿命注射模,高光泽度的塑料模具,滑块、结构零件、轴等

（续）

模具钢牌号						用　途
中国	德国	美国	瑞典	日本	奥地利	
40Cr13	1.2083		S136	SUS420J2		用于需耐腐蚀、耐锈蚀、耐醋酸盐类的注射模或在潮湿环境下工作及存放的模具,生产高光泽度光学产品的模具
30Cr17Mo	1.2316	420			M310	用于镜面抛光模具,精密加工的模具,放电加工的模具,高粗糙度要求透明产品的模具
4Cr5MoSiV	1.2344	H13	8402/8407	SKD61		用于高耐磨性塑料模具,热剪切模具及耐磨部件

选用塑料模具钢时,可以根据塑料模具钢的工作条件进行选择,见表 11-2；也可以根据模具零件进行选择,见表 11-3。

表 11-2　根据工作条件选择塑料模具钢

工作条件	材料牌号
生产塑件批量较小,精度要求不高,尺寸不大的模具	45、55、10(渗碳)、20(渗碳)
在使用过程中有较大的工作载荷,塑件生产批量较大,磨损较严重的模具	12CrNi3A、20Cr、20CrMnMo、20Cr2Ni4
大型、复杂、塑件生产批量较大的注射模和挤压成型模具	3Cr2Mo、4Cr3Mo3SiV、5CrNiMo、5CrMnMo、4Cr5MoSiV、4Cr5MoSiV1
热固性塑料成型模具及要求高耐磨、高强度的塑料模具	9Mn2V、7CrMn2WMo、CrWMn、MnCrWV、GCr15、8Cr2MnWMoVS、Cr2Mn2SiWMoV、Cr6WV、Cr12、Cr12MoV
耐腐蚀和高精度的塑料模具	40Cr13、95Cr18、90Cr18MoV、Cr14Mo、Cr14Mo4V
复杂、精密、高耐磨的塑料模具	25CrNi3MoAl、18Ni-250、18Ni-300、18Ni-350

表 11-3　根据模具零件选择塑料模具钢

零件类别	零件名称	材料牌号	热处理方法	硬度
模板零件	支承板、模板、浇口板、锥模套	45	淬火	43~48HRC
	动模座板、定模座板、动模板、定模板、推料板、固定板、推件板	45		28~32HRC
浇注系统零件	浇口套、拉料杆、分流锥	45、T10A	淬火	50~55HRC
		Cr12MoV1(SKD11)		60~62HRC
导向零件	导柱、推板导柱、拉杆导柱	T10A、GCr15	淬火	56~60HRC
		20Cr	渗碳、淬火	
	导套、推板导套	T10A、GCr15	淬火	50~55HRC
		20Cr	渗碳、淬火	
抽芯机构零件	斜导柱、滑块、斜滑块、弯销	T10A、GCr15	淬火	54~58HRC
	楔紧块	T8A、T10A		
		45		43~48HRC
推出机构零件	推杆、推管	4Cr5MoSiV1、3Cr2W8V	淬火	45~50HRC
	推件板、推块	45		43~48HRC
	复位杆	T10A、GCr15		56~60HRC
	推杆固定板	45、Q235		

（续）

零件类别	零件名称	材料牌号	热处理方法	硬度
定位零件	圆锥定位件	T10A、GCr15	淬火	58~62HRC
	矩形定位件	GCr15、CrWMn		56~60HRC
	定位圈	45		28~32HRC
	定距螺钉、限位钉、限制块	45	淬火	43~48HRC
支承零件	支承柱	45		28~32HRC
	垫块	45、Q235		

塑料模具材料的选用和热处理要考虑很多的要求，新型模具材料应用越来越广泛，所以必须全面考虑实际要求和成本，既要满足要求，又要经济合理。

塑料模具一般都在一定的压力和温度下工作，所受的压力有合模压力、型腔内熔体的压力和开模压力等；各类型模具对温度的要求各不相同，热塑性塑料注射模温度一般要求在150℃以下，而热固性塑料注射模温度一般要求达到160~190℃，压缩模的模具温度一般也要求在160~190℃范围内。流动性差的塑料快速成型时，会使模具局部温度变得很高。此外，塑料模具温度是周期变化的，注射时温度很高，脱模时温度较低。模具在上述工作条件下工作，容易产生摩擦磨损，动、定模具对插部位的耦合磨损，过量变形和破裂，表面腐蚀等现象。一旦模具破裂，会使制品形状精度和表面粗糙度无法达到要求，溢料严重，飞边过大，模具又无法修复，即模具失效。模具失效前所成型制品数量的总和即为模具的寿命。模具的寿命直接影响塑料制品的成本，所以延长模具的寿命是减少塑料制品成本的一条捷径。

影响模具寿命的因素主要包括以下三个方面：

1）塑料种类。不同品种的塑料，其特点和成型时所需的工艺条件是不同的。随着工艺条件的不同，塑料种类对模具寿命的影响也不同。例如以无机纤维材料为填料的增强塑料成型时，对模具的磨损较大。此外，塑料在加热的条件下容易产生一些腐蚀性气体，进而对模具的表面产生腐蚀。因此，在满足塑料制品使用的前提下，应尽量选择成型工艺条件好的塑料，这样既有利于成型，也有利于延长模具的寿命。

2）模具结构。不同结构的模具，其寿命也是不同的。特别是不同结构的凹模和型芯，其强度、刚度，以及易损坏部分的修理与更换方便与否也是不同的。从延长模具寿命的角度考虑，应采用强度和刚度较好，而且又便于修理的结构。

在设计模具时要注意以下两点：一是导向装置的结构设计。导向装置的结构直接影响型芯和凹模的合模，进而影响模具的寿命，所以必须选择适当的导向形式和导向精度。二是塑料模中的各种孔在模板中的位置应尽量避开应力最大的位置，以防止工作时该部位所受应力过大而损坏。

3）模具材料的热处理。一般情况下，影响模具寿命的主要因素是模具材料的热处理。目前，除了部分热固性塑料和一些增强型塑料成型模具，以及精密模具对强度、刚度、硬度和耐磨性要求较高外，大多数塑料成型对模具的加工工艺性有着特殊的要求，这是由于塑料模具的型腔比较复杂，对其精度和表面粗糙度要求较高。

（2）模具的表面处理　为了提高模具表面的耐蚀性和耐磨性，常对其进行适当的表面处理。适用于塑料模具表面处理的方法有镀铬、渗氮、渗碳、化学镀镍、PVD 或 CVD 法沉积硬质膜或超硬膜等。

11.3　任务实施

肥皂盒模具装配图如图 11-1 所示。各个零件的材料根据国家标准和表 11-3 选用，在此不再赘述。

肥皂盒模具凹模和型芯零件图分别如图 11-2 和图 11-3 所示。

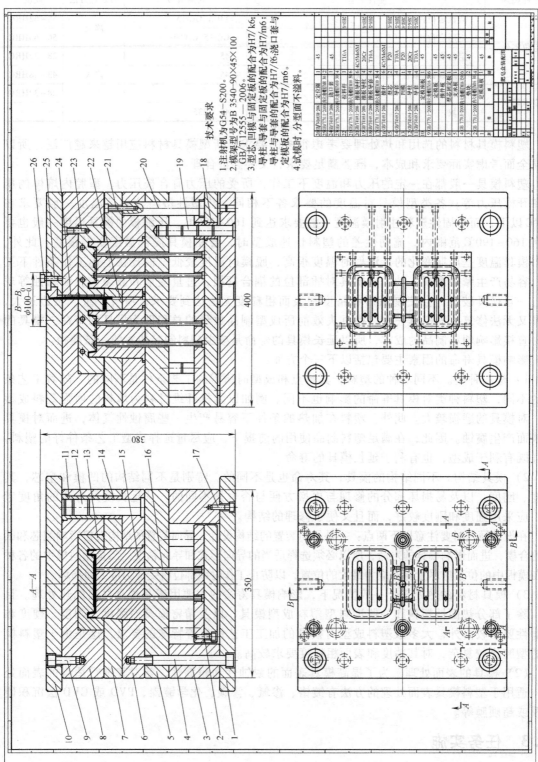

图 11-1 肥皂盒模具装配图

技术要求

1. 注射机为 G54—S200。
2. 模架型号为 B 3540—90×45×100 GB/T12555—2006。
3. 型芯、凹模与固定板固定的配合为 H7/k6；导柱、导套与固定板的配合为 H7/m6；导柱与导套的配合为 H7/f6；浇口套与定模板的配合为 H7/m6。
4. 试模时，分型面不溢料。

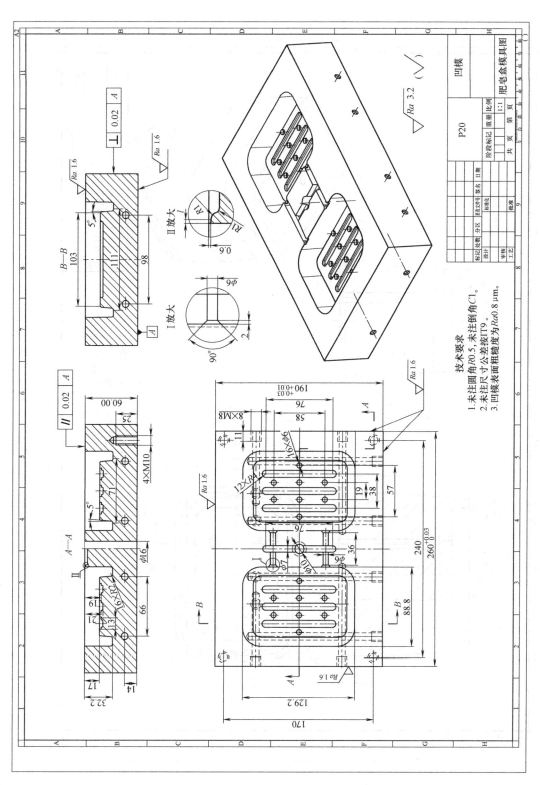

技术要求

1. 未注圆角R0.5,未注倒角C1。
2. 未注尺寸公差按IT9。
3. 凹模表面粗糙度为Ra0.8 μm。

图11-2　凹模零件图

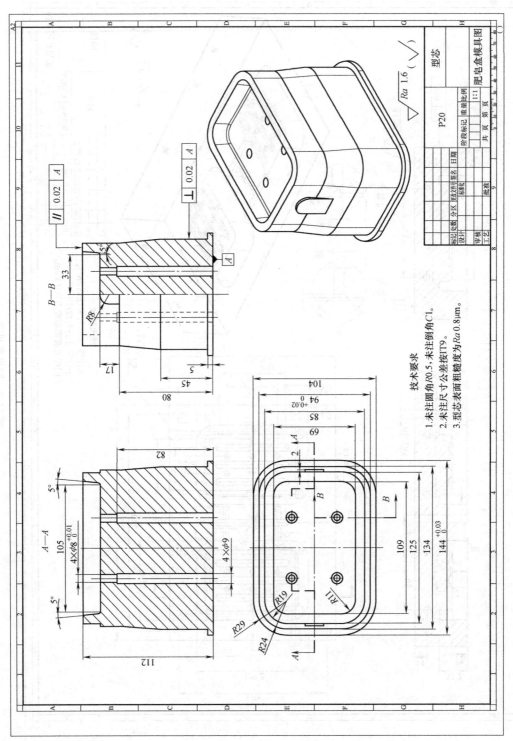

技术要求
1. 未注圆角R0.5, 未注倒角C1。
2. 未注尺寸公差按IT9。
3. 型芯表面粗糙度为Ra 0.8μm。

图 11-3　型芯零件图

11.4 任务训练与考核

1. 任务训练

针对图 1-38 所示的盒盖，请根据所设计的模具结构，绘制模具装配图和零件图。

2. 任务考核（表 11-4）

表 11-4 模具工程图绘制任务考核卡

任务考核	考核内容	参考分值	考核结果	考核人
素质目标考核	遵守规则	5		
	课堂互动	10		
	团队合作	5		
知识目标考核	模具装配图绘制	10		
	模具零件图绘制	10		
	模具材料选择	5		
能力目标考核	模具总装配图绘制	30		
	模具零件图绘制	15		
	模具材料选择	10		
小 计				

11.5 思考与练习

1. 填空题

（1）模具装配图用以表明_____、_____、组成模具的全部零件及其相互_____关系和_____关系。

（2）塑料模具的主视图一般位于图样上侧偏左，按模具正对_____的方向绘制，采取_____画法，一般按_____进行绘制，在上、下模或定、动模之间绘有一个完成的塑件，塑件及流道部分画_____线。

（3）俯视图通常布置在图样的下侧偏左，与主视图相对应。通过俯视图可以了解模具的平面布置，_____，或浇注系统、冷却系统的布置，以及模具的_____等。

（4）塑料模具装配图上需标出模具的_____、必要的_____和_____，其余尺寸一般不标注。

（5）零件图的绘制和尺寸标注均应符合机械制图_____的规定，要注明全部尺寸、_____、_____、_____、_____要求及其他技术要求。

2. 简答题

（1）在绘制模具总装配图时，应注意哪些事项？

（2）塑料模具成型零件材料的选用有哪些要求？

（3）塑料模具的失效形式有哪些？

任务12　定距分型拉紧机构设计

12.1　任务导入

随着生产技术的发展，各种塑料产品的更新和发展越来越快，复杂程度也越来越大，这就对塑料模具提出了更高更复杂的要求，双分型面模具的应用更加广泛。

双分型面模具又称三板式模具，要使模具沿两个分型面依次分型，保证塑件和浇注系统凝料顺利脱模，模具就必须设计定距分型拉紧机构（顺序推出机构），可以说定距分型拉紧机构是双分型面模具不可缺少的组成部分。

本任务是根据图12-1所示的水杯塑件，设计其成型模具的总体结构，并合理地设计定距分型拉紧机构。通过学习，掌握双分型面注射模的设计流程，具备合理设计双分型面注射模的能力。

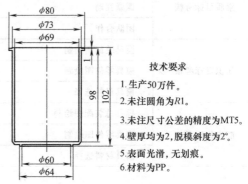

技术要求

1. 生产50万件。
2. 未注圆角为R1。
3. 未注尺寸公差的精度为MT5。
4. 壁厚均为2，脱模斜度为2°。
5. 表面光滑，无划痕。
6. 材料为PP。

图12-1　水杯塑件

12.2　相关知识

12.2.1　定距分型拉紧机构的定义

对于双分型面或多分型面的模具，根据塑件的某些要求（例如脱出浇注系统凝料或侧向抽芯），常需要先使定模分型，然后再使动、定模分型，最后通过推出机构将塑件推出，这一类机构称为定距分型拉紧机构，也称顺序推出机构。

图12-2所示为点浇口双分型面模具，它有两个分型面，其中主分型面 B 打开用于取出塑

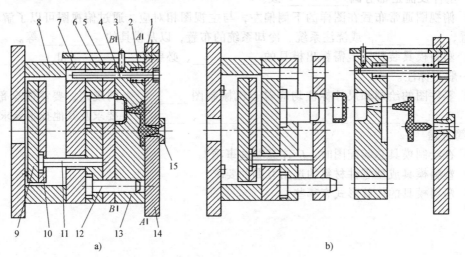

图 12-2　双分型面模具

a）合模状态　b）开模状态

1—定距拉板　2—弹簧　3—限位钉　4、12—导柱　5—推件板　6—型芯固定板　7—支承板　8—垫块
9—推板　10—推杆固定板　11—推杆　13—凹模板　14—定模座板　15—主流道衬套

件，另一个分型面 A 打开用于取出浇注系统凝料，开模时应保证两个分型面有顺序地完全打开。开模时，在弹簧 2 的作用下分型面 A 首先开启；当分型面 A 打开到足以脱出浇注系统凝料的距离时，凹模板 13 受定距拉板 1 限制，模具从主分型面 B 分型，然后推杆 11 推动推件板 5，将塑件推出。在该机构中，定距拉板 1、弹簧 2 和弹簧导柱 4 一起构成定距分型拉紧机构。

12.2.2　定距分型拉紧机构的类型

1. 弹簧-拉杆式定距分型拉紧机构

如图 12-3 所示模具，弹簧-拉杆式定距分型拉紧机构主要由弹簧 8 和限位拉杆 7 组成。模具开模时，弹簧 8 使分型面 A 首先打开，凹模板 9 随动模一起移动，主流道凝料随之被拉出并与凹模板 9 一起移动。当动模部分移动一定距离（距离的大小由限位拉杆 7 的长度决定）后，限位拉杆 7 端部的螺母挡住了凹模板 9，使凹模板 9 停止移动。动模继续移动，模具的主分型面 B 打开。因塑件包裹在型芯 11 上，此时浇注系统凝料在浇口处被自动拉断，然后在分型面 A 之间自动脱落或由人工取出。动模继续移动，当注射机的顶杆接触推板 2 时，推出机构开始动作，推件板 6 在推杆 13 的推动下将塑件从型芯 11 上推出，塑件在分型面 B 之间自行落下。在该模具中，限位拉杆 7 还兼作定模导柱，它与凹模板 9 应按导向机构的要求进行配合导向。

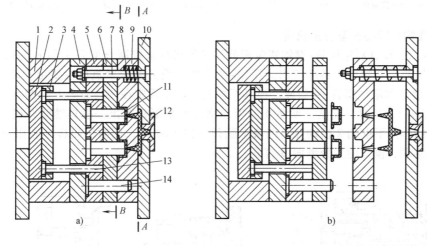

图 12-3　弹簧-拉杆式定距分型拉紧机构应用

a）合模状态　b）开模状态

1—垫块　2—推板　3—推杆固定板　4—支承板　5—型芯固定板　6—推件板　7—限位拉杆
8—弹簧　9—凹模板（中间板）　10—定模座板　11—型芯　12—浇口套　13—推杆　14—导柱

定距分型
拉紧机构

2. 弹簧-滚柱式定距分型拉紧机构

图 12-4 所示为弹簧-滚柱式定距分型拉紧机构，拉板 1 插入支座 2 内，弹簧 5 推动滚柱 4 将拉板 1 卡住。开模时，模具在拉板 1 的空行程 L 距离内进行第一次分型。模具继续开模，拉板 1 在滚柱 4 及弹簧 5 的作用下受阻，从而实现模具的第二次分型。弹簧-滚柱式定距分型拉紧机构的结构简单，适用性强，已成为标准系列化产品，由专门的厂家生产，用户采购后直接安装于模具外侧即可。

3. 弹簧-摆钩式定距分型拉紧机构

图 12-5 所示为弹簧-摆钩式定距分型拉紧机构，该机构利用摆钩 2 与拉板 1 的锁紧力增大开模力，以控制模具分型面的开模顺序。开模时，摆钩 2 在弹簧 3 的作用下钩住拉板 1，确保

模具进行第一次分型。随后，在模具内定距拉杆的作用下，拉板 1 强行使摆钩 2 转动，拉板 1 从摆钩 2 中脱出，模具进行第二次分型。弹簧 3 对摆钩 2 的压力可由调节螺钉 4 控制。弹簧-摆钩式定距分型拉紧机构适用性强，也已成为标准系列化产品。

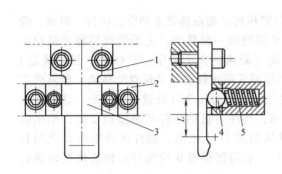

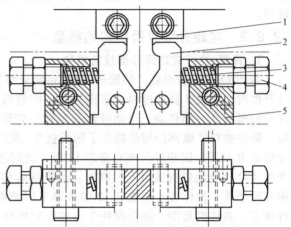

图 12-4　弹簧-滚柱式定距分型拉紧机构
1—拉板　2—支座　3—弹簧座　4—滚柱　5—弹簧

图 12-5　弹簧-摆钩式定距分型拉紧机构
1—拉板　2—摆钩　3—弹簧　4—调节螺钉　5—支架

4. 压块-摆钩式定距分型拉紧机构

图 12-6 所示的模具利用压块-摆钩式定距分型拉紧机构来控制分型面 A 和 B 的打开顺序，以保证浇注系统凝料和塑件的顺序脱出。压块-摆钩式定距分型拉紧机构主要由挡块 1、摆钩 2、压块 4、弹簧 5 和限位螺钉 14 组成。模具开模时，由于固定在凹模板 8 上的摆钩 2 拉住支承板 11 上的挡块 1，模具只能从分型面 A 分型，浇注系统凝料脱出。模具继续开模一定距离后，在压块 4 的作用下摆钩 2 摆动并与挡块 1 脱开（图 12-6b），同时凹模板 8 在限位螺钉 14 的限制下停止移动，模具的主分型面 B 打开。

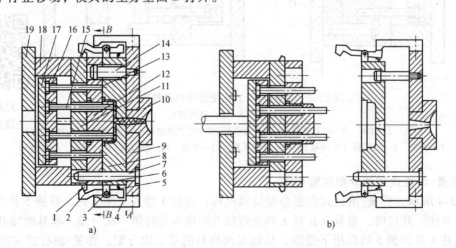

图 12-6　压块-摆钩式定距分型拉紧机构应用
a）合模状态　b）开模状态
1—挡块　2—摆钩　3—转轴　4—压块　5—弹簧　6—型芯固定板　7—导柱　8—凹模板（中间板）
9—定模座板　10—浇口套　11—支承板　12—型芯　13—复位杆　14—限位螺钉　15—推杆
16—推杆固定板　17—推板　18—垫块　19—动模座板

在设计压块-摆钩式定距分型拉紧机构时，应注意挡块 1 与摆钩 2 的钩接处应有 1°~3° 的斜度，并将摆钩和挡块对称布置在模具的两侧。

5. 滚轮-摆钩式定距分型拉紧机构

图 12-7 所示为滚轮-摆钩式定距分型拉紧机构。图 12-7a 所示为模具处于合模状态时由摆钩 2 在弹簧 4 的作用下锁紧模具。开模时，由于摆钩 2 与动模板 1 处于钩锁状态，因此定模板 3 与定模座板 5 首先分型，即分型面 A 打开。

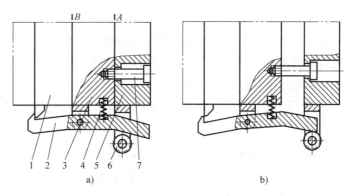

图 12-7　滚轮-摆钩式定距分型拉紧机构
a) 合模状态　b) 开模状态
1—动模板　2—摆钩　3—定模板　4—弹簧
5—定模座板　6—滚轮　7—限位螺钉

A 打开。当开模至滚轮 6 拨动摆钩 2 脱离动模板 1 后，如图 12-7b 所示，继续开模时，由于限位螺钉 7 限制了定模板 3 的运动，模具沿分型面 B 分型。

6. 胶套摩擦式定距分型拉紧机构

如图 12-8 所示，胶套摩擦式定距分型拉紧机构主要由胶套 3、调节螺钉 4 和定距拉杆 2 等零件组成。如图 12-8a 所示，胶套 3 由调节螺钉 4 固定在动模板 1 上，调节螺钉 4 的锥面与胶套 3 的锥孔配合，拧紧调节螺钉 4 可使胶套 3 的直径涨大，胶套与模板孔的摩擦力随之增大；反之，摩擦力会减小。模具闭合时，胶套 3 被完全压入定模板 5 的孔内。模具开模时，由于胶套与内孔摩擦力的作用，分型面 B 被拉紧，分型面 A 首先被打开，即定模座板 6 与定模板 5 脱开，主流道凝料被拉出，如图 12-8b 所示。当定距拉杆 2 的头部与定模板 5 接触后，定模板 5 停止移动，胶套 3 从孔中脱出，模具沿分型面 B 分型，即可取出塑件，如图 12-8c 所示。

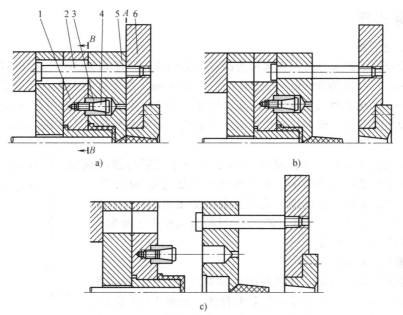

开闭器
定距分型

图 12-8　胶套摩擦式定距分型拉紧机构
a) 合模状态　b) 分型面 A 打开　c) 分型面 B 打开
1—动模板　2—定距拉杆　3—胶套　4—调节螺钉　5—定模板　6—定模座板

由胶套和调节螺钉等零件组成的胶套摩擦式定距分型拉紧机构，也可简称为开闭器，已成为标准系列化产品，实物如图12-9b所示，这类配件由专门的标准件生产企业生产，用户采购后直接安装于模具内即可，如图12-9a所示。

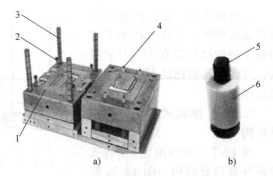

图 12-9　开闭器的结构与安装

a) 开闭器在模具上的安装　b) 开闭器实物
1—开闭器配合孔　2—定距拉杆　3—导柱
4—开闭器　5—调节螺钉　6—胶套

12.2.3　三板式模具拉杆行程的计算

如图12-10所示，三板式模具拉杆行程应按以下规则进行计算：

水口拉杆行程 L_1 = 水口总长 + 10mm

大拉杆行程 L = 水口拉杆行程 L_1 + 10mm

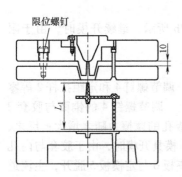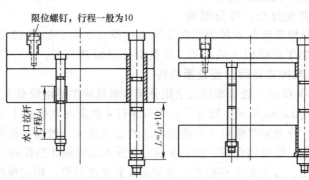

图 12-10　三板式模具拉杆行程

12.3　任务实施

1. 水杯工艺分析

（1）结构及技术要求分析　该水杯为圆柱形的壳体，壁厚均为2mm，脱模斜度为2°，内圆尺寸为ϕ69mm，深度为98mm，外凸缘尺寸为ϕ80mm，总高度为102mm；杯底支撑圆环外径尺寸为ϕ64mm，未注圆角为R1mm，未注尺寸公差精度为MT5，生产批量为50万件。

（2）表面质量分析　该水杯表面光滑，无划痕，表面粗糙度可取Ra0.8μm，以达到外形美观、使用方便的目的。

（3）成型工艺性分析　水杯材料为PP，适用于注射与挤出成型，根据其结构及尺寸要求，采用注射成型便可达到要求。由于水杯生产批量为50万件，属于大批量生产，采用注射成型工艺可实现自动化生产，提高生产率。因此，水杯采用注射成型工艺。PP材料的成型工艺参数在任务3已有表述，不再赘述。

2. 水杯模具结构设计

（1）分型面位置的确定　通过对塑件结构进行分析，分型面选在水杯端面截面积最大处的杯口处最为合适，如图12-11所示，其好处是利于水杯脱模，便于排气，有利于成型零件的加工，可保证水杯的表面质量。

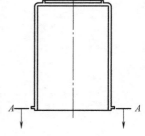

图 12-11　水杯分型面

（2）型腔数量和排位方式的确定　该水杯精度要求不高，尺寸不大，生产批量大，为保证生产率，成型模具可采用一模多腔的结构形式。同时，考虑到水杯与模具结构的尺寸关系以及制造费用和各种成本费用等因素，初步确定为一模两腔的结构形式，采用对称平衡式排列，以利于保证水杯成型质量，如图 12-12 所示。

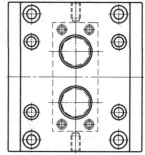

图 12-12　型腔排位方式

（3）初选注射机设备　根据最大注射量初选注射机。聚丙烯（PP）的密度 ρ 为 0.91g/cm^3，根据水杯形状及聚丙烯的密度估算出一个水杯的质量 M_S 为 43.03g。

浇注系统凝料可以根据经验按照塑件体积的 $0.2 \sim 1$ 倍来估算。根据水杯的尺寸，选择按照塑件体积的 0.8 倍进行估算，则凝料的质量 M_N 为 34.42g。

一模两腔的水杯塑件成型时，一次所需的注射量为 $2 \times (43.03 + 34.42)\text{g} = 154.9\text{g}$。根据注射机选择要求可知，塑料注射成型一次所需的注射量应该在注射机最大额定注射量的 80% 以内，则选择的注射机注射量应大于 193.63g（$154.9/0.8 \approx 193.63\text{g}$），再考虑到拉杆空间等因素，根据附表 2，初选额定注射量为 500g 的 XS-ZY-500 卧式注射机。

水杯成型模具与 XS-ZY-500 注射机的相关参数校核，可以参考任务 4 和任务 9，这里不再赘述。

（4）模具总体结构的设计

1）根据水杯形状和材料性能，将浇口设置在水杯底部中间的位置比较合适，采用点浇口进料，可使充模顺利，利于保证质量。

2）水杯为深腔壳体类产品，脱模斜度为 2°，考虑到塑件脱模时应不变形，不损坏，采用推件板推出机构，推出力均匀，在水杯表面不会留下推出痕迹，表面质量较好。为了便于模具零件的装配，这里采用的推件板不是模架已有的结构，而是单独加工的与型腔尺寸一致的推件板。

3）水杯要求大批量生产，考虑到模具维修或更换的便利性，将成型零件设计成组合式结构，以节省模具钢，降低成本。将凹模外形设计成整体嵌入式的结构，并用螺钉紧固在定模板上。将型芯设计成台阶式的圆形整体嵌入式结构，并采用支承板支撑；为了防止型芯转动，将台阶部分圆形外表面切削成平面。

4）综合考虑模具的浇口类型、成型零件结构、推出机构等要素，选择 DB 型模架，模板宽度和长度尺寸分别为 250mm 和 400mm。由于水杯高 102mm，根据任务 9，取定模（A）板的高度尺寸为 160mm，查附表 5，可知定模板的高度尺寸最大只有 120mm，无法满足要求，需要单独进行加工。根据附表 5 可选动模（B）板的高度 $B = 35\text{mm}$，垫块高度 $C = 90\text{mm}$。此水杯塑件的模架为 DB 2540-160×35×90 GB/T 12555—2006。另外，支承板的厚度不足以承受成型压力，因此可在推出空间增加支承柱，以提高其强度和刚度。

5）为了缩短成型周期，提高生产率，保证水杯的成型质量，在凹模开设循环式冷却水道，型芯可以采用斜向交叉的冷却装置。

（5）定距分型拉紧机构的设计　为了取出浇注系统凝料，需要先将定模打开，然后再进行动、定模分型，因此需要用到定距分型拉紧机构。考虑到制造成本及加工的方便性，选用弹簧和开闭器作为定模分型的动力源，定距螺钉作为定模板的限制零件。该模具的定距分型拉紧机构的具体结构如图 12-13 所示。

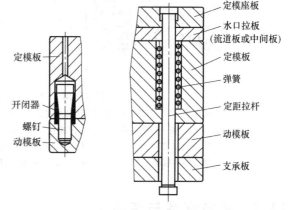

图 12-13　定距分型拉紧机构设计

根据模架尺寸可知，定模座板和水口拉板（流道板或中间板）厚度分别为 35mm 和 15mm，则点浇口浇注系统凝料的高度为 108mm（160mm−102mm+35mm+15mm=108mm）。定距拉杆行程=浇注系统凝料总高度+10mm=118mm。

3. 水杯模具装配图绘制

根据上述设计结果，绘制出水杯的成型模具装配图，如图 12-14 所示。

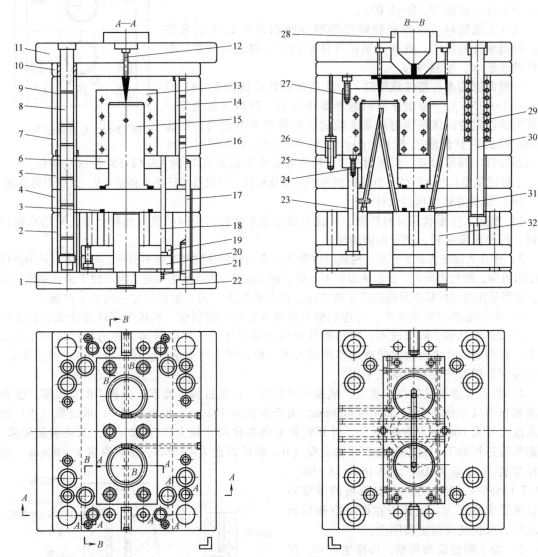

图 12-14　水杯成型模具总装示意图

1—动模座板　2—垫块　3—密封圈　4—支承板　5—动模板　6—推件板　7—定模板　8—拉杆导柱
9—拉杆导套　10—浇道推板　11—定模座板　12—拉料杆　13—凹模　14—导套　15—型芯　16—导柱
17、22、24、25、27—螺钉　18—复位杆　19—推杆固定板　20—推板　21—限位钉　23—连接推杆
26—塑料胶套　28—主流道衬套　29—弹簧　30—定距拉杆　31—水管堵头　32—支撑柱

12.4　任务训练与考核

1. 任务训练

如图 12-15 所示，铅芯盒盖要求表面光滑，塑件未注尺寸公差的精度为 MT4，大批量生

产。请针对此塑件进行其成型模具总体结构设计。要求采用点浇口浇注系统结构，并设计定距分型拉紧机构，以便取出浇注系统凝料。

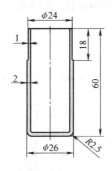

技术要求

1. 大批量生产。
2. 未注圆角为 $R1$。
3. 未注尺寸公差精度为MT4。
4. 脱模斜度为2°。
5. 表面光滑，无划痕。
6. 材料为PP。

图 12-15　铅芯盒盖

2. 任务考核（表 12-1）

表 12-1　定距分型拉紧机构设计任务考核卡

任务考核	考核内容	参考分值	考核结果	考核人
素质目标考核	遵守规则	5		
	课堂互动	10		
	团队合作	5		
知识目标考核	定距分型拉紧机构概念	5		
	定距分型拉紧机构类型	20		
	拉杆行程计算	5		
能力目标考核	模具总体结构设计	20		
	定距分型拉紧机构设计	20		
	拉杆行程计算	10		
小　　计				

12.5　思考与练习

1. 什么是定距分型拉紧机构？
2. 常用的定距分型拉紧机构有哪些？
3. 如何计算拉杆行程？

任务 13　侧向分型与抽芯机构设计

13.1　任务导入

注射机上只有一个开模方向，因此注射模也只有一个开模方向。但因为很多塑料制品侧壁带有通孔、凹槽或凸台（图13-1），其模具需要有多个抽芯方向，这些侧向抽芯必须在制品脱模之前完成。这种在制品脱模之前先完成侧向抽芯，使制品能够安全脱模，在制品脱模之后又能安全复位的机构称为侧向分型与抽芯机构。

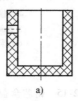

a)　　　　　　　　b)　　　　　　　　c)

图 13-1　有侧孔、侧凹、侧凸的塑件

侧向分型与抽芯机构，简单地讲就是与动、定模开模方向不一致的开模机构。其基本原理是将模具开合的垂直运动转变为侧向运动，从而在制品被推出之前，将制品侧向凹凸结构中的模具成型零件脱离制品，使制品能够顺利脱模。

侧向分型与抽芯机构使模具结构变得复杂，增加了模具的制作成本。一般来说，模具每增加一个侧向抽芯机构，其成本大约增加30%。同时，有侧向抽芯机构的模具在生产过程中发生故障的概率也越高。因此，在设计塑料制品时应尽量避免侧向凹凸结构。

本任务针对图13-2所示的塑料盒盖，进行模具总体结构设计，并进行侧向分型与抽芯机构的设计。通过本任务的学习，掌握侧向抽芯机构的相关知识，具备合理设计侧向抽芯机构

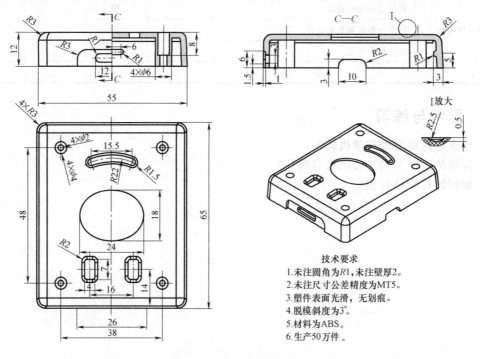

技术要求
1. 未注圆角为R1，未注壁厚2。
2. 未注尺寸公差精度为MT5。
3. 塑件表面光滑，无划痕。
4. 脱模斜度为3°。
5. 材料为ABS。
6. 生产50万件。

图 13-2　塑料盒盖

注射模的能力。

13.2　相关知识

13.2.1　侧向分型与抽芯机构的分类

由于制品结构的复杂性，其侧向凹凸结构也千变万化，有外侧凹凸结构，也有内侧凹凸结构，从而导致模具侧向分型与抽芯机构的复杂多变，其分类方法如下。

模具侧向分型与抽芯机构根据动力来源的不同，可分为机动抽芯，液压或气动抽芯和手动抽芯。

（1）机动抽芯　机动抽芯是指在开模时，依靠注射模的开模动作，通过抽芯机构带动，将侧型芯抽出。这类机构结构比较复杂，具有较大的抽芯力和较长的抽芯距，脱模力大，劳动强度小，且动作可靠，操作简单，生产率高，在生产中被广泛采用。根据传动零件的不同，机动抽芯有斜导柱抽芯、斜滑块抽芯、弯销抽芯、斜槽导板抽芯、楔块抽芯和齿轮齿条抽芯等形式。

（2）液压或气动抽芯　液压或气动抽芯机构主要是利用液压传动或气压传动机构，实现侧向分型和抽芯运动。这类机构的特点是抽芯力大，抽芯距长，侧型芯或侧型腔的移动不受开模时间或推出时间的限制，抽芯动作比较平稳，但成本较高，多用于大型注射模，例如四通管接头模具等。

（3）手动抽芯　手动抽芯是将侧向凹凸结构的成型零件做成嵌件形式，脱模后，依靠人力抽芯或通过传递零件抽芯。这类机构的缺点是劳动强度大，而且受此限制，难以得到大的抽芯力。其优点是模具结构简单，制造方便，模具制造周期短，适用于塑料制品试制和小批量生产。因塑料制品自身特点的限制，在无法采用机动抽芯时，就必须采用手动抽芯。手动抽芯根据其传动机构又可分为螺纹机构抽芯、齿轮齿条抽芯、活动镶块抽芯等形式，但在实际生产中很少被采用。

13.2.2　抽芯力的计算

对于截面为圆形或矩形的型芯，其抽芯力是由于塑料收缩包紧型芯造成的，抽芯力可应用计算脱模力的公式进行计算。

对于典型的线轴型塑件，常采用两瓣瓣合式模具成型，其圆筒部分收缩会对滑块两端产生正压力，如图13-3所示，其抽芯力计算如下。

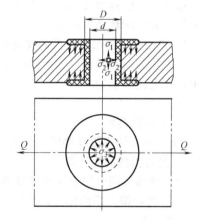

图 13-3　线轴型塑件受力图

由于塑件外部有滑块，内部有型芯，使其轴向和径向都不能自由收缩，因而存在内应力。从塑件的圆筒部分截取一微单元体，它处于三向应力状态，由于型芯对圆筒壁挤压力 σ_3 较 σ_1 和 σ_2 小得多，可视为两向应力状态处理。假设塑件各向收缩率均为 S ，圆筒壁内应力为

$$\sigma_1 = \sigma_2 = \frac{ES}{1-\mu} \tag{13-1}$$

式中　E——塑料弹性模量（MPa）；

　　　S——塑件平均收缩率，见表2-1；

　　　μ——塑料泊松比。

总轴向力为

$$F = \frac{\pi}{4}(D^2 - d^2)\frac{ES}{1-\mu} = \frac{\pi ES(D^2 - d^2)}{4(1-\mu)} \tag{13-2}$$

式中 D、d——塑件圆筒部分的外径和内径（mm）。

当滑块数量为 2 时，每个滑块两端由轴向力产生的摩擦阻力为

$$Q = \frac{2Ff}{2} = \frac{\pi ESf(D^2 - d^2)}{4(1-\mu)} \tag{13-3}$$

当滑块数量为 n 时，每个滑块的摩擦阻力为

$$Q = \frac{\pi ESf(D^2 - d^2)}{2n(1-\mu)} \tag{13-4}$$

式中 f——塑料对钢的摩擦系数。

塑料的 E、μ、f 值因塑料成分及比例的不同而不同，表 13-1 所列数值仅供参考。

表 13-1   常见塑料的 E、μ、f 值

塑料种类	E/MPa	μ	f
PA	$(1.07 \sim 8.3) \times 10^3$	$0.28 \sim 0.35$	$0.2 \sim 0.5$
PE	$(0.172 \sim 1.07) \times 10^3$	$0.41 \sim 0.439$	0.2
ABS	0.2×10^3	0.394	$0.21 \sim 0.35$
POM	2.6×10^3	0.386	$0.1 \sim 0.2$
PC	2.32×10^3	0.390	0.35
PTFE	$(1.14 \sim 1.42) \times 10^3$	—	0.04
PS	2.28×10^3	0.387	$0.4 \sim 0.5$
PP	$(0.896 \sim 2) \times 10^3$	0.41	—

13.2.3 抽芯距离的计算

抽芯距离也称抽拔距离，是指侧型芯从成型位置被抽至不妨碍塑件脱模的位置时，侧型芯沿抽拔方向所移动的距离。

1. 有侧孔、侧凹及侧凸的塑件的抽芯距计算

一般抽芯距比侧孔、侧凹的深度或侧向凸台的高度大 2~5mm（即安全距离），如图 13-4 所示，用公式表示为

$$s = h + (2 \sim 5)\ \text{mm} \tag{13-5}$$

式中 s——抽芯距；

h——塑件侧孔（侧凹）深度或侧向凸台高度。

2. 瓣合模抽芯距计算

对于圆形线圈骨架或带外螺纹的塑件，其抽芯距具体计算如下：

（1）两瓣瓣合模的抽芯距计算   两瓣瓣合模的抽芯距，可以根据图 13-5 所示的尺寸关系进行计算，即

$$s = s_1 + (2 \sim 5)\ \text{mm} = \sqrt{R^2 - r^2} + (2 \sim 5)\ \text{mm} \tag{13-6}$$

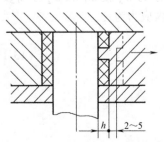
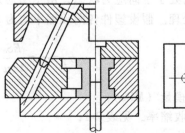
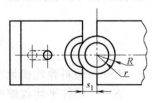

图 13-4 有侧孔塑件的抽芯距   图 13-5 两瓣瓣合模的抽芯距

（2）多瓣瓣合模的抽芯距计算 多瓣瓣合模的抽芯距，可以根据图 13-6 所示的尺寸关系进行计算，即

$$s=s_1+(2\sim5)\,\mathrm{mm}=\sqrt{R^2-A^2}-\sqrt{r^2-A^2}+(2\sim5)\,\mathrm{mm} \qquad (13\text{-}7)$$

3. 特殊情况的安全距离值

1）当侧向分型面积较大，侧向抽芯会影响制品取出时，最小安全距离应取大一些，取 5~10mm 甚至更大一些都可以。

2）当侧向抽芯需要侧型芯在内孔滑动（俗称隧道抽芯）时，如图 13-7 所示，安全距离取 1mm 也是可以的。

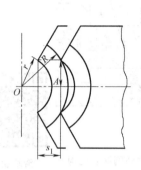

图 13-6 多瓣瓣合模的抽芯距

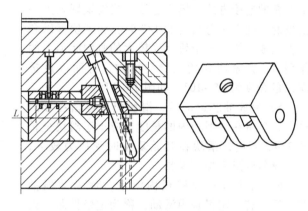

图 13-7 隧道抽芯

13.2.4 机动侧向分型与抽芯机构

1. 斜导柱（斜销）侧向分型与抽芯机构

图 13-8 所示为斜导柱侧向分型与抽芯机构，该机构具有结构简单，制造方便，安全可靠的特点，因而是一种最常用的结构形式。与模具开合方向成一定角度的斜导柱 3 固定在定模板 2 上，滑块 8 可以在动模板 7 的导滑槽内滑动，侧型芯 5 通过销钉 4 固定在滑块上。开模时，开模力通过斜导柱作用于滑块上，迫使滑块在动模板导滑槽内向左滑动，直至斜导柱全部脱离滑块，即完成抽芯动作，之后制品由推出机构中的推管 6 推离型芯。限位挡块 9、弹簧 10 及螺钉 11 组成滑块定位装置，使滑块保持在抽芯完成后的最终位置，以确保再次合模时，斜导柱能顺利地插入滑块的斜导柱孔，使滑块回到成型时的位置。在注射成型时，滑块受到型腔熔体压力的作用，有产生位移的可能，因此用

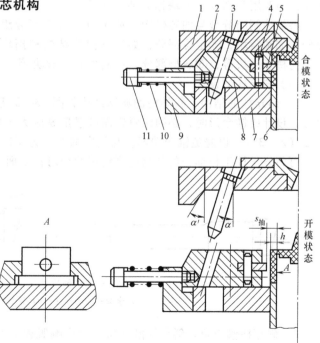

图 13-8 斜导柱侧向分型与抽芯机构

1—楔紧块 2—定模板 3—斜导柱 4—销钉 5—侧型芯
6—推管 7—动模板 8—滑块 9—限位挡块 10—弹簧 11—螺钉

楔紧块 1 来保证滑块在成型时的准确位置。

斜导柱侧向分型与抽芯机构的设计原则：

1）侧型芯的抽芯距比较小时，侧型芯应牢固装在滑块上，防止其在抽芯时松动滑脱。侧型芯与滑块的连接应有一定的强度和刚度，如果加工方便，侧型芯可以和滑块做成一体。

2）滑块在导滑槽中滑动要平稳，不应发生卡滞、跳动等现象。滑块与导滑槽的配合通常为 H7/f7。

3）滑块限位装置安装要可靠，保证滑块在斜导柱离开后不会任意滑动。

4）锁紧块要能承受注射时的胀型力，并选用可靠的连接方式与模板连接。当滑块埋入另一模板的厚度大于总高度的 1/2 时，锁紧块可以和模板做成一体。当滑块承受较大的侧向胀型力的作用时，锁紧块要插入导向槽内，背面（反铲面）的角度为 5°~10°，如图 13-9 所示。

5）完成抽芯运动后，滑块仍应停留在导滑槽内，且留在导滑槽内的长度不应小于滑块全长的 3/4，否则，滑块在开始复位时受扭力较大，容易倾斜变形而损坏模具。

6）滑块若在动模板内滑动，称为动模抽芯。滑块若在定模板内滑动，称为定模抽芯。设计模具时要尽量避免定模抽芯，因为这样会使模

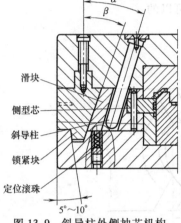

图 13-9　斜导柱外侧抽芯机构　　滑块机构

具结构更复杂。若因为塑料制品的结构特点必须将滑块设计在定模板内滑动时，定、动模板开模前必须先抽出侧型芯，此时必须设置定距分型装置。定模抽芯一般不用斜导柱作为动力零件，而改用弯销或 T 形块作为动力零件。

斜导柱侧向分型与抽芯机构一般由以下五个部分组成：①动力部分，如斜导柱；②锁紧部分，如锁紧块；③定位部分，如滚珠弹簧结构和挡块弹簧结构等；④导滑部分，如模板上的导向槽、压块等；⑤成型部分，如侧型芯、滑块等。

(1) 斜导柱的设计

1）斜导柱的结构。斜导柱的典型结构如图 13-10 所示，其工作端可以设计成半球形或锥台形。设计成锥台形时，必须注意锥面倾斜角 θ 应大于斜导柱倾斜角 α，一般二者的关系为：$\theta = \alpha + (2° \sim 3°)$，以避免锥台端部参与侧向抽芯。为了减少斜导柱与滑块上斜导柱孔之间的摩擦，可将斜导柱工作部分的外圆轮廓铣出两个对称平面，如图 13-10b 所示。

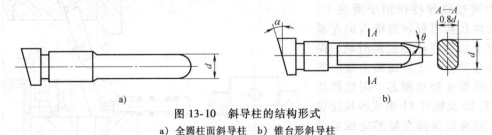

图 13-10　斜导柱的结构形式
a）全圆柱面斜导柱　b）锥台形斜导柱

2）斜导柱倾斜角。斜导柱倾斜角 α 会影响脱模力及抽芯距。α 越大，斜导柱所受弯曲力越大，塑件所需脱模力也越大。因此，倾斜角 α 小些为好，但是抽芯距一定时，倾斜角 α 越小，斜导柱越长。倾斜角 α 太小，斜导柱易磨损，甚至损坏；倾斜角 α 太大，斜导柱易弯曲变形，易卡死，导致无法抽芯。当抽芯距较大时，可适当增大 α 值以满足抽芯距的要求，这

时斜导柱的直径和固定部分的长度需相应增大，使其可承受较大的扭矩。在确定斜导柱的倾斜角度时，还要考虑滑块的高度，应使斜导柱开始拨动滑块时与滑块的接触长度大于滑块斜孔长度的3/4，让滑块的受力中心尽量靠近导滑槽，使滑动平稳可靠。

实际生产中，斜导柱倾斜角 α 的取值范围为 $15° \sim 20°$，通常采用 $18°$ 和 $20°$，最大不超过 $25°$。

滑块斜面的锁紧角度 β 应比斜导柱倾斜角 α 大 $2° \sim 3°$，其原因是：开模时，滑块和锁紧块先分开，之后斜导柱才能拨动滑块实现侧向抽芯；合模时，滑块由斜导柱复位，当 $\beta \le \alpha$ 时，锁紧块和滑块可能发生干涉，俗称"撞模"，而这是绝对不允许的。锁紧角度 β 与斜导柱倾斜角 α 的关系如图 13-11 所示。

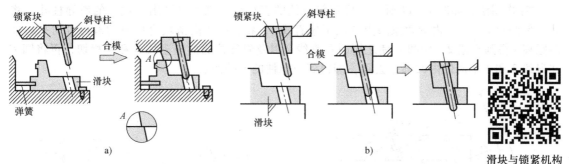

图 13-11　锁紧角度 β 与倾斜角 α 的关系

a) $\beta \le \alpha$　b) $\beta > \alpha$

滑块与锁紧机构

3）斜导柱的直径。斜导柱的直径取决于它所承受的最大弯曲力，斜导柱受力分析如图 13-12 所示。根据斜导柱承受的最大弯曲应力应小于其许用弯曲应力的原则，可以推导出斜导柱直径的计算公式为

$$d = \sqrt[3]{\frac{M_w}{0.1 [\sigma]_w}} = \sqrt[3]{\frac{F_w L_w}{0.1 [\sigma]_w}} \quad (13\text{-}8)$$

也可表示为 $d = \sqrt[3]{\dfrac{F_w H_w}{0.1 \cos\alpha [\sigma]_w}}$ （13-9）

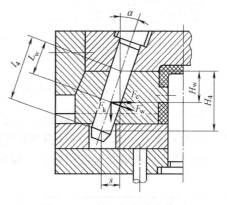

式中　d——斜导柱直径（mm）；

　　　F_w——斜导柱所受的弯曲力（N），$F_w = F_t / \cos\alpha$

　　　　　（F_t 为侧型芯的抽芯力）；

　　　L_w——斜导柱的弯曲力臂（mm）；

图 13-12　斜导柱的受力分析

　　　H_w——抽芯力作用线与斜导柱固定板的垂直距离（mm）；

　　$[\sigma]_w$——斜导柱材料的许用弯曲应力（MPa）；

　　　α——斜导柱倾斜角。

由于计算过程复杂，在实际设计中，往往通过查表或估算的方法确定斜导柱的直径。理论上要求滑块的宽度大于 60mm 时需要两根斜导柱，但在实际生产设计时，只有滑块宽度大于 100mm 时才考虑安装两根斜导柱。

4）斜导柱的长度 L。确定斜导柱长度有计算法和作图法两种方法，实际工作中，作图法较为常用。

① 计算法：如图 13-13 所示，斜导柱的长度由侧型芯的抽芯距 s、斜导柱的大端直径 D、倾斜角 α 以及固定板厚度 h 来确定。其计算式为

$$L = l_1 + l_2 + l_4 + l_5 = \frac{D}{2}\tan\alpha + \frac{h}{\cos\alpha} + \frac{s}{\sin\alpha} + (5 \sim 10)\,\text{mm} \qquad (13\text{-}10)$$

式中　l_1、l_2——斜导柱固定部分的长度，如图 13-13 所示；

　　　　l_4——斜导柱工作部分的长度，如图 13-13 所示；

　　　　l_5——斜导柱导向部分的长度，一般取 $5 \sim 10\text{mm}$；

　　　　D——斜导柱大端直径；

　　　　α——斜导柱倾斜角；

　　　　h——斜导柱固定板的厚度；

　　　　s——侧型芯抽芯距。

　　② 作图法：如图 13-14 所示，确定斜导柱的直径后，就可以画出滑块中的斜导柱孔，将孔口倒圆角 $R2\text{mm}$，由圆角象限点 A 向下做直线 1，将直线 1 向滑块合模时的滑行方向平移抽芯距离 s 得到直线 2，做圆 C 使之同时和直线 2 以及斜导柱的两条素线 3 和 4 相切，再将圆 C 在素线 3 和 4 中间的内凹部分去除，即得到斜导柱的下端面。

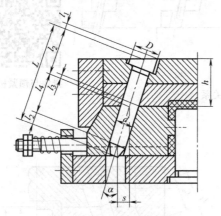

图 13-13　计算法确定斜导柱长度

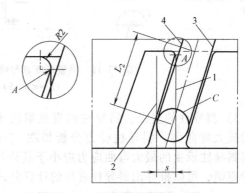

图 13-14　作图法确定斜导柱长度

　　当定、动模板的厚度及斜导柱的倾斜角度确定后，斜导柱固定部分的长度 L_1 就可以量出。因此只要求出 L_2，就可以得到斜导柱的总长度。

　　5) 斜导柱的装配及使用场合。斜导柱常用的固定方式有四种，见表 13-2。

表 13-2　斜导柱常用的固定方式

简图	说明	简图	说明
	固定方式的配合面较长，稳定性较好，适用于模板较薄，且定模座板与定模板为一体的场合，两板模较多采用		该固定方式的配合长度 $L \leqslant 1.5d$，稳定性较差且加工困难，适用于模板厚度较大的场合，两板模、三板模均可采用

（续）

简图	说明	简图	说明
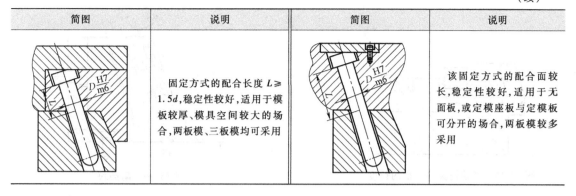	固定方式的配合长度 $L \geq 1.5d$，稳定性较好，适用于模板较厚、模具空间较大的场合，两板模、三板模均可采用		该固定方式的配合面较长，稳定性较好，适用于无面板，或定模座板与定模板可分开的场合，两板模较多采用

（2）滑块的设计

1）滑块的导滑形式。滑块在导滑槽中的滑动必须顺利、平稳，才能保证滑块在生产过程中不发生卡滞或跳动现象，否则会影响塑件质量和模具寿命等。滑块常用的导滑形式见表13-3，滑动配合采用 H7/f7。

表 13-3　滑块常用的导滑形式

简图	说明	简图	说明
	采用整体式，加工困难，一般在模具尺寸较小的场合		采用压板和中央导轨形式，一般用在滑块较长和模温较高的场合
	采用矩形压板形式，加工简单，强度较高，应用广泛		采用T形槽结构，装在滑块内部，一般用于空间较小的场合，如内抽芯场合
	采用"7"字形压板，加工简单，强度较高，一般加销定位		采用镶嵌式的T形槽结构，稳定性较好，但加工困难

2）滑块的尺寸及滑行距离。滑块的宽度不宜小于 30mm，滑块的长度不宜小于滑块的高度，以保证滑块滑动稳定顺畅，如图 13-15 所示，滑块滑离导滑槽的长度应不大于滑块长度的 1/4，即 $L_1 \leq L/4$。较大较高的滑块在塑件脱模后必须全部留在滑槽内，以保证复位安全可靠。

3）滑块斜面上的耐磨块。如图 13-16 所示，滑块上安装耐磨块是为了减少滑块磨损并在其磨损之后便于更换。当滑块宽度达到 50mm 及以上时，滑块的底面、斜面和斜顶面等摩擦面应尽量使用耐磨块，耐磨块在安装时要高于滑块斜面 0.5mm。滑块与耐磨块的安装参数见表 13-4。

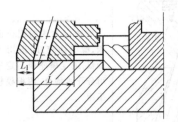

图 13-15　滑块滑离导滑槽的长度

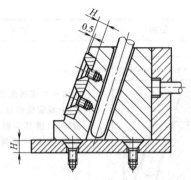

图 13-16　耐磨块

表 13-4　滑块与耐磨块的安装参数

滑块宽度/mm	耐磨块数量	耐磨块厚度/mm	耐磨块紧固用螺钉规格
≥50~100	1	8	杯头螺钉 M5
≥100~200	2	8	杯头螺钉 M5
≥200	3	12	杯头螺钉 M6

耐磨块常用的材料有 CrWMn（淬火至 54~56HRC），P20（表面渗氮）及 2510（不变形耐磨油钢，淬火至 52~56HRC）。

4）滑块的冷却。相对比较大的滑块，其内部要尽量设计冷却系统，因为滑块与模板的配合是间隙配合，而间隙内的空气是热的不良导体，会使成型时的热量无法顺利地传出模具。因此，在尺寸允许的情况下，滑块内部应尽量设计冷却系统。冷却水的出、入口应尽量靠近滑块的底面（与底面间的距离大于 15mm），锁紧块上要做避空位，防止水管接头被切断。滑块的冷却系统如图 13-17 所示。

5）滑块的定位。开模过程中，滑块在斜导柱的带动下要运动一定距离，当斜导柱离开滑块后，滑块必须停留在刚刚终止运动的位置，不能移动，以保证合模时斜导柱的伸出端可靠地进入滑块的斜导柱孔，使滑块在斜导柱或锁紧块的作用下能够安全回位。为此，滑块必须安装定位装置，且定位装置必须稳定可靠。

滑块的定位方式主要有滚珠与弹簧结构和挡块与弹簧结构两大类，其中挡块与弹簧结构可演变出很多结构，见表 13-5。

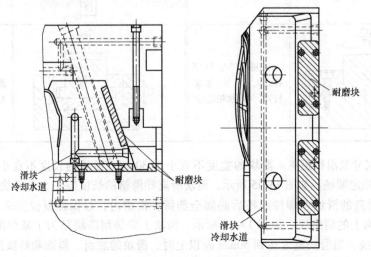

耐磨块

耐磨块

滑块
冷却水道

滑块
冷却水道

图 13-17　滑块的冷却系统

表 13-5　滑块的定位方式

简图	说明	简图	说明
	采用弹簧与钢球定位,一般用于滑块尺寸较小或抽芯距较长的场合,多用于两侧抽芯的场合	1—限位钉　2—弹簧　3—滑块	采用弹簧与螺钉定位,弹簧的弹力为滑块重量的1.5~2倍,常用于向下抽芯和侧向抽芯的场合
	采用弹簧与螺钉和挡板定位,弹簧的弹力为滑块重量的1.5~2倍,适用于向上抽芯的场合		采用 DME 侧向抽芯夹定位,只适用于侧向抽芯和向下抽芯的场合
	采用弹簧与挡板定位,弹簧的弹力为滑块重量的1.5~2倍,适用于滑块尺寸较大,向下抽芯和侧向抽芯的场合		SUPERIOR 标准的侧向抽芯锁只适用于侧向抽芯和向下抽芯的场合;
	采用弹簧与螺钉定位,弹簧的弹力为滑块重量的1.5~2倍,适用于向下抽芯和侧向抽芯的场合		SLK-8A 型适用于3.6kg(81b)以下的滑块;SLK-25K 型适用于11kg(251b)以下的滑块

6) 滑块的滑动方向。滑块的滑动方向取决于塑件的结构和塑件在模具中的摆放位置。由于塑件的结构不同,滑块的滑动方向也有所差别,如图13-18所示,为方便讨论,将滑块滑动方向划分为四个主要方向:朝上(又称朝天行),朝下(又称朝地行),朝左(朝向操作者),朝右(背向操作者)。从滑块定位的角度看,抽芯方向应优先选侧向抽芯(其中背向操作者滑行是最好的选择),其次是向下抽芯,不得已时滑块才向上抽芯。其原因是:①滑块向上滑行时,必须靠弹簧定位,但弹簧很容易疲劳失效,一旦弹簧失效,滑块会在斜导柱离开后因重力作用而向下滑动,导致合模时斜导柱碰撞滑块,因此向上滑行是最差的选择。②模具维修时,向下滑行的滑块拆装困难,且操作人员会处在比较危险的位置。另外,当塑件、塑料料粒,或垃圾不慎卡在滑块的导滑槽上时,很容易

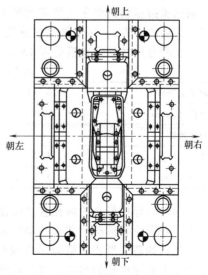

图 13-18　滑块的滑动方向

塑料成型工艺与模具设计

发生损坏模具的事故。因此向下滑行也应尽量避免。③滑块滑动方向选择背向操作者的一侧时，不会影响取出塑件或喷射脱模剂等操作。

需要注意的是，以上原则适用于一般情形，当抽芯距离大于60mm，需要采用液压抽芯时，滑块向上滑行则为最佳选择，其原因是模具安装方便。

7) 滑块和侧型芯镶件的连接方式。滑块有整体式与组合式两种类型，采用组合式滑块时，需要将侧型芯紧固在滑块上。滑块与侧型芯的连接方式见表13-6。

表13-6　滑块与侧型芯的连接方式

简图	说明	简图	说明
	滑块采用整体式结构，一般用于型芯尺寸较大、强度较好的场合		二者采用螺钉紧固，一般用于圆形型芯且型芯尺寸较小的场合
	二者采用螺钉紧固，一般用于型芯为方形结构且型芯尺寸不大的场合		二者采用压板固定，一般用于多型芯的场合

8) 滑块的配合尺寸。如图13-19所示，滑块高度为 H，导向肩部宽度为 D，导向肩部高度为 C。滑块镶入动模板的深度 B 一般不应小于25mm，滑块尺寸特别小时可取20mm。当并排有两个滑块抽芯时，滑块之间应有不小于20mm钢料，以防止工作时模板变形。特殊情况下，滑块的导向深度 $B<20mm$ 时，可以采用镶拼压块，将压块加高到所需高度 A。压块的固定高度 $B \geqslant H/3$，压块的镶拼高度 $A \geqslant 2H/3$。

滑块配合尺寸的经验值见表13-7。

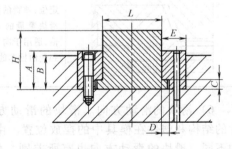

图13-19　滑块的配合尺寸

表13-7　滑块配合尺寸的经验值

滑块宽度/mm	20~30	30~50	50~100	100~150	>150
斜导柱直径/mm	6~10	10~13	13~16	13~16	16~25
斜导柱数量	1	1	1	2	2
滑块肩宽/mm	3~5	5~7	7~8	8~10	10~15
滑块肩高/mm	5~8	8~10	8~12	10~15	15~20

滑块与斜导柱配合的斜孔直径应比斜导柱直径大1~1.5mm，在开模的瞬间有一个很小的空行程，在滑块和活动型芯未抽动前强制塑料制品脱出凹模或凸模，并使锁紧块先脱离滑块，然后再进行抽芯。滑块的结构形式视模具结构和侧向抽芯力的大小确定。若滑块太高，则应降低滑块上斜导柱孔的起点，以保证滑块复位顺畅，如图13-20所示。

（3）压块的设计 压块的作用是压住滑块的肩部，使滑块在给定的轨道内滑动。压块常常和模板做成一体，但下列情况中压块必须做成镶件：①产品批量大，模具寿命要求长，滑块导向肩部要求磨损后更换方便；②制品精度要求高，压块须用耐磨材料制作；③滑块尺寸较大，易磨损，压块须用耐磨材料制作；④当必须向模具中心抽芯时，内侧滑块压块须做成镶件，以便于安装滑块。

压块常用的材料是模具钢 AISI01 或 DIN1-2510，硬度为 54~56HRC（油淬，二次回火）。压块的固定通常采用两个螺钉加两个销钉的形式，如图 13-21 所示，各尺寸的经验值见表 13-8。

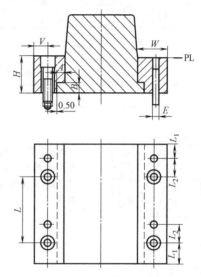

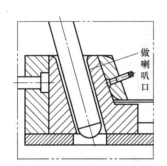

图 13-20　降低斜导柱孔起点

图 13-21　压块的固定

表 13-8　压块的尺寸经验值　（单位：mm）

H	A	B	W	V	L	L₁	L₂	E	螺钉
18、20、22	5	6	20	9	<80	15	12	6	M8
25、30、35	6	8	22.5	10					
40、45、50	8	10	25	10	<100	18	15	8	M10

（4）锁紧块的设计 锁紧块又称楔紧块。在成型过程中，侧型芯会受到塑料熔体的推力作用，该推力通过滑块传给斜导柱，而一般的斜导柱为细长杆件，受力后容易变形而导致滑块后移，因此在抽芯机构中必须设置锁紧块，以承受来自侧型芯的推力，同时在合模后锁紧滑块。

如图 13-22 所示，为了保证锁紧块的斜面能在合模时压紧滑块，而在开模时又能迅速脱离滑块，锁紧块的倾斜角 β 应等于滑块斜面倾斜角度，且比斜导柱倾斜角 α 大 2°~3°（当滑块很高时可只大 1°）。

锁紧块的固定位置通常有以下三种情况：①动模外侧抽芯时，锁紧块固定在定模板上；②动模内侧抽芯时，锁紧块固定在动模支承板上或定模板上；③定模内、外侧抽芯时，锁紧块固定在定模座板上。

锁紧块装配的宽度为 16~30mm，一般取锁紧块厚度的一半左右，装配深度小于或等于装配宽度。当滑块较高，装入定模板的深度大于或等于滑块高度的 2/3 时，可以用定模板自身做锁紧块，如图 13-23 所示。常见的锁紧块装配方式见表 13-9。

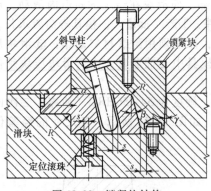

图 13-22　锁紧块结构

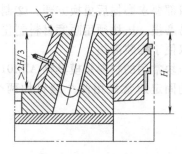

图 13-23　定模板自身做锁紧块

表 13-9　锁紧块的装配方式

简图	说明	简图	说明
	镶拼式锁紧形式,通常可用标准件,结构强度好,适用于锁紧力较大的场合		嵌入式锁紧形式,适用于较宽的滑块
	整体式锁紧形式,结构刚度好,但加工困难,脱模距离小,适用于小型模具		嵌入式锁紧形式,适用于较宽的滑块
	拨动兼止动的锁紧形式,稳定性较差,一般用于空间较小的场合		镶拼式锁紧的形式,刚度较好,一般用于空间较大的场合

（5）斜导柱内侧抽芯机构　斜导柱内侧抽芯机构主要用于成型塑件内壁侧凹或凸起,开模时滑块向塑件"中心"方向运动,其基本结构如图 13-24 所示。开模时,内抽滑块（侧型芯）1 在斜导柱 2 的作用下向中心方向移动,完成对塑件内壁侧凹的分型;斜导柱 2 与内抽滑块 1 脱离后,内抽滑块 1 在弹簧 3 的作用下定位。因此必须在内抽滑块 1 上加工斜孔,且内侧抽芯模具的宽度一般较大。

（6）侧向抽芯过程中的干涉现象及对策　对于斜导柱在定模、滑块在动模的结构形式,若塑件采用推杆或推管推出,复位时应注意滑块与推出元件的干涉现象,即推出元件尚未复位到必要位置,滑块已在斜导柱驱动下过早复位,导致滑块与推出元件发生撞击,如图 13-25b所示。

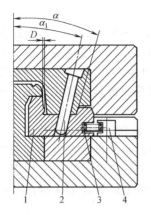

图 13-24　斜导柱内侧抽芯机构

1—内抽滑块　2—斜导柱　3—弹簧　4—挡块

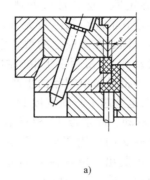 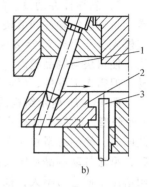

a)　　　　　　　　　　b)

图 13-25　滑块与推杆的干涉现象

a) 合模状态　b) 滑块与推杆干涉

1—斜导柱　2—滑块　3—推杆

为了避免这种干涉现象的产生，应尽可能将推出元件安排在与侧型芯（或滑块）不会发生干涉的位置，即两者在主分型面上的投影应避免重合。但有时由于模具结构复杂、空间位置有限，两者的投影难以完全避免重合，在这种情况下，就必须设法避免干涉现象。

如图 13-26 所示，滑块与推杆不发生干涉的条件是

$$h' \tan\alpha \geqslant s' \tag{13-11}$$

式中　h'——推杆（或推管）断面至活动型芯的最短垂直距离；

　　　s'——活动型芯与推杆（或推管）在水平方向上的重合距离。

在实际设计中，$h' \tan\alpha$ 往往比 s' 大 0.5mm 以上。

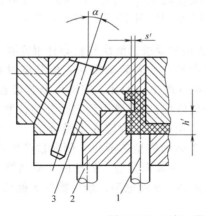 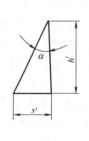

图 13-26　h' 与 s' 的关系

1—推杆　2—复位杆　3—滑块

因此，如果设计时难以完全避免推出元件与侧型芯的投影重合，只要相关尺寸满足公式（13-11）的条件，则可以避免干涉；反之，则必定产生干涉，在这种情况下，应通过设置先复位机构使推出元件先行复位，以避免干涉现象的发生。

（7）斜导柱与滑块的结构形式　根据斜导柱与滑块在动、定模位置的不同，二者的结构形式有以下四种：

1）斜导柱在定模、滑块在动模。这种结构在采用斜导柱侧向分型与抽芯机构的模具中应用最广泛，图 13-8 所示机构即属于这种形式。在设计侧向抽芯的模具时，应首先考虑采用这

种形式，但要避免滑块与推杆在复位时产生干涉现象。

2）斜导柱在动模、滑块在定模。这种形式的典型结构如图 13-27a 所示，其特点是没有推出机构。斜导柱和滑块斜导柱孔的配合间隙较大（$Z = 1.6 \sim 3.5\text{mm}$），使得抽芯前，动模和定模先分开距离 l（$l = Z/\sin\alpha$），固定在动模上的型芯也从制品中抽出 l，然后靠斜导柱推动滑块，使滑块与制品脱离（抽芯动作），最后手工取出制品。这种形式的模具结构简单，加工容易，但需人工取件，仅适用于小批量简单制品的生产。

图 13-27b 所示结构的特点是型芯 1 与固定板 11 有一定距离的相对运动。开模时，首先在 A 面分型，型芯 1 被制品包紧不动，固定板 11 相对型芯 1 移动，制品仍留在定模型腔内。与此同时，侧型芯滑块 4 在斜导柱 2 的作用下从制品中抽出。继续开模，型芯台肩与固定板相碰，型芯带动制品从定模型腔中脱出，模具在 B 面分型。最后由推件板将制品推出。这种结构适用于抽芯力不大，抽芯距较小的制品的成型。

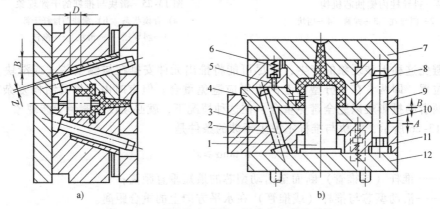

图 13-27　斜导柱在动模、滑块在定模的结构
1—型芯　2—斜导柱　3—挡板　4—侧型芯滑块　5—螺钉　6—弹簧　7—定模座板
8—凹模　9—导柱　10—推件板　11—型芯固定板　12—动模座板

3）斜导柱与滑块同在定模。因制品结构的要求，滑块与斜导柱都需要设在定模部分，在这种情况下，滑块应带着侧型芯先从制品中抽出，若到动模和定模分型时再抽芯，会损坏制品的侧孔或凸台，或者使制品留在定模而难以取出。因此，在动模型芯带着制品脱离型腔前，型腔板与定模座板应先脱开（即定模部分先分型），需要用到定距分型拉紧机构。图 13-28 所示的结构采用弹压式定距分型拉紧机构，定距螺钉 4 固定在定模板上。合模时，弹簧 5 被压缩。弹簧压缩后的回复力要大于由斜导柱 2 驱动侧型芯滑块 1 侧向抽芯所需要的开模力（忽略摩擦力）。开模时，在弹簧 5 的作用下，先在 A 面分型，斜导柱 2 驱动侧型芯滑块 1 实现侧向抽芯，并由定距螺钉 4 限位。动模继续移动，B 面分型，最后推杆 8 推动推件板 7 将塑件从型芯 3 上脱出。

图 13-29 所示为摆钩式定距顺序分型的斜导柱侧向分型与抽芯机构。合模时，在弹簧 7 的作用下，由转轴 6 固定在定模板 10 上的摆钩 8 钩住固定在动模板（型芯固定板）11 上的挡块 12。开模时，由于摆钩 8 钩住挡块 12，模具在 A 面先分型，同时在斜导柱 2 的作用下，侧型芯滑块 1 开始侧向抽芯；侧抽芯结束后，固定在定模座板上的压块 9 的斜面迫使摆钩 8 做逆时针方向摆动而脱离挡块，在定距螺钉 5 的限制下 A 面分型结束。动模继续移动，B 面分型，塑件随型芯 3 保持在动模一侧，最后推件板 4 在推杆 13 的作用下使塑件脱模。

4）斜导柱与滑块同在动模。斜导柱与滑块同时安装在动模的结构，一般通过推件板推出机构来实现斜导柱与侧型芯滑块的相对运动。如图 13-30 所示，斜导柱 3 固定在动模板（型芯固定板）5 上，侧型芯滑块 2 安装在推件板 4 的导滑槽内，合模时，依靠设置在定模板上的

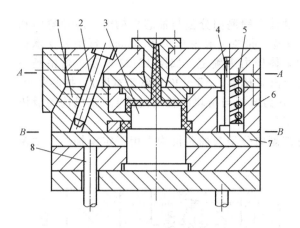

图 13-28　斜导柱与滑块同在定模的结构（一）
1—滑块　2—斜导柱　3—型芯　4—定距螺钉
5—弹簧　6—凹模　7—推件板　8—推杆

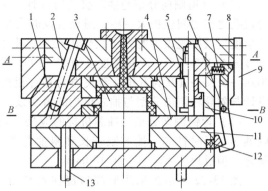

图 13-29　斜导柱与滑块同在定模的结构（二）
1—滑块　2—斜导柱　3—型芯　4—推件板
5—定距螺钉　6—转轴　7—弹簧　8—摆钩　9—压块
10—定模板　11—动模板（型芯固定板）
12—挡块　13—推杆

锁紧块1锁紧滑块2。开模时，侧型芯滑块2和斜导柱3一起随动模部分移动，同时，侧型芯滑块2在斜导柱3的作用下沿着推件板4的导滑槽向两侧滑动，进行侧向抽芯。当推出机构工作时，推杆6推动推件板4使塑件脱模。这种模具结构中的斜导柱与滑块不会脱离，因此不需要设置滑块定位装置。另外，这种利用推件板推出机构造成斜导柱与侧滑块相对运动的侧向抽芯机构，主要适用于抽芯距和抽芯力均不大的场合。

2. 弯销侧向分型与抽芯机构

（1）弯销侧向分型与抽芯机构的基本结构　弯销侧向分型与抽芯机构的原理和斜导柱侧向分型与抽芯机构的原理基本相同，只是在结构上用弯销代替了斜导柱。由于弯销既可以抽芯，又可以压紧滑块，因此不需要设置锁紧块。这种抽芯机构的特点是倾斜角度大，其抽芯距大于斜导柱机构的抽芯距，抽芯力也较大，必要时，弯销还可由不同斜度的几段组合而成，先以小斜度段获得较大的抽芯力，再以大斜度段获得较大的抽芯距，从而可以根据需要控制抽芯力和抽芯距。弯销的结构形式如图 13-31 所示，其中，图 13-31c 所示的结构可以安装在模外，可减小模具的尺寸和质量。但弯销的制造较斜导柱困难，且安装时应增设销钉，以便准确定位。

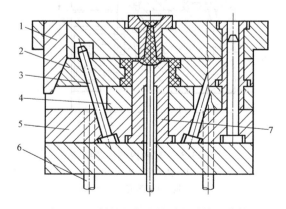

图 13-30　斜导柱与滑块同在动模的结构
1—锁紧块　2—滑块　3—斜导柱　4—推件板
5—动模板（型芯固定板）　6—推杆　7—型芯

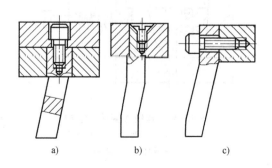

图 13-31　弯销的结构形式

（2）弯销侧向分型与抽芯机构的设计　在设计弯销侧向分型与抽芯机构时，应使弯销和滑块孔之间的间隙稍大一些，避免合模时发生碰撞，间隙一般为 $0.5 \sim 0.8\text{mm}$。弯销和支承板的强度应根据脱模力的大小或作用在型芯上的熔体压力来确定。如图 13-32 所示，弯销倾斜角度 α 为 $15° \sim 25°$，反锁角度 β 为 $5° \sim 10°$，配合长度 $H_1 \geqslant 1.5W$（W 为弯销宽度），抽芯距 $s = H\tan\alpha - \delta/\cos\alpha$（$H$ 为弯销在滑块内的垂直距离，δ 为弯销与滑块的径向间隙）。该机构的滑块设计与斜导柱侧向分型与抽芯机构的滑块设计相同。

（3）弯销侧向分型与抽芯机构的应用　弯销侧向分型与抽芯机构常用于定模抽芯、动模内抽芯、延时抽芯、抽芯距较长和斜抽芯等场合，但滑块宽度不宜大于 100mm。

图 13-32 所示为采用侧浇口浇注系统定模外侧抽芯模具结构图。合模时，弯销 1 压住滑块 6。开模时，模具先从 Ⅰ 面分型，弯销 1 拨动滑块 6，滑块 6 在定模板 2 内滑动；侧向抽芯完成后，模具再从 Ⅱ 面分型，最后推出制品。该机构需要采用定距分型拉紧机构。

图 13-33 所示制品的侧向分型部分有一处加强筋，如果上、下同时抽芯，容易将其拉断，因此需要采用弯销延时抽芯。开模时，滑块 1 在斜导柱 4 的拨动下先行抽芯，由于弯销有一段直身位此时滑块 3 保持不动，从而实现延时抽芯。

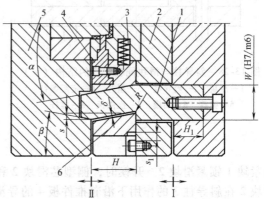

图 13-32　弯销侧向分型与抽芯机构
1—弯销　2—定模板　3—弹簧
4—定模侧型芯　5—动模板　6—定模滑块

图 13-34 所示为弯销内侧抽芯模具的结构图。开模时，侧型芯 1 在弯销 3 的作用下向制品中心方向移动，完成对制品内壁侧凹的分型；弯销 3 与侧型芯 1 脱离后，侧型芯 1 在弹簧 4 的作用下定位。因为要在侧型芯 1 上加工斜孔，所以内侧抽芯模具的宽度较大。A 处的钢材厚度应大于 5mm，压块 2 的厚度 H 应大于 8mm。

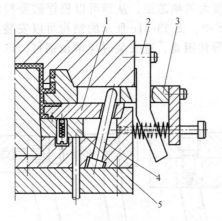

图 13-33　弯销外侧抽芯结构
1—滑块 1　2—弯销　3—滑块 2
4—斜导柱　5—推件板

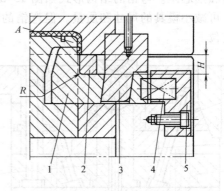

图 13-34　弯销内侧抽芯结构
1—侧型芯　2—压块
3—弯销　4—弹簧　5—挡块

3. 斜滑槽侧向分型与抽芯机构

斜滑槽侧向分型与抽芯机构可以看作是弯销侧向分型与抽芯机构的演变形式。装在模具外侧的弯折导板上加工有弯折状斜滑槽，滑块上装有销钉。开模时，销钉沿导板上的斜滑槽移动，将滑块抽出。

图 13-35 所示为斜滑槽侧向分型与抽芯机构的典型结构。开模时，圆柱销 8 沿斜滑槽移动，带动滑块 6 完成抽芯动作。合模时，锁紧销 7 锁紧滑块并定位。

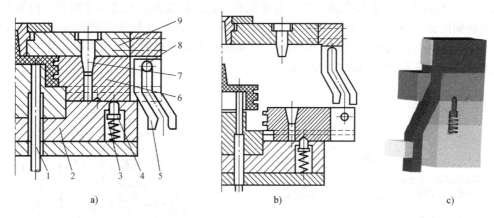

图 13-35　斜滑槽侧向分型与抽芯机构
a）合模状态　b）开模状态　c）立体模型
1—推杆　2—动模板　3—弹簧　4—销钉　5—斜滑槽板　6—滑块　7—锁紧销　8—圆柱销　9—定模座板

斜滑槽的结构形式如图 13-36 所示。图 13-36a 所示为单一段斜滑槽结构，开模时即开始侧向抽芯，其斜滑槽倾斜角 α 应小于 25°。图 13-36b 所示为两段斜滑槽组合结构，开模后，圆柱销先在直槽内运动，因此有一段延时抽芯动作，直至圆柱销进入斜滑槽部分，侧向抽芯动作才开始。图 13-36c 所示为两段不同倾斜角度的斜滑槽组合结构，开模时先在倾斜角（α_1）较小的斜滑槽内侧向抽芯，然后进入倾斜角（α_2）较大的斜滑槽内侧向抽芯，该结构适用于抽芯距较大的场合。由于起始抽芯力较大，第一段的倾斜角 α_1 一般为 12°~15°，第二段的抽芯力比较小，其倾斜角 α_2 可适当增大，但应小于 40°。

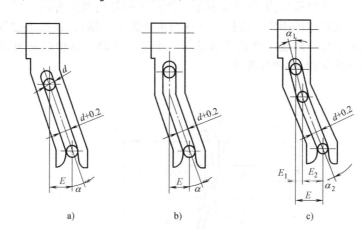

图 13-36　斜滑槽结构形式

4. T 形块侧向分型与抽芯机构

T 形块侧向分型与抽芯机构和斜导柱侧向分型与抽芯机构的结构大致相同，其原理也基本相同，只是在结构上用 T 形块代替了斜导柱，如图 13-37 所示。T 形块既可以抽芯，又可以压紧滑块，因此不需要设置锁紧块。这种抽芯机构的特点是倾斜角度大，其抽芯距大于斜导柱机构的抽芯距,抽芯力也较大。

图 13-38 所示为采用侧浇口浇注系统定模侧向抽芯模具结构图,采用没有流道推板的简化三板模架。开模时,定模座板 1 和定模板 2 先在Ⅰ面分型,定模滑块 4 在 T 形块 3 的拨动下向右抽芯。当定模滑块 4 完成抽芯后,模具再在Ⅱ面分型,最后取出制品。合模时,T 形块 3 插入定模滑块 4 的 T 形槽内,将滑块推回原位。需要说明的是,该模具需要设置定距分型拉紧机构。

T 形块侧向分型与抽芯机构的倾斜角 α、抽芯距 s、反锁角 β 与弯销侧向分型与抽芯机构基本一致,T 形块与滑块的间隙 δ 取 0.5mm,以保证锁紧面分离后 T 形块再拨动滑块,以及在合模过程中,T 形块能顺利地进入滑块内。

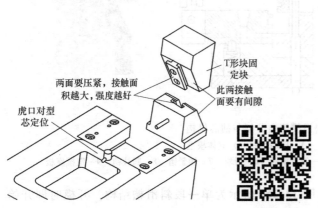

图 13-37 T 形块侧向分型与抽芯机构

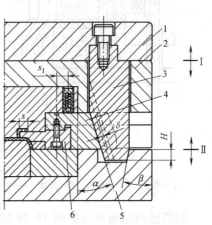

图 13-38 T 形块侧向分型与抽芯机构定模侧向抽芯

1—定模座板 2—定模板 3—T 形块
4—定模滑块 5—动模板 6—定模侧型芯

5. 斜顶侧向分型与抽芯机构

斜顶又称斜推杆,其结构如图 13-39a 所示,常用于制品内侧面有凹坑或凸起的结构。斜顶将侧向凹凸部位的成型镶件固定在推杆上(或与推杆做成一体),在推出过程中,成型镶件做斜向运动。斜向运动可分解成一个垂直运动和一个侧向运动,其中的侧向运动即实现侧向抽芯。斜顶装配示意图如图 13-39b 所示。

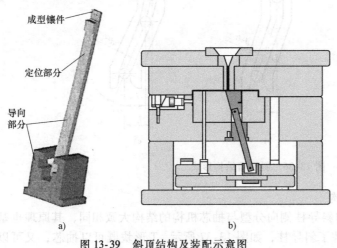

a)   b)

图 13-39 斜顶结构及装配示意图

a) 斜顶结构 b) 斜顶装配示意图

斜顶结构较简单，且有推出制品的作用。

有时外侧抽芯也用斜顶，但一般来说，因斜顶加工复杂，工作量较大，模具生产时易磨损，维修麻烦，因此外侧倒扣结构应尽量避免使用斜顶抽芯。通常，设计抽芯机构时，能用外滑块便不用斜顶，能用斜顶便不用内滑块。另外，透明制品尽量不用斜顶抽芯，避免产生划痕。

（1）斜顶的分类　斜顶可分为整体式（图13-40）和分体式（图13-41）。分体式主要用于长而细的斜顶。整体式斜顶的两侧面平行，背面是一个平面，加工和研配相对比较简单，通常应用于尺寸比较小、形状简单的塑件。分体式和整体式斜顶的工作原理相同，但设计分体式斜顶时要注意以下几点：

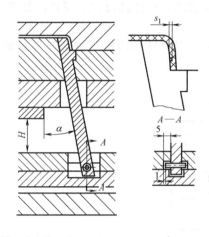

图 13-40　整体式斜顶

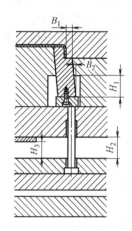

图 13-41　分体式斜顶

1）在斜顶较长，较单薄，或倾斜角度较大的情况下，通常采用分体式斜顶，以延长使用寿命。

2）如图13-41所示，允许的情况下，斜顶可向制品外侧加厚 B_1 的宽度，以增加强度，同时用作复位结构。B_1 一般为 $5 \sim 8mm$。

3）如图13-41所示，采用分体式斜顶时应加限位块，保证 $H_3 = H_1 + 0.5mm$。

4）除图13-41所示结构外，分体式斜顶的常用结构如图13-42所示。可将斜顶杆和斜顶头分开加工，并采用键槽、燕尾槽、销、螺钉等多种形式进行定位或连接。斜顶杆可以是方形截面，也可以是圆形截面。由于加工方便，圆形斜顶杆的应用比较广泛。斜顶杆和斜顶头也可以做成大小不一的形状。

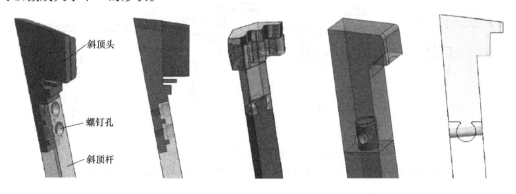

图 13-42　常用的分体式斜顶结构

（2）斜顶倾斜角的确定   斜顶的倾斜角度 α 取决于侧向抽芯距离 s 和塑件的推出距离 H，即 $\tan\alpha = s/H$。一般情况下，斜顶的倾斜角不能太大，否则斜顶会在推出过程中受到很大的扭矩作用，导致其磨损，甚至卡死或断裂。斜顶的倾斜角取值范围一般为 $3° \sim 15°$，常用角度范围为 $8° \sim 10°$。在设计过程中，斜顶的倾斜角宜选小而不选大。

（3）斜顶的设计

1）斜顶的设计要保证复位可靠。如图 13-43 所示，可将整体式斜顶尺寸向外扩大 $5 \sim 8mm$，合模时由定模将斜顶推回复位。如图 13-44 所示，组合式斜顶合模时由复位杆将斜顶推回复位，其中 $A = \phi 8 \sim 10mm$，$B = \phi 6 \sim 8mm$。

2）如图 13-43 所示，在斜顶靠近型腔的一端做 $6 \sim 10mm$ 的直身位，并做一个 $2 \sim 3mm$ 的挂台（凸台）起定位作用，避免注射时斜顶受压而移动。设计挂台便于模具的加工、装配及保证塑件内侧凹凸结构的精度。

3）斜顶上端面应比动模镶件低 $0.05 \sim 0.1mm$，以保证推出时不损坏制品，如图 13-45 所示。

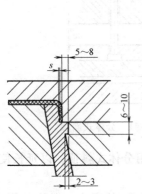
图 13-43   整体式斜顶可靠复位

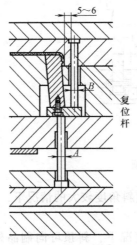
图 13-44   组合式斜顶可靠复位

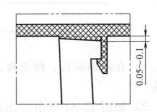
图 13-45   斜顶上端面尺寸

4）斜顶上端面侧向移动时，不能与制品内的其他结构（如圆柱、加强筋或型芯等）发生干涉，如图 13-46 所示，其中 $W = s + 2mm$。

5）当斜顶上端面和镶件接触时，推出时不应碰到另一侧的制品（图 13-46d）。

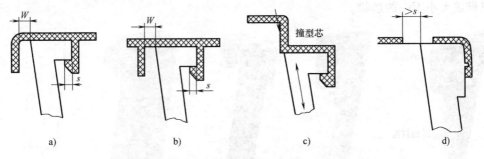
图 13-46   斜顶不应与制品发生干涉
a）防止碰撞侧壁   b）防止碰撞加强筋   c）无法装配   d）防止碰撞另一侧制品

6）当斜顶较长或较细时，在动模板上加装导向块，可保证斜顶顶出及复位的稳定性，如

图 13-47 所示。加工时，先把导向块固定在动模板的下面，再把内模镶件固定在动模板上，然后再一起进行线切割加工，确保导向件和内模镶件的导向孔的中心线同轴，使斜顶能顺畅工作。

7）斜顶与内模的配合取 H7/f6，但斜顶与模架接触处应该避空。斜顶过孔的大小与位置采用双截面法检查，如图 13-48 所示，尺寸应取较大的整数。过孔在平面装配图上必须画出，以检查与密封圈、水管、推杆、螺钉等是否干涉。

8）在结构允许的情况下，尽量加大斜顶横截面尺寸，以增强斜顶刚度。

9）斜顶的材料应与镶件材料不同，否则易磨损黏结，可选用铍铜合金。

10）斜顶及导向块的表面应进行氮化处理，以增强耐磨性。

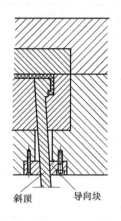

图 13-47　动模板加装导向块

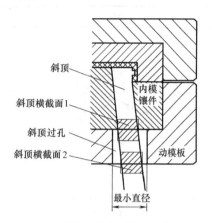

图 13-48　斜顶过孔的大小和位置

（4）斜顶的滑动座、滑槽设计

1）没有滑动座的斜顶连接方式。如图 13-49 所示的斜顶没有滑动座，只有滑槽。这种连接方式虽然陈旧，但却是最简单的连接方式。它的特点是结构简单、加工速度快、所需制造时间短、成本低，但轴销在推杆固定板中的滑动不太顺畅，通常应用在产品尺寸要求不高、批量生产不太大的场合。

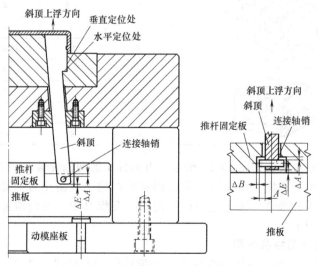

图 13-49　没有滑动座的斜顶连接方式

如图 13-49 所示的模具中，ΔA 为轴销与推杆固定板之间的配合间隙，一般取 $0\sim0.03$mm，最大不超过 0.05mm。ΔE 为斜顶底部与推板的间隙，一般取 $0.05\sim0.10$mm，最大不超过 0.15mm。

A 为轴销伸出斜顶的单边长度，最小取 4mm，最好取 5mm，最大不超过 6mm。ΔB 为轴销与推杆固定板之间的间隙，最小取 0.5mm，最好取 1.0mm，最大不超过 1.25mm。

2）有滑动座的斜顶连接方式。滑动座的种类很多，较常用的结构见表 13-10。需要说明的是，第一类和第二类结构中的斜顶与滑动座之间不能产生相对移动，斜顶顶出时，需要通过滑动座与推杆固定板之间的相对滑动来弥补位差。第三类结构中的斜顶与滑动座之间可以做相对移动，斜顶顶出时，可以通过滑动座与推杆固定板之间的相对滑动来弥补位差，也可以通过滑动座与斜顶之间的相对移动来弥补位差，是较理想的结构。

表 13-10 滑动座的常用结构及尺寸 　　　　　　　　　　　　　　（单位：mm）

滑动座类型	简图	尺寸代号	最小值	常用值	最大值
第一类		I	10	12~16	20
		U	5	6~8	10
		X	$\phi2$	$\phi4\sim6$	$\phi8$
		K	18	20~25	35
		S	3.5	5	6
		T	3.5	5	5
		V	20	22~25	32
		W	5	6	10
第二类		K	15	20~25	35
		S	3.5	5	6
		T	3.5	5	5
		V	20	22~25	32
		D_1	12	等于斜顶宽度	
		y	M5	M6、M8	M10
第三类		M	6	8~12	15
		N	3.5	4	5
		B	3	4	5
		K	22	25~30	35
		S	3.5	5	6
		T	3.5	5	5
		V	20	22~25	32
		W	9	12	15

模具中常用的滑动座实物如图 13-50 所示。万向轴 1 的两侧安装有铜基自润滑块 5，通过导滑边装入固定座 3 中，挡块 4 由螺钉紧固在固定座两侧，以防止万向轴滑出。这种结构称为万向滑座，已经成为标准件，在企业中广泛使用。在模具中，万向滑座需要有较大的固定空间，一般安装在推板上。

6. 斜滑块侧向分型与抽芯机构

（1）斜滑块侧向分型与抽芯机构的概念　　当塑件的侧凹较浅，抽芯距不大，但抽芯面积和所需抽芯力较大时，可采用斜滑块机构进行侧向分型与抽芯。其特点是利用拉钩的拉力和弹簧的推力驱动斜滑块做斜向运动，在塑件被推出的同时由斜滑块完成侧向分型与抽芯动作。斜滑块侧向分型与抽芯机构通常用于外侧抽芯。

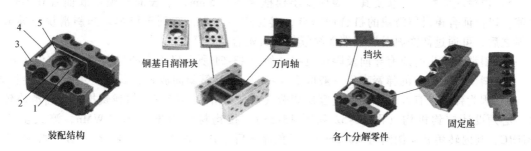

图 13-50 滑动座
1—万向轴 2—斜顶安装孔 3—固定座 4—挡块 5—铜基自润滑块

万向滑座

与斜导柱侧向抽芯机构相比，斜滑块侧向抽芯机构结构简单，制造比较方便，因此在注射模中应用广泛。但斜导柱侧向抽芯机构比斜滑块侧向抽芯机构更安全可靠，因此动模部位的侧向抽芯常用斜导柱侧向抽芯机构，而当侧凹的成型面积较大时，定模部位的侧向抽芯多采用斜滑块侧向抽芯机构。

斜滑块侧向抽芯机构一般由导滑件、弹簧、限位件、斜滑块、拉钩和耐磨块等组成，如图 13-51 所示。开模时，在拉钩和弹簧的作用下，斜滑块沿导滑件的 T 形槽做斜向滑动，斜向滑动分解为垂直运动和侧向运动，其中侧向运动使斜滑块完成侧向抽芯动作。

（2）斜滑块侧向分型与抽芯机构的设计

1）如图 13-51 所示，斜滑块推出长度一般不超过导滑槽总长度的 1/3，否则会影响斜滑块的导滑及复位安全。

2）斜滑块推出距离 $W = s_1/\tan\alpha$，s_1 为抽芯距。

3）斜滑块倾斜角 α 一般取 $15° \sim 25°$。由于斜滑块刚度好，能承受较大的脱模力，因此，斜滑块的倾斜角可以尽量取大些，但最大不能超过 $30°$。

4）制品脱模时不能留在其中任意一个滑块上。

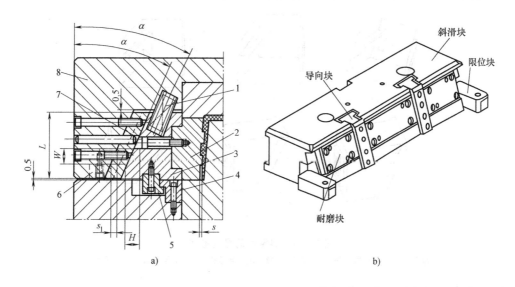

a)

b)

图 13-51 斜滑块侧向抽芯机构
1—弹簧 2—侧型芯 3—斜滑块 4—下拉钩 5—上拉钩 6—定位块 7—导向块 8—定模板

5）斜滑块装配后必须使其上表面高出模框顶面 0.5mm，下表面与模框底面有 0.5mm 的间隙，以保证合模时斜滑块的拼合面密合，避免产生飞边，有利于修模。当斜滑块与导滑槽磨损之后，可通过修磨斜滑块下端面继续保持其密合性。

6）斜滑块推出时应有导向及限位机构，如图 13-51 所示机构中的导向块 7 和定位块 6。

7）斜滑块机构中的弹簧直径一般取 5/8～3/4in，弹簧斜向放置，其倾斜角和斜滑块相等。

8）因为弹簧没有冲击力，而且容易疲劳失效，斜滑块不能完全靠弹簧推出。当滑块较大时，必须设计拉钩机构（图 13-52 和图 13-53）。拉钩材料为模具钢 CrWMn，淬火至 54～58HRC，其内转角处需倒圆角 $R0.5mm$，以免淬火后裂开。图 13-52 中 $W_1 < s_1$，β 一般取 $10° \sim 15°$。如图 13-53 所示的拉钩机构，在活动销 3 后加弹簧 4，活动销 3 在强大的拉力作用下能够后退，因此不易拉断。

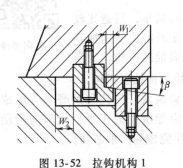

图 13-52　拉钩机构 1

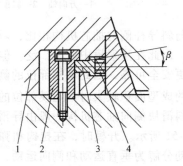

图 13-53　拉钩机构 2
1—斜滑块　2—拉钩　3—活动销　4—弹簧

9）当定模斜滑块和动模推杆在分型面上的投影有重叠时，应设置先复位机构。

10）斜滑块的导滑形式根据导滑部分的形状可分为矩形、半圆形和燕尾形，如图 13-54 所示。当斜滑块宽度小于 60mm 时，应做成图 13-54d～f 所示的矩形扣、半圆形扣和燕尾形扣；当斜滑块宽度大于 60mm 时，应做成图 13-54a～c 所示的矩形槽、半圆形槽和燕尾形槽；当斜滑块宽度大于 120mm 时，为增强滑动的稳定性，应设置两个导滑槽。

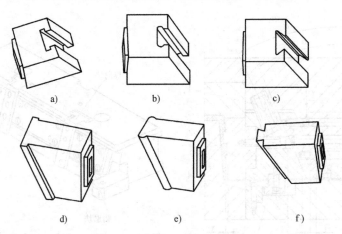

图 13-54　斜滑块的导滑形式
a）矩形槽　b）半圆形槽　c）燕尾形槽　d）矩形扣　e）半圆形扣　f）燕尾形扣

7. 齿轮齿条侧向分型与抽芯机构

齿轮齿条侧向分型与抽芯机构具有抽芯力大、抽芯距长的特点，是一种较理想的抽芯机構。但由于结构复杂，加工较困难，因此只有在其他抽芯机构都不适用时才被采用。该机构的工作原理是利用开模力或推件力，通过齿轮齿条传动带动侧型芯来完成抽芯动作。

（1）齿轮齿条水平侧向分型与抽芯机构　图13-55所示为齿轮齿条水平侧向分型与抽芯机构，开模时，同轴齿轮3上的大齿轮在大齿条4的作用下做逆时针旋转，同方向旋转的小齿轮则带动小齿条5向右运动，从而完成侧抽芯动作。

（2）齿轮齿条倾斜侧向分型与抽芯机构　图13-56所示为齿轮齿条倾斜侧向分型与抽芯机构，传动齿条5固定在定模座板3上，齿轮4和齿条型芯2固定在动模板7内。开模时，动模部分向下移动，齿轮4在传动齿条5的作用下做逆时针方向转动，从而使与之啮合的齿条型芯2向下运动而抽出侧型芯。推出机构动作时，推杆9将塑件从主型芯1上推出。合模时，传动齿条5插入动模板7对应的孔内并与齿轮4啮合，顺时针转动的齿轮4带动齿条型芯2复位，然后由锁紧装置将齿轮或齿条型芯锁紧。

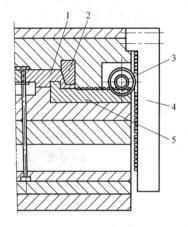

图13-55　齿轮齿条水平侧向
分型与抽芯机构
1—滑块　2—锁紧块　3—同轴齿轮
4—大齿条　5—小齿条

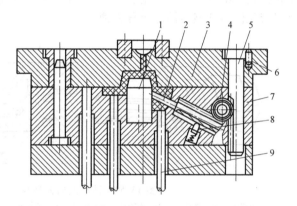

图13-56　齿轮齿条倾斜侧向分型与抽芯机构
1—主型芯　2—齿条型芯　3—定模座板
4—齿轮　5—传动齿条　6—止动销
7—动模板　8—定位销　9—推杆

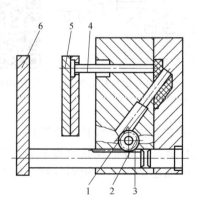

图13-57　用推出力驱动的齿轮齿条倾斜抽芯机构
1—型芯齿条　2—齿轮　3—传动齿条
4—推杆　5—推板　6—齿条推板

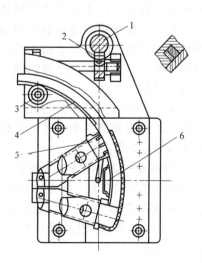

图13-58　齿轮齿条弧线抽芯机构
1—齿条　2、3—直齿轮　4—弧形齿条型芯
5—滑块　6—主型芯

利用推出力驱动的齿轮齿条倾斜抽芯机构如图 13-57 所示。齿轮齿条弧线抽芯机构如图 13-58 所示。

13.2.5 液压或气动侧向分型与抽芯机构

液压或气动侧向分型与抽芯机构是利用液体或气体的压力，通过液压缸或气缸活塞及控制系统实现侧向分型与抽芯的。液压抽芯滑块与气动抽芯滑块在结构、行程设计、安装固定、加工等方面都相同，不同点是液压缸提供的抽芯力较大，适合于抽芯力较大、重量较重、脱模力较大的滑块，但价格较高（约为同规格气缸的 2~3 倍）；气动抽芯滑块尺寸较小，适合于抽芯力较小、重量较轻、脱模力较小的滑块，价格较便宜。

1. 液压或气动侧向分型与抽芯机构的基本结构

图 13-59 所示为液压侧向分型与抽芯机构。注射成型时，侧型芯 2 由定模板 1 上的锁紧块 3 锁紧，开模时，锁紧块 3 离开侧型芯 2，然后由液压抽芯机构抽出侧型芯。液压抽芯机构需要在模具上配置专门的抽芯液压缸。目前注射机上均带有侧向抽芯的液压管路和控制系统，所以液压侧向分型与抽芯十分方便。

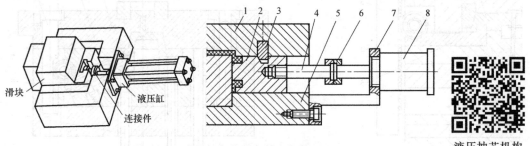

图 13-59　液压侧向分型与抽芯机构

1—定模板　2—侧型芯　3—锁紧块　4—拉杆　5—动模板　6—连接器　7—支架　8—液压缸

液压侧向分型与抽芯的优点是：①能够根据抽芯力的大小和抽芯距的长短来选取液压装置，可以获得较大的抽芯力和较长的抽芯距；②使用高压液体为动力，运动比较平稳；③分型与抽芯不受开模时间和顶出时间的限制。其缺点是要增加操作工序，提供整体的液压抽芯装置，增加成本。

图 13-60 所示为气动侧向分型与抽芯机构，开模前先抽出侧型芯，开模后由推杆将塑件推出。

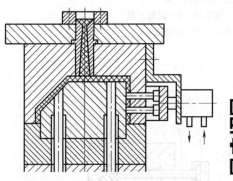

图 13-60　气动侧向分型与抽芯机构

2. 液压或气动侧向分型与抽芯机构的设计要求

液压抽芯的抽芯力一般为抽芯阻力的 1.2~1.5 倍，抽芯方向尽量设计在模具的上方，如果模具侧面需要液压抽芯，模具装配在注射机上时也要将有液压缸的模具侧面装在上方。液压缸活塞杆的行程至少比制品的抽芯距大 5~10mm。液压抽芯结构不采用斜导柱，但必须设置锁紧块锁紧。

液压缸和气缸按照直径分类，常用的规格有 $\phi30mm$、$\phi50mm$、$\phi80mm$、$\phi100mm$、$\phi150mm$ 等，$\phi150mm$ 以上很少使用。

液压缸和气缸按照行程分类，常用的规格有 50mm、100mm、150mm、200mm、250mm、

300mm、350mm、400mm、450mm、500mm 等，超过 500mm 的行程很少使用。无论液压缸还是气缸，其行程规格都是以 50mm 为单位递增的，也可根据客户需要进行非标定制。

13.2.6　手动侧向分型与抽芯机构

手动侧向分型与抽芯机构主要用于试制和小批量生产的模具。手动抽芯多用于螺纹型芯、成型镶块的抽出，可分为模内手动侧向分型与抽芯和模外手动侧向分型与抽芯两种。

1. 模内手动侧向分型与抽芯机构

模内手动侧向分型与抽芯机构是指在开模前，用手扳动模具上的分型与抽芯机构完成抽芯动作，然后开模，推出制品。图 13-61 所示为模内螺纹手动抽芯机构，它利用螺母与螺杆的配合，把旋转运动转化为型芯的进退直线移动。图 13-61a 所示的机构用于圆形型芯的抽芯；图 13-61b 所示的机构用于非圆形型芯的抽芯；图 13-61c 所示的机构用于多型芯同时抽芯；图 13-61d 所示的机构用于成型面积大而抽芯距较小的场合；图 13-61e 所示的机构用于成型面积大的场合，当支架承受不起成型压力时，采用锁紧块锁紧侧滑块。此外，还可以采用手动齿轮齿条等类型的分型与抽芯机构。

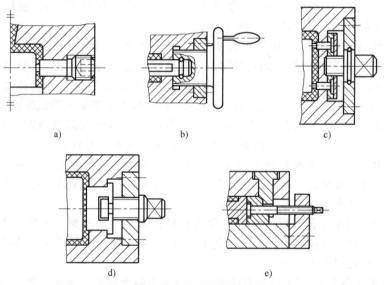

图 13-61　模内螺纹手动抽芯机构

2. 模外手动侧向分型与抽芯机构

模外手动侧向分型与抽芯机构是指将镶块或型芯、螺纹型芯等部件和制品一起推出模外，然后通过人工或简单机械将型芯或镶块从制品中取出的一种结构。图 13-62 所示为一种模外手动侧向分型与抽芯机构，该模具中的制品内带凸台，采用活动镶块 9 成型。开模时，制品与流道凝料同时留在活动镶块 9 上，同动模板 7 一起运动，当动模和定模分型一定距离后，注射机顶出机构推动推板 1，从而推动推杆 3，将活动镶块 9 同制品一起推出模外，然后通过手工或其他装置使制品与镶块分离。最后将活动镶块 9 重新装入动模，在镶块装入动模前推杆 3 已在弹簧 4 的作用下复位。型芯座 8 上的锥孔（面）可保证镶块定位准确可靠。

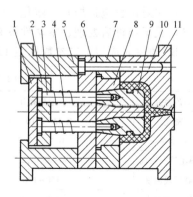

图 13-62　模外手动侧向分型与抽芯机构
1—推板　2—推杆固定板　3—推杆　4—弹簧
5—支架　6—支承板　7—动模板　8—型芯座
9—活动镶块　10—导柱　11—定模座板

13.3　任务实施

1. 塑件工艺分析

（1）塑料盒盖形状尺寸分析　该塑料盒盖外形为长方体，尺寸为 65mm×55mm×12mm，尺寸较小。顶面一端有一个圆弧槽，圆弧半径为 $R22$mm，圆弧槽两侧半圆中心距为 15.5mm，半圆半径为 $R1.5$mm，深度 0.5mm，与顶面的过渡圆弧半径为 $R2.5$mm；顶面另一端有 2 个倒角为 $R2$mm 的长方形通孔，尺寸为 7mm×4mm，中心距为 16mm，其孔中心到塑件边缘的距离为 14mm。顶面正中间有一个椭圆形通孔，尺寸为 18mm×24mm。顶面还均匀分布有 4 个沉孔，大孔尺寸为 $\phi4$mm，深 8mm，小孔尺寸为 $\phi2$mm，中心距分别为 48mm 和 38mm。该塑件在长度方向的两端各有凹凸结构，一端有一内凹深度为 1mm 的凹台（26mm×6mm），圆角半径为 $R3$mm；凹台内有一个 12mm×3mm 的通孔，距离底边 1.5mm；另一端在距离底边 5mm 的位置有一个 $R1$mm×6mm 的凸台。另外，在宽度方向，两端侧壁中间各有一个 10mm×3mm 的凹孔，圆角半径为 $R2$mm。

该塑件表面光滑，无划痕，未标注壁厚为 2mm，未注圆角为 $R1$mm，脱模斜度为 3°，未注尺寸公差等级为 MT5，生产批量为 50 万件。

（2）塑料盒盖材料分析　该塑料盒盖的材料是 ABS，ABS 是由丙烯腈（A）、丁二烯（B）、苯乙烯（S）共聚生成的三元共聚物，具有良好的综合力学性能。ABS 无毒、无味、不透明，色泽微黄，可燃烧，密度为 $1.02\sim1.10$g/cm^3；有良好的机械性能和极好的抗冲击强度，有一定的耐油性和稳定的化学性能；但在酮、醛、酯中会溶解而形成乳浊液。

ABS 易吸水，会使塑件表面出现斑痕、云纹等缺陷，因此在成型前需要进行干燥处理。在正常成型条件下，塑件壁厚、熔体温度对收缩率影响极小。塑件精度要求高时，模具温度可控制在 $50\sim60$℃，塑件要求有较好的光泽度和耐热性能时，模具温度应控制在 $60\sim80$℃。ABS 比热容低，塑化效率高，凝固也快，故成型周期短。但其表观黏度对剪切速率的依赖性很强，在模具设计时要注意考虑浇口的形式。

（3）塑料盒盖成型工艺分析　该塑料盒盖材料为 ABS，且需要大批量生产，加之复杂的结构特征，综合考虑，选择注射成型工艺进行加工。其成型过程包括成型前的准备、注射过程和成型后的塑件处理 3 个过程。

1）成型前的准备包括 ABS 原材料的检验、注射机料筒清洗、脱模剂喷涂等步骤。ABS 材料具有吸湿性，在成型前需要进行干燥处理，干燥温度为 $80\sim85$℃，时间为 $2\sim3$h。

2）注射过程包括加料、塑化、注射、保压、冷却、开模等步骤。

3）关于塑件后处理，本塑件没有特殊要求，因此不需要后处理。

ABS 的注射成型工艺参数见表 13-11。

表 13-11　ABS 的注射成型工艺参数

工艺参数	取值范围	工艺参数	取值范围
密度	$1.02\sim1.10$g/cm^3	模具温度	$50\sim80$℃
收缩率	$0.4\%\sim0.7\%$	注射压力	$60\sim100$MPa
干燥温度及时间	$80\sim85$℃，$2\sim3$h	塑化压力	$5\sim15$MPa
料筒后段温度	$150\sim170$℃	保压压力	取注射压力的 $30\%\sim60\%$
料筒中段温度	$165\sim180$℃	注射时间	$2\sim5$s
料筒前段温度	$180\sim200$℃	保压时间	$15\sim30$s
喷嘴温度	$170\sim180$℃	冷却时间	$15\sim30$s

2. 模具结构设计

（1）分型面位置的确定　根据分型面一般选在塑件外形轮廓最大处的原则，确定该塑件的分型面如图 13-63 所示。分型面选择在 A 处有利于塑件脱模，有利于侧向分型与抽芯，有利于模具排气，可保证塑件表面质量，也便于成型零件加工。

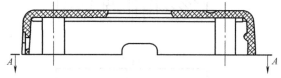

图 13-63　塑料盒盖分型面

（2）型腔数量和排位方式的确定　塑件尺寸较小，质量较轻，生产批量大，且塑件两侧各有侧孔和侧凸，需要采用侧向抽芯机构成型，若采用一模两腔结构，会增大模具尺寸，增加制造成本。综合考虑，该塑件成型选择一模一腔结构，便于模具装配。

（3）初选注射机　通过 UG 建模可知该塑件的质量约为 84g。浇注系统凝料质量在设计之前无法确定，可以根据经验按照塑件质量的 0.2～1 倍估算，考虑到本塑件尺寸较小，按照塑件质量的 0.5 倍进行估算，则浇注系统凝料的质量大约为 42g。由此得到塑件成型时一次注入模具型腔的塑料熔体的总质量为 126g（84g+42g=126g）。

塑料注射成型一次注射所需的注射量应该不大于注射机最大注射量的 80%，因此注射机的最大注射量应大于 157.5g（126g/0.8=157.5g），初选最大注射量为 200g 的 G54-S200 卧式注射机，其主要技术参数见表 4-2。

（4）成型零件的设计

1）成型零件结构设计。该塑件生产批量大，为了方便加工和维修，选择组合式的凹模和型芯，并用螺钉紧固。凹模与定模板、型芯与动模板的配合采用 H7/m6，凹模、型芯具体结构如图 13-64 所示。其中，侧孔采用滑块机构成型，侧凸采用斜顶机构成型，这两部分的结构将在后续侧向抽芯机构设计中详细介绍。

2）成型零件工作尺寸计算。取 ABS 的平均收缩率为 0.6%，按照平均值法进行凹模型腔和型芯尺寸的计算，塑件未注尺寸公差等级为 MT5，部分工作尺寸计算见表 13-12。

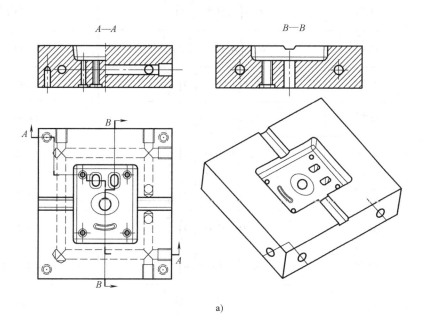

图 13-64　凹模、型芯结构

a）凹模结构

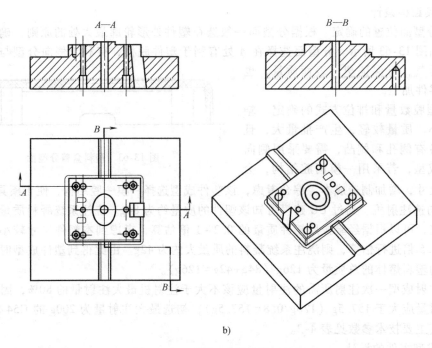

b)

图 13-64　凹模、型芯结构（续）

b）型芯结构

表 13-12　盒盖成型零件部分工作尺寸计算

成型零件	盒盖尺寸/mm	计算公式	成型零件工作尺寸/mm
凹模型腔	$65_{-0.74}^{0}$	$L_m = \left(L_s + L_s S - \dfrac{3}{4}\Delta\right)_{0}^{+\delta_z}$	$64.84_{0}^{+0.25}$
	$55_{-0.74}^{0}$	$L_m = \left(L_s + L_s S - \dfrac{3}{4}\Delta\right)_{0}^{+\delta_z}$	$54.78_{0}^{+0.25}$
	$12_{-0.32}^{0}$	$H_m = \left(H_s + H_s S - \dfrac{2}{3}\Delta\right)_{0}^{+\delta_z}$	$11.86_{0}^{+0.11}$
型芯	$24_{0}^{+0.44}$	$l_m = \left(l_s + l_s S + \dfrac{3}{4}\Delta\right)_{-\delta_z}^{0}$	$24.47_{-0.15}^{0}$
	$18_{0}^{+0.38}$	$l_m = \left(l_s + l_s S + \dfrac{3}{4}\Delta\right)_{-\delta_z}^{0}$	$18.39_{-0.13}^{0}$
	$4_{0}^{+0.24}$	$l_m = \left(l_s + l_s S + \dfrac{3}{4}\Delta\right)_{-\delta_z}^{0}$	$4.20_{-0.08}^{0}$
	$7_{0}^{+0.28}$	$l_m = \left(l_s + l_s S + \dfrac{3}{4}\Delta\right)_{-\delta_z}^{0}$	$7.25_{-0.09}^{0}$
	$\phi 4_{0}^{+0.24}$	$l_m = \left(l_s + l_s S + \dfrac{3}{4}\Delta\right)_{-\delta_z}^{0}$	$\phi 4.20_{-0.08}^{0}$
	$\phi 2_{0}^{+0.20}$	$l_m = \left(l_s + l_s S + \dfrac{3}{4}\Delta\right)_{-\delta_z}^{0}$	$\phi 2.16_{-0.07}^{0}$
	$8_{0}^{+0.28}$	$h_m = \left(h_s + h_s S + \dfrac{2}{3}\Delta\right)_{-\delta_z}^{0}$	$8.23_{-0.09}^{0}$
	48 ± 0.32	$C_m = (C_s + C_s S) \pm \dfrac{1}{2}\delta_z$	48.29 ± 0.11

（续）

成型零件	盒盖尺寸/mm	计算公式	成型零件工作尺寸/mm
型芯	38 ± 0.28	$C_m=(C_s+C_sS)\pm\frac{1}{2}\delta_z$	38.23 ± 0.09
	16 ± 0.19	$C_m=(C_s+C_sS)\pm\frac{1}{2}\delta_z$	16.10 ± 0.06
侧型芯	$12^{+0.32}_{0}$	$l_m=\left(l_s+l_sS+\frac{3}{4}\Delta\right)^{0}_{-\delta_z}$	$12.31^{0}_{-0.11}$
	$3^{+0.20}_{0}$	$l_m=\left(l_s+l_sS+\frac{3}{4}\Delta\right)^{0}_{-\delta_z}$	$3.17^{0}_{-0.07}$
	$R1^{+0.20}_{0}$	$l_m=\left(l_s+l_sS+\frac{3}{4}\Delta\right)^{0}_{-\delta_z}$	$R1.16^{0}_{-0.07}$
	$26^{+0.50}_{0}$	$l_m=\left(l_s+l_sS+\frac{3}{4}\Delta\right)^{0}_{-\delta_z}$	$26.53^{0}_{-0.17}$
	$6^{+0.24}_{0}$	$h_m=\left(h_s+h_sS+\frac{2}{3}\Delta\right)^{0}_{-\delta_z}$	$6.22^{0}_{-0.08}$

3）凹模外形尺寸确定。塑件的深度为 12mm，塑件在分型面上的投影面积为 $3173mm^2$（大致估算），由图 9-11 和表 9-4 可知，凹模的侧壁厚度 $N=24\sim30mm$，型腔底板厚度 $E=24\sim30mm$，选择 $N=25mm$，$E=24mm$，则凹模的整体尺寸为 $115mm\times105mm\times36mm$，型芯的外形尺寸与凹模基本相同。

（5）浇注系统的设计　盒盖塑件采用一模一腔结构，将浇口设置在塑件椭圆形孔的两侧，采用侧浇口比较合适，如图 13-65 所示。选用规格为 $\phi35mm$ 的主流道衬套，主流道锥度 α 取 4°，主流道小端直径比注射机喷嘴孔直径大 $0.5\sim1mm$，主流道的圆弧半径比喷嘴球半径大 $1\sim2mm$，结合注射机技术参数（表 4-2），取主流道的小端直径及圆弧半径分别为 4.5mm 和 20mm，表面粗糙度 Ra 为 $0.4\mu m$。分流道与塑件表面平齐，采用半圆形截面流道，半径为 3mm。浇口采用矩形截面，长度为 2mm，宽度为 3mm，厚度为 1mm。冷料穴采用与推杆相适应的"Z"形拉料杆，直径为 6mm。

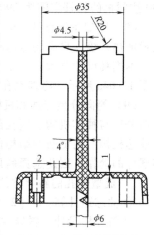

图 13-65　浇注系统结构

（6）推出机构的设计　开模时，盒盖塑件会包紧在型芯上，型芯与动模一起运动，推出机构设置在动模一侧。推杆推出机构结构简单，使用方便，在此选用 4 根直径为 6mm 的推杆和斜顶杆共同作用，将塑件推出。

"Z"形拉料杆在开模时会将流道凝料从定模拉出，在推出机构动作时，拉料杆再将凝料顶出。

（7）模架的选择

1）模架初选。根据模架选用原则，优先选用直浇口模架。考虑到本模具采用侧浇口，型芯、凹模为组合式结构且采用推杆推出机构，选用 C 型模架。

塑件在分型面上的投影面积为 $3173mm^2$（大致估算），由图 9-11 和表 9-4 可知：$M=40\sim45mm$，则模板宽度尺寸为 $2M+$凹模宽度 $=2\times(45\sim50)mm+105mm=195\sim205mm$，模板长度尺寸为 $2M+$凹模长度 $=2\times(45\sim50)mm+115mm=205\sim215mm$。考虑到该模具采用斜导柱侧向分型与抽芯机构，需要将模架选大些，查附表 5，选择模架的标准值，选模板宽度为 200mm，模板长度为 230mm。

依据塑件投影面积，由图 9-11 和表 9-4 可知，壁厚尺寸 $C=24\sim30$mm，$D=40\sim50$mm。定模板的厚度 $A=$ 凹模厚度 $+C=36$mm$+(24\sim30)$mm$=60\sim66$mm，在此选择 60mm。动模板的厚度 $B=$ 型芯厚度 $+D=36$mm$+(40\sim50)$mm$=76\sim86$mm，选择 $B=80$mm。垫块厚度 $C=$ 推杆固定板的厚度+推板厚度+推出高度+限位钉高度$+(10\sim15)$mm。查模架 2023 的相应尺寸可得 $C=[15+25+10+5+(10\sim15)]mm=65\sim70$mm，选 $C=70$mm。即模架为 C 2023-60×80×70　GB/T 12555—2006。

2）模具与注射机参数校核

① 注射压力校核。ABS 塑料的注射压力范围为 $60\sim100$MPa，所选用的 G54-S200 注射机的最大注射压力为 109MPa，注射机注射压力满足要求。

② 锁模力校核。由表 4-1 可知，ABS 塑料成型时的型腔压力为 40MPa，盒盖在分型面上的投影面积为 3575mm²，则 ABS 塑料成型所需的锁模力 $F=40×3575=143$kN，而 G54-S200 注射机的锁模力为 2540kN，注射机锁模力满足要求。

③ 模具厚度校核。通过查表计算盒盖注射模的总厚度 $H=(25+30+60+80+70)$mm$=265$mm，而 G54-S200 注射机的模具最大厚度为 406mm，模具最小厚度为 165mm。注射机模具厚度满足要求。

④ 开模行程校核。塑件推出高度取 10mm，塑件所需的开模行程=塑件的推出高度+塑件总高度$+(5\sim10)$mm$=[10+12+(5\sim10)]$mm$=27\sim32$mm，而 G54-S200 注射机的最大开模行程为 260mm，注射机开模行程满足要求。

⑤ 拉杆间距校核。查附表 5 可知，盒盖塑件模具的周界尺寸为 250mm×230mm。G54-S200 注射机的拉杆空间为 290mm×368mm，能够安装本模具，注射机拉杆间距符合要求。

（8）冷却系统设计　盒盖材料为 ABS，要求注射成型的模具温度为 $50\sim80℃$，模具不用设置加热系统，只需要考虑冷却系统。

本模具尺寸不大，为了节省生产成本，便于冷却系统加工，凹模采用循环式冷却方式，如图 13-64a 所示，冷却水孔直径为 6mm。

（9）侧向分型与抽芯机构设计　盒盖两侧分别有侧孔和侧凸结构，模具需要设置相应的侧向分型与抽芯机构。侧孔部分位于塑件外侧，抽芯距较小，可以优先选用斜导柱侧向分型与抽芯机构。而侧凸的结构位于塑件内侧，若选用斜导柱侧向分型与抽芯机构会影响到其他零部件的动作，因此选择斜顶侧向分型与抽芯机构成型。

1）成型侧孔的斜导柱侧向分型与抽芯机构设计

① 抽芯距计算。$s=[2+(2\sim5)]$mm$=4\sim7$mm，取 5mm。

② 斜导柱设计。斜导柱的倾斜角 α 一般取 $15°\sim20°$，在此选择 $\alpha=18°$。

斜导柱所需的理论工作长度 $L=s/\sin\alpha=5$mm$/\sin18°=16.18$mm，通过作图得斜导柱的实际工作长度为 19.4mm，抽芯距变为 6mm，便于滑块顺利抽芯。斜导柱固定端与固定板之间的配合采用 H7/m6，工作部分与滑块上斜导柱孔的单边间隙为 0.5mm。查表选斜导柱直径为 10mm。

③ 滑块设计。根据塑料盒盖侧凹结构，设计的滑块形状及尺寸如图 13-66 所示。滑块与侧型芯设计成一个整体，滑块的长度、宽度、高度分别为 40mm、40mm、35mm，侧型芯的长度、宽度、高度分别为 32.03mm、26.1mm、6.22mm，侧型芯突出部分的长度、宽度、高度分别为 12.31mm、3.17mm、1.24mm。

滑块的导滑机构为标准压块和动模板形成的导滑槽。压块由 $\phi6$mm 的销钉定位，并由 M6mm 的螺钉紧固在动模板上。滑块与导滑槽在宽度和高度方向上采用 H7/f8 的配合，以保证滑块平稳、灵活地运动，如图 13-67 所示。

开模时，滑块在斜导柱的作用下沿着斜导柱孔中心线的方向滑动，从而完成侧向抽芯，

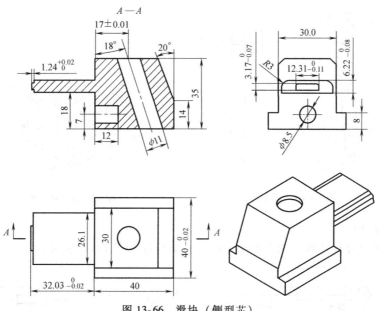

图 13-66　滑块（侧型芯）

采用标准件螺钉对滑块进行限位，保证合模时斜导柱能够顺利进入滑块的斜孔并使滑块复位。

④ 锁紧机构设计。模具合模后，利用锁紧机构将锁模力传递给滑块，使滑块在塑件成型时不产生位移，从而保证斜导柱和滑块在塑件成型时的位置精度。锁紧块不仅要固定滑块，还要利用端部的定位机构及螺钉与定模板进行固定安装，其结构如图 13-68 所示。

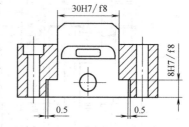

图 13-67　导滑机构

⑤ 干涉检查。根据以上设计，在完全合模的状态下，侧型芯与推杆在分型面的投影完全不重合，因此不会产生干涉现象。为了保证推出机构顺利复位，可在复位杆上安装复位弹簧，使推出机构先复位。

2）成型内侧侧凸的斜顶侧向分型与抽芯机构设计

① 抽芯距计算。$s = [1 + (2 \sim 5)]$ mm $= 3 \sim 6$mm，取 4mm。

② 斜顶倾斜角度确定。斜顶的倾斜角度 α 取决于侧向抽芯距离 s 和塑件的推出距离 H，已知塑料盒盖的推出高度为 10mm，则 $\tan\alpha = s/H = 0.4$，计算 α 为 21.8°。斜顶的倾斜角一般取 3°~15°，常用角度为 8°~10°。在此选择斜顶的倾斜角 α 为 8°，因此需增大推出距离 H 至 30mm（经校核注射机开模行程依然满足要求。）

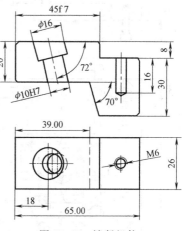

图 13-68　锁紧机构

③ 斜顶设计。塑料盒盖内侧侧凸部位较小，抽芯距小，采用整体式的斜顶成型该结构，如图 13-69 所示。斜顶与型芯的配合采用 H7/f6。

④ 滑动座设计。塑料盒盖的生产批量为 50 万件，为大批量生产，在设计斜顶底座时需要选用有滑动座的结构。由于抽芯距离小，可选用带有销孔的滑动座，如图 13-70 所示。这类滑动座与斜顶之间不能产生相对移动，斜顶顶出时，需要通过滑动座与推杆固定板之间的相对滑动来弥补位差。

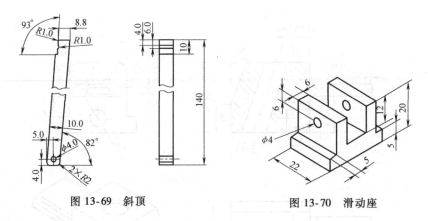

图 13-69　斜顶　　　　　　　　　图 13-70　滑动座

3. 模具装配图

根据上述模具设计流程，塑料盒盖的模具总装配图如图 13-71 所示。

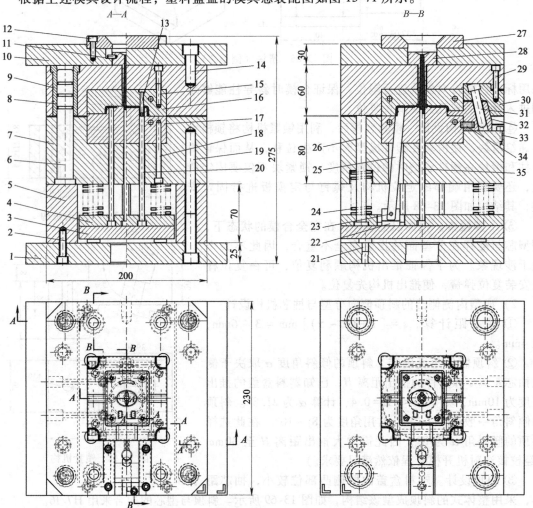

图 13-71　塑料盒盖的模具总装示意图

1—动模座板　2、12、14、15、18、19、29、33—螺钉　3—推板　4—推杆固定板　5—垫块　6—导柱　7—动模板　8—导套
9—定模板　10—定模座板　11、23—销钉　13—小型芯　16—凹模　17—型芯　20—推杆　21—垃圾钉　22—斜顶滑座
24、34—弹簧　25—斜顶　26—复位杆　27—定位圈　28—主流道衬套　30—锁紧块　31—斜导柱　32—滑块　35—拉料杆

13.4　任务训练与考核

1. 任务训练

如图 13-72 所示盒盖，材料为 POM，要求表面光滑，尺寸公差等级为 MT4，生产 20 万件。请针对此塑件进行成型模具总体结构设计。

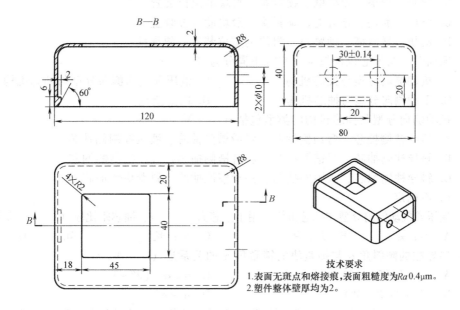

图 13-72　盒盖（POM 材质）

2. 任务考核（表 13-13）

表 13-13　侧向分型与抽芯机构设计任务考核卡

任务考核	考核内容	参考分值	考核结果	考核人
素质目标考核	遵守规则	5		
	课堂互动	10		
	团队合作	5		
知识目标考核	侧向分型与抽芯机构分类	5		
	斜导柱侧向分型与抽芯机构	10		
	斜顶侧向分型与抽芯机构	5		
	弯销侧向分型与抽芯机构	5		
	斜滑块侧向分型与抽芯机构	5		
	液压或气动侧向分型与抽芯机构	5		
	斜滑槽侧向分型与抽芯机构	5		
	齿轮齿条侧向分型与抽芯机构	5		
能力目标考核	斜导柱侧向抽芯机构设计	20		
	斜顶杆侧向抽芯机构设计	15		
小　计				

13.5 思考与练习

1. 选择题

(1) 斜导柱侧向分型与抽芯机构包括 (   ) 等部分。

    A. 导柱、滑块、导滑槽、锁紧块、滑块的定位装置

    B. 导套、滑块、导滑槽、锁紧块、滑块的定位装置

    C. 推杆、滑块、导滑槽、锁紧块、滑块的定位装置

    D. 滑块、导滑槽、锁紧块、滑块的定位装置、斜导柱

(2) 侧向分型与抽芯机构按动力来源不同分为 (   )。

    A. 机动侧向分型与抽芯机构　　　　　　B. 液压和气动侧向分型与抽芯机构

    C. 手动侧向分型与抽芯机构　　　　　　D. 以上全是

(3) 机动侧向分型与抽芯机构的类型包括 (   )。

    A. 斜导柱侧抽芯、弯销侧抽芯、斜滑槽侧抽芯、液压控制侧抽芯

    B. 斜导柱侧抽芯、弯销侧抽芯、斜滑槽侧抽芯、气压控制侧抽芯

    C. 斜导柱侧抽芯、弯销侧抽芯、斜滑槽侧抽芯、斜滑块侧抽芯

    D. 不确定

(4) 液压或气动侧向分型与抽芯机构多用于抽芯力 (   )、抽芯距比较 (   ) 的场合。

    A. 小；短　　　　B. 大；短　　　　　　C. 小；长　　　　　　D. 大；长

(5) 斜导柱的倾斜角 α 与锁紧块的锁紧角 α' 的关系是 (   )。

    A. $\alpha > \alpha' + (2° \sim 3°)$　　　　　　C. $\alpha < \alpha' + (2° \sim 3°)$

    B. $\alpha' = \alpha + (2° \sim 3°)$　　　　　　D. $\alpha = \alpha'$

(6) 将 (   ) 从成型位置抽至不妨碍塑件脱模的位置所移动的距离称为抽芯距。

    A. 主型芯　　　　B. 侧型芯　　　　　　C. 滑块　　　　　　D. 推杆

(7) 滑块的定位装置包括 (   ) 形式。

    A. 2 种　　　　　B. 3 种　　　　　　C. 4 种　　　　　　D. 6 种

(8) 斜导柱侧向分型与抽芯注射模中，锁紧块的作用是 (   )。

    A. 承受侧压力　B. 模具闭合后锁住滑块C. 定位　　　　　　D. A 和 B

2. 简答题

(1) 什么叫侧向分型与抽芯机构？在注射模中是如何实现侧向分型与抽芯的？

(2) 侧向分型与抽芯机构一般用于何种场合？所有的侧向凹凸结构都要采用侧向分型与抽芯机构吗？

(3) 在实际设计工作中，斜导柱、斜滑块和斜顶的倾斜角度是如何确定的？

(4) 为什么要求滑块锁紧面的倾斜角度要比斜导柱的倾斜角度大 2° ~ 3°？

(5) 模具中任何活动的零件都要有导向机构，使它们每次都能够沿着既定的轨迹运动。那么如何保证侧向分型与抽芯机构中活动零件的导向和定位？

(6) 简述斜导柱、斜滑块和斜顶的设计要点。

(7) 滑块与推出机构为什么会发生干涉？应该如何解决？

3. 综合题

(1) 图 13-73 所示为某塑料厂生产的塑料线圈芯体，材料为 ABS，生产 15 万件，未注尺寸公差等级为 MT5。请设计该线圈芯体的成型注射模。

(2) 图 13-74 所示为某塑料厂生产的塑料四通体，材料为 ABS，生产 20 万件，未注尺寸公差等级为 MT5。请设计该四通体的成型注射模。

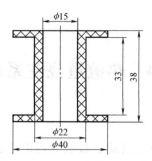

图 13-73　线圈芯体

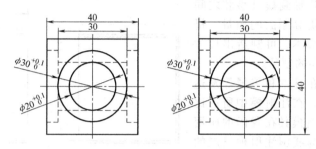

图 13-74　塑料四通体

任务14　热流道浇注系统设计

14.1　任务导入

热流道注射模通过在传统两板模具或三板模具内的主流道与分流道部位加设加热装置，使流道内的塑料始终处于高温熔融状态，不会冷却凝固，也不会形成流道凝料与制品一起脱模，从而达到无流道凝料或少流道凝料的目的。热流道模具通过热流道板、热喷嘴及其温度控制系统控制注射机喷嘴到模具型腔之间的塑料流动，有利于提高制品的质量，提高生产率，降低生产成本，可制造出尺寸大、结构复杂、精度高的制品。

目前热流道模具在日本和美国等发达国家的应用非常广泛，在注射模中所占比例已超过70%。热流道模具在我国的应用也越来越广泛，已成为我国注射模发展的一个重要方向。

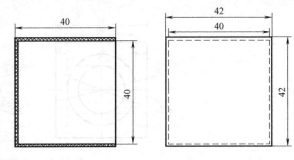

图14-1　食品包装盒

本任务针对图14-1所示的食品包装盒，进行模具总体结构设计，并进行热流道浇注系统设计。已知食品包装盒的材料为聚苯乙烯（PS），质量为32g，要求表面光滑，精度要求不高，脱模斜度为1.5°，大批量生产。

14.2　相关知识

14.2.1　热流道模具的分类及特点

热流道模具分为绝热流道模具（图14-2）和加热流道模具（图14-3）。

绝热流道浇注系统利用流道外层的绝热层，防止热量散发出去，其本身并不加热。生产时，熔体先从注射机喷嘴进入绝热流道套（或绝热流道板），再进入型腔。这种系统的优点是结构简单，制造成本低。缺点是浇口处塑料容易凝结，产品成型周期短，但准备时间长，无法保证注射的一致性；由于系统内无加热系统，因此需要较高的注射压力，长时间作用会

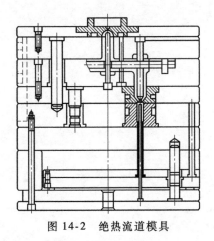

图14-2　绝热流道模具

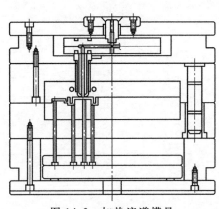

图14-3　加热流道模具

造成内模镶件和模板的变形或弯曲；另外，绝热流道适用的塑料品种受到一定的限制（仅适用于热稳定性好且固化速度慢的塑料，如 PE、PP），成型结束时，流道会部分固化，在每次开机前，都需要清理上次注射时留下的流道凝料。因此，绝热流道模具目前很少被采用。

加热流道浇注系统可对浇注系统进行加热，使注射机喷嘴至型腔入口的塑料在生产期间始终保持熔融的状态，从而在开模时只需取出塑件，不必取出流道凝料，或者只需取出少部分流道凝料。加热流道模具停机后，再次开机时采用加热的方法将流道凝料熔化，即可开始生产，相当于将注射机的喷嘴一直延长到模具型腔。

本部分主要探讨加热流道注射模，为方便叙述，下面将加热流道注射模简称为热流道注射模。

热流道注射模的特点如下：

1）节约材料、能源和劳动力。热流道注射模中没有流道凝料或仅有少量凝料，热固性塑料成型时消耗较少；热塑性塑料成型时则免除了因产生凝料而导致的废料回收利用步骤，因此节约材料、能源和劳动力。

由于没有流道凝料，在设计模具时可以选用较小的开模行程和较小的投影面积，对于相同塑件可选用较小的注射机，不仅设备费用减少，而且注射机的电动机、泵、料筒加热功率都较小，长期生产时能源节约相当大。

2）可改善塑件质量。热流道注射模中流道内的塑料始终处于熔融状态，可缩短熔体流程，利于向型腔传递压力；使型腔内压力分布更均匀，熔体温差减小；可避免或改善熔接痕现象；缩短保压时间，减小补料应力，使浇口痕迹减到最小。

3）可缩短成型周期。热流道注射模没有流道凝料或少凝料，使开、闭模行程缩短，可缩短成型周期；流道中的熔体始终保持熔融状态，使保压补料容易进行，尤其是较厚的塑件可采用更小的浇口，可缩短冷却时间。

但是，热流道注射模的结构十分复杂，特别是温度控制要求严格，否则容易使塑料分解、烧焦，而且制造成本较高，不适用于小批量生产。

14.2.2 热流道注射成型对塑料原料的要求

从原理上讲，只要模具设计与塑件性能相符合，几乎所有的热塑性塑料都可采用热流道注射成型，但目前在热流道注射成型中应用最多的塑料是聚乙烯、聚丙烯、聚苯乙烯、聚甲醛、聚氯乙烯和 ABS 等。采用热流道浇注系统成型塑件时，要求塑件的原材料具有较强的适应性，具体要求包括以下几点：

1）塑料的热稳定性要好。即塑料的熔融温度范围宽，黏度变化小，对温度变化不敏感，在较低的温度下具有较好的流动性，在较高温度下也不容易热分解。

2）塑料的熔体黏度对压力敏感。不施加注射压力时塑料熔体不流动，但施加较低的注射压力时塑料熔体就会流动。

3）塑料的固化温度和热变形温度较高。塑料在比较高的温度下固化，可缩短成型周期。

4）塑料比热容小。即塑料既能快速冷凝，又能快速熔融。

5）塑料导热性能要好。能把热量快速传给模具，以加速固化。

表 14-1 为各种热流道结构对常见塑料的适用性。

14.2.3 热流道注射模的结构

（1）单型腔的热流道注射模 对于单型腔模，最常见的热流道结构是延伸式喷嘴，采用点浇口进料。为了克服井式喷嘴"井坑"中熔体易冷凝和浇口易堵塞的缺点，将"井坑"去

表 14-1　各种热流道结构对常见塑料的适用性

塑料品种 热流道结构	聚乙烯 （PE）	聚丙烯 （PP）	聚苯乙烯 （PS）	ABS	聚甲醛 （POM）	聚氯乙烯 （PVC）	聚碳酸酯 （PC）
井式喷嘴	可	可	稍困难	稍困难	不可	不可	不可
延伸式喷嘴	可	可	可	可	不可	不可	不可
绝热流道	可	可	稍困难	稍困难	不可	不可	不可
半绝热流道	可	可	稍困难	稍困难	不可	不可	不可
加热流道	可	可	可	可	可	可	可

掉，而把注射机的喷嘴延伸到与型腔相接的浇口附近，使浇口处的塑料始终保持熔融状态。为了防止喷嘴的热量过多地传给温度较低的型腔，必须采取有效的绝热措施，常见的绝热方法有塑料层绝热和空气绝热两种。图 14-4 所示为采用塑料层绝热的延伸式喷嘴，它在国内一些单位已成功地用于聚乙烯、聚丙烯、聚苯乙烯等塑料的注射成型。喷嘴和模具之间有一个圆环形接触面（图 14-4 中 A 部），它既起密封作用，又是模具的承压面。该圆环形接触面面积不宜太大，以减少传热量；喷嘴的球面和模具间留有不大的间隙，在第一次注射时，此间隙充满塑料而形成绝热层，间隙最薄处（约 0.5mm）在浇口附近，浇口处以外的间隙不超过 1.5mm。设计时应注意绝热层的投影面积不能过大，否则注射机的反推力可能超过注射机移动注射座液压

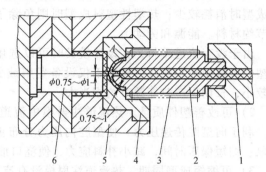

图 14-4　塑料层绝热的延伸式喷嘴
1—注射机料筒　2—延伸式喷嘴　3—加热器
4—浇口套　5—定模型腔板　6—型芯　A—环形承压面

缸的推力，使喷嘴后退而造成溢料。浇口直径一般为 0.75～1.0mm。在成型时应严格控制喷嘴温度。与井式喷嘴相比，延伸式喷嘴的浇口不易堵塞，应用范围较广。但由于绝热层存有塑料，所以不适用于热稳定性差、容易分解的塑料。

图 14-5 所示为采用空气绝热的延伸式喷嘴。喷嘴内熔体通过直径为 0.75～1.2mm、长度为 1mm 左右的点浇口直接进入型腔。喷嘴与浇口套间，浇口套与定模型腔板间除了必要的定位面接触之外，都要留出 1mm 的间隙，此间隙中充满空气，起绝热作用。由于喷嘴端部接触的型腔壁很薄，为防止型腔壁被喷嘴顶坏或发生变形，在喷嘴与浇口套之间也应设置环形承压面（图 14-5 中 A 处）。

（2）多型腔的热流道注射模　多型腔模具既有主流道，又有分流道，其截面多为圆形。一般将主、分流道做在同一块板上，这块板称为热流道板，该板设有加热装置。按热流道板加热方法的不同，热流道注射模可分为外加热式和内加热式两类；喷嘴按绝热情况的不同又分为半绝热式喷嘴和全绝热式喷嘴两类。图 14-6 所示为外加热半绝热式喷嘴多型腔热流道注射模。热流道板中开设有加热孔道，孔内插入管式加热器（电热棒），可使流道内的塑料始终保持熔融状态。二级喷嘴由导热性优良、强度高的铍铜合金制造，利于热量传至前端。二级喷嘴前端的塑料绝热层起绝热作用，由于二级喷嘴与型腔外壁间的环形部分未隔热，故又称为半绝热式喷嘴。二级喷嘴与热流道板采用滑动配合，用密封圈密封。注射成型时，塑料的压力使二级喷嘴与浇口套很好地贴合，不会产生溢料。

图 14-7 所示为外加热全绝热式喷嘴多型腔热流道注射模。其结构与图 14-6 所示结构相

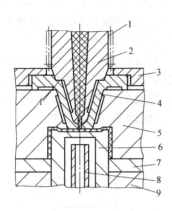

图 14-5 空气绝热的延伸式喷嘴

1—加热器 2—延伸式喷嘴 3—定模座板

4—浇口套 5—定模型腔板 6—型芯

7—推件板 8—型芯冷却管

9—型芯固定板 A—环形承压面

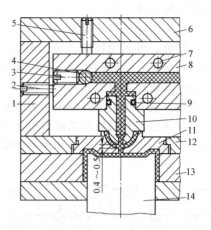

图 14-6 外加热半绝热式喷嘴多型腔热流道注射模

1—支架 2—紧定螺钉 3—压紧螺钉

4—流道密封钢球 5—定位螺钉

6—定模座板 7—加热孔道 8—热流道板

9—胀圈 10—二级喷嘴 11—浇口套

12—浇口板 13—定模型腔板 14—型芯

似，但铍铜合金制造的二级喷嘴不与型腔外壁直接接触，两者由滑动压环隔开，二级喷嘴全部由塑料绝热层绝热，所以将其称为全绝热式喷嘴。图 14-7b 所示为喷嘴的局部放大图，图示浇口尺寸适用于生产小型制品；如果生产大型制品，浇口尺寸应增大。

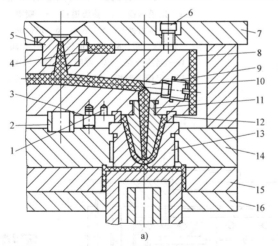

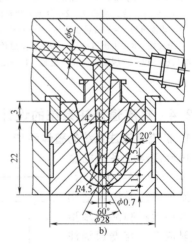

a) b)

图 14-7 外加热全绝热式喷嘴多型腔热流道注射模

1—热电偶测温孔 2—定位环 3—支承柱 4—石棉垫圈 5—主流道衬套

6—定位螺钉 7—定模座板 8—加热圈 9—堵头 10—紧定螺钉 11—二级喷嘴

12—滑动压环 13—浇口套 14—浇口板 15—定模板 16—推件板

上述二级喷嘴均不单独带加热器，热量由热流道板传导而来，故又称为导热二级喷嘴。

图 14-8 所示为内加热式多型腔热流道注射模。它不仅在整个流道内装有加热器，而且在二级喷嘴内部也设置管式加热器，并延伸到浇口中心，即整个浇注系统都被加热；其绝热依靠熔体与模具接触形成的冷凝层。这种结构的流道热量损失小，热效率高，即使成型加工周期较长，熔体仍不会凝固。这类热流道模具的流道直径较大，以便放置加热器，可采用交错

穿通的办法安排流道。

（3）针阀式浇口热流道注射模　注射成型熔融黏度很低的塑料（如尼龙）时，为避免出现流涎现象，可采用针阀式浇口热流道注射模。这种注射模在注射和保压阶段将针阀开启，而在保压结束后将针阀关闭，以避免浇口内熔体流出。针阀的启闭可以通过在注射模上设计专门的液压或机械驱动机构来控制。图 14-9 所示为我国自行设计并已推广的一种针阀式浇口热流道注射模，该结构既可用于多腔模又可用于单腔模。注射时，熔体产生的高压使针阀退回，浇口开启，针阀后端的弹簧被压缩；注射压力消除后，靠弹簧的压力将浇口关闭。该注射模的加热元件装在主流道和流道喷嘴周围，由环氧玻璃钢压制成的罩壳进行绝热。

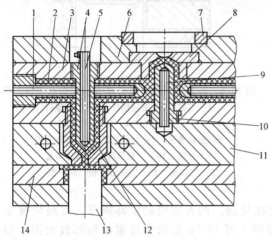

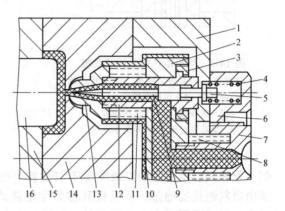

图 14-8　内加热式多型腔热流道注射模

1、5、9—管式加热器　2—分流道鱼雷体

3—热流道板　4—喷嘴鱼雷体　6—定模座板

7—定位圈　8—主流道衬套　10—主流道鱼雷体

11—浇口板　12—二级喷嘴　13—型芯　14—定模型腔板

图 14-9　针阀式浇口热流道注射模

1—定模座板　2—热流道板　3—喷嘴盖

4—压力弹簧　5—活塞　6—定位圈

7—浇口套　8、11—加热器　9—针阀

10—隔热外壳　12—喷嘴体　13—喷嘴头

14—定模型腔板　15—推件板　16—型芯

14.2.4　热流道浇注系统的设计

1. 热流道浇注系统的整体结构

热流道浇注系统的整体结构如图 14-10 所示。此热流道浇注系统仅适用于热塑性塑料制品的多型腔注射成型，与普通浇注系统的主要区别在于它通过电热零件（电热环、电热管或电热圈）对主流道和分流道中的塑料熔体进行可控式的加热，使其在注射成型的全过程中能始终保持熔融流态，避免冷凝固化产生凝料，从而节约塑料，提高生产率

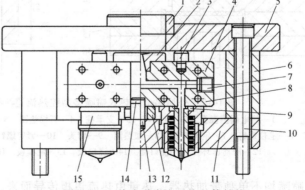

热流道系统

图 14-10　热流道浇注系统整体结构

1—定位圈　2—浇口套　3—支承钉　4—分流板　5—固定板

6—支承板　7—堵塞　8—电热管孔　9—密封圈

10—螺杆　11—垫板　12—隔热圈　13—中心定

位销　14—定位销　15—热喷嘴

和制品质量。

塑料熔体在充满型腔前,须保持其最佳熔融状态(即保持其黏流态的最佳温度)和一定的成型压力,以利于收缩。但在进入并充满型腔后,则必须迅速冷却并固化成型,以缩短成型周期,提高生产率。所以,对流道浇注系统进行加热控温的同时,还需要对成型系统(凹模、型芯、镶件、滑块等)进行可控式的冷却。

对于紧密布置的两个系统,既要防止冷却系统无端耗费浇注系统的热能,同时又要避免浇注系统的高温影响成型系统的冷却,因此必须防止两个系统之间进行热传递、热交换。为此,可采取的较为简单而有效的隔热办法有:①尽可能减小两个系统零件的接触面积,增大其空气隔热的面积;②在加热系统的四周及两个系统接触面之间设置隔热层。例如,可在垫板和与之大面积贴合的型腔板之间设置石棉隔热板或加工出适当的空气隔热槽,同时在支承板与垫板之间,在支承钉、隔垫圈与垫板之间留出空气隔热空间。

2. 热流道浇注系统的隔热结构设计

热喷嘴、热流道板应与模具定模座板、定模板等其他部分有较好的隔热,隔热方式可采用空气隔热或绝热材料隔热,亦可二者兼用。

隔热材料可采用陶瓷、石棉板、空气等。除定位、支承、型腔密封等需要接触的部位外,热喷嘴的隔热空气间隙 D 通常为 3mm 左右;热流道板的隔热空气间隙 D 应不小于 8mm,如图 14-11 和图 14-12 所示。

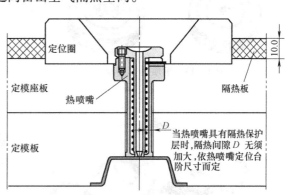

图 14-11　隔热结构(一)

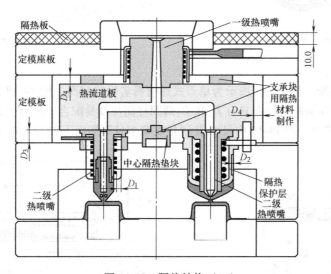

图 14-12　隔热结构(二)

如图 14-12 所示,热流道板与定模座板、定模板之间的支承采用具有隔热性质的隔热垫块,隔热垫块由热导率较低的材料制作。热流道板模具的定模座板上一般应设 6～10mm 的石棉板或电木板作为隔热板,隔热板的厚度一般取 10mm。为了保证良好的隔热效果,结构中的各间隙应满足下列要求:$D_1 \geqslant 3mm$;D_2 依据热喷嘴台阶的尺寸而定;$D_3 \geqslant 8mm$,依中心隔热垫块的厚度而定;$D_4 \geqslant 8mm$。

热流道板与模具其他部分之间的隔热垫块不仅起隔热作用，而且对热流道板起支承作用，支承点要尽量少，且受力平衡，以防止热流道板变形。为此，隔热垫块应尽量减小与模具其他部分的接触面积。常用钢质隔热垫块的结构如图 14-13 所示。图 14-14 所示的结构是专用于模具中心的中心隔热垫块，它还具有中心定位的作用。

隔热垫块由导热率低的材料制作，常用材料为钢和陶瓷。钢质隔热垫块常采用不锈钢、高铬钢等材料，形状如图 14-13 所示。如图 14-15 所示为陶瓷隔热垫块，陶瓷热导率约为钢的7%，可承受压力为 2100MPa，可承受温度为 1400℃。

不同供应商提供的隔热垫块的具体结构可能有差异，但其基本装配关系相同，如图 14-16 所示。隔热垫块的具体尺寸可向供应商索取。

图 14-13　钢质隔热垫块　　　　　　　　　　　　图 14-14　中心隔热垫块

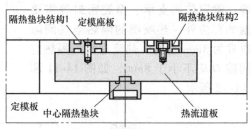

图 14-15　陶瓷隔热垫块　　　　　　　　　　图 14-16　隔热垫块的装配

3. 热喷嘴的设计

（1）热喷嘴的装配　图 14-17 所示为单点式热喷嘴实物装配图。图 14-18 所示为单点式热喷嘴平面装配图，热喷嘴装配时径向只有 D_1 和 D_3 两圆柱面与模具配合，配合公差分别为 H7/h6 和 H7/f8，以减少热量传递。图 14-18 中尺寸 H 因热喷嘴型号不同而不同，可查阅有关说明书。

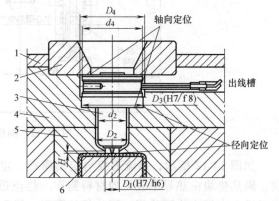

图 14-17　单点式热喷嘴实物装配图　　　　　图 14-18　单点式热喷嘴平面装配图
　　　　　　　　　　　　　　　　　　　　　　1—隔热板　2—定位圈　3—热喷嘴
　　　　　　　　　　　　　　　　　　　　　　4—定模座板　5—凹模　6—制品

图 14-19 所示为多点式热喷嘴实物装配图。图 14-20 所示为多点式热喷嘴平面装配图，它比单点式热喷嘴多一块热流道板。热喷嘴装配方法与单点式热喷嘴相同，热流道板上、下分别要加隔热垫块、中心隔热垫块及定位销。为了方便装拆，增加支承板。

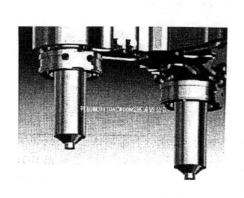

图 14-19　多点式热喷嘴实物装配图

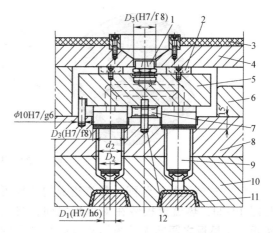

图 14-20　多点式热喷嘴平面装配图

1—一级热喷嘴　2—隔热垫块　3—隔热板　4—定模座板
5—热流道板　6—支承板　7—中心隔热垫块　8—定模板
9—二级热喷嘴　10—凹模　11—制品　12—定位销

（2）热喷嘴的选用　用于热流道注射模的一级热喷嘴、二级热喷嘴，虽然结构形式略有不同，但其作用及选用方法相同。

热喷嘴的结构及制造较为复杂，设计、制作模具时通常选用专业供应商提供的不同规格的系列产品，热喷嘴实物如图 14-21 所示。各个供应商可提供不同系列标准的热喷嘴，其结构、规格标识均不相同。因此，在选用热喷嘴时一定要明确其规格标识，主要从以下三个方面确定热喷嘴的规格：

图 14-21　热喷嘴实物

1）热喷嘴的最大注射量。不同规格的热喷嘴具有不同的最大注射量，因此模具设计要根据所要成型制品的尺寸、所需流道的尺寸、塑料种类选择合适的规格，并考虑一定的保险系数（一般取 0.8 左右）。

2）制品允许的流道形式。热喷嘴的顶端参与成型，因此热喷嘴顶端结构形状会影响其规格选择，且制品允许的流道形式将影响热喷嘴的长度选择。

3）流道与热喷嘴轴向固定位的距离。热喷嘴轴向固定位是指模具上安装、限制热喷嘴轴向移动的平面，此平面的位置直接影响热喷嘴的长度尺寸。

4.热流道板的设计

（1）热流道板的分类　热流道板按其形状可分为 O 形、I 形、Y 形、X 形和 H 形等多种结构，如图 14-22 所示。模具设计时应根据型腔数量和排位方式进行选用。

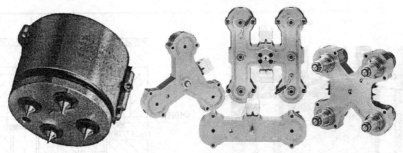

图 14-22　热流道板结构

（2）热流道板的装配　热流道板的装配可参见图 14-20，热流道板装在支承板之间，与定模座板、定模板之间的支承采用具有隔热性质的隔热垫块，隔热垫块由热导率较低的材料制作。图 14-23 所示为热流道板装配的分解图。

（3）热流道板的设计要点

1）热流道板必须定位。为防止热流道板的转动及整体偏移，考虑热流道板的受热膨胀，通常采用中心定位和槽型定位的联合定位方式对热流道板进行定位，具体结构如图 14-24 所示。受热膨胀的影响，起定位作用的长形槽的中心线必须通过热流道板的中心，如图 14-25 所示。

2）热流道板和热流道套要选用热稳定性好、线膨胀系数小的材料。

3）合理选用加热组件，热流道板的加热功率要足够大。

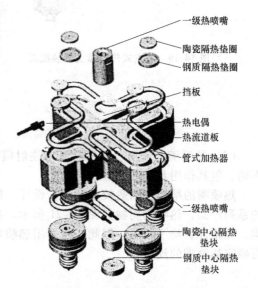

图 14-23　热流道板装配的分解图

一级热喷嘴
陶瓷隔热垫圈
钢质隔热垫圈
挡板
热电偶
热流道板
管式加热器
二级热喷嘴
陶瓷中心隔热垫块
钢质中心隔热垫块

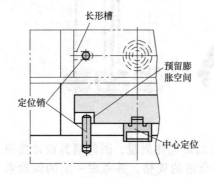

图 14-24　热流道板的定位

长形槽
预留膨胀空间
定位销
中心定位

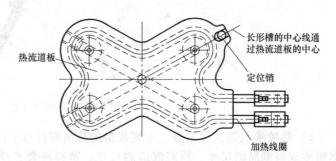

图 14-25　长形槽的中心线穿过热流道板的中心

热流道板
长形槽的中心线通过热流道板的中心
定位销
加热线圈

4）在需要部位配备温度控制系统，以便根据工艺要求监测与调节工作温度，保证热流道板在理想状态下工作。

5）应装拆方便。热流道系统除了热流道板，还有热喷嘴、热组件和温控装置，结构复杂，发生故障的概率也较大，设计时要考虑装拆和检修方便。图 14-20 所示结构中将支承板和定模板分开制作装配的目的便是为了防止装拆板件时损坏加热线圈。

14.2.5　热流道注射模设计的关键参数

1. 注射量的选择

应根据制品体积及塑料种类选用合适的热喷嘴。供应商一般会给出每种热喷嘴用于不同流动性塑料时的最大注射量。另外，应注意热喷嘴尺寸的大小，如果喷嘴口过小，会延长成型周期；如果喷嘴口过大，喷射口不易封闭，易导致流涎或拉丝。

2. 温度的控制

热喷嘴和热流道板温度控制的合理与否直接关系到模具能否正常运转。生产过程中出现的加工及产品质量问题的直接原因往往是热流道系统的温度控制得不好。可能出现的问题如采用热针式浇口注射成型时产品浇口质量差、采用阀式浇口成型时阀针关闭困难、多型腔模具中的零件填充时间与质量不一致等。所以，应尽量选择可多区域分别控温的热流道系统，以增强使用的灵活性及应变能力。不论采用内加热还是外加热方式，热喷嘴、热流道板的温度应保持均匀，避免出现局部过冷、过热现象。另外，加热器的功率应保证热喷嘴、热流道板在0.5~1h内从常温升到所需的工作温度。

3. 熔料流动性的控制

熔料在热流道系统中应平衡流动，各浇口要同时打开，从而使熔料同步填充各型腔。对于成型塑件质量相差悬殊的模具，要进行流道尺寸设计的平衡。否则就会出现有的塑件充模保压不够，有的塑件却充模保压过度。热流道的流道尺寸设计要合理，尺寸太小时充模压力损失过大，尺寸太大则热流道体积过大。熔料在热流道系统中停留时间不能过长，否则材料的性能会受到影响，从而导致塑件成型后不能满足使用要求。

4. 热膨胀量的调节

由于热喷嘴、热流道板会受热膨胀，所以模具设计时应预算膨胀量，修正设计尺寸，使膨胀后的热喷嘴、热流道板尺寸符合设计要求。另外，模具中应预留一定的间隙，不能存在限制膨胀的结构。如图14-26和图14-27所示，热喷嘴主要考虑轴向热膨胀量，其径向热膨胀

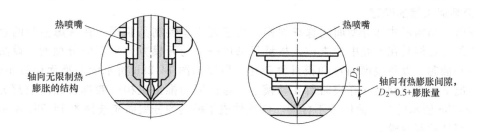

图14-26　热膨胀结构（一）

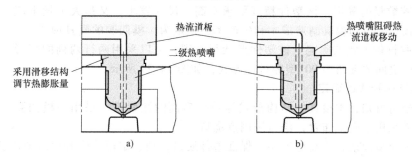

图14-27　热膨胀结构（二）
a）合理结构　b）不合理结构

量通过配合部位的间隙来补正；热流道板主要考虑长度、宽度方向的热膨胀量，厚度方向的热膨胀量由隔热垫块与模板之间的间隙调节。

14.2.6 热流道注射模的设计步骤

设计热流道注射模时，除了浇注系统，其他组成部分的设计皆可参照普通浇注系统注射模。在此，主要介绍热流道浇注系统的设计步骤。

（1）确定塑料制品质量　塑料制品的形状、尺寸大小是模具设计的基础，应根据塑料制品体积及塑料原材料种类选用合适的热喷嘴。

（2）确定热喷嘴型号　可按照客户要求或者产品质量、产品设计要求、产品材料、模具、循环周期、浇口、喷嘴、流道、温度控制器和注塑机性能等选择热喷嘴型号。

（3）确定热喷嘴位置　根据塑料制品的布局排列确定热喷嘴位置。

（4）确定热流道板的形状　根据塑料制品的布局确定热流道板的结构形式。

（5）确定流道尺寸　根据本节相关知识确定热流道直径。

（6）确定加热器的布局　计算热流道板的热量，确定热流道板的加热区，确定加热器的数量和型号。

（7）确定测温孔的位置　确定测温孔的位置，合理布置测温电偶。

（8）确定隔热板的位置　考虑热流道板热胀冷缩的性质，计算并选取合理的安装间隙，避免热流道板与热喷嘴、模板之间由于错位产生安装死角、热量泄漏、应力集中等缺陷。

（9）确定支承块、定位销的位置　由于支承块不仅要传递注射压力，还要使模具受热均匀。因此，在保证足够强度、刚度的前提下，应尽量减小其接触面积，且位置对称均匀。

14.3　任务实施

1. 塑件工艺分析

食品包装盒结构简单，大批量生产，外表面要求光滑、无毛刺；属方形壳体塑件，高40mm，长、宽各为42mm。塑件公差等级为MT5，尺寸精度低，无特殊要求。塑件壁厚为1mm，属薄壁塑件。塑件材料为聚苯乙烯（PS），成型工艺性很好，可以注射成型。

2. 分型面位置的确定

根据塑件结构形式和分型面的选择原则，为了便于塑料制品脱模，在考虑型腔的总体结构时，必须注意制品在型腔中的方位，尽量只采用一个与开模方向垂直的分型面，设法避免侧向分型和抽芯，以免脱模困难和模具复杂化，所以如图14-28b所示的分型面位置不合理。在一般情况下，应使制品在开模时留在动模上，这是因为推出机构一般都设在动模部分，所以如图14-28c所示的分型面位置不合理。该塑件成型模具的分型面应选择图14-28a所示的位置，便于制品顺利脱模。

3. 型腔数量和排位方式的确定

（1）型腔数量的确定　该塑件精度要求不高，尺寸较小，又是大批量生产，可以采用一模多腔的形式。考虑到模具制造成本和生产率，初定为一模四腔的模具形式。

（2）型腔排位方式的确定　该塑件形状很规则，可以采用两行两列的矩形排列方式，每个型腔中心线之间的夹角为90°型腔排位方式，如图14-29所示。

4. 模具结构形式的确定

由以上分析可知，本模具的结构形式为单分型面的注射模。采用一模四腔，由推杆推出塑件，分流道采用平衡式布置，浇口采用点浇口。

为了缩短成型周期，提高生产率，保证塑件质量，动、定模均应开设冷却通道。

5. 成型工艺的确定

本塑件的材料为聚苯乙烯（PS），属于热塑性塑料，成型性能优良，吸水性小，成型前可

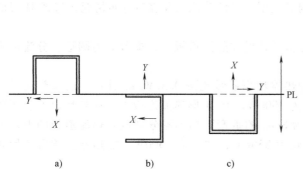

图 14-28　分型面位置的选择

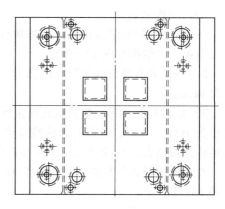

图 14-29　型腔排位方式

不进行干燥；材料比热容小，可很快加热塑化，塑化量较大，故成型速度快，生产周期短，可进行高速注射；熔料流动性好，可采用注射、挤出、真空等各种成型方法。但注意成型时应防止溢料；应控制成型温度、压力和时间等工艺条件（采用低注射压力、延长注射时间），以减少内应力。

聚苯乙烯（PS）的注射成型工艺参数见表 14-2。

表 14-2　PS 的注射成型工艺参数

序号	工艺参数	取值范围	序号	工艺参数	取值范围
1	喷嘴温度	160~170℃	6	注射时间	0~3s
2	料筒温度	140~190℃	7	保压时间	15~40s
3	模具温度	20~60℃	8	冷却时间	15~30s
4	注射压力	60~100MPa	9	成型周期	40~90s
5	保压压力	30~40MPa			

6. 热流道注射模浇注系统的选择

图 14-30 所示为热流道-无流道系统，热流道模具为目前相当热门的成型方式，由于不会产生或产生较少的流道凝料，因此不会浪费材料、方便模具设计，也可加快成型速度，更可获得较少的残余应力。该塑件的热流道注射模选择图 14-30 所示的浇注系统。

7. 热流道注射模浇注系统零部件的设计

（1）主流道衬套（浇口套）　主流道衬套的结构如图 14-31 所示。当主流道衬套凸出热流道板的高度小于 20mm 时，不用设置专门的加热装置，借助于热流道板的温度加热即可；若此高度大于 20mm，则需要配置环状加热器。

图 14-30　热流道-无流道系统

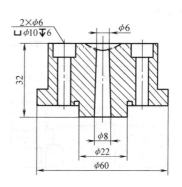

图 14-31　主流道衬套

（2）热流道板

1）热流道板的结构形式。根据塑料制品成型所需的分流道及浇口分布情况，选择 H 形的热流道板，其结构如图 14-32 所示。

2）分流道截面形状和尺寸的选定。分流道开设在热流道板上，横截面为圆形，分流道直径取 8mm。

3）加热器的选择。热流道板所需的加热器功率质量比按 0.3kW/kg 计算，已知热流道板质量为 10kg，因此，所需的加热器总功率为 3000W。在 H 形热流道板上，加热是由上、下两层整体式加热管进行控制的。将两根直径为 8mm 的折弯型加热器分别嵌入热流道板的上、下层，对热流道板进行加热，每根加热器总长为 830mm，功率为 1500W。加热器折弯后的形状如图 14-33 所示。

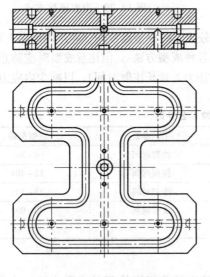

图 14-32 H 形热流道板

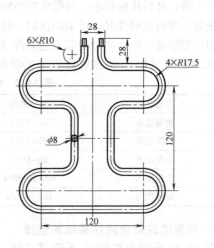

图 14-33 加热器

（3）流道塞（堵头）　为防止熔料外溢，在流道的多余部分——加工孔中设置流道塞，堵塞流道。流道塞材料的热膨胀系数应大于热流道板材料的热膨胀系数，以确保熔料不泄露。流道塞与热流道板的装配关系如图 14-34 所示。流道塞在压入流道孔后，要用顶紧螺钉顶住，使流道塞的台肩紧贴 A 面。图 14-34 中 D 与 R 在流道塞安装到位后进行组合加工。

（4）热电偶位置的确定　在热流道板上接近流道的位置设置两个热电偶，实物如图 14-35 所示。

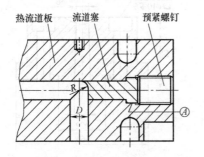

图 14-34 流道塞与热流道板的装配关系

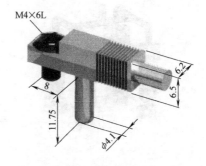

图 14-35 热电偶（热流道板感温线）

（5）垫块　为了支承热流道板及减少热传导，需在热流道板上面设置隔热垫块，如图14-36所示。为保证热流道板的装配定位准确，沿主流道衬套轴线方向在垫板和热流道板之间应设置中心垫块，如图14-37所示，并在远离中心垫块的位置设置定位销。

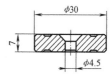

图14-36　隔热垫块

（6）支脚　支脚的设置是为了给热流道板一个与外界隔绝的空间，以防止热流道板上的热量大量向外界散失。支脚还应具有足够的强度和支承面积，以防止定模板因注射压力过大而发生变形。另外，在支脚上还必须设置加热器的出线槽、压线槽和导线压板等结构，如图14-38所示。

（7）二级喷嘴的选用　选用映通NL-ANPT26二级喷嘴，如图14-39所示。在热喷嘴内配备有鱼雷体，鱼雷体的针尖处形成环状浇口，使得进浇熔料可沿着针尖的外缘进入型腔中，因此热喷嘴也不会有凝料塞头的现象。

（8）冷却系统的设计　由于热流道浇口必须在注射过程中封冻才能取件，故有的模具在浇口附近还需要设置冷却水道，如图14-40所示。通过控制冷却水的流量大小，可使浇口附近的热平衡控制更加可靠。冷却水一般为室温冷水，必要时也可采用强迫通水或低温水来加强冷却效率。

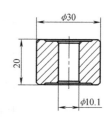

图14-37　中心垫块

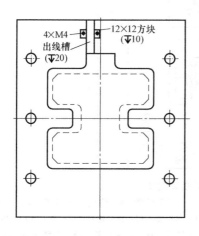

图14-38　支脚的结构图

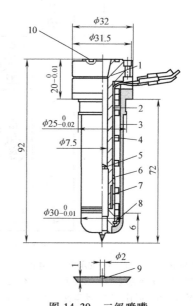

图14-39　二级喷嘴

1—本体后段　2—热电偶　3—外壳　4—盘管加热器
5—内针　6—感温套环　7—本体前段　8—C型扣坏
9—残存凝料　10—密封圈

采用直流循环式冷却水，结构简单，制造方便，冷却效果好，凹模和型芯均可用，适用于成型深度较浅而面积较大的塑料制品。

该塑件热流道注射模的装配图如图14-41所示。

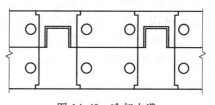

图14-40　冷却水道

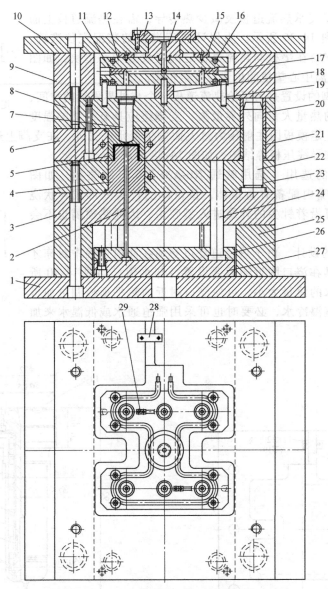

图 14-41 塑件热流道注射模装配图

1—动模座板 2—推杆 3—支承板 4—型芯 5—凹模 6—定模板 7—二级喷嘴 8—垫板 9—支脚 10—定模座板
11—流道塞 12—热流道板 13—定位圈 14—浇口套 15—隔热垫块 16—加热器 17—顶紧螺钉 18—中心垫块 19—定位销
20、21—导套 22—导柱 23—动模板 24—复位杆 25—垫块 26—推杆固定板 27—推板 28—导线压板 29—热电偶

14.4 任务训练与考核

1. 任务训练

如图 14-42 所示的食品包装盒，进行其
成型模具总体结构设计，并进行热流道浇注
系统设计。已知塑件材料为聚苯乙烯（PS），
质量为 47g，要求表面光滑，脱模斜度为 2°，
大批量生产。

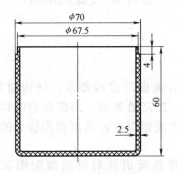

图 14-42 食品包装盒

2. 任务考核（表 14-3）

表 14-3　热流道注射模设计任务考核卡

任务考核	考核内容	参考分值	考核结果	考核人
素质目标考核	遵守规则	5		
	课堂互动	10		
	团队合作	5		
知识目标考核	热流道模具的分类及特点	5		
	热流道注射成型对塑料原料的要求	5		
	热流道注射模的结构	10		
	热流道浇注系统的设计	10		
	热流道注射模设计的关键参数	5		
	热流道注射模的设计步骤	5		
能力目标考核	热流道注射模总体结构设计	20		
	热流道浇注系统设计	20		
小计				

14.5　思考与练习

1. 热流道模具可以分为哪几类？
2. 热流道注射模与普通注射模相比有哪些优点？
3. 热流道浇注系统有哪些组成部分？
4. 设计热流道注射模时需要注意哪些要素？
5. 热流道注射模的设计步骤是怎样的？

任务15 气体辅助注射模设计

15.1 任务导入

气体辅助注射成型（简称"气辅成型"）是在传统注射成型的基础上发展起来的一种创新技术，是近年来才开始进入实用阶段的新工艺，英文简称 GIM（Gas-assisted Injection Molding）。气辅成型目前在欧洲和北美应用广泛，亚洲的日本和韩国也已相继扩大对该技术的应用，我国很多厂家也已经开始应用这项新技术。

气辅成型利用高压气体把厚壁塑件的内部掏空，克服了传统注射成型和发泡成型的局限性，具有传统注射成型工艺无法比拟的优点。与传统注射方法相比，气辅技术可以减轻塑件质量，加快冷却速率，降低锁模力，简化模具设计，从而大大降低成本。在提高产品质量方面，它可以消除表面缩痕，减小塑件的内应力和翘曲变形，并且能够通过设置附有气道的加强筋提高塑件的强度和刚度，而不增加塑件的质量。

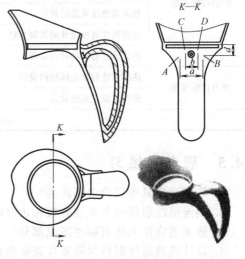

图 15-1 咖啡壶手柄

本任务是针对图 15-1 所示的咖啡壶手柄，进行其气体辅助注射模具设计。咖啡壶手柄的材料为改性 PP，手柄呈流线型，厚度较大。

15.2 相关知识

15.2.1 气体辅助注射成型原理

塑料注射成型时，熔体在型腔中的流动特点是：熔体在注射压力作用下进入模具型腔后，在同一截面上，各点的流动速度不同，中间最快，越靠近型腔壁的熔体流动速度越慢，接触型腔壁的一层速度为零。这是由于越靠近型腔壁，熔体的冷却速度越快，温度越低，熔体黏度越大，而中心部位温度最高，熔体黏度最小，注射压力总是通过中间层迅速传递，致使中心部分的质点以最快的速度前进。由于熔体外层流速慢，内层流速快，内层熔体在向前推进的同时会向外翻而贴模。如果让注射机注射到一定程度（熔体充填型腔到一定程度）便停止注射，而以一定压力的气体代替熔体注入，气体同样会向流动阻力最小的中间层流动，即借助气体气压作用，将中部塑料熔体继续向前推进，并将注入型腔的熔体吹胀，直至熔体贴满整个型腔，形成中空而外形完整的塑料制品。气辅成型中熔体和气体流动状态如图 15-2 所示。

气体总是沿流动阻力最小的路径流动，由高压处向低压处流动。因而气体总是向厚壁部位流动，这是因为该部位熔体温度高，阻力小。

15.2.2 气体辅助注射成型工艺

气体辅助注射成型工艺过程是在普通注射成型过程中加入气体注射，其具体过程如下（图 15-3）。

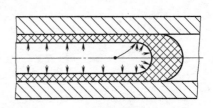

图 15-2 熔体和气体流动示意图

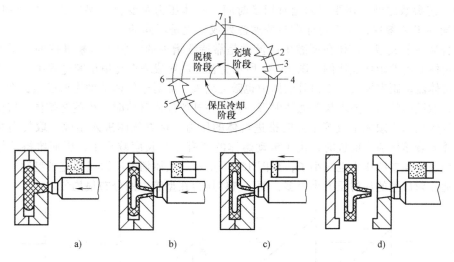

图 15-3　气体辅助注射成型的生产周期

a）注射阶段　b）充气阶段　c）保压冷却阶段　d）脱模阶段

1—周期开始　1~2—注射期　2—注射期结束　2~3—延时　3—充气开始　3~4—气体注入
4—充填阶段结束　4~5—保压阶段　5~6—气压下降、气体回收　6~7—脱模

1. 充填阶段

该阶段包括熔体注射和气体注入。在熔体注射期，用一定量的熔体充填型腔。按注入熔体体积的不同可分为三种类型：

1）中空成型：注入的熔体占型腔容积的 60%~70%。

2）短射：注入的熔体占型腔容积的 90%~98%。如彩色电视机前壳即采用短射（占容率为 95%~98%）。

3）满射：注入的熔体达充满型腔，此时，气体仅起保压补缩作用。

满射还可分为两种：一种是副型腔注射成型法，即熔体注满型腔后，注入气体，将多余的熔体排入副型腔，然后关闭副型腔，保压冷却；另一种是熔体回流法，即熔体注满型腔后，注入气体，使多余的熔体回流到注射机料筒内。以上成型设备均需安装特殊装置和控制系统。

具体采用哪一种方法，应根据塑料制品的用途及要求而定，并确保在充气时不把制品表层冲破。熔体注射量应经试验后确定，注入量一经确定，应准确计量。

进入充气期时，将定容和定压的氮气注入型腔，充气时间很短，但对气辅成型能否成功起着至关重要的作用。需要准确确定熔体注射到氮气注入的切换时间，正确确定气体的压力等，这些都直接关系到制品的质量，制品的许多缺陷都可能在这一阶段产生。短时间的延时切换是为了控制冷凝层厚度，调节气体流动空间，并使浇口处塑料熔体降温固化，以防气体"倒灌"（气体从浇注系统倒流而不是按预定气道流动）。

2. 保压冷却阶段

在型腔充填结束后，仍要保持一定的气体压力，以使成型制品在一定压力下冷却。在保压阶段仍需继续注入气体，以弥补制品的冷却收缩，保证塑料贴紧型腔。保压冷却阶段的最后将氮气释放（回收）。

3. 脱模阶段

气体辅助注射成型工艺过程比普通注射成型复杂，工艺过程涉及高分子熔体和高压气体的液气两相流动及相互作用问题，需要控制的工艺条件也多。除了需要控制普通注射成型必须控制的工艺参数之外，还要控制延时切换时间、气体压力及变化、保压压力与冷却时间等。即使是相同的工艺参数，其控制标准与普通注射成型也是不同的。

对于普通注射成型，熔体在型腔中的流动是靠持续增加的注射压力来维持的，压力的增加基本上和熔体流动的距离成比例。图 15-4a 所示为普通注射成型在充填型腔过程中的压力变化情况，随着熔体流动距离增大，浇口处的压力也随之增大。而对于气体辅助注射成型，在开始注入气体之前，型腔内的压力要求与普通注射模一样；在开始注入气体时，也就是熔体、气体注入切换时刻，气体压力必须大于或等于此时推进熔体的压力，接着气体进入型腔，取代高黏度的熔体；在气体向着熔体前沿前进时，由于流动熔体的"有效"长度减小了，因而维持熔体前沿以相同速度前进所需要的压力也减小了，如图 15-4b 所示。气体辅助注射成型充填型腔所需的气体压力比普通注射成型的注射压力小得多，而且气体压力在型腔中的分布很均匀。

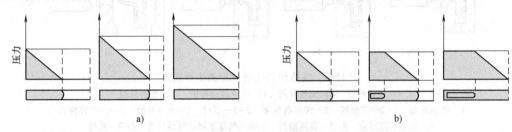

图 15-4　两种注射成型压力分布比较
a) 普通注射成型　b) 气体辅助注射成型

15.2.3　气体辅助注射成型设备

气体辅助注射成型所用设备主要有注射机、氮气制备设备、气体注射装置等。气体注射装置包括气体增压系统、气压控制系统、喷气系统（模具上安装喷嘴（气针）或注射机上安装气嘴）等。较先进的设备可实现压力分段控制（可达 7 段），以满足注射工艺的需要。

图 15-5 所示为气体辅助注射成型的气体注射装置示意图。氮气经柱塞式储气缸Ⅰ预压缩，气缸里所含气体容量和压力完全能满足注射预充气的需要。氮气在柱塞式储气缸Ⅱ内被压缩到充气所需要的高压压力。

图 15-5　气体注射装置示意图
1—氮气瓶　2—柱塞式储气缸Ⅰ
3—柱塞式储气缸Ⅱ　4—比例阀
5—气体换向阀　6—喷嘴

15.2.4　气体辅助注射成型的特点

与普通注射成型相比较，气体辅助注射成型有如下优点：

1）能够成型壁厚不均匀的塑件及复杂的三维中空塑件。

2）气体从浇口至流动末端形成连续的气流通道，无压力损失，能够实现低压注射成型，由此能获得低残余应力的塑件，塑件翘曲变形小，尺寸稳定，刚度高。

3）气流的辅助充模作用提高了塑件的成型性能，因此，采用气体辅助注射有助于成型薄壁塑件，减轻了塑件的质量，节约了塑料原材料。

4）由于注射成型压力较低，可在锁模力较小的注射机上成型尺寸较大的塑件。

5）可简化塑件和模具设计，降低模具加工难度，成型时型腔压力降低，锁模力减小，可延长模具使用寿命。

气体辅助注射成型的缺点：

1）需要增设供气装置和充气喷嘴，提高了设备的成本。

2）采用气体辅助注射成型技术时，对注射机的精度和控制系统有一定的要求。

3）塑件有气体注入部分与无气体注入部分的表面会产生不同的光泽。

气体辅助注射成型适用于几乎所有的热塑性塑料和部分热固性塑料。

15.2.5 气体辅助注射模设计

气体辅助注射模设计与普通注射模设计的理念及方法并没有太大差别，二者的设计原则是一致的。采用气体辅助注射成型技术时，模具结构上的特殊之处是装有气针且连接气体压力控制系统，因此两者在设计要求方面稍有差别。由于气道直接影响气体的流动和气体对熔体流动的干涉，从而最终影响成型制品的质量，合理设计气道的尺寸、截面形状和位置布置至关重要。

1. 进气方式的确定

进气方式的选择是模具设计的关键问题之一，直接影响到气体辅助注射成型（气辅成型）的可行性。气辅成型的进气方式可分为喷嘴进气和模具进气两种。采用喷嘴进气需改造注射机的喷嘴，使其既有熔体通道也有气体通道，以便在熔体注射结束后可切换到气体通道，实现气体注射（图15-6）；采用模具进气则不需改造注射机的喷嘴，但需在模具中开设气体通道并加设专门的进气元件（气针），在气体压力控制下工作，引导气体进入模具型腔。

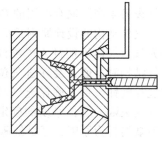

图 15-6　改造后的喷嘴

进气方式的选用要视制品的具体情况而定，采用喷嘴进气方式，熔体与气体通过同一流道，具有相同的流动方向和压力梯度；采用模具进气方式，会有气体的流动方向与熔体流动方向相反的情况。模具进气方式一般用于热流道模具或制品加强部位离浇口比较远的情况，如电视机后壳成型模具及一些熔体流动长度较大的长条形制品。

2. 注气点的选择

喷嘴进气不存在注气点的选择问题，但对制品设计和开模有较高的要求。模具进气的方式灵活多样，型腔进气的注气元件通常采用气针。注气点的选择也是模具设计的关键问题之一，同样会直接影响气辅成型的可行性，成型过程中常出现的困气和气针堵塞现象都与此有直接关系。通常，注气点的选择原则如下：

1）注气点的位置要尽可能靠近浇口，注气点越靠近浇口，塑件的充气效果越好。可保持大约30mm以上的距离，同时确保气体的流动方向与熔体的流动方向一致。

2）如果交叉气道不能避免，则只能在交叉位置处设置1个注气点。

3）熔体注射采用短射方式时，熔体和气体注射最好采用自上向下或水平的注射方式，避免采用自下向上的方式，防止因熔体自重产生的流涎现象。

4）注气点应避免设置在与熔体注入口轴线相对的位置，防止气针堵塞。

5）注气点的选择一般要保证气针堵塞后可以方便拆卸。

6）对于多型腔成型，每个型腔应采用单独的注气点。

7）注气点位置应选择在不影响表面美观和不承受外界载荷的地方。

对于分流道进气，为了防止气体在浇注系统内产生穿透现象，可以设置扼流段，如图15-7所示。型腔进气可以采用薄膜浇口，或通过浇口位置加速冷却的方法，加快浇口处熔体的凝固，以防止熔体回流。

3. 气针及进气结构设计

气针又可称为气嘴，是气辅成型模具上的重要元件，所用材料一般为不锈钢或淬硬钢。性能优良的气针应具有安装拆卸简便、密封可靠和不易堵塞等特点。气针的作用是将气体从模具引入制品的气道，而阻止熔体倒流到模具的气孔内，防止模具损坏。一般来说，气针本身要能够调节气流的大小，可以控制气体流量，达到多个进气点之间的平衡；其可调部分与固定部分的间隙一般为 0.02~0.04mm。气针原理如图 15-8 所示。

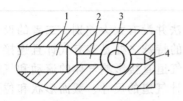

图 15-7 扼流段

1—分流道 2—扼流段 3—气针 4—型腔

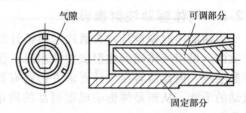

图 15-8 气针原理图

目前气针都是作为标准件来使用的，市场上有各类标准的气针可供选用。世界上主要的气辅设备生产厂家有英国的 Cinpres、Gas Injection 公司和德国的 Battenfeld 等公司。

气针结构的设计原则是保持充气的顺畅和密封，并且如果进气结构位于流道上，必须确保充气时气体不能进入喷嘴前的主流道。在设计气针结构时，通常会在进气位置设置一个环形肋位包住气针头部，确保充气时不会因头部漏气造成气辅失败。肋位厚度的确定应以该肋位在注射时不缺熔料为原则，可尽量薄，厚度为 6mm 左右即可。此外，进气通道上凡可能出现气体外逸的位置都应加装密封圈。当进气结构位于流道上时，还需要将浇口设计得相对大一些并对流道结构进行一些特殊处理，使气体能从浇口进入型腔熔料内部而不会进入主流道及排气孔内（如果制品内部高压气体不能及时排出，易导致制品爆裂）。

常用进气结构如图 15-9~图 15-11 所示。

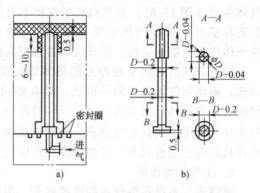

图 15-9 套筒式进气结构

a）装配图 b）气针

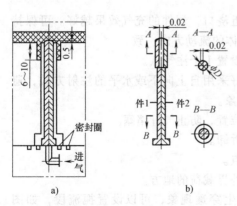

图 15-10 拼合式进气结构

a）装配图 b）气针（由两个半圆拼合）

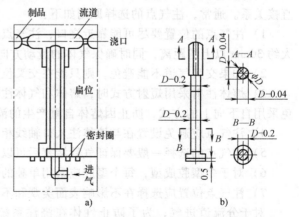

图 15-11 细长杆端部进气的一般结构

a）装配图 b）气针

4. 气道的设计

气道是引导气体流动的通道，同时它也是制品的一部分。气道设计是气辅成型技术中最关键的设计因素之一，它不仅影响制品的刚度，同时也影响其加工性能，由于预先规定了气体的流动状态,所以也会影响到初始注射阶段熔体的流动,合理的气道设计对成型较高质量的制品至关重要。在设计上,影响气体流动的主要因素包括气道的几何形状、尺寸大小和位置。

(1) 气道的几何形状　气道形状根据所在位置的不同可分为如图 15-12 所示的几种。

(2) 气道的尺寸大小　气道的大小一般约为壁厚的 2~3 倍,但也要根据制品的结构、大小做具体调整。气道如果太小,气体就不会沿气道方向流动而渗透到薄壁处,导致产品强度降低并影响表面质量。另外,如果气道太小,则会形成"跑道效应",即熔体在充填时因气道处厚度大,有引导熔体加速流动的趋势。跑道效应过于明显会使薄壁处充填减速而产生各种问题,如困气、烧焦、气体渗透或吹穿等。

气道几何尺寸的推荐值为:气道处制品截面宽度为制品平均壁厚的 2~3 倍,气道处制品截面高度为气道处制品截面宽度的 0.7~1 倍,加强筋截面宽度为制品平均壁厚的 0.5~1 倍,加强筋截面高度为制品平均壁厚的 5~10 倍。如图 15-13 所示,$b=(2\sim3)s$,$h=(0.7\sim1)b$,$c=(0.5\sim1)s$,$d=(5\sim10)s$。

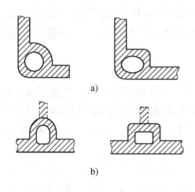

图 15-12　气道的形状

a) 角部气道截面　b) 平面或筋根部气道截面

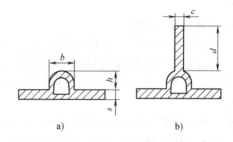

图 15-13　气道的几何尺寸

(3) 气道的位置　气体在浇口处压力较高,在充填的最末端压力较低,气体沿最短路径从高压处向低压处(最后充填处)流动,同时气道布置也要充分考虑产品表面质量及强度问题。所以气道的布置应遵循以下原则:

1) 气道要根据塑料熔体的流动方向布置,尽量使气体流动方向与熔体流动方向一致。

2) 气道要避免形成回路。

3) 气道要布置均衡,使气道末端也能流通气体,同时又保证气体只在气道中流动,不进入制品薄壁部分。

4) 主气道可沿角部或筋位设计,设计应尽量简单,便于气体流动。

5) 气道末端截面尺寸要缩小。

对于如图 15-14 所示的矩形制件,如果选择两条加强筋的交叉处作为熔体和气体的入口,采用图 15-14a 所示的对角气道比较好,该结构能引导气体向四个角流动,应力分布均匀,制品翘曲变形小。图 15-14b 所示的十字气道会使气体出现二次穿透,进入制品薄壁部分,从而降低制品强度,并在制品表面形成不同的光泽度。

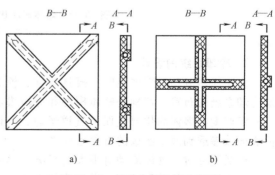

图 15-14　气道位置选择示意图

a) 对角气道　b) 十字气道

5. 浇注系统的设计

（1）浇口设计　浇口数目应尽量少，一般制品只设置一个浇口。要选择合适的浇口位置，以保证欠料注射的熔体能均匀地充满型腔。如果浇口和气体注入点分开设计，则浇口应尽量使型腔最后的填充点靠近气道终点。对于气针安装在注射机喷嘴和浇注系统中的模具，浇口尺寸必须足够大，以防止熔体在气体注入前在浇口凝结，特别是潜伏式浇口一般要比普通模具的浇口大一些。侧浇口和扇形浇口内部有气道时，其截面尺寸也要足够大，以便气体能顺利地进入型腔。

浇口设计应尽量避免熔体喷射。出现喷射现象时熔体会发生叠合，而叠合部分的熔体表面温度下降，气体流动到第一个叠合面处时会吹穿熔体表面。可通过逆重力方向充填型腔或在制品较薄处设置浇口等方法来避免产生喷射。

（2）流道设计　冷流道系统的尺寸应该足够大，以便把一定量的熔体以理想的模式充填到型腔中。由气体推动的熔体必须有去处，且必须足以将型腔充满，所以气体流动方向必须与熔体流动方向相同，有时可能需要设置调节流动平衡的溢流空间，以得到理想的空心通道。

从型腔进气的模具，即采用模具进气方式的模具，可以采用热流道系统，根据气道位置的不同可采用阀式浇口或其他类型的浇口。对于从注射机喷嘴进气的模具，一般不采用热流道系统。

6. 模具型腔的设计

气体不能把熔体从一个型腔推进到另一个型腔中，但气辅成型要求每个型腔的欠料注射量必须相等。模具型腔数量越多，对进入各型腔的熔体注射量就越难以控制，欠料注射的精确控制有时可能难以达到。因此气辅成型模具一般以一模一腔为佳，最好不要超过一模四腔。

模具型腔的设计应尽量保证熔体的流动平衡，以减少气体的不均匀流动。熔体充填的不平衡会加剧气体流动的不均匀，使结构对称制品的各向性质出现严重差异，甚至在制品的某一方向出现吹穿，导致废品。因此保证型腔中熔体的流动平衡对于气辅成型模具的设计更加重要。图 15-15 所示为管状型腔中熔体平衡与非平衡充填时气体流动情况的对比，箭头处为熔体和气体的入口处。

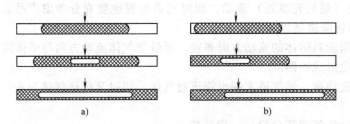

图 15-15　熔体流动状态对气体流动的影响

a）平衡流动　b）非平衡流动

7. 冷却系统的设计

由于气体流动对熔体温度、模具温度、模具表面粗糙度等因素较为敏感，所以应充分考虑冷却系统的布置，特别是整体模温和分段模温的可控性，因为在一定时间内保持型腔壁面有一定厚度的熔体固化层是保证气道畅通、气体能够按设定方向流动，以及气体不会穿透制品表面或渗透到薄壁区域的重要条件之一。

模具温度对于气体流动有很大的影响，不同模具温度会导致制品外表面固化层的厚度变化，从而影响充气效果，因此设计冷却系统时应首先考虑充气需要及效果。在不需要充气的制品薄壁处应先预冷使熔体固化，防止气体窜入；气道部分模温稍高，以利于气体流动和制品成型。这与普通注射模通常所遵循的制品各部位同时冷却固化的原则有所不同。但对气道周围的模具温度则又要求尽量一致，如果气道周围的模具温度很不均衡，会使熔体冷却速率不一致，将导致固化层厚度分布不均，从而影响制品壁厚的一致性。因此气辅成型模具比普通注射成型模具对局部温度一致性的要求更高。

8. 考虑工艺参数的影响

与普通注射成型相比，气辅成型对工艺参数敏感得多。在气辅成型中，模壁温度或注射体积的不同会导致对称件中气体流动的不对称。对于图 15-16a 所示的对称制品，开始上、下两侧注入相同体积的塑料熔体（图 15-16b），假设由于冷却水管串联布置导致上、下两侧模壁温度状态为上冷下热，则上侧熔体黏度将比下侧大，导致下侧气体流动性较上侧强（图 15-16c），随着气体的不断注入，这种倾向越来越明显，最后上、下两侧将出现不同程度的气体流动状态（图 15-16d）。

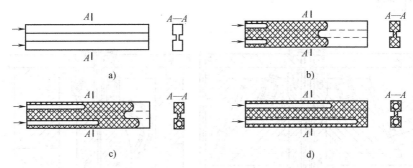

图 15-16 模壁温度的微小差异引起的气体流动不均匀

15.3 任务实施

1. 塑件工艺分析

咖啡壶手柄材料为改性 PP，手柄呈流线型，厚度较大。整个塑件厚薄不均，普通注射工艺难以成型，必须采用气辅成型工艺一次成型。

根据塑件的结构特点和外观要求，采用美国 Moldflow MPI 软件的气辅成型模块（Gas-Assisted Injection Molding）进行模拟分析，并考虑模具的整体结构，确定采用具有两个潜伏式浇口（图 15-1 中 A、B 两处）及两个气体注入点（图 15-1 中 C、D 两处）的模具结构。

2. 模具的结构设计

通过塑件工艺分析已经明确咖啡壶手柄的成型工艺采用气辅成型。由于咖啡壶颈部为环形，且颈部附近的手柄上端内侧有一个装配用的异形内孔，所以成型时必须采用内抽芯结构；同时由于整体形状是两端大、中间小，型腔必须采用瓣合模结构。

咖啡壶手柄成型模具的结构如图 15-17 所示。瓣合模两边的斜滑块 6 通过 T 形槽进行导向，并在弹簧 17 的作用下侧向分型和抽芯。定模镶块 9 和动模镶块 30 对接构成整套模具的型芯。氮气气缸 32 安装在动模座板 1 上，两支活动进气管 37 从动模镶块 30 通过；注气时，气体由活动进气管 37 经滑块 22 和气针体 25 进入塑件内部，实现气辅成型过程，为了防止进气管在开模时与滑块 22 的运动发生干涉，进气管采用活动结构，开模前进气管需先从滑块 22 中退出。内抽芯机构由弯销 21 和滑块 22 组成，件 14、15、16 组成滑块 22 的定位装置，以保证弯销 21 在合模时能准确导入滑块 22 的斜孔，使滑块 22 复位。由于两个潜伏浇口、主流道和分流道中的凝料均由 Z 形拉料杆 33 脱出，滑块 22 和拉料杆 33 会发生干涉，因此必须在滑块 22 中间开设一个避让孔。

3. 模具冷却系统的设计

如图 15-17 所示，塑件的大部分表面均由斜滑块来成型，并且定模镶块 9 和动模镶块 30 也与斜滑块相接触，因此模具的冷却主要针对斜滑块，无需对模具的型芯进行冷却。在每个斜滑块中都通入两路 U 形冷却水路，可满足冷却需求。

4. 模具的工作过程

合模时，斜滑块 6 和滑块 22 在合模力的作用下准确复位，活动进气管 37 在氮气气缸 32 的驱动下导入滑块 22 的进气孔内，并通过密封圈 38 进行密封；当熔料注射达到一定量（通过调整确定）时，进入延迟阶段；延迟阶段结束后，氮气以一定的压力克服弹簧 23 的作用，推开气针阀芯 24 进入塑件内部，实现气注成型；开模前，活动进气管 37 在氮气气缸 32 的驱动下先从滑块 22 中退出，模具从分型面处打开，斜滑块 6 在弹簧 17 的作用下沿 T 形槽进行侧向分型，通过人工取出制品，推板 35 和推杆固定板 36 配合注射机顶出结构的作用，由拉料杆 33 顶出浇注系统。

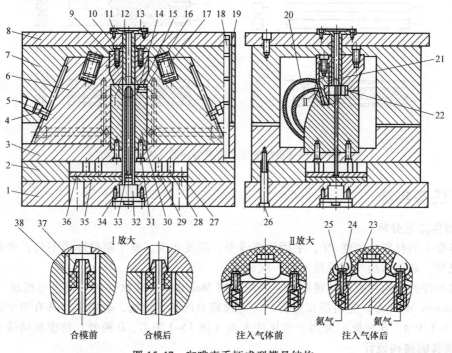

图 15-17　咖啡壶手柄成型模具结构

1—动模座板　2—动模垫板　3—支承板　4—限位钉　5、10、11、16、26、27、31、34—螺钉
6—斜滑块　7—定模板　8—定模座板　9—定模镶块　12—主流道衬套
13—定位圈　14—顶销　15、17、23—弹簧　18—导柱　19—导套　20—塑件
21—弯销　22—滑块　24—气针阀芯　25—气针体　28—推板导柱
29—复位杆　30—动模镶块　32—氮气气缸　33—拉料杆　35—推板
36—推杆固定板　37—活动进气管　38—密封圈

15.4　任务训练与考核

1. 任务训练

如图 15-18 所示，冰箱手柄塑件的材料为 PP+30%GF（玻璃纤维），塑件质量为 165g，允许质量误差±10g。客户对塑件外观、质量以及装配尺寸要求较高，但对中空部分的形状无特殊要求。请针对此塑件进行模具结构设计。

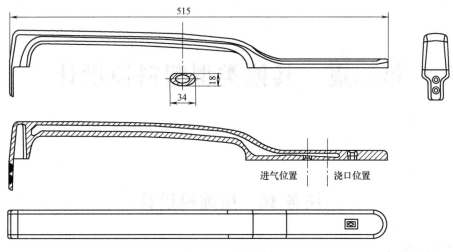

图 15-18　冰箱手柄

2. 任务考核（表 15-1）

表 15-1　气体辅助注射模设计任务考核卡

任务考核	考核内容	参考分值	考核结果	考核人
素质目标考核	遵守规则	5		
	课堂互动	10		
	团队合作	5		
知识目标考核	气体辅助注射成型原理	5		
	气体辅助成型设备	5		
	气体辅助注射成型工艺条件	5		
	气体辅助注射成型特点	5		
	气体辅助注射模设计要点	15		
	气体辅助注射模设计思路及原则	5		
能力目标考核	气体辅助注射模设计	25		
	气体辅助注射模结构示意图绘制	15		
小　计				

15.5　思考与练习

1. 气体辅助注射成型的原理及工艺是什么？
2. 气体辅助注射成型模具的设计原则是什么？
3. 气体辅助注射成型的特点是什么？

第三篇 其他类型塑料模设计

任务 16 压缩模设计

16.1 任务导入

压缩模又称压塑模，是塑料成型模具中比较简单的一种模具，主要用于热固性塑料的成型。在成型前，根据压缩工艺条件将模具加热到成型温度，然后将塑料原料加入模具型腔内进行加热、加压，塑料原料在热和压力的作用下充满型腔，同时发生化学交联反应而固化成型，最后开模得到塑件。

本任务针对如图 16-1 所示的壳形底座塑件，进行塑件的压缩模结构设计。该塑件材料为酚醛 D141，大批量生产。

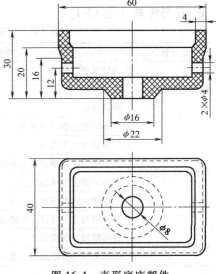

图 16-1 壳形底座塑件

16.2 相关知识

16.2.1 压缩模的分类及结构

1. 压缩模的分类

压缩模的分类方法很多，在这里介绍两种常见的分类方式。

（1）按照压缩模在压力机上的固定方式分类

1）移动式压缩模。移动式压缩模的特点是在成型时将压缩模放在压力机上、下模板之间，成型后将压缩模移出压力机，用卸模工具开模后取出塑件，其结构如图 16-2 所示。模具整体结构简单、成本低，但劳动强度大，效率低，模具容易磨损，适用于生产批量较小的中小型塑料制品，模具质量通常不超过 20kg。模具内部可设置较多的嵌件，或者螺纹孔、侧向分型与抽芯机构等较复杂结构，不易实现自动或者半自动操作。

2）半固定式压缩模。半固定式压缩模的特点是压缩模合模时构成型腔的两大部分，采用一部分固定在压力机上，另一部分可以移出压力机的组合方式，其结构如图 16-3 所示。在成型之后可将移动部分移到压力机外的工作台上进行开模、取件、

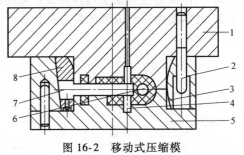

图 16-2 移动式压缩模
1—上凸模 2—导柱 3—凹模
4—型芯 5—下凸模 6、7—侧型芯 8—凹模拼块

安放嵌件和加料等操作，然后再将其推入压力机内，进入下一个工作循环。此类压缩模可以与通用模架配合使用，适用于压力机开模行程受限制、嵌件多、加料不便等场合。

3）固定式压缩模。固定式压缩模的特点是压缩模合模时构成型腔的两大部分，分别被固定在压力机的上、下模板上。合模、加热、保压、冷却、排气、开模均在压力机上进行，可以实现机械化或半自动化操作。其效率高，磨损小，寿命长，结构复杂，成本高，但是放置嵌件比较困难，适用于塑件生产批量大或者尺寸较大的场合。

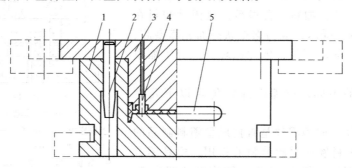

图 16-3　半固定式压缩模
1—凹模　2—导柱　3—凸模（上模）　4—型芯　5—手柄

（2）按照压缩模的闭合特征分类

1）溢式压缩模。溢式压缩模的型腔本身就是加料腔，如图 16-4 所示。凸、凹模无配合关系，多余的塑料从承压面溢出来，一般通过体积加料法进行加料。此类模具合模时溢料量波动大，生产的塑件尺寸精度差、密度低，物理性能较差，有水平飞边且去除比较困难。溢式压缩模一般不宜用于纤维浸渍料等较蓬松的塑料材料，适用于尺寸较小、生产批量小、形状扁平的盘形零件，尤其适用于对强度和精度无严格要求的塑件。

2）不溢式压缩模。不溢式压缩模的加料腔断面和型腔上部相同，无挤压边缘，凸模压力全部作用在塑件上，一般按照质量加料，溢料较少，其结构如图 16-5 所示。不溢式压缩模的特点是塑件承受压力大，密实性好，力学性能好。塑件有少量垂直飞边，易于去除，一般要求模具有推出装置。不溢式压缩模的凸模与加料腔侧壁摩擦造成的划痕，会损伤塑件外观。不溢式压缩模一般适用于形状复杂、薄壁、流程长的深腔制品，也可用于单位比压高、流动性差的纤维状、碎屑状塑料的成型。

3）半溢式压缩模。半溢式压缩模的加料腔断面尺寸大于型腔尺寸，如图 16-6 所示。型腔顶部有挤压边缘，塑件的尺寸精度易于保证。脱模时塑件与加料腔没有摩擦，可以避免塑件外观的损坏，一般采用体积法进行加料。半溢式压缩模应用较广，适用于流动性较好的塑料，不适用于纤维状或者碎屑状的填充塑料，适用于塑件形状复杂和具有较大压缩比的塑料。生产的塑件尺寸精度和物理性能、力学性能均较好。

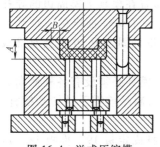　　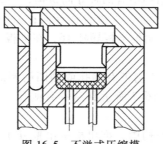　　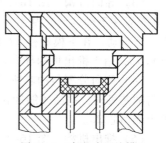

图 16-4　溢式压缩模　　　　图 16-5　不溢式压缩模　　　　图 16-6　半溢式压缩模

2. 压缩模的结构

典型压缩模的结构如图 16-7 所示。模具可分为固定于压力机上模板的上模和固定于工作台的下模两大部分,这两部分靠导柱 6、导套 9 导向。开模时,上模部分上移,凹模 3 脱离下模一段距离,手工将侧型芯 20 抽出,推板 18 推动推杆 11 将塑料制品推出。加料前,先将侧型芯复位,加料、合模后,热固性塑料在加料腔和型腔中受热受压,成为熔融状态而充满型腔,冷却固化后开模,取出制品,依此循环,进行压缩模塑成型。

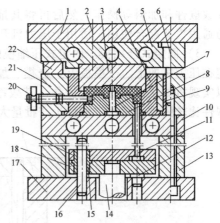

图 16-7　典型压缩模结构

1—上模座板　2—螺钉　3—凹模　4—凹模镶件
5、10—加热板　6—导柱　7—型芯　8—凸模
9—导套　11—推杆　12—挡钉　13—垫块
14—压力机顶杆　15—推板导套　16—推板导柱
17—下模座板　18—推板　19—推杆固定板
20—侧型芯　21—凹模固定板　22—承压块

按零件作用的不同,压缩模通常包含以下几个部分:

(1) 成型零件　成型零件是直接成型塑料制品的零件,加料时与加料腔一道起装料的作用,模具闭合时形成所要求的型腔。图 16-7 所示结构中的凹模 3、型芯 7、凸模 8、凹模镶件 4、侧型芯 20 为成型零件。

(2) 加料腔　如图 16-7 所示,加料腔指凹模镶件 4 的上半部。由于塑料原料与制品相比密度较小,成型前单靠型腔往往无法容纳全部原料,因此在型腔之上设一段加料腔。对于多型腔压缩模,其加料腔有两种结构形式,如图 16-8 所示。一种是每个型腔都有自己的加料腔,而且彼此分开(图 16-8a、b),其优点是凸模与凹模的配合定位较方便,且如果个别型腔损坏,可以修理、更换或停止对其加料,不影响压缩模的继续使用;但这种模具要求每个加料腔加料准确,因而费时,另外,模具外形尺寸较大,装配要求较高。另一种结构形式是多个型腔共用一个加料腔(图 16-8c),其优点是加料方便迅速,飞边把各个制品连成一体,可以一次推出,且模具轮廓尺寸较小;但个别型腔损坏时,会影响整副模具的使用,此外,统一加料时,制品边角往往缺料。

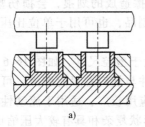 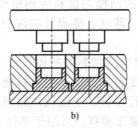 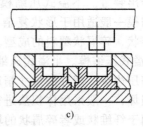

　　　　　a)　　　　　　　　　　　b)　　　　　　　　　　　c)

图 16-8　多型腔压缩模及其加料腔

(3) 导向机构　图 16-7 所示结构中有两种导向机构,一种由布置在模具上模周边的导柱 6 和布置在下模的导套 9 组成,用于上、下模合模导向;另一种是为了保证推出机构顺利地上、下滑动,在下模座板 17 上设有两根推板导柱 16,在推板 18 和推杆固定板 19 上装有推板导套 15,用于推出机构导向。

(4) 侧向分型与抽芯机构　当压制带有侧孔或侧凹的制品时,模具必须设有各种侧向分型与抽芯机构,制品才能脱出。图 16-7 所示制品带有侧孔,在推出制品前需手动转动螺杆,抽出侧型芯 20。

(5) 推出机构　图 16-7 所示结构中,推出机构由推杆 11、推杆固定板 19、推板 18、压力机顶杆 14 等零件组成。

（6）加热系统　热固性塑料压制成型需要在较高的温度下进行，因此，模具必须设置加热系统，常用的加热方法是电加热。图16-7所示结构中加热板5、10分别对凹模、凸模进行加热，在加热板圆孔中插入电加热棒。

16.2.2　压缩模与压力机的关系

1. 压力机最大压力的校核

校核压力机最大压力是为了在已知压力机的公称压力和制品尺寸的情况下确定型腔的数目，或在已知型腔数目和制品尺寸时，确定压力机的公称压力。

压制塑料制品所需要的总成型压力应小于或等于压力机的公称压力。其关系如下

$$F_{模} \leqslant KF_{机} \tag{16-1}$$

式中　$F_{模}$——压制塑料制品所需的总成型压力；

　　　$F_{机}$——压力机的公称压力；

　　　K——修正系数，取值范围为 $0.75 \sim 0.90$，根据压力机新旧程度确定。

$F_{模}$ 可按照下式计算

$$F_{模} = pAn \tag{16-2}$$

式中　p——压塑时的单位成型压力，其值可根据表16-1选取；

　　　A——单个型腔水平投影面积：对于溢式和不溢式压缩模，A 等于塑料制品最大轮廓的水平投影面积；对于半溢式压缩模，A 等于加料腔的水平投影面积；

　　　n——压缩模内加料腔的个数，对于单型腔压缩模，$n=1$；对于共用加料腔的多型腔压缩模，$n=1$，这时 A 为加料腔的水平投影面积。

确定需要的压力机公称压力时，将式（16-2）代入式（16-1）可得

$$F_{机} \geqslant \frac{pAn}{K} \tag{16-3}$$

表16-1　压塑时的单位成型压力 p　　　　（单位：MPa）

塑料制品的特征	粉状酚醛塑料		布基填料的酚醛塑料	氨基塑料	酚醛石棉塑料
	不预热	预热			
扁平厚壁制品	12.26~17.16	9.81~14.71	29.42~39.23	12.26~17.16	44.13
高20~40mm,壁厚4~6mm	12.26~17.16	9.81~14.71	34.32~44.13	12.26~17.16	44.13
高20~40mm,壁厚2~4mm	12.26~17.16	9.81~14.71	39.23~49.03	12.26~17.16	44.13
高40~60mm,壁厚4~6mm	17.16~22.06	12.26~15.40	49.03~68.65	17.16~22.06	53.94
高40~60mm,壁厚2~4mm	22.06~26.97	14.71~19.61	58.84~78.45	22.06~26.97	53.94
高60~100mm,壁厚4~6mm	24.52~29.42	14.71~19.61	—	24.52~29.42	53.94
高60~100mm,壁厚2~4mm	26.97~34.32	17.16~22.06	—	26.97~34.32	53.94

当压力机的公称压力已确定时，可按下式确定多型腔模的型腔数

$$n \leqslant \frac{KF_{机}}{pA} \tag{16-4}$$

当压力机的公称压力超出成型需要的压力时，需调节压力机的工作液体压力，此时压力机的压力由压力机活塞横截面面积和工作液体的工作压力确定，即

$$F_{机} = p_1 A_{机} \tag{16-5}$$

式中　p_1——压力机工作液体的工作压力（可由压力表得到）；

　　　$A_{机}$——压力机活塞横截面面积。

2. 开模力的校核

开模力的大小与成型压力成正比，其值关系到压缩模连接螺钉的数量及大小。因此，对于大型模具，在布置螺钉前需计算开模力。

（1）开模力计算公式

$$F_{开} = K_1 F_{模} \tag{16-6}$$

式中　$F_{开}$——开模力；

　　　K_1——压力系数，对于形状简单的制品，配合环不高时取 0.1；配合环较高时取 0.15；对于形状复杂的制品，配合环较高时取 0.2。

（2）连接螺钉数量的确定

$$n_{螺} = \frac{F_{开}}{f} \tag{16-7}$$

式中　$n_{螺}$——螺钉数量；

　　　f——每个螺钉所能承受的载荷，其值可根据表 16-2 查取。

表 16-2　连接螺钉规格及载荷　　　　　　　　　　（单位：N）

螺纹规格	材料:45 钢	材料:T10A	备　注
	$\sigma_b = 490.33\text{MPa}$	$\sigma_b = 980.67\text{MPa}$	
M5	1323.90	2598.76	
M6	1814.23	3628.46	
M8	3432.33	6766.59	
M10	5393.66	10787.32	
M12	7943.39	15788.71	
M14	10787.32	21770.76	对于成型压力大于 500kN 的大型模具，连接螺钉材料可选 T10A、T10，但不应淬火
M16	15200.31	30302.55	
M18	18240.37	36480.74	
M20	23634.03	47268.05	
M22	29714.15	59428.30	
M24	34127.14	68156.22	

3. 脱模力的校核

脱模力可按式（16-8）进行计算，所选压力机的顶出力应大于脱模力。

$$F_{脱} = A_1 p_1 \tag{16-8}$$

式中　$F_{脱}$——塑料制品的脱模力；

　　　A_1——塑料制品的侧面积之和；

　　　p_1——塑料制品与金属表面的单位摩擦力，对于以木纤维和矿物为填料的塑料，取 0.49MPa，对于以玻璃纤维为填料的塑料，取 1.47MPa。

4. 压力机闭合高度与压缩模闭合高度关系的校核

压力机上（动）模板的行程和上、下模板间的最大、最小开距直接关系到能否完全开模和取出塑料制品。如图 16-9 所示，设计模具时可按下式进行校核。

$$h \geqslant H_{\min} + (10 \sim 15)\,\text{mm} \tag{16-9}$$

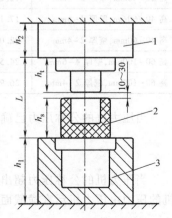

图 16-9　模具闭合高度与开模行程

1—凸模　2—塑料制品　3—凹模

$$h = h_1 + h_2 \tag{16-10}$$

式中　h——压缩模的闭合高度；

　　H_{min}——压力机上、下模板间的最小距离；

　　h_1——凹模高度；

　　h_2——凸模台肩高度。

如果 $h < H_{min}$，则凹、凸模无法闭合，这时应在上、下模板之间加垫板，并保证 h+垫板厚度 $\geq H_{min} + (10 \sim 15)\,mm$。

压缩模闭合高度除满足式（16-9）外，还应满足下式

$$H_{max} \geq h + L \tag{16-11}$$

$$L = h_s + h_t + (10 \sim 30)\,mm \tag{16-12}$$

将式（16-12）代入式（16-11）得

$$H_{max} \geq h + h_s + h_t + (10 \sim 30)\,mm \tag{16-13}$$

式中　H_{max}——压力机上、下模板间的最大距离；

　　h_s——塑料制品高度；

　　h_t——凸模高度；

　　L——压缩模最小开距。

对于利用开模力完成侧向分型与抽芯的模具，以及利用开模力脱出螺纹型芯的模具，模具所要求的开模距离可能还要大一些，需视具体情况而定。对于移动式模具，当卸模架安放在压力机上开模时，应考虑模具与上、下卸模架组合后的高度，以能放入上、下模板之间为宜。

5. 压力机台面结构及尺寸与压缩模关系的校核

压缩模的宽度应小于压力机立柱或框架间的距离，使压缩模可顺利通过立柱或框架进行安装。压缩模的最大外形尺寸不宜超出压力机上、下模板的尺寸，以便压缩模安装固定。压力机的上、下模板上常开设平行的或沿对角线交叉的 T 形槽。压缩模的上、下模座板可以直接通过螺钉分别固定在压力机的上、下模板上，此时模具上的固定螺钉过孔（或长槽、缺口）应与压力机上、下模板上的 T 形槽对应。压缩模也可用压板、螺钉压紧固定，这时压缩模的座板尺寸比较自由，只需设置宽 15～30mm 的凸缘台阶即可。

6. 压力机顶杆机构与压缩模推出机构关系的校核

固定式压缩模制品的推出一般由压力机顶出机构驱动模具推出机构来完成。如图 16-10 所示，压力机顶出机构通过尾轴或中间接头、拉杆等零件与模具推出机构相连。设计模具时，应了解压力机顶出机构和连接模具推出机构的方式及有关尺寸，以使模具的推出机构与压力机顶出机构相适应。即推出塑料制品所需行程要小于压力机最大顶出行程，压力机的顶出行程必须保证制品能被推出型腔，可高出型腔表面10～15mm，以便取件。

图 16-10 所示结构中各尺寸关系为式

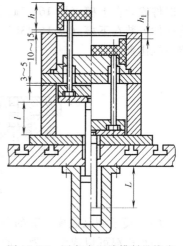

图 16-10　固定式压缩模制品推出

$$l = h + h_1 + (10 \sim 15)\,mm \leq L \tag{16-14}$$

式中　L——压力机最大顶出行程；

　　l——塑料制品所需推出行程；

　　h——塑料制品最大高度；

　　h_1——加料腔高度。

16.2.3 压缩模的设计

1. 加压方向的确定

所谓加压方向，即凸模的作用方向。加压方向对塑件的质量、模具的结构和脱模的难易程度都有较大的影响，所以在确定加压方向时，应考虑下述因素：

（1）有利于压力传递　在加压过程中，要避免压力传递距离过长，以致压力损失太大。圆筒形塑料制品一般沿轴线加压，如图 16-11a 所示。

若圆筒太长，成型压力不易均匀地作用于整个制品，若仍从上端加压，则塑料制品下部压力小，易产生制品局部疏松或角落填充不足的现象。这种情况下，可采用不溢式压缩模，增大型腔压力或采用上、下凸模同时加压，以增大制品底部的密度。但当制品仍由于长度过长而在中段出现疏松时，需将制品横放，采用横向加压的方法（图 16-11b），即可克服上述缺陷，但在制品表面将会产生两条飞边，影响外观。

（2）便于加料　图 16-12 所示为同一制品的两种加料方法。图 16-12a 所示结构的加料腔直径大而浅，便于加料；图 16-12b 所示结构的加料腔直径小而深，不便于加料。

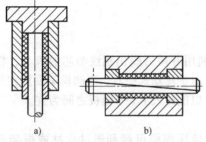

图 16-11　利于压力传递的加压方向

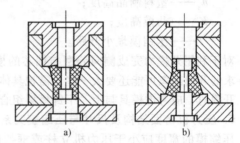

图 16-12　便于加料的加压方向

（3）便于安装和固定嵌件　当塑料制品上有嵌件时，应优先考虑将嵌件安装在下模。若将嵌件安装在上模（图 16-13a），既不方便操作，又可能因安装不牢而落下，导致模具损坏。将嵌件安装在下模（图 16-13b），不但操作方便，而且可利用嵌件推出制品，在制品表面不会留下推出痕迹。

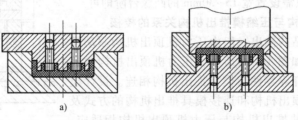

图 16-13　便于安装嵌件的加压方向

（4）便于制品脱模　有的制品无论从正面还是反面加压都可以成型，为了便于制品脱模和简化上凸模，制品的复杂部分宜朝下。如图 16-14 所示，图 16-14a 所示结构比图 16-14b 所示结构要好。

（5）长型芯沿加压方向设置　当利用开模力进行侧向机动分型与抽芯时，宜将抽拔距离长的型芯设置在加压方向上（即开模方向），而将抽

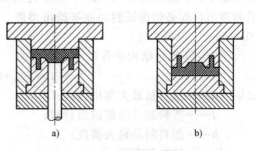

图 16-14　便于制品脱模的加压方向

拔距离短的型芯设置在侧向，做侧向分型与抽芯。

（6）保证重要尺寸精度　塑料制品沿加压方向的高度尺寸会因飞边厚度不同和压力不同而变化（特别是不溢式压缩模），故精度要求较高的尺寸不宜设在加压方向上。

（7）便于塑料的流动　为便于塑料流动，应使料流方向与加压方向一致。如图 16-15 所示，图 16-15a 所示结构将型腔设在下模，加压方向与料流方向一致，能有效利用压力。图 16-15b 所示结构将型腔设在上模，加压时，塑料逆着加压方向流动，同时会在分型面上产生飞边，故需增大压力。

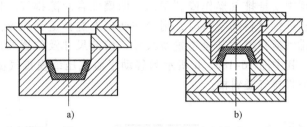

图 16-15　便于塑料流动的加压方向

2. 凸模与凹模配合形式的确定

（1）凸模与凹模组成部分及其作用　图 16-16 和图 16-17 所示结构分别为不溢式压缩模与半溢式压缩模的常用组合形式。其各部分作用及参数如下。

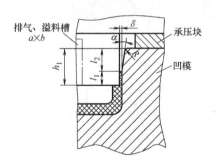

图 16-16　不溢式压缩模常用组合形式

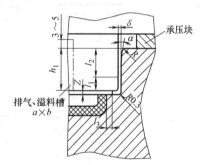

图 16-17　半溢式压缩模常用组合形式

1）引导环（l_2）。它的作用是导正凸模进入凹模。除加料腔很浅（深度小于 10mm）的凹模外，一般在加料腔上部均设有一段长为 l_2 的引导环。引导环都有一个倾斜角，并采用圆角过渡，以便引入凸模，减少凸、凹模的侧壁摩擦，延长模具寿命，同时避免推出制品时损伤其表面，并有利于排气。圆角半径 R 一般取 $1.5\sim3mm$。对于移动式压缩模，α 取 $20'\sim1°30'$；对于固定式压缩模，α 取 $20'\sim1°$；有上、下凸模时，为了加工方便，α 取 $4°\sim5°$。l_2 一般取 5 $\sim10mm$；当加料腔高度 $h_1>30mm$ 时，l_2 取 $10\sim20mm$。总之，引导环长度 l_2 应保证压塑粉熔融时，凸模已进入配合环。

2）配合环（l_1）。它是与凸模相配合的部位，作用是保证凸、凹模正确定位，防止溢料，保证排气通畅。凸、凹模的配合间隙 δ 以不产生溢料和不擦伤模壁为原则选值，单边间隙一般取 $0.025\sim0.075mm$，也可采用 H8/f8 或 H9/f9 配合。对于移动式压缩模，间隙取较小值，对于固定式压缩模，间隙取较大值。对于移动式压缩模，配合环长度 l_1 取 $4\sim6mm$；对于固定式压缩模，当加料腔高度 $h_1\geqslant30mm$ 时，l_1 取 $8\sim10mm$；配合间隙小 l_1 取小值，配合间隙大 l_1 取大值。

3）挤压环（l_3）。它的作用是在半溢式压缩模中限制凸模的下行位置，并保证最薄的飞边。挤压环宽度 l_3 的取值根据塑料制品大小及模具用钢确定。一般中小型制品，模具用钢较好时，l_3 可取 2~4mm；对于大型模具，l_3 可取 3~5mm。采用挤压环时，凸模圆角半径 R 取 0.5~0.8mm，凹模圆角半径 R 取 0.3~0.5mm，这样可增加模具强度，便于凸模进入加料腔，防止模具损坏，同时便于加工和清理废料。

4）储料槽（Z）。凸、凹模配合后留有高度为 Z 的小空间，以储存排出的余料，若 Z 的取值过大，易导致制品缺料或不致密，取值过小则影响制品精度并导致飞边增厚。半溢式压缩模的储料槽如图 16-17 所示，不溢式压缩模的储料槽见图 16-22。

5）排气溢料槽。为了减小飞边，保证制品质量，成型时必须将产生的气体及余料排出模外。一般可在压制过程中安排排气操作或利用凸、凹模配合间隙排气。但当压制形状复杂的制品及流动性较差的有纤维填料的塑料时，则应在凸模上选择适当位置开设排气溢料槽。一般可按试模情况确定排气溢料槽的开设位置及尺寸，槽的尺寸及位置要适当。排气溢料槽的形式如图 16-18 所示，其中图 16-18a、b 所示为移动半溢式压缩模排气溢料槽；图 16-18c~f 所示为固定半溢式压缩模排气溢料槽。

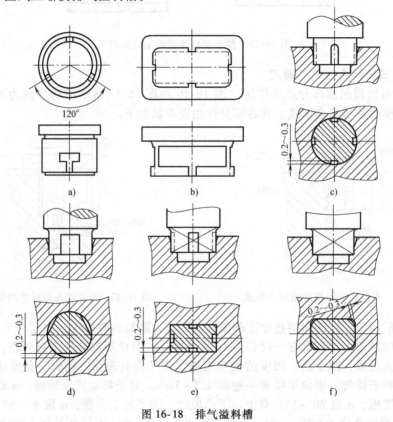

图 16-18　排气溢料槽

6）加料腔。它用来盛装塑料，其容积应保证装入压制塑料制品所用的塑料后，还留有 5~10mm 深的空间，以防止压制时塑料溢出模外。加料腔可以是型腔的延伸，也可根据具体情况按型腔形状扩大成圆形、矩形等。

7）承压面。它的作用是减轻挤压环的载荷，延长模具使用寿命。承压面的结构形式如图 16-19 所示。图 16-19a 所示结构以挤压环为承压面，承压部位易变形甚至压坏，但飞边较薄；图 16-19b 所示结构中凸、凹模之间留有 0.03~0.05mm 的间隙，由凸模固定板与凹模上端面作为承压面，承压面大、变形小，但飞边较厚，主要用于移动式压缩模；固定式压缩模最好采用图 16-19c 所示的结构形式，可通过调节承压块厚度控制凸模进入凹模的深度，以减小飞边厚度。

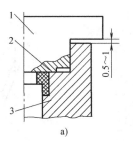 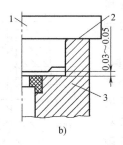 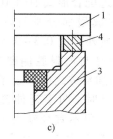

图 16-19 承压面的结构形式
1—凸模 2—承压面 3—凹模 4—承压块

（2）凸模与凹模配合的结构形式 压缩模凸模与凹模配合的形式及尺寸根据压缩模类型的不同而不同。

1）溢式压缩模凸模与凹模的配合。溢式压缩模没有配合段，凸模与凹模在分型面水平接触，接触面应光滑平整。为减小飞边厚度，接触面积不宜太大，一般设计成宽度为 3~5mm 的环形面，过剩料可通过环形面溢出，如图 16-20a 所示。

由于环形面面积较小，如果靠它承受压力机的余压，会导致环形面过早变形和磨损，使制品脱模困难。为此，通常在环形面之外再增加承压面或在型腔周围距边缘 3~5mm 处开设溢料槽，槽以外为承压面，如图 16-20b 所示。

2）不溢式压缩模凸模与凹模的配合。不溢式压缩模凸、凹模典型的配合结构如图 16-21 所示。其加料腔截面尺寸与型腔截面尺寸相同，二者之间不存在挤压面。凸、凹模配合间隙不宜过小，否则压制塑件时型腔内气体无法通畅地排出，且模具在高温下使用，间隙过小使凸、凹模极易擦伤、咬合；反之，过大的间隙会造成严重的溢料，不但影响制品质量，且飞边难以去除。为了减小摩擦面积，易于开模，凸模和凹模的配合环高度不宜太大，但也不宜太小。

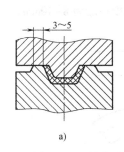 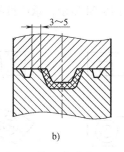

图 16-20 溢式压缩模凸、凹模配合形式

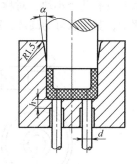

图 16-21 不溢式压缩模凸、凹模配合形式

固定式模具的推杆或移动式模具的活动下凸模与对应孔之间的配合长度不宜过大，其有效配合长度 h 可按表 16-3 选取。孔的下段不配合部分可加人孔径，或将该段做成 4°~5° 的锥孔。

表 16-3 推杆或下凸模直径与配合长度的关系 （单位：mm）

推杆或下凸模直径 d	≤5	>5~10	>10~50	>50
配合长度 h	4	6	8	10

上述不溢式压缩模凸、凹模配合形式的最大缺点是凸模与加料腔侧壁有摩擦，不但制品脱模困难，且制品的外表面易被擦伤。为了克服这一缺点，可采用以下方法改进配合形式：

第一种改进配合形式如图 16-22a 所示,将凹模内成型部分垂直向上延伸 0.8mm,然后向外扩大 0.3~0.5mm,以减小脱模时制品与加料腔侧壁的摩擦,此时在凸模和加料腔之间形成了一个环形储料槽。设计时,凹模延伸部分的尺寸可适当增减,但不宜变动太大,若将尺寸 0.8mm 增大太多,则单边间隙 0.1mm 部分太高,凸模下压时环形储料槽中的塑料不易通过间隙而进入型腔。

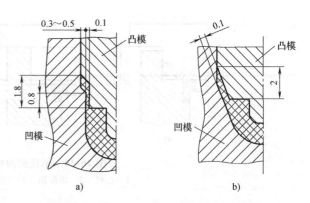

图 16-22 改进后的不溢式压缩模配合形式

第二种改进配合形式如图 16-22b 所示,这种配合形式最适用于压制带斜边的塑料制品。将型腔上端按与塑料制品侧壁相同的斜度适当扩大,高度增加 2mm 左右,横向增加值由塑料制品侧壁的斜度决定。这样,塑料制品在脱模时可不与加料腔侧壁摩擦。

3)半溢式压缩模凸模与凹模的配合。如图 16-23 所示,半溢式压缩模凸、凹模配合的最大特点是带有水平的挤压面。挤压面的宽度不应太小,否则压制时塑料所承受的单位压力太大,会导致凹模边缘向内倾斜而形成倒锥,阻碍塑料制品顺利脱模。

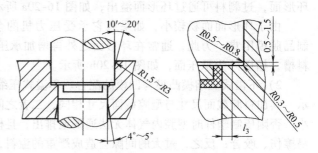

图 16-23 半溢式压缩模型腔配合形式

为了使压力机的余压不全由挤压面承受,在半溢式压缩模上还需要设计承压板。承压板通常只有几个小块,对称布置在加料腔的上平面,其形状可为圆形、矩形或弧形,如图 16-24 所示,承压板的厚度一般为 8~10mm。

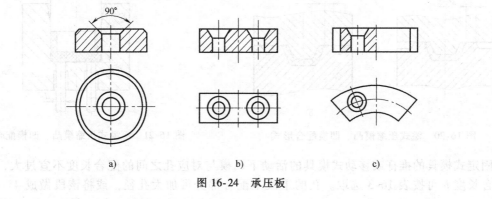

图 16-24 承压板

16.2.4 压缩模相关尺寸计算

有关成型零件尺寸的计算,可参考注射模成型零件设计部分,在此不再赘述。

1. 塑料原料体积的计算

塑料原料体积的计算公式为

$$V_料 = mv = V\rho v \tag{16-15}$$

式中 $V_料$——塑料制品所需原料的体积;

     V——塑料制品的体积(包括溢料);

v——塑料的比体积，其值可查表 16-4；

ρ——塑料的密度，其值可查表 16-5；

m——塑料制品的质量（包括溢料）。

塑料原料的体积也可按塑料原料在成型时的体积压缩比来计算，即

$$V_料 = VK \tag{16-16}$$

式中　K——塑料的压缩比，其值可查表 16-5。

表 16-4　常用压制用塑料的比体积

塑料种类	比体积 $v/(\mathrm{cm^3/g})$
酚醛塑料（粉料）	1.8~2.8
氨基塑料（粉料）	2.5~3.0
碎布塑料（片状料）	3.0~6.0

表 16-5　常用热固性塑料的密度和压缩比

塑料种类		密度 $\rho/(\mathrm{g/cm^3})$	压缩比 K
酚醛塑料	木粉填充	1.34~1.45	2.5~3.5
	石棉填充	1.45~2.00	2.5~3.5
	云母填充	1.65~1.92	2~3
	碎布填充	1.36~1.43	5~7
脲醛塑料（纸浆填充）		1.47~1.52	3.5~4.5
三聚氰胺甲醛塑料	纸浆填充	1.45~1.52	3.5~4.5
	石棉填充	1.70~2.00	3.5~4.5
	碎布填充	1.5	6~10
	棉短线填充	1.5~1.55	4~7

2. 加料腔尺寸的计算

在压缩模中，加料腔用于盛装塑料原料，其容积要足够大，以防在压制时原料溢出模外，一般需要考虑加料腔的高度尺寸。表 16-6 是各种典型压缩模结构中塑料制品的成型情况及加料腔高度计算的经验公式。

表 16-6　加料腔高度 H 计算

压缩模结构形式	简图	计算公式	符号说明
不溢式压缩模		$H = h + (10 \sim 20)\,\mathrm{mm}$	h—塑料制品高度
		$H = \dfrac{V_料 + V_1}{A} + (5 \sim 10)\,\mathrm{mm}$	$V_料$—塑料原料的体积 V_1—下凸模凸出部分的体积 A—加料腔的横截面面积

（续）

压缩模结构形式	简图	计算公式	符号说明
半溢式压缩模		$H=\dfrac{V_料-V_0}{A}+(5\sim10)\text{mm}$	V_0—加料腔以下型腔的体积
		$H=\dfrac{V_料-(V_2+V_3)}{A}+(5\sim10)\text{mm}$	V_2—塑料制品在凹模内的体积 V_3—塑料制品在凸模凹入部分的体积（实际使用时可不考虑此项）
		$H=\dfrac{V_料+V_4-(V_2+V_3)}{A}+(5\sim10)\text{mm}$	V_4—加料腔内导柱的体积
多型腔压缩模		$H=\dfrac{V_料-nV_5}{A}+(5\sim10)\text{mm}$	V_5—单个型腔能容纳的塑料体积 n—一个共用加料腔可压制的塑料制品数量

16.2.5 压缩模推出机构设计

压缩模的推出机构用于推出留在凹模内或凸模上的制品。模具设计时应根据制品的形状和所选用的压力机采用不同的推出机构。

1. 塑料制品的脱模方法及常用的推出机构

塑料制品的脱模方法有手动、机动和气动等形式。常用的推出机构有以下几种：

（1）移动式、半固定式模具的脱模装置

1）卸模架。制品压制成型后被移出压缩模并放置在卸模架上，通过人工撞击脱模或把压缩模和卸模架一起再推入压力机内加压脱模。

2）机外脱模装置。该装置是安装在压力机前面的一种通用的脱模装置，主要用于移动式或半固定式压缩模，以减少体力劳动。机外脱模装置有液压式和机械式等形式。

（2）固定式模具的推出机构

1）下推出机构。下推出机构包括推杆推出机构、推管推出机构、推件板推出机构等，与注射模相似，也有二级推出机构。

2）上推出机构。开模后，如果塑料制品留在上模，则应设置上推出机构。有些塑料制品开模后不确定留在上模还是下模，为了脱模可靠，除设置下推出机构外，还需设计上推出机构以作备用。上推出机构包括上推件板定距推出机构、杠杆手柄推杆推出机构等。

2. 压力机顶杆与压缩模推出机构的连接方式

设计固定式压缩模的推出机构时，必须了解压力机顶出系统与压缩模推出机构的连接方式。多数压力机都带有顶出系统，但每台压力机的最大顶出行程都是有限的。当压力机带有液压顶出系统时，液压缸的活塞杆即压力机的顶杆，顶杆上升的极限位置是其端部与工作台表面相平齐。当压力机带有托架顶出装置或装有齿轮传动的手动顶出装置时，顶杆可以伸出压力机工作台表面。

压力机顶杆与压缩模推出机构有以下两种连接方式：

（1）间接连接　即压力机顶杆与压缩模推出机构不直接连接，如图 16-25 所示。如果压力机顶杆能伸出压力机工作台表面且伸出高度足够时，将模具安装好后直接调节顶杆顶出距离即可。如图 16-25a 所示，当压力机顶杆端部上升极限位置与工作台表面平齐时，必须在压力机顶杆端部旋入一个适当长度的尾轴，尾轴长度等于制品推出高度加上压缩模座板厚度和挡销高度。

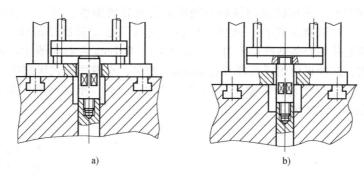

图 16-25　压力机顶杆与压缩模推出机构间接连接

在模具装入压力机前可预先将尾轴装在压力机顶杆上，由于尾轴可以沉入压力机工作台表面，并与压缩模相连接，故模具安装较为方便。这种连接方式仅在压力机顶杆上升时起作用，顶杆返回时，尾轴与压缩模的推板脱离。压缩模的推板和推杆的复位靠复位杆完成。

（2）直接连接　压力机顶杆与压缩模推出机构直接连接如图 16-26 所示。压力机顶杆不仅在推出制品时起作用，而且在回程时亦能将压缩模的推出机构拉回。

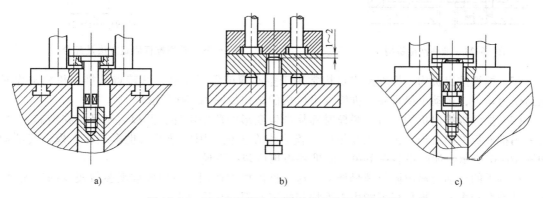

图 16-26　压力机顶杆与压缩模推出机构直接连接

图 16-26a 所示结构通过尾轴的轴肩连接推板，尾轴可在推板内旋转，以便装模时可将其螺纹一端旋入顶杆的螺纹孔中。当压力机顶杆端部为 T 形槽时，可采用图 16-26b 所示的连接方式。也可在带中心螺纹孔的顶杆端部连接一个带 T 形槽的轴，然后再与尾轴连接，如图 16-26c所示。

T 形槽与尾轴的连接尺寸如图 16-27 所示。连接尾轴与推板的螺纹直径 d 视具体情况而定，一般选 M16~M30 为宜，螺纹长度 l 应比推板厚度小 0.5~1.0mm。尾轴的直径 D 比压力机顶杆直径小 1.0~2.0mm。尾轴细颈部分直径 D_1 和接头直径 D_2 比 T 形槽相应尺寸小 1.0~2.0mm。尾轴细颈部分高度 h_1 比 T 形槽相应尺寸大 0.5~1.0mm，接头部分高度 h_2 比 T 形槽相应尺寸小 0.5~1.0mm。尾轴高度 h 应由顶出高度和压缩模座板厚度等因素决定。

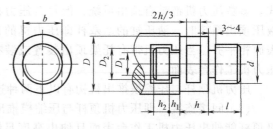

图 16-27　T 形槽与尾轴的连接尺寸

3. 固定式压缩模的推出机构

固定式压缩模的推出机构种类很多，常用的有以下几种：

（1）推杆推出机构　常用的热固性塑料制品具有良好的刚性，因此，推杆推出机构是热固性塑料压缩模最常用的推出机构。选择推出位置时应注意塑料制品的外观及安装基准面，当推杆设置在塑料制品的安装基准面上时，应深入制品 0.1mm 左右。图 16-28 所示为一种常见的推杆推出机构，这种机构用于推杆直径 $d<8mm$ 的中、小型固定式压缩模。为防止模具因受热膨胀卡死推杆，采用能自由调整中心的推杆结构，为此，推杆与其固定孔间应留 0.5~1.0mm 的间隙，如图 16-29 所示。

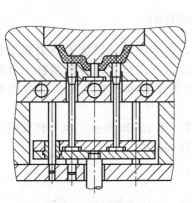

图 16-28　推杆推出机构

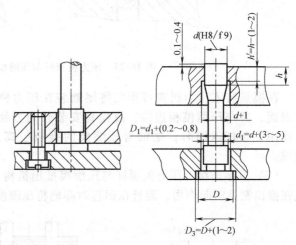

图 16-29　常用推杆固定方法及配合

（2）推管推出机构　推管推出机构常用于空心薄壁塑料制品，其特点是推出机构动作时制品受力均匀，运动平稳可靠。推管推出机构的结构如图 16-30 所示。

（3）推件板推出机构　对于脱模时容易产生变形的薄壁零件，开模后制品留在型芯上时，可采用推件板推出机构。由于压缩模的凸模多设在上模，因此推件板也多装在上模，其结构如图 16-31 所示。如凸模装在下模，则推件板也应装在下模。

推件板的运动距离由限位螺母调节。这种推出机构适用于单型腔或型腔数较少的压缩模，因为型腔数较多时，推件板可能由于不均匀热膨胀而卡在凸模上。

（4）其他推出机构

1）凹模推出机构。图 16-32 所示模具为双分型面的固定式压缩模。上模分型后，制品留在凹模内，然后利用推出机构将凹模推起，进行二次分型。塑料制品因冷却收缩，很容易从凹模内取出。

2）二级推出机构。如图 16-33 所示，由于塑料制品表面带筋，所以压制成型后用一次推出机构脱模比较困难，因而采用二级推出机构。开始推出时，推板上的固定推杆 4 和弹簧支撑的推杆 3 同时作用，将制品连同活动下模 1 推起，使制品的外表面与型腔分离，待推杆 3 上的螺母碰到加热板（支承板）2 后，推杆 3 与活动下模 1 停止运动，固定推杆 4 继续上行，使制品与活动下模分离而脱模。

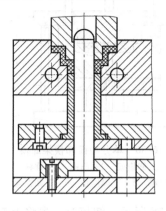

图 16-30　推管推出机构

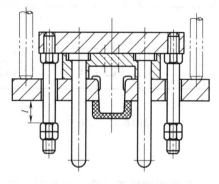

图 16-31　推件板推出机构

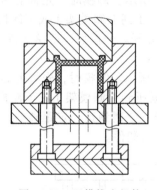

图 16-32　凹模推出机构

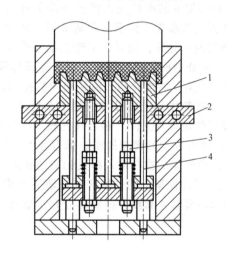

图 16-33　二级推出机构
1—活动下模　2—加热板　3—推杆　4—固定推杆

4. 移动式压缩模的脱模装置

移动式压缩模常用的脱模方式有撞击架脱模和卸模架脱模两种：

（1）撞击架脱模　撞击架脱模如图 16-34 所示。制品压缩成型后，将模具移至压力机外，在特定的支架上进行撞击，使上、下模分开，然后通过手工或简易工具取出塑件。撞击架脱模的优点是模具结构简单，成本低，可几副模具轮流操作，提高生产率；该方法的缺点是劳动强度大，振动大，而

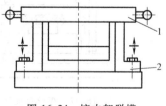

图 16-34　撞击架脱模
1—模具　2—支架

且由于不断撞击，易使模具过早地变形磨损，因此只适用于成型小型塑件。撞击架脱模采用的支架形式有两种，如图 16-35 所示，图 16-35a 所示为固定式支架，图 16-35b 所示为尺寸可调节的支架。

（2）卸模架卸模　移动式压缩模可在特制的卸模架上利用压力机的压力进行开模和卸模，这种方法可减轻劳动强度，延长模具使用寿命。对于开模力不大的模具，可采用单向卸模；

对于开模力较大的模具，要采用上、下卸模架卸模。上、下卸模架卸模有下列几种形式：

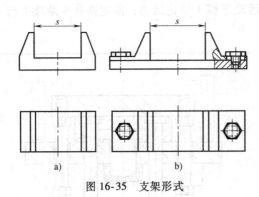

图 16-35　支架形式

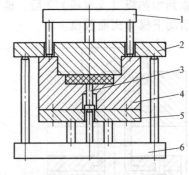

图 16-36　单分型面卸模架卸模
1—上卸模架　2—凸模　3—推杆
4—凹模　5—下模座板　6—下卸模架

1）单分型面卸模架卸模。单分型面卸模架卸模如图 16-36 所示。卸模时，先将上卸模架 1 和下卸模架 6 的推杆插入模具相应的孔内。在压力机内，当压力机的活动横架，即上工作台，压到上卸模架 1 或下卸模架 6 时，压力机的压力通过上、下卸模架传递给模具，使得凸模 2 和凹模 4 分开，同时，下卸模架 6 推动推杆 3 推出塑件，最后由人工将塑件取出。

2）双分型面卸模架卸模。双分型面卸模架卸模如图 16-37 所示。卸模时，先将上卸模架 1 和下卸模架 5 的推杆插入模具相应的孔内。压力机的活动横梁压到上卸模架 1 或下卸模架 5 时，上、下卸模架上的长推杆使上凸模 2、下凸模 4 和凹模 3 分开。分模后，凹模 3 留在上、下卸模架的短推杆之间，最后在凹模 3 中取出塑件。

3）垂直分型卸模架卸模。垂直分型卸模架卸模如图 16-38 所示。卸模时，先将上卸模架 1 和下卸模架 6 的推杆插入模具相应的孔内。压力机的活动横梁压到上卸模架 1 或下卸模架 6 时，上、下卸模架上的长推杆首先使下凸模 5 和其他部分分开，分型到达一定距离后，再使上凸模 2、模套 4 和瓣合凹模 3 分开。最后打开瓣合凹模 3，取出塑件。

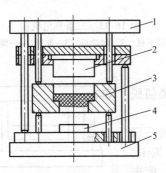

图 16-37　双分型面卸模架卸模
1—上卸模架　2—上凸模　3—凹模
4—下凸模　5—下卸模架

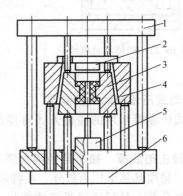

图 16-38　垂直分型卸模架卸模
1—上卸模架　2—上凸模　3—瓣合凹模
4—模套　5—下凸模　6—下卸模架

16.2.6　压缩模温度控制系统设计

1. 压缩模加热系统的设计

压缩模的加热方式有很多种，但是在实际生产中，主要以电加热为主。压缩模的热量计算，需要考虑反应热、散失热、辐射热的热量，还有一些未知因素，因此计算结果的准确性很低。在实际工程上，大多采用简易计算法，使加热功率稍有富余，配上相应的温度调节装置，从而使压缩模达到所要求的准确温度。

模具加热所需功率的计算公式为

$$P = qm \tag{16-17}$$

式中　q——单位质量模具维持成型温度所需的电功率（W/kg），其值可由表 16-7 查取。

表 16-7　单位质量模具维持成型温度所需的电功率 q　　　（单位：W/kg）

模具类型	采用加热棒时	采用加热圈时
小型（40kg 以下）	35	40
中型（40~100kg）	30	50
大型（100kg 以上）	25	60

当压缩模所需总加热功率确定后，即可选择加热棒型号，确定加热棒的数量。标准电热棒的规格与尺寸见表 16-8。

设计时可先根据压缩模加热板尺寸确定电热棒尺寸及数量，然后计算出每根电热棒的功率。压缩模上的电热棒通常为并联，则有

$$P_1 = P/n \tag{16-18}$$

式中　P_1——每根电热棒的功率；

　　　n——电热棒数量。

一般情况下，先确定电热棒数量，然后根据表 16-8 选取所需电热棒的标准直径和长度。也可以先确定电热棒功率，再计算电热棒数量。上、下模所需加热功率应分别计算，并分别设计加热棒排布。

表 16-8　电热棒的规格与尺寸

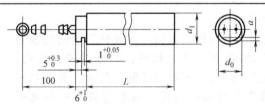

公称直径 d_1/mm	13	16	18	20	25	32	40	50
允许误差/mm	±0.1		±0.12		±0.2		±0.3	
盖板直径 d_0/mm	8	11.5	13.5	14.5	18	26	34	44
槽深/mm	1.5	2	3			5		
长度 L/mm	功率/W							
60_{-3}^{0}	60	80	90	100	120			
80_{-3}^{0}	80	100	110	125	160			
100_{-3}^{0}	100	125	140	160	200	250		
125_{-4}^{0}	125	160	175	200	250	320		
160_{-4}^{0}	160	200	225	250	320	400	500	
200_{-4}^{0}	200	250	280	320	400	500	600	800
250_{-5}^{0}	250	320	350	400	500	600	800	1000
300_{-5}^{0}	300	375	420	480	600	750	1000	1250
400_{-5}^{0}	—	500	550	630	800	1000	1250	1600
500_{-5}^{0}	—	—	700	800	1000	1250	1600	2000
650_{-6}^{0}	—	—	—	900	1250	1600	2000	2500
800_{-8}^{0}	—	—	—	—	1600	2000	2500	3200
1000_{-10}^{0}	—	—	—	—	2000	2500	3200	4000
1200_{-10}^{0}	—	—	—	—	—	3000	3800	4750

2. 模具冷却系统的设计

只有热塑性塑料压缩成型时，压缩模才需要设置冷却系统。最常见的有聚氯乙烯片材层压板、透明聚苯乙烯板材等压缩模塑。此外，还有一些热塑性塑料因其熔点和黏度很高（如超高分子量聚乙烯、聚酰亚胺、聚苯醚），一般注射成型很难成型，只好选用压缩成型。此时，压缩模必须具有加热系统和冷却系统。

对于既有加热系统又有冷却系统的压缩模，最佳设计方案是在压缩模（或模板）上钻孔构成加热与冷却回路，用于适应高压蒸汽加热和水冷的周期性循环系统。蒸汽加热的优点是传热效率高、温度容易控制，加热与冷却可以选用同一管路系统；缺点是系统的压力高，在 150~200℃时蒸汽压力约为 0.5~1.2MPa，这对管路的密封性要求很高。另外，蒸汽积聚的冷凝水还会影响传热效率，积水处的温度偏低。当用热水加热时，温度调节与控制系统比较容易实现，因没有冷凝的相变过程发生，温度比较均匀，但是系统压力仍然很高。

16.2.7 侧向分型与抽芯机构设计

压缩模的侧向分型与抽芯机构与注射模相似，但不完全相同。注射模是先合模后注入塑料，而压缩模是先加料后合模。因此，注射模某些侧向分型机构不能用于所有结构形式的压缩模。例如，以开合模驱动的斜导柱侧向分型与抽芯机构、如果用于采用瓣合凹模的压缩模，则加料时由于瓣合凹模处于开启状态，必将引起严重漏料。对于压缩模，目前国内广泛使用手动侧向分型与抽芯机构，机动侧向分型与抽芯机构仅用于大量生产的塑料制品。

1. 手动侧向分型与抽芯机构

图 16-39 所示为手动螺杆侧抽螺纹型芯机构。在模具工作前，先将型芯手动拧入到指定位置，然后加料进行压制。成型后手动将型芯拧出，取出制品。此类抽芯机构结构简单，但劳动强度大，效率低。

2. 机动侧向分型与抽芯机构

（1）斜导柱、弯销侧向分型与抽芯机构 斜导柱和弯销侧抽芯机构的工作原理相似，图 16-40 所示为弯销侧向分型与抽芯机构。矩形滑块 4 上有两个侧型芯，凸模 1 下降到最低位置时，侧型芯向前的运动才会结束。弯销 2 有足够的刚度，侧型芯截面面积又不大，因此不再用楔紧块。滑块 4 的抽出位置由限位块 3 定位。

（2）斜滑块侧向分型与抽芯机构（图 16-41） 当抽芯距离不大时，可采用这种结构。此

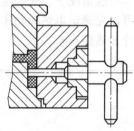

图 16-39 手动螺杆侧抽
螺纹型芯机构

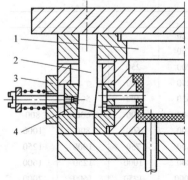

图 16-40 压缩模弯销侧向
分型与抽芯机构
1—凸模 2—弯销 3—限位块 4—滑块

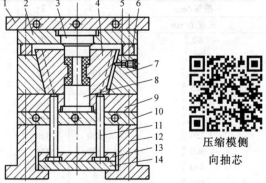

压缩模侧
向抽芯

图 16-41 压缩模斜滑块侧向分型与抽芯机构
1—上模座板 2—上凸模固定板 3—上凸模 4—斜滑块 5—定位螺钉
6—承压块 7—模框 8—下凸模 9—下凸模固定板（垫板） 10—加热板
（支承板） 11—推杆 12—支架 13—推杆固定板 14—推板

类抽芯机构结构比较坚固，分型和抽芯两个动作可以同时进行，而且需要多面抽芯时，模具可做得简单紧凑。但受合模高度和开模距离的限制，斜滑块间的开距不能太大。

16.3　任务实施

1. 塑件工艺分析

D141为一般工业电器用酚醛塑料，填料为木粉，密度为 1.4~1.5g/cm^3，收缩率为 0.6%~1.0%，密度和收缩率可由生产厂家提供，也可经试验确定。本任务取材料密度为 1.4g/cm^3，收缩率为 0.8%。

D141 的力学性能、物理性能、化学性能及耐热、耐蚀性良好，且尺寸稳定，成型快，工艺性能良好，但脆性大，成型时需排气。塑料在成型时应预热，以排除水分和挥发物，预热温度取值范围为 100~120℃，成型压力不小于 25MPa，成型温度取（160±5）℃。该塑件壁厚为4mm，保压时间取值范围为 3.2~4.8min。为提高生产率，可取保压时间 2min，在模外保温熟化。

该塑件尺寸精度中等，取一般公差等级，为有利于压缩成型，选择一模一腔的模具结构。由于大批量生产，所以采用固定式压缩模，机动侧抽芯。为简化模具结构和利于塑件顶出，塑件壳体底部中心孔采用活动镶件成型。

2. 模具的结构设计

壳形底座塑件的压缩模结构如图 16-42 所示。

壳形底座使用时要安装固定其他零件，因此，塑件强度要好，能承受一定的冲击力作用。为保证塑件内部组织的致密性，采用半溢式压缩模。

模具凹模 2 固定在下模座板上，凸模 1 固定在上模座板上，凸模与凹模的合模、对正由导柱导套导向机构保证。设计型腔时，由于凹模内镶嵌凸模型芯 8 较小，型腔容积较大，因此，加料腔高度不由塑料原料体积决定，加料腔高度取 20mm。

侧向抽芯采用机动弯销抽芯机构，推出制品时，推板 7 驱动弯销 4 上升先完成抽芯动作，顶杆 10 随即与活动镶件 9 接触，将该镶件连同制品一同顶出。

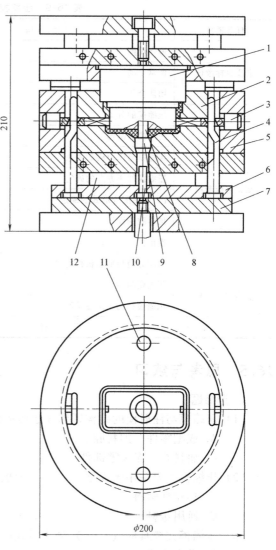

图 16-42　壳形底座塑件的压缩模结构
1—凸模　2—凹模　3—侧型芯　4—弯销　5—模套
6—固定板　7—推板　8—型芯　9—活动镶件　10—顶杆
11—复位杆　12—垫块

顶出动作完成后进行一次空合模，利用复位杆 11 使推板回位，弯销 4 使侧型芯 3 回位，然后升起凸模 1，在凹模 2 中心插入型芯 8，之后再加料进行压缩成型。如果压力机顶出装置能被顶出液压缸直接拖回，则可不进行空合模。整个模具的设计可参照注射模的设计过程进行。

16.4 任务训练与考核

1. 任务训练

如图 16-43 所示，端盖的材料为酚醛树脂，要求表面光滑，中等批量生产。请针对此塑件进行其压缩模结构设计。

2. 任务考核（表 16-9）

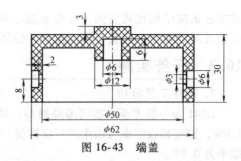

图 16-43　端盖

表 16-9　压缩模设计任务考核卡

任务考核	考核内容	参考分值	考核结果	考核人
素质目标考核	遵守规则	5		
	课堂互动	10		
	团队合作	5		
知识目标考核	压缩模的分类	5		
	压缩模的结构	5		
	压缩模与压力机的关系	5		
	压缩模加压方向的确定	5		
	凸、凹模配合形式的确定	5		
	加料腔的设计	5		
	推出机构的设计	5		
	侧向分型与抽芯机构的设计	5		
能力目标考核	压缩模结构设计	20		
	压缩模结构示意图绘制	20		
小　计				

16.5 思考与练习

1. 选择题

（1）压缩模与注射模的结构区别在于压缩模有（　　　），没有（　　　）。

　　A. 成型零件　加料腔　　　　　　　　B. 导向机构　加热系统

　　C. 加料腔　支承零部件　　　　　　　D. 加料腔　浇注系统

（2）压缩模主要是用于成型（　　　）的模具。

　　A. 热塑性塑料　　　　　　　　　　　B. 热固性塑料

　　C. 通用塑料　　　　　　　　　　　　D. 工程塑料

（3）压缩模按模具的（　　　）分为溢式压缩模、不溢式压缩模、半溢式压缩模。

　　A. 导向方式　　　　　　　　　　　　B. 固定方式

　　C. 加料腔形式　　　　　　　　　　　D. 安装形式

（4）压缩模一般按（　　　）和（　　　）两种形式分类。

　　A. 溢式；不溢式　　　　　　　　　　B. 固定方式；导向方式

　　C. 导向方式；加料腔形式　　　　　　D. 固定方式；加料腔形式

2. 填空题

（1）按模具在压力机上的固定方式分类，压缩模可分为_____、_____、_____三类。

（2）压缩模由_____、_____、_____、_____、_____、
_____等部分组成。

（3）按模具加料腔的形式分类，压缩模可分为_____、_____、_____三类。

（4）压力机顶杆与压缩模推出机构的连接方式有_____、_____两种。

3. 简答题

（1）压缩成型过程中施加成型压力的目的是什么？

（2）压制时间的长短对塑件性能有什么影响？

（3）简述溢式、半溢式和不溢式压缩模的特点和应用场合。

（4）为什么多型腔压缩模不宜采用溢式结构？

（5）如何选择压缩模中的加压方向？

（6）压缩模的导向机构与注射模的导向机构相比有什么特点？

（7）移动式、半固定式和固定式压缩模常用的脱模方式有哪些？

（8）溢式、半溢式和不溢式压缩模的凸、凹模配合形式有什么不同？

（9）压缩模由哪几部分组成？

（10）影响压缩模加压方向的因素有哪些？

4. 综合题

（1）如图 16-44 所示，压缩成型一个回转体塑件，该塑件材料为木粉填充的酚醛树脂，计算加料腔高度尺寸 H。

（2）图 16-45 所示为某电器盖，塑件材料为酚醛树脂，要求模具寿命为 15 万次，试设计该塑件成型的压缩模结构。已知该塑件要求表面不得有飞边、凹陷，内部不得有导电介质。

（3）图 16-46 所示塑件为支脚，材料为氨基塑料，要求模具寿命达到 10 万次，试设计该支脚塑件成型的压缩模结构。已知该塑件的圆角为 $R0.1\sim0.2mm$，要求表面不得有飞边、凹陷，脱模斜度为 2°。

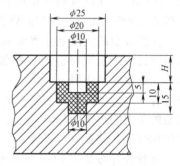

图 16-44 回转体压缩模

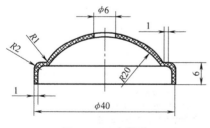

图 16-45 电器盖

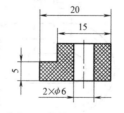
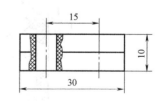

图 16-46 支脚

任务17 压注模设计

17.1 任务导入

压注模又称传递模或挤塑模，通常用于热固性塑料的压注成型。压注成型工艺与注射成型工艺相似，但又有区别。压注成型时，塑料在模具的加料腔内受热和塑化；而注射成型时，塑料在注射机的料筒内受热和塑化。与压缩成型不同，压注成型在加料前模具便已经闭合（下加料腔式除外），然后再将热固性塑料（最好是预压锭料或预热的原料）加入模具独立的加料腔内，使其受热熔融，随即在压力作用下通过模具的浇注系统塑料被高速挤入型腔；塑料在型腔内继续受热受压而固化成型，最后打开模具取出塑料制品。

压注模的成型温度一般为130~190℃，熔融塑料在10~30s内迅速充满型腔。压注成型时塑料所受单位压力较高，酚醛塑料的单位压力为49~78MPa，有纤维填料的塑料的单位压力为78~117MPa。压注成型时塑料制品的收缩率比压缩成型大，如酚醛塑料压缩成型时的收缩率一般为0.8%，而压注成型时则为0.9%~1%，并且压注成型塑料制品收缩的方向性也较明显。

压注成型的优点是分型面处的飞边薄，易于清除，成型周期短，制品的尺寸精度高，因塑料通过浇注系统时会产生摩擦热，压注成型的模具温度可比压缩成型的模具温度低15~30℃，压注成型适用于壁薄、高度大而且嵌件多的复杂塑料制品。压注成型的缺点是压注后总会有一部分余料留在加料腔内，原料消耗大；压注成型的压力比压缩成型的压力高，压注成型的压力约为70~200MPa，而压缩成型的压力仅为15~35MPa；压注模的结构也比压缩模的结构复杂，制造成本较高。

本任务针对如图17-1所示的固定套塑件，进行其压注模结构设计。已知塑件材料为氨基塑料，要求模具寿命达10万次。

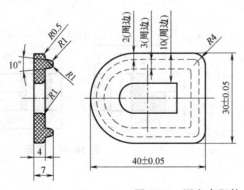

技术要求
1. 允许圆角R0.1~R0.2。
2. 塑件不得有飞边、凹陷。
3. 塑件允许脱模斜度单边最大2°，所标尺寸为大端。

图17-1 固定套塑件

17.2 相关知识

17.2.1 压注模的结构及分类

1. 压注模的结构

固定式压注模的结构如图17-2所示，主要由以下几个部分组成：

（1）成型零件 直接与塑件接触的零件，如凹模、凸模、型芯等。

（2）加料装置　由加料腔和压柱组成，移动式压注模的加料腔和模具是可分离的，固定式压注模的加料腔与模具做成一体。

（3）浇注系统　与注射模相似，主要由主流道、分流道、浇口组成。

（4）导向机构　由导柱、导套组成，对上、下模起定位、导向作用。

（5）推出机构　注射模中采用的推杆、推管、推件板等各种推出机构，在压注模中也同样适用。

（6）加热系统　压注模的加热元件主要是电热棒、电热圈，加料腔、上模、下模均需要加热。移动式压注模主要靠压力机上、下工作台的加热板进行加热。

（7）侧向分型与抽芯机构　如果塑件带有侧向凸凹形状，必须采用侧向分型与抽芯机构，具体设计方法与注射模的相关机构类似。

2. 压注模的分类

（1）按照压注模在压力机上的固定方式分类　压注模按照模具在压力机上的固定方式分类，可分为固定式压注模和移动式压注模。

1）固定式压注模。图 17-2 所示为固定式压注模结构，工作时，上模部分和下模部分分别固定在压力机的上工作台和下工作台上，分型和脱模随着压力机液压缸的动作自动进行。加料腔在模具的内部，与模具不能分离，装在普通压力机上就可以成型。

合模后塑化，压力机上工作台带动上模座板 1 使压柱 6 下移，熔料通过浇注系统被压入型腔后固化定型。开模时，压柱 6 随上模座板 1 向上移动，A 分型面分型，加料腔敞开，压柱 6 把浇注系统的凝料从浇口套 5 中拉出；当上模座板 1 上升到一定高度时，拉杆 10 上的螺母迫使拉钩 9 转动，使其与下模部分脱开，接着定距导柱 2 起作用，使 B 分型面分型，最后压力机下部的液压顶出缸开始工作，驱动推出机构将塑件推出模外。合模后将塑料加入到加料腔内进行下一次的压注成型。

2）移动式压注模。移动式压注模结构如图 17-3 所示，加料腔 2 与模具本体可分离。工作时，模具闭合后安装加料腔 2，将塑料加入到加料腔后再把压柱 1 放入其中；然后把模具推入压力机的工作台加热，接着利用压力机的压力将塑化好的塑料通过浇注系统高速挤入型腔；塑料固化定型后，取下加料腔 2 和压柱 1，通过手工或专用工具（卸模架）将塑件取出。移动式压注模对成型设备没有特殊的要求，装在普通压力机上就可以成型。

（2）按照加料腔的结构特征分类　压注模按照加料腔的结构特征分类，可分为罐式压注模和柱塞式压注模。

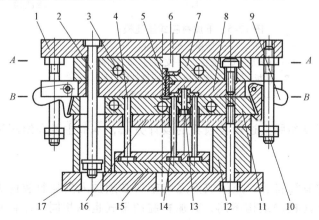

图 17-2　固定式压注模结构

1—上模座板　2—定距导柱　3—加热孔　4—复位杆　5—浇口套
6—压柱　7—加料腔　8—上模板　9—拉钩　10—拉杆　11—下模板
12—垫块　13—型芯　14—推杆　15—推板　16—支承板　17—下模座板

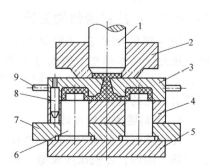

图 17-3　移动式压注模结构

1—压柱　2—加料腔　3—凹模板
4—下模板　5—下模座板　6—凸模
7—凸模固定板　8—导柱　9—手把

1）罐式压注模。罐式压注模可用普通压力机成型，使用较为广泛，上述可在普通压力机上工作的固定式压注模和移动式压注模都是罐式压注模。

2）柱塞式压注模。柱塞式压注模需用专用压力机成型，与罐式压注模相比，柱塞式压注模没有主流道，只有分流道，主流道变为圆柱形的加料腔，与分流道相通。成型时，柱塞所施加的挤压力对模具起锁模作用，因此，需要用专用的压力机。压力机有主液压缸和辅助液压缸两个液压缸，主液压缸起锁模作用，辅助液压缸起压注成型作用。此类模具既可以是单型腔，也可以是多型腔。

① 上加料腔式压注模。上加料腔式压注模结构如图 17-4 所示，压力机的主液压缸在压力机的下方，自下而上合模；辅助液压缸在压力机的上方，自上而下将熔料挤入型腔。合模加料后，当加入加料腔内的塑料受热成熔融状态时，压力机辅助液压缸工作，柱塞将熔料挤入型腔；固化成型后，辅

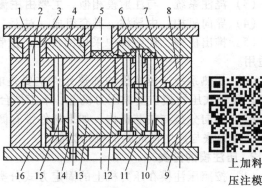

图 17-4　上加料腔式压注模
1—上模座板　2—导柱　3—导套　4—上模板
5—加料腔　6—型芯　7—凹模镶块　8—下模板
9—垫块　10—推杆　11—推板　12—支承板
13—推杆固定板　14—推板导柱
15—复位杆　16—下模座板

助液压缸带动柱塞上移，主液压缸带动下工作台将模具分型开模，塑件与浇注系统凝料留在下模，推出机构将塑件从凹模镶块中推出。使用此结构成型所需的挤压力小，成型质量好。

② 下加料腔式压注模。下加料腔式压注模结构如图 17-5 所示，模具所用压力机的主液压缸在压力机的上方，自上而下合模；辅助液压缸在压力机的下方，自下而上将熔料挤入型腔。下加料腔式压注模使用时是先加料，后合模，最后压注成型；而上料腔式压注模是先合模，后加料，最后压注成型。该结构中的余料和分流道凝料与塑件一同被推出，因此清理方便，节省材料。

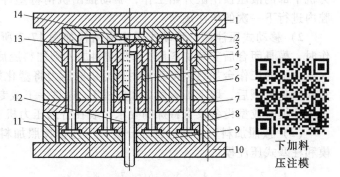

图 17-5　下加料腔式压注模
1—上模座板　2—上凹模　3—下模板　4—下凹模
5—加料腔　6—推杆　7—支承板　8—垫块
9—推板　10—下模座板　11—推杆固定板
12—柱塞　13—型芯　14—分流锥

17.2.2　压注模的结构设计

压注模的结构设计原则与注射模、压缩模基本相似，例如分型面的选择，导向机构、推出机构的设计等可以参照上述两类模具的设计方法，本节主要介绍压注模特有结构的设计。

1. 加料腔的结构设计

压注模与注射模的不同之处在于它有加料腔，压注成型之前塑料必须加入到加料腔内进行预热、加压，才能压注成型。由于压注模的结构不同，其加料腔的形式也不相同。加料腔的截面大多为圆形，也有矩形及腰圆形结构，主要取决于型腔结构及数量，其定位及固定形式则取决于所选设备。

（1）移动式压注模加料腔　移动式压注模的加料腔可单独取下，有一定的通用性。如图

17-6a 所示的结构是一种比较常见的结构，加料腔的底部为一个带有 40°~45°斜角的台阶，当压柱向加料腔内的塑料施压时，压力也同时作用在台阶上，使加料腔与模具的模板贴紧，防止塑料从加料腔的底部溢出，防止溢料飞边的产生。

移动式压注模加料腔在模具上的定位方式有以下几种：①如图 17-6a 所示，加料腔与模板之间没有定位，加料腔的下表面和模板的上表面均为平面，这种结构的特点是制造简单，清理方便，适用于小批量生产。②如图 17-6b 所示，用定位销定位，定位销采用过渡配合固定在模板上或加料腔上，定位销与配合端采用间隙配合，此结构的加料腔与模板能精确配合，缺点是拆卸和清理不方便。③如图 17-6c 所示，采用四个圆柱挡销定位，圆柱挡销与加料腔的配合间隙较大，此结构的特点是制造和使用都比较方便。④如图 17-6d 所示，模板通过一个 3~5mm 的凸台与加料腔进行配合，其特点是既可以准确定位又可以防止溢料，应用比较广泛。

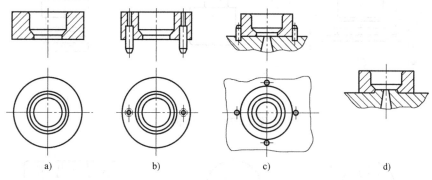

a)　　　　　　　b)　　　　　　　c)　　　　　　　d)

图 17-6　移动式压注模加料腔

（2）固定式压注模加料腔　罐式固定压注模的加料腔与上模连成一体，在加料腔底部开设的浇注系统流道通向型腔。当加料腔和上模分别在两块模板上时，应设置浇口套，如图 17-2所示。

柱塞式固定压注模的加料腔截面为圆形，其安装形式通常如图 17-4 和图 17-5 所示。由于采用专用液压机，而液压机上有主液压缸，所以加料腔的截面尺寸与锁模无关，加料腔的截面尺寸较小，高度较大。

加料腔的材料一般选用 T8A、T10A、CrWMn、Cr12 等，热处理硬度为 52~56HRC，加料腔内腔应抛光镀铬，表面粗糙度 Ra 低于 0.4μm。

2. 压柱的结构设计

压柱的作用是将塑料从加料腔中压入型腔，常见的移动式压注模的压柱结构形式如图 17-7a所示，其顶部与底部是带倒角的圆柱形，结构十分简单。图 17-7b 所示为带凸缘结构的压柱，承压面积大，压注平稳，既可用于移动式压注模，又可用于普通的固定式压注模。图 17-7c 和图 17-7d 所示为组合式压柱，用于普通的固定式压注模，以便固定在液压机上，模板的面积较大时，常采用这种结构。图 17-7d 所示为带环形槽的压柱，在压注成型时，溢出的塑料充满环形槽并固化在槽中，该结构可以防止塑料从间隙中溢料，工作时起活塞环的作用。图 17-7e 和图 17-7f 所示为柱塞式压注模压柱（称为柱塞）的结构，前者为柱塞的一般形式，一端带有螺纹，可以拧在液压机辅助液压缸的活塞杆上；后者为柱塞柱面有环形槽的结构，可防止从侧面溢料，其头部的球形凹面有使料流集中的作用。

图 17-8 所示为端部带有楔形沟槽的压柱，用于倒锥形主流道，成型后可以拉出主流道凝料。图 17-8a 所示结构用于直径较小的压柱或柱塞；图 17-8b 所示结构用于直径大于 75mm 的压柱或柱塞；图 17-8c 所示结构用于需要拉出多个主流道凝料的方形加料腔的场合。

压柱或柱塞是承受压力的主要零件，压柱材料的选择和热处理要求与加料腔相同。

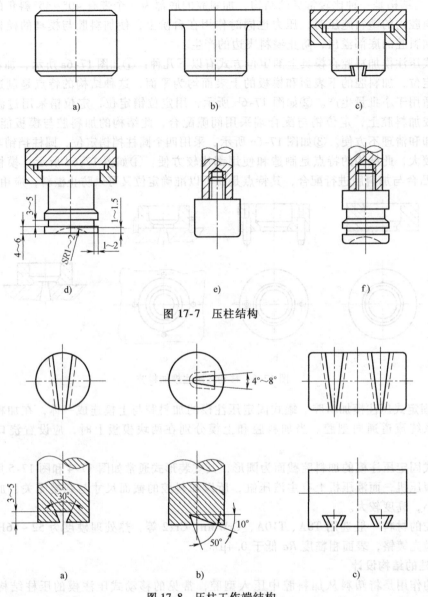

图 17-7 压柱结构

图 17-8 压柱工作端结构

加料腔与压柱的配合关系如图17-9所示。加料腔与压柱的配合通常采用 H8/f9 或 H9/f9，也可采用 0.05～0.1mm 的单边间隙配合。压柱的高度 H_1 应比加料腔的高度 H_2 小 0.5～1mm，避免压柱直接压到加料腔上。加料腔与定位凸台的配合高度之差为 0～0.1mm，加料腔底部倾角 $\alpha = 40° \sim 45°$。

图 17-9 加料腔与压柱的配合

3. 加料腔尺寸计算

加料腔的尺寸计算包括截面积计算和高度尺寸计算，加料腔的形式不同，尺寸计算方法也不同。

（1）塑料原材料的体积 塑料原材料的体积按下式计算

$$V_{a1} = kV_a \qquad (17-1)$$

式中　V_{a1}——塑料原材料的体积；

　　　　k——塑料的压缩比；

　　　　V_a——塑件的体积。

（2）加料腔截面积

1）罐式压注模加料腔截面积计算。压注模加料腔截面面积的计算从加热面积和锁模力两个方面考虑。

从塑料加热面积考虑，加料腔的加热面积取决于加料量，根据经验，每克未经预热的热固性塑料约需 $140mm^2$ 的加热面积，加料腔总表面积为加料腔内腔投影面积的 2 倍与加料腔装料部分侧壁面积之和。由于罐式压注模加料腔的高度较低，可将侧壁面积略去不计，因此，加料腔截面积为所需加热面积的一半，即

$$A = 70m \qquad (17-2)$$

式中　A——加料腔的截面面积（mm^2）；

　　　　m——成型塑件所需的加料量（g）。

从锁模力角度考虑，成型时为了保证型腔分型面密合，不发生因型腔内塑料熔体成型压力将分型面顶开而产生溢料的现象，加料腔的截面积必须为浇注系统与型腔在分型面上投影面积之和的 1.10～1.25 倍，即

$$A = (1.10 \sim 1.25)A_1 \qquad (17-3)$$

式中　A_1——浇注系统与型腔在分型面上投影面积之和。

2）柱塞式压注模加料腔截面积计算。柱塞式压注模的加料腔截面积与成型压力、辅助液压缸额定压力有关，关系为

$$A \le KF_P/p \qquad (17-4)$$

式中　F_P——液压机辅助液压缸的额定压力；

　　　　p——压注成型时所需的成型压力；

　　　　K——系数，通常取 0.7～0.8。

（3）加料腔的高度尺寸。加料腔的高度按下式计算

$$H = V_{a1}/A + (10 \sim 15)mm \qquad (17-5)$$

式中　H——加料腔的高度。

17.2.3　压注模浇注系统的设计

压注模浇注系统与注射模浇注系统相似，也是由主流道、分流道及浇口等部分组成的，它的作用及设计与注射模浇注系统基本相同，但二者也有不同之处：在注射成型过程中，希望熔体与流道的热交换越少越好，压力损失要少；但在压注成型过程中，为了使塑料在型腔中的塑化速度加快，反而希望熔体与流道有一定的热交换，提高塑料熔体的温度，使其进一步塑化，以理想的状态进入型腔。图 17-10 所示为压注模的典型浇注系统。

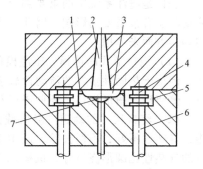

图 17-10　压注模浇注系统
1—浇口　2—主流道　3—分流道
4—嵌件　5—型腔　6—推杆　7—冷料室

设计浇注系统时要注意浇注系统的流道应光滑、平直，减少弯折，流道总长要满足塑料流动性的要求。主流道应位于模具的压力中心，保证型

腔受力均匀，多型腔的模具要对称布置。分流道的设计要有利于塑料加热，增大摩擦热，使塑料升温。浇口的设计应使塑件美观，浇口清除方便。

1. 主流道的设计

主流道的横截面形状一般为圆形，有正圆锥形主流道和倒圆锥形主流道两种结构形式，如图 17-11 所示。图 17-11a 所示为正圆锥形主流道，主流道的对面可设置拉料钩，将主流道凝料拉出。由于热固性塑料塑性差，截面面积不宜太小，否则会使料流的阻力增大，不易充满型腔，造成欠压。正圆锥形主流道常用于多型腔模具，有时也设计成直浇口的形式，用于流动性较差的塑料。主流道有 6°~10° 的锥度，与分流道的连接处应有半径大于 2mm 的圆弧过渡。

图 17-11b 所示为倒圆锥形主流道，它常与端面带楔形槽的压柱配合使用，开模时，主流道与加料腔中的残余废料由压柱带出，便于清理，这种流道既可用于一模多腔的模具，又可用于单型腔模具或同一塑件有几个浇口的模具。

2. 分流道的设计

压注模分流道的结构如图 17-12 所示。压注模的分流道比注射模的分流道浅而宽，一般对于小型塑件，深度取 2~4mm；对于大型塑件，深度取 4~6 mm，最浅不小于 2mm。分流道过浅会使塑料提前固化，流动性降低。分流道的宽度取深度的 1.5~2 倍。常用的分流道横截面为梯形或半圆形。对于梯形截面分流道，其截面面积应取浇口截面面积的 5~10 倍。分流道多采用平衡式布置，流道应光滑、平直，尽量避免弯折。

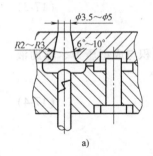
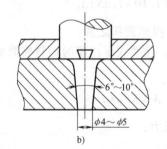

图 17-11　压注模主流道结构形式

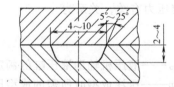

图 17-12　压注模梯形分流道结构形式

3. 浇口的设计

浇口是浇注系统中的重要部分，它与型腔直接相连，对熔料充填、塑件质量以及熔体的流动状态有很重要的影响。因此，浇口设计应根据塑料原料的特性、塑件质量要求及模具结构等多方面来考虑。

（1）浇口形式的选择　压注模的浇口与注射模基本相同，可以参照注射模的浇口进行设计，但由于热固性塑料的流动性较差，所以应取较大的截面尺寸。压注模常用的浇口有点浇口、侧浇口、扇形浇口、环形浇口及轮辐式浇口等几种形式。

（2）浇口尺寸的确定　浇口截面形状有圆形、半圆形及梯形三种形式。圆形浇口加工困难，导热性不好，不便去除，适用于流动性较差的塑料，浇口直径一般大于 3mm；半圆形浇口的导热性比圆形浇口好，机械加工方便，但流动阻力较大，浇口较厚；梯形浇口的导热性好，机械加工方便，是最常用的浇口形式，梯形浇口深度一般取 0.5~0.7mm，宽度不大于 8mm。

如果浇口过薄、过小，熔体压力损失较大，提前固化，会造成充填成型性不好；浇口过厚、过大会造成熔体流速降低，易出现熔接不良，使制品表面质量不佳，去除困难，但适当增厚浇口则有利于保压补料，排除气体，降低塑件表面粗糙度值及适当提高熔接质量。所以，浇口尺寸应综合考虑塑料性能，塑件的形状、尺寸、壁厚和浇口形式以及熔体流程等因素，凭经验确定。在实际设计时一般先取较小值，经试模后修正到适当尺寸。

梯形浇口的常用截面尺寸可参见表 17-1。

表 17-1　梯形浇口的常用截面尺寸

浇口截面积/mm²	2.5	2.5～3.5	3.5～5	5～6	6～8	8～10	10～15	15～20
宽×厚/mm×mm	5×0.5	5×0.7	7×0.7	6×1	8×1	10×1	10×1.5	10×2

（3）浇口位置的选择　由于热固性塑料流动性较差，为了减小其流动阻力，有助于补缩，浇口应开设在塑件壁厚最大处。塑料在型腔内的最大流动距离应尽可能限制在拉西格流动指数范围内，对于大型塑件，应多开设几个浇口以减小流动距离，浇口间距应不大于 140mm。热固性塑料在流动中会产生填料定向作用，造成塑件变形、翘曲甚至开裂，特别是长纤维填充材料的塑件，定向作用更为严重，应注意浇口位置。浇口应开设在塑件的非重要表面，不影响塑件的使用及美观。

17.2.4　液压机的选择

压注模必须安装在液压机上才能进行压注成型，设计模具时必须了解液压机的技术规范和使用性能，才能使模具顺利地安装。

1. 普通液压机的选择

罐式压注模压注成型所用的设备主要是塑料成型用液压机。选择液压机时，要根据所用塑料及加料腔的截面积计算出压注成型所需的总压力，然后再选择液压机。

压注成型所需的总压力按下式计算

$$F_m = pA \leqslant KF_n \tag{17-6}$$

式中　F_m——压注成型所需的总压力；

　　　p——压注成型所需的成型压力；

　　　A——加料腔的截面积；

　　　K——修正系数，一般取 0.8 左右，根据液压机新旧程度确定；

　　　F_n——液压机的额定压力。

2. 专用液压机的选择

柱塞式压注模成型时，需要采用专用液压机，专用液压机有分别用于锁模和成型的两个液压缸，因此在选择设备时要从成型和锁模两个方面进行考虑。

压注成型所需的总压力要小于所选液压机辅助液压缸的额定压力，即

$$F_m = pA \leqslant K'F \tag{17-7}$$

式中　F——液压机辅助液压缸的额定压力；

　　　K'——液压机辅助液压缸的压力损耗系数，一般取 0.8 左右。

锁模时，为了保证型腔内压力不将分型面顶开，必须有足够的锁模力，所需的锁模力应小于液压机主液压缸的额定压力（一般均能满足），即

$$pA_1 \leqslant KF_n \tag{17-8}$$

式中　A_1——浇注系统与型腔在分型面上投影面积不重合部分之和；

　　　F_n——液压机主液压缸的额定压力。

17.2.5 排气槽和溢料槽的设计

1. 排气槽的设计

热固性塑料压注成型时，由于发生化学交联反应会产生一定量的气体和挥发性物质，同时型腔内原有的气体也需要排出，通常利用模具零件间的配合间隙及分型面之间的间隙进行排气；当不能满足要求时，必须开设排气槽。

排气槽应尽量设置在分型面上或型腔最后填充处，也可设在料流汇合处或有利于清理飞边及排出气体处。

排气槽的截面形状一般为矩形，对于中小型塑件，分型面上的排气槽深度可取 0.04 ~ 0.13mm，宽度取 3~5mm，具体的位置及深度尺寸一般经试模后再确定。

排气槽的截面面积可按经验公式计算，即

$$A = \frac{0.05V_s}{n} \tag{17-9}$$

式中　A——排气槽截面面积（mm²），推荐值见表 17-2；

　　　V_s——塑件体积（mm³）；

　　　n——排气槽数量。

表 17-2　排气槽截面推荐尺寸

排气槽截面面积 /mm²	排气槽截面尺寸（槽宽×槽深）/mm×mm	排气槽截面面积 /mm²	排气槽截面尺寸（槽宽×槽深）/mm×mm
0.2	5×0.04	0.8~1.0	10×0.1
0.2~0.4	5×0.08	1.0~1.5	10×0.15
0.4~0.6	6×0.1	1.5~2.0	10×0.2
0.6~0.8	8×0.1		

2. 溢料槽的设计

成型时，为了避免嵌件或配合孔中渗入更多塑料，防止塑件产生熔接痕迹，或者避免多余塑料溢出，需要在接缝处或适当的位置开设溢料槽。

溢料槽的截面宽度一般取 3~4mm，深度取 0.1~0.2mm，设计时深度先取小一些，经试模后再修正。溢料槽尺寸过大会使溢料量过多，塑件组织疏松或缺料；尺寸过小又会导致溢料不足。

17.3 任务实施

1. 塑件工艺分析

（1）原材料分析　氨基塑料常用于压缩、压注成型，固化快，压注时收缩率大，熔体流动性好，预热及成型温度要适当，装料、合模及加压速度要快。氨基塑料应储存在置于干燥阴凉处的带有橡胶密封圈的密闭桶中，耐热性差，长期使用温度在 70℃ 以下。成型温度对塑件质量影响较大，温度过高易使塑件出现分解、变色、气泡、开裂、变形、色泽不匀等缺陷；温度过低则导致流动性差、欠压、不光泽。一般大型或形状简单的制品的成型温度宜取较低值，小型或形状复杂的制品成型温度宜取较高值。氨基塑料含水分及挥发物多，易吸潮而结块，使用前应进行预热干燥，防止再吸湿。成型时，材料分解物及水分有弱酸性，模具应注意排气并采用镀铬等方式进行防腐。氨基塑料的密度为 $1.48g/cm^3$，无填料氨基塑料的收缩率为 $1.1\% \sim 1.2\%$，加入纤维填充的氨基塑料的收缩率为 $0.5\% \sim 1.5\%$。

氨基塑料无毒、无臭、无味，本体呈透明状。加入纤维填料后，材料呈乳白色半透明状；若加入钛白粉，则呈不透明的纯白色；若加入其他着色剂，可制成表面光洁、色彩鲜明的玉状制品。氨基塑料多用于食具、纽扣、把手、壳体、装饰品，也可用于电器、仪表等工业配件。

（2）塑件的结构、尺寸精度与表面质量分析　根据塑件结构图可知，固定套的基本结构为环形，该塑件的尺寸精度要求一般，模具相关零件的尺寸在加工时是可以保证的。该制品没有很严格的表面质量要求，成型较为简单。

2. 成型方法及工艺流程的确定

固定套塑件材料为氨基塑料，属于热固性塑料。采用压注成型，压注设备为专用液压机，模具结构确定为上加料腔固定式压注模。

压注成型的过程为：闭合模具，将其预热到成型温度；将原料加入模具加料腔并逐渐加热施压；塑料在型腔内受热、受压而固化成型；开启模具取出塑件，清理型腔、浇注系统和加料腔。

3. 成型工艺参数的确定

查阅相关资料，氨基塑料的成型工艺参数如下：

预热温度：$100 \sim 120℃$；预热时间：$6 \sim 10min$；

成型压力：$(30\pm5)MPa$；成型温度：$130 \sim 150℃$；

保压时间按 $1.5 \sim 2.5min/mm$ 估算。

由于氨基塑料牌号广泛，具体工艺参数可随材料牌号和填料种类的不同而做适当调整。

4. 成型设备选择与工艺参数的校核

固定套压注模拟采用上加料腔固定式结构，压注成型设备为专用液压机。实际计算时，可参考注射模或压缩模的设计过程，本节仅介绍液压机有关工艺参数的校核。

（1）辅助液压缸压力的校核　在选择专用液压机时，压注成型所需的总压力应小于或等于液压机辅助液压缸的有效压力 $F_{辅}$。

加料腔截面面积 A 约为 $490mm^2$，p 取值为 $30MPa$，K 取值为 0.8。

由　　$F_m = pA \leqslant KF_{辅}$ 可得 $F_{辅} \geqslant pA/K$

则　　$F_{辅} \geqslant \dfrac{30 \times 490}{0.8} N = 18375N$

（2）主液压缸压力的校核　为了使型腔内熔融塑料的压力不至于顶开分型面，成型所需的锁模力应小于或等于液压机主液压缸的有效压力。

浇注系统与型腔在分型面上的投影面积 $A_{型}$ 约为 $5097mm^2$，p 取值为 $30MPa$，K 取值为 0.8。

由　　$pA_{型} \leqslant KF_{主}$ 可得 $F_{主} \geqslant pA_{型}/K$

则　　$F_{主} \geqslant \dfrac{30 \times 5097}{0.8} N = 191137.5N$

根据计算结果选择 Y71-100 型塑料制品液压机（相关技术参数略）。

5. 模具设计

压注模的设计原则及结构设计与压缩具、注射模相似，如型腔的总体设计、分型面位置选择、合模导向机构、推出机构、侧向分型与抽芯机构以及加热系统等均可参考压缩模或注射模的设计原则，本节仅对其特殊之处进行介绍。

（1）分型面的选择　根据固定套的结构特点，其分型面应设置在底平面上，如图 17-13 所示。

（2）确定成型零件的结构形式　为了降低模具制造难度、节约材料成本，固定套成型模具的下模型腔设计为镶拼结构。

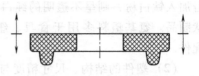

图 17-13　分型面选择

（3）加料腔的设计　固定式压注模的加料腔与上模连在一起，移动式压注模的加料腔可以单独取下。加料腔犹如注射机的料筒，它的作用是存放定量塑料，对其进行预热、加压，使之熔融成为熔体。由于加料腔在工作时承受不小于 25MPa 的压力，所以应具有足够的强度。

（4）压料柱塞的设计　压料柱塞的作用是将加料腔内的熔融塑料经浇注系统压入型腔，作为加料腔的附件，压料柱塞与加料腔内腔采用间隙配合，配合为 H9/f9。对于由玻璃纤维或石棉填充的塑料，最好使其单边间隙为 0.05~0.1mm。

（5）浇注系统的设计

1）主流道的设计。主流道的截面一般为圆形，应尽量设置在模具的中心线上。主流道截面尺寸要适当，过小会导致热量及压力损失大；过大则会导致压力减弱，产生涡流、气孔，且浪费塑料。主流道的形式根据模具结构确定，其数量及位置则由制品的大小、形状及型腔数量确定。一般情况下，主流道仅设一个，本任务采用图 17-14 所示的结构。

2）分流道的设计

① 截面形状和尺寸的确定。为了便于脱模，分流道多设计成梯形或半圆形截面。大型模具的分流道较长，为了避免熔料在流动中提前固化，分流道表面积应取小一些。对于分流道较短的小型移动式模具，为使熔料在流动中易升温塑化，可设计较大的表面积，将流道设计得宽而浅，但一般不浅于 2mm。用于小型制品成型的流道深度可取 2~4mm，用于大型制品成型时可取 4~6mm；流道的宽度一般为深度的 1.5~2 倍，取值范围一般为 4~10mm。分流道截面面积一般为浇口截面面积的 1.5 倍。本任务采用图 17-15 所示的截面形状。

② 分流道长度的确定。分流道不宜太长，以减少压力损失和节约塑料为原则，适当加长分流道可改善塑料预热情况、增加材料的塑化程度，分流道一般不短于 10mm。

③ 分流道的布置。本任务的分流道宜采用平衡式布置，如图 17-16 所示。

④ 浇口的设计。本任务采用标准的侧浇口结构。

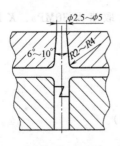

图 17-14　压注模主流道

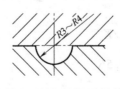

图 17-15　分流道截面

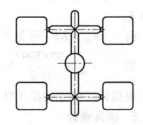

图 17-16　分流道布置

6. 溢料槽与排气槽的设计

（1）溢料槽的设计　压注成型时，为防止产生熔接痕或使多余塑料溢出，需要在容易产生熔接痕的地方及其他适当位置开设溢料槽。

溢料槽的尺寸应适当，过大则溢料过多，使塑料组织疏松或缺料；过小则溢料不足。最理想的情况是塑料经保压一段时间后才开始溢料，溢料槽的宽度一般取 3 ~ 4mm，深度一般取 0.1 ~ 0.2 mm。一般情况下，溢料槽应开设在模具的分型面上。对于多数模具来说，是否开设溢料槽要根据试模情况而定。在最初开设溢料槽时，尺寸尽量取小些，然后边试模边修正。

（2）排气槽的设计　压注成型时，需要及时排除型腔内原有的空气、塑料受热后挥发的气体及塑料缩聚反应所产生的气体。因此，不能仅依靠分型面和顶杆的间隙排气，还需另外开设排气槽。

压注成型时，排气槽中不仅会逸出气体，还可能溢出少量前锋冷料。因此，需要附加工序进行去除。

排气槽的截面尺寸与制品体积和排气槽数量有关。对于中、小型制品，分型面上排气槽的深度可取 0.04 ~ 0.13mm，宽度可取 3.2 ~ 6.4mm。

7. 模具装配图绘制

图 17-17 所示为固定套成型模具装配图，该模具为一模四腔。

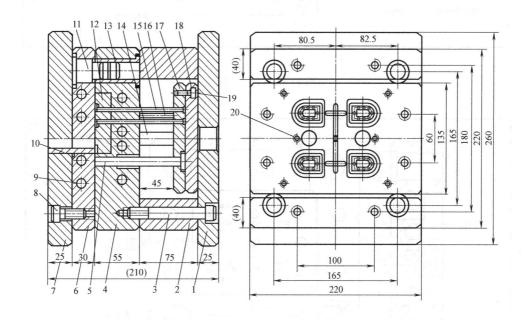

图 17-17　固定套成型模具装配图

1—下模座板　2—支脚　3、8、19、20—螺钉　4—下模板　5—复位杆　6—上模板　7—上模底板
9—加热棒　10—加料腔　11—导柱　12—下模镶件　13—导套　14—支柱　15—推杆
16—拉料杆　17—推杆固定板　18—推板

8. 模具零件图绘制

压注模零件图可按注射模或压缩模的绘图步骤和绘图要求绘制。由图 17-17 可知，模具零件共 20 种。其中，可外购的标准件 10 种，需要自行设计、制造的非标准件 10 种。

非标准件下模镶件和下模板的零件图如图 17-18 和图 17-19 所示。

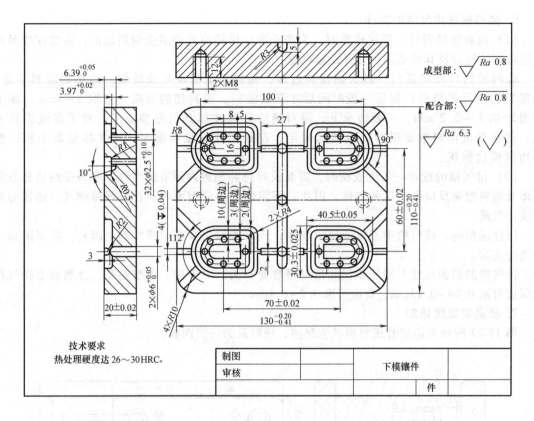

图 17-18 下模镶件

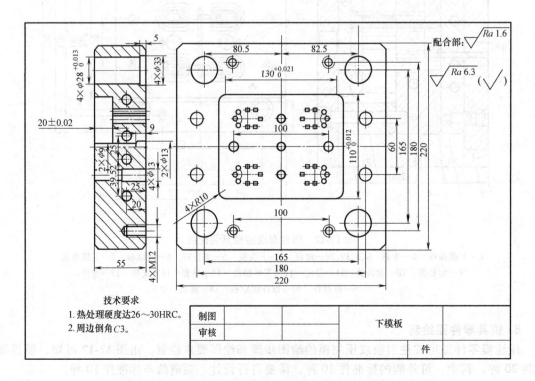

图 17-19 下模板

17.4 任务训练与考核

1. 任务训练

如图 17-20 所示，套管件材料为酚醛塑料，要求模具寿命达 10 万次，请针对此塑件进行其压注模结构设计。

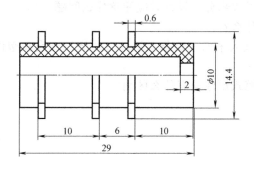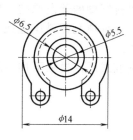

图 17-20 套管件

2. 任务考核（表 17-3）

表 17-3 压注模设计任务考核卡

任务考核	考核内容	参考分值	考核结果	考核人
素质目标考核	遵守规则	5		
	课堂互动	10		
	团队合作	5		
知识目标考核	压注模的结构	5		
	压注模的分类	5		
	压注模的结构设计	10		
	压注模浇注系统的设计	5		
	压注模排溢系统的设计	5		
	液压机的选择	5		
能力目标考核	压注模结构设计	25		
	压注模结构示意图绘制	20		
小 计				

17.5 思考与练习

1. 选择题

（1）压注模主要是用于成型（　　）的模具。

　　A. 热塑性塑料　　　B. 热固性塑料　　　C. 通用塑料　　　　D. 工程塑料

（2）压注模按加料腔的结构特征可分为（　　）两种形式。

　　A. 上加料腔式和下加料腔式　　　　B. 固定式和移动式

　　C. 罐式和柱塞式　　　　　　　　　D. 手动式和机动式

（3）压注模的结构组成为（　　）。

　　A. 成型零件、加料装置、浇注系统、导向机构、推出机构、加热系统和侧抽芯机构

B. 成型零件、加料装置、浇注系统、导向机构、推出机构、冷却系统和侧抽芯机构

C. 成型零件、加料装置、推出机构、冷却系统、导向机构、加热系统和侧抽芯机构

D. 成型零件、推出机构、冷却系统、浇注系统、导向机构、加热系统和侧抽芯机构

2. 简答题

（1）如何选择压注成型工艺？

（2）压注模的浇注系统有哪几个组成部分？设计时应注意什么问题？

（3）压注模排气槽的开设原则是什么？

（4）采用长纤维填充塑料压注成型大平面、长条形塑件时，浇口开设在塑件的中部还是端部好？为什么？

（5）上加料腔式压注模和下加料腔式压注模有什么区别？

任务18　挤出模设计

18.1　任务导入

塑料挤出成型是用加热的方法使塑料成为流动状态，然后使其在一定压力的作用下通过模塑，经定型制得连续的型材。挤出成型具有效率高、投资少、制造简便、可连续化生产、占地面积少、环境清洁等优点。通过挤出成型生产的塑料制品得到了广泛的应用，其产量占塑料制品总量的三分之一以上。因此，挤出成型在塑料加工工业中占有很重要的地位。

采用挤出成型的塑料大多是热塑性塑料，也有部分热固性塑料，如聚氯乙烯、聚乙烯、聚丙烯、尼龙、ABS、聚碳酸酯、聚砜、聚甲醛、氯化聚醚等热塑性塑料，以及酚醛、脲醛等热固性塑料。

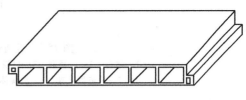

图18-1　装饰板材

本任务针对如图18-1所示的装饰板材进行挤出模的结构设计。材料为PVC，宽度为 (275 ± 0.5) mm，高度为 (10 ± 0.3) mm，上层壁厚0.7mm，下层壁厚0.6mm，加强筋厚0.5mm。为增强立体感，在塑件外表面分布有两道沟槽，产品要求外表面光滑平整，无缺陷。内腔加强筋无断裂，安装方式采用拼合式，上表面平面度误差为±0.2mm。生产设备为SJ-65X25型单螺杆挤出机。

18.2　相关知识

18.2.1　挤出成型机头的结构、分类及设计原则

1. 挤出成型机头的结构

机头是挤出成型模具的主要部件，它使塑料由螺旋运动变为直线运动，产生必要的成型压力，保证制品密实，并使塑料进一步塑化，可成型所需断面形状的制品。

现以管材挤出成型机头为例分析机头的结构，如图18-2所示。

（1）口模和芯棒　口模成型制品的外表面，芯棒成型制品的内表面，故口模和芯棒的定型部分决定制品的横截面形状和尺寸。

（2）多孔板（过滤板、栅板）　多孔板的作用是将塑料由螺旋运动变为直线运动，同时还能阻止未塑化的塑料和机械杂质进入机头。此外，多孔板还能形成一定的机头压力，使制品更加密实。

（3）分流器和分流器支架　分流器又称鱼雷头。塑料熔体通过分流器变成薄环状，便于进一步加热和塑化。大型挤出机的分流器内部还装有加热装置。

分流器支架主要用来支承分流器和芯棒，同时也使料流分散以加强搅拌作用。小型机头的分流器支架可与分流器设计成一个整体。

（4）调节螺钉　用来调节口模与芯棒之间的间隙，以保证制品壁厚均匀。

（5）机头体　用来组装机头各零件及实现挤出机连接。

（6）定径套　制品通过定径套获得良好的表面粗糙度、正确的尺寸和几何形状。

（7）堵塞　防止压缩空气泄漏，保证管内一定的压力。

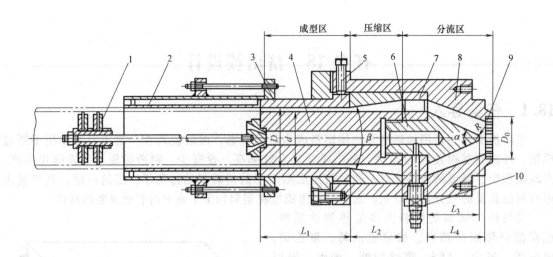

图 18-2　直通式管材挤出成型机头
1—堵塞　2—定径套　3—口模　4—芯棒　5—调节螺钉　6—分流器
7—分流器支架　8—机头体　9—多孔板　10—空气进口接头

2. 挤出成型机头的分类及设计原则

（1）挤出成型机头分类　由于挤出制品的形状和要求不同，因此要有相应的机头满足制品的要求。机头种类很多，大致可按以下三种特征进行分类。

1）按机头用途分类：分为挤管机头、吹管机头、挤板机头等。

2）按制品出品方向分类：分为直向机头和横向机头，前者机头内的料流方向与挤出机螺杆轴向一致，如硬管挤出成型机头；后者机头内的料流方向与挤出机螺杆轴向成某一角度，如电缆挤出成型机头。

3）按机头内压力大小分类：分为低压机头（料流压力为 3.92MPa 以下）、中压机头（料流压力为 3.92~9.8MPa）和高压机头（料流压力在 9.8MPa 以上）。

（2）设计原则

1）流道呈流线型。为使塑料熔体能沿着机头的流道充满并被均匀地挤出，同时避免塑料过热分解，机头内的流道应呈流线型。流道不能急剧地扩大或缩小，更不能有死角和停滞区，流道应加工得十分光滑，表面粗糙度 Ra 值在 $0.4\mu m$ 以下。

2）足够的压缩比。为使制品密实和消除因分流器支架造成的结合缝，根据制品和塑料种类不同，应设计足够的压缩比。

3）正确的断面形状。机头成型部分的设计应保证塑料挤出后具有规定的断面形状，由于塑料的物理性能和压力、温度等因素的影响，机头成型部分的断面形状并非制品相应的断面形状，即二者有相当的差异，设计时应考虑此因素，使成型部分有合理的断面形状。由于制品断面形状的变化与成型时间有关，因此控制必要的成型长度是一个有效的方法。

4）结构紧凑。在满足强度条件的前提下，机头结构应紧凑，其形状应尽量做得规则而对称，使传热均匀，装卸方便且不漏料。

5）选材要合理。由于机头磨损较大，有的塑料又有较强的腐蚀性，所以机头材料应选较耐磨、硬度较高的碳钢或合金钢，有的甚至要镀铬，以提高机头的耐蚀性。

此外，机头的结构尺寸还和制品的形状、加热方法、螺杆形状、挤出速度等因素有关。设计者应根据具体情况灵活应用上述原则。

18.2.2　管材挤出成型机头设计

在挤出成型中，管材挤出成型的应用最为广泛。管材挤出成型机头是成型管材的挤出模，适用于聚乙烯、聚丙烯、聚碳酸酯、聚酰胺、软质和未增塑（硬质）聚氯乙烯等塑料的挤出成型。

1. 管材挤出成型机头的分类

管材挤出成型机头常称为挤管机头或管机头，按机头的结构形式可分为直通式挤管机头、直角式挤管机头、旁侧式挤管机头和微孔流道挤管机头等多种形式。

（1）直通式挤管机头　直通式挤管机头如图 18-2 所示，其特点是塑料熔体在机头内的流动方向与挤出方向一致，机头结构比较简单，但熔体经过分流器及分流器支架时易产生熔接痕，且不容易消除，成型管材的力学性能较差，机头的长度较大、结构笨重。直通式挤管机头主要用于成型软（硬）质聚氯乙烯、聚乙烯、尼龙、聚碳酸酯等塑料管材。

（2）直角式挤管机头　直角式挤管机头又称弯管机头，机头轴线与挤出机螺杆的轴线成直角，如图 18-3 所示。直角式挤管机头内无分流器及分流器支架，塑料熔体流动成型时不会产生分流痕迹，成型管材的力学性能较高、尺寸精度高、成型质量好，缺点是机头的结构比较复杂，制造困难。直角式挤管机头适用于成型聚乙烯、聚丙烯等塑料管材。

（3）旁侧式挤管机头　如图 18-4 所示，挤出机的供料方向与出管方向平行，机头位于挤出机的下方。旁侧式挤管机头的体积较小，结构复杂，熔体流动阻力大，适用于直径大、管壁较厚的管材挤出成型。

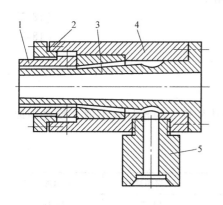

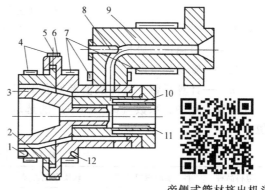

旁侧式管材挤出机头

图 18-3　直角式挤管机头
1—口模　2—调节螺钉
3—芯棒　4—机头体　5—连接管

图 18-4　旁侧式挤管机头
1、12—温度计插孔　2—口模　3—芯棒
4、7—电热器　5—调节螺钉　6—机头体
8、10—熔体测温孔　9—连接体　11—芯棒加热器

（4）微孔流道挤管机头　如图 18-5 所示，微孔流道挤管机头内无芯棒，熔体的流动方向与挤出机螺杆的轴线方向一致，熔体通过微孔管上的微孔进入口模而成型，特别适用于成型直径大、熔体流动性差的塑料（如聚烯烃）管材。微孔流道挤管机头体积小、结构紧凑，但由于管材直径大、管壁厚，容易发生偏心，所以口模与芯棒的下侧间隙比上侧间隙要小 10% ~ 18%，以克服因管材自重而引起的壁厚不均匀。

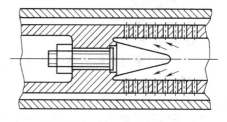

图 18-5　微孔流道挤管机头

2. 管材挤出成型机头的结构设计

管材挤出成型机头主要由口模和芯棒两部分组成，下面以直通式挤管机头（图 18-2）为例介绍机头的结构设计。

（1）口模的设计　口模主要成型塑件的外表面，结构参见图 18-2，其主要尺寸为口模的内径和定型段长度。在进行结构设计前，必需的已知条件是所用的挤出机型号，塑料制品的内、外直径及精度要求。

1）口模的内径 D。口模的内径可按以下公式计算

$$D = kd_s \tag{18-1}$$

式中　D——口模的内径；

　　　d_s——塑料管材的外径；

　　　k——补偿系数，参见表 18-1。

管材从机头中被挤出时，处于被压缩和被拉伸的弹性恢复阶段，伴随离模膨胀和冷却收缩现象，所以 k 值是经验数据，用以补偿管材外径的变化。

表 18-1　补偿系数 k

塑料品种	塑件内径定径	塑件外径定径
聚氯乙烯（PVC）	—	0.95~1.05
聚酰胺（PA）	1.05~1.10	—
聚乙烯（PE）、聚丙烯（PP）	1.20~1.30	0.90~1.05

2）定型段长度 L_1。定型段长度 L_1 一般按经验公式计算，即

$$L_1 = (0.5 \sim 3.0)d_s \tag{18-2}$$

或者

$$L_1 = nt \tag{18-3}$$

式中　L_1——口模定型段长度；

　　　t——管材的壁厚；

　　　n——计算系数，具体数值参见表 18-2。

式（18-2）中，系数（0.5~3.0）的选取，一般对于外径较大的管材取小值，反之则取大值。

表 18-2　计算系数 n

塑料品种	硬质聚氯乙烯	软质聚氯乙烯	聚乙烯	聚丙烯	聚酰胺
系数 n	18~33	15~25	14~22	14~22	13~23

（2）芯棒的设计　芯棒成型管材的内表面，其结构参见图 18-2，其主要尺寸有芯棒外径 d、压缩段长度 L_2 和压缩角 β。

1）芯棒外径 d。芯棒外径就是定型段的直径，管材的内径由芯棒的外径决定。考虑到管材的离模膨胀和冷却收缩效应的影响，芯棒外径可按经验公式计算，即

采用外定径时，　　　　　　　　$d = D - 2\delta \tag{18-4}$

式中　d——芯棒外径；

　　　D——口模内径；

　　　δ——口模与芯棒的单边间隙，通常取（0.83~0.94）倍的管材壁厚。

采用内定径时，　　　　　　　　$d = d_0 \tag{18-5}$

式中　d_0——管材内径。

2）压缩段长度 L_2。芯棒的长度分为定型段长度和压缩段长度两部分。定型段长度与口模定型段长度 L_1 取值相同。压缩段与口模中相应的锥面部分构成压缩区域，其作用是消除塑料

熔体经过分流器时所产生的分流痕迹，压缩段长度 L_2 可按经验公式计算，即

$$L_2 = (1.5 \sim 2.5)D_0 \tag{18-6}$$

式中　L_2——芯棒的压缩段长度；

　　　D_0——多孔板（过滤板）出口处直径。

3）压缩角 β。压缩区的锥角 β 称为压缩角，一般在 $30° \sim 60°$ 范围内选取。压缩角过大会使管材表面粗糙，失去光泽。对于黏度低的塑料，β 取较大值，一般为 $45° \sim 60°$；对于黏度高的塑料，β 取较小值，一般为 $30° \sim 50°$。

（3）分流器的设计　分流器结构参见图 18-2，熔体经过多孔板后，经过分流器初步形成管状。分流器的作用是对塑料熔体进行分层减薄，进一步加热和塑化。分流器的主要尺寸有扩张角 α、分流锥长度 L_3 和顶部圆角 R。

1）扩张角 α。分流器扩张角 α 的选取与塑料的黏度有关，通常取 $30° \sim 90°$。塑料黏度较低时，可取 $30° \sim 80°$；塑料黏度较高时，可取 $30° \sim 60°$。扩张角 α 过大，熔体的流动阻力大，容易产生过热分解；扩张角 α 过小，不利于熔体均匀加热，机头体积也会增大。分流器的扩张角 α 应大于芯棒压缩角 β。

2）分流锥长度 L_3。分流锥长度 L_3 可按经验公式计算，即

$$L_3 = (0.6 \sim 1.5)D_0 \tag{18-7}$$

式中　L_3——分流锥长度；

　　　D_0——多孔板（过滤板）出口处直径。

3）顶部圆角 R。分流器顶部圆角 R 一般取 $0.5 \sim 2.0\text{mm}$。

18.2.3　异形型材挤出成型机头设计

塑料异形型材在建筑、交通、家用电器、汽车配件等领域已经广泛使用，例如门窗、轨道型材。一般把除圆管、圆棒、片材、薄膜等塑件外的具有其他截面形状的塑料型材称为异形型材，常见的塑料异形型材如图 18-6 所示。

塑料异形型材具有优良的使用性能和技术特性，异形型材的截面形状不规则，几何形状复杂，尺寸精度要求高，成型工艺困难，模具结构复杂，所以成型效率较低。异形型材根据截面形状不同可以分为异形管材、中空异形型材、空腔异形型材、开放式异形型材和实心异形型材五大类。

1. 异形型材挤出成型机头的分类

异形型材挤出成型机头是所有挤出成型机头中最复杂的一种，由于型材截面形状不规则，塑

图 18-6　常见的塑料异形型材

料熔体挤出机头时各处的流速、压力、温度不均匀，型材的质量受到影响，容易产生应力及出现型材壁厚不均匀现象。常用的异形型材挤出成型机头可分为板式机头和流线型机头两种形式。

（1）板式机头　图 18-7 所示为典型的板式机头的结构。板式机头的特点是结构简单、制造方便、成本低、安装调整容易。在结构上，板式机头内的流道截面变化急剧，从进口的圆形变为接近塑件截面的形状，若塑料熔体的流动状态不好，则容易造成塑料滞留；对于热敏性塑料（如硬质聚氯乙烯）等塑料，则容易发生热分解。一般用于熔融黏度低而热稳定性高的塑料（如聚乙烯、聚丙烯、聚苯乙烯）异形型材挤出成型。对于硬质聚氯乙烯，只有在塑

（2）流线型机头　流线型机头典型结构如图 18-8 所示。这种机头由多块钢板组成，为避免机头内流道截面的急剧变化，将机头内腔加工成光滑过渡的曲面，各处不能有急剧过渡的截面或死角，使熔体流动顺畅。由于流道内腔光滑过渡，挤出生产时流线型机头没有塑料滞留的缺陷，挤出型材质量好，特别适用于热敏性塑料的挤出成型，适用于大批量生产；但机头结构复杂，制造难度较大。流线型机头分为整体式和分段拼合式两种形式。图 18-8 所

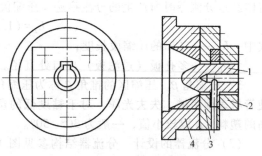

图 18-7　板式机头
1—芯棒　2—口模　3—支承板　4—机头体

示为整体式流线型机头，机头内流道截面形状由圆环形渐变过渡到所要求的形状，各截面形状如图 18-8 中各剖视图所示。制造整体式流线型机头显然要比制造分段式流线型机头困难。

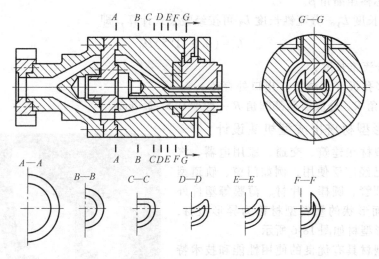

图 18-8　流线型机头

当异形型材截面复杂时，整体式流线型机头加工很困难，为了降低机头的加工难度，可以采用分段拼合式流线型机头成型，分段拼合式流线型机头需要将机头体分段分别加工再装配，可以降低流道加工的难度，但在流道拼接处易出现不连续的截面尺寸过渡，工艺过程的控制比较困难。

2. 异形型材结构设计

异形型材结构的合理性是决定异形型材质量的关键，设计机头结构之前，应考虑塑件的结构形式。要想获得理想状态的异形型材，必须保证异形型材的结构工艺性合理、熔体在机头中的流动顺畅，并保证挤出成型工艺过程中温度、压力、速度等条件满足要求。

设计异形型材时应考虑以下几方面问题：

（1）尺寸精度　异形型材的尺寸精度与截面形状有关，由于异形型材的结构比较复杂，很难得到较高的尺寸精度，在满足使用要求的前提下，应选择较低的公差等级（MT7 或 MT8）。

（2）表面粗糙度　异形型材的表面粗糙度一般取 $Ra \geqslant 0.8\,\mu m$。

（3）加强筋的设计　中空异形型材设置加强筋时，筋板厚度应取较小值，常取塑件厚度的 80%，过厚会使塑件出现翘曲、凹陷现象。

（4）异形型材的厚度　异形型材的截面应尽量简单，壁厚要均匀，一般壁厚为 1.2 ~ 4.0mm，最大可取 20mm，最小可取 0.5mm。

（5）圆角的设计　异形型材的转角如果是直角，易产生应力集中现象，因此在连接处应采用圆角过渡。增大圆角半径，可改善料流的流动性，避免塑件变形。一般外侧圆角半径应大于 0.5mm，内侧圆角半径大于 0.25mm；圆角半径的大小还取决于塑料原材料，条件允许时，可选择较大的圆角半径。

3. 异形型材挤出成型机头结构设计

为了使挤出的型材满足质量要求，既要充分考虑塑料的物理性能、型材的截面形状、温度、压力等因素对机头的影响，又要考虑定型模对异形型材质量的影响。

（1）机头设计要点

1）机头口模成型区的形状修正。理论上异形型材口模成型处的截面形状应与异形型材规定的截面形状相同，但由于塑料性能，成型过程中的压力、温度、流速以及离模膨胀和冷却收缩等因素的影响，从口模中挤出的异形型材型坯可能发生严重的形状畸变，导致塑料型材的质量不合格。因此，必须对口模成型区的截面形状进行修正。如图 18-9 所示，图 18-9a 所示为口模截面形状，图 18-9b 所示为对应的塑件截面形状。

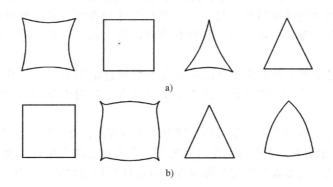

图 18-9　口模形状与塑件形状的关系

a）口模截面形状　b）塑件截面形状

2）机头口模尺寸的确定。只考虑离模膨胀时，机头口模的截面尺寸应按膨胀比设计得比制品的截面尺寸小；但为了便于调节牵引速度，同时补偿因冷却收缩导致的截面尺寸变小，通常将口模的截面尺寸设计得稍大些。由于口模的截面尺寸与制品的截面尺寸关系随塑料种类、成型温度、成型速度等条件的变化而改变，口模的截面尺寸很难确定，设计时可参考表 18-3 选取，并在试模时进行修正。

表 18-3　口模截面尺寸的经验设计值

塑料品种 口模截面尺寸	软质聚氯乙烯	硬质聚氯乙烯	聚乙烯	聚苯乙烯	醋酸纤维素
宽度增加量	10% ~ 20%	7% ~ 20%	10%	20%	5% ~ 15%
高度增加量	15% ~ 30%	3% ~ 10%	15%	20%	10% ~ 25%
壁厚增加量	12% ~ 20%	5% ~ 10%			

根据熔体流动理论可知，口模定型段越长，熔体流动阻力越大，流量越小；而口模流道间隙越大，熔体流动阻力越小，流量越大。所以在挤出厚薄不均的异形型材时，厚的部分定

型段长，薄的部分定型段短，使得口模截面各处的料流速度均匀一致。口模定型段的长度 L_1 和口模流道间隙 δ，可参考表 18-4 选取，并在试模时进行修正。

表 18-4 口模结构尺寸的经验设计关系

塑料品种 尺寸关系	软质聚氯乙烯	硬质聚氯乙烯	聚乙烯	聚苯乙烯	醋酸纤维素
L_1/δ	6~9	20~70	14~20	17~22	17~22
t/δ	0.85~0.90	1.1~1.2	0.85~0.90	1.0~1.1	0.75~0.90

注：t 为塑件厚度。

（2）机头结构参数

1）扩张角 α。机头内分流器的扩张角 α 一般小于 70°，对于硬质聚氯乙烯等成型条件要求严格的塑料，应控制在 60°左右。

2）压缩比 ε。与管机头相似，机头压缩比 ε 的取值范围为 3~13。

3）压缩角 β。为了保证熔体流经分流器后能很好地融合，消除熔接痕，一般 β 的取值范围为 25°~50°。

（3）定型装置（定型模）设计　从机头中挤出的型材温度都比较高，形状很难保持，必须经过冷却定型装置才能保证型材的尺寸、形状及光亮的表面。异形型材的挤出成型质量不仅取决于机头设计的合理性，还与定型装置有着密切的关系，它是保障产品质量和挤出生产率的关键因素。

采用真空吸附法定型，从机头中挤出的异形型材通过定型装置上的真空孔完全被吸附在定型装置上，并被充分冷却，定型装置入口至出口的真空吸附面积应由大到小，真空孔数应由密变疏。

定型段的冷却方式有很多种，常用的冷却方法为冷却水冷却，冷却水孔的直径一般为10~20mm，为了保证冷却效果，在条件允许的情况下，水孔直径越大越好，而且冷却水最好保持紊流状态。冷却水孔在定型装置中应对称布置，以保证异形型材均匀冷却。

18.2.4　电线电缆挤出成型机头设计

电线与电缆是日常生活中应用较多的塑料产品，它们一般在挤出机上挤出成型。电线是在单股或多股金属芯线外包覆一层塑料绝缘层的挤出制品；电缆是在一束互相绝缘的导线或不规则的芯线上包覆一层塑料绝缘层的挤出制品。挤出电线电缆的机头与管机头结构相似，但由于电线电缆的内部夹有金属芯线及导线，所以常采用直角式机头。下面介绍电线电缆挤出成型机头的两种结构形式。

1. 挤压式包覆机头

挤压式包覆机头用来生产电线，机头结构如图 18-10 所示。这种机头呈直角式，又称十字机头，熔融塑料通过挤出机多孔板进入机头体，转向 90°，沿着芯线导向棒流动，汇合成一个封闭料环后，经口模成型段包覆在金属芯线上，通过导向棒连续地运动，芯线包覆动作能连续进行，从而得到连续的电线产品。

这种机头结构简单，调整方便，被广泛应用于电线的生产。但该机头结构的缺点是芯线塑料包覆层的同轴度不好，包覆层不均匀。

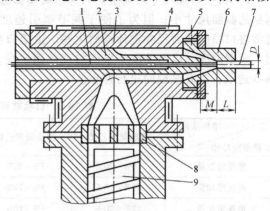

图 18-10　挤压式包覆机头
1—芯线　2—导向棒　3—机头体　4—电热器　5—调节螺钉
6—口模　7—包覆塑件　8—多孔板　9—挤出机螺杆

口模与芯棒的尺寸计算方法与管材挤出成型机头相同，定型段长度 L 为口模出口直径 D 的 1.0~1.5 倍，包覆层厚度取 1.25~1.60mm，芯棒前端到口模定型段之间的距离 M 与定型段长度相等。定型段较长时，塑料与芯线接触较好，但是挤出机料筒的螺杆背压较高，塑化量低。

2. 套管式包覆机头

套管式包覆机头用来生产电缆，机头结构如图 18-11 所示。与挤压式包覆机头的结构类似，这种机头也是直角式机头，区别在于套管式包覆机头是将塑料挤成管状，一般在口模外靠塑料管的冷却收缩而包覆在芯线上，也可以通过抽真空使塑料管紧密地包在芯线上。导向棒成型管材的内表面，口模成型管材的外表面，挤出的塑料管与导向棒同轴，塑料管被挤出口模后立即包覆在芯线上，由于金属芯线连续地通过导向棒，因而包覆动作也就连续地进行。

包覆层的厚度随口模尺寸、芯棒头部尺寸、挤出速度、芯线移动速度等因素的变化而改变。口模定型段长度 L 应小于口模出口直径 D 的 0.5 倍，否则螺杆背压过大，产量降低，电缆表面易出现流痕，影响产品质量。

18.3　任务实施

1. 塑件工艺性能分析

由于装饰板材的横截面形状简单、对称且连续，壁厚也较均匀，中空部分也不小，采用异形型材挤出成型可满足产品结构工艺性要求。但其平面度要求较高，所以关键是设计挤出模机头口模的流道，确定冷却定型方式及各部分尺寸。

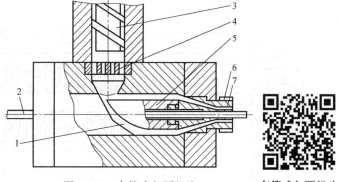

图 18-11　套管式包覆机头　　套管式包覆机头
1—螺旋面　2—芯线　3—挤出机螺杆
4—多孔板　5—导向棒　6—电热器　7—口模

2. 设计模具结构

（1）挤出成型机头设计

1）结构设计。机头结构包括机颈、机头体、口模、芯棒、阻尼块等。机头流道呈流线型过渡，采用上、下组合装配结构。机颈采用球形入口，便于和挤出机料筒连接配合，使熔体流过料筒、多孔板后能逐渐过渡为机颈内流道形状。采用扁状机头体，机颈内流道纵向呈压缩状趋于减小，横向呈扇形趋于增大，最终扩展为产品形状，机头结构如图 18-12 所示。

2）机头结构参数设计。机颈入口采用与挤出机料筒直径相同的球形结构，直径为 65mm，机颈内扇形横向扩张角取 60°，纵向两边之间夹角取 8°。在芯棒前加一菱形阻尼块，阻尼块前端两边之间夹角为 60°，后端两边之间夹角为 90°，各角部呈圆弧状。

熔体被挤出口模后会发生离模膨胀，但由于冷却收缩和牵引机的牵引作用，口模流道间隙 δ、宽度 B、高度 H，不同于异形型材壁厚 t、宽度 B_s、高度 H_s。根据经验可知：$t/\delta = 1.10 \sim 1.20$，$B_s/B = 0.8 \sim$

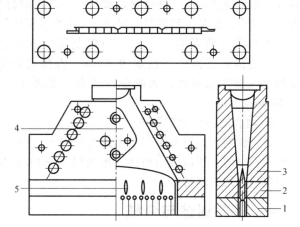

图 18-12　异形型材挤出成型机头及定型模
1—口模　2—机头体　3—机颈　4—阻尼块　5—芯棒

0.93，$H_s/H = 0.90 \sim 0.97$，通过计算取 $\delta = 0.6\text{mm}$、$B = 297\text{mm}$、$H = 10.8\text{mm}$；口模成型段将熔融塑料的运动形状调整为塑件横截面形状，并提高熔体密度，消除各种熔接痕，定型段长度 L 与塑料品种、塑件厚度、挤出条件等因素有关。经验表明，用于 PVC 塑件成型的机头定型段长度 L 与口模流道间隙 δ 之比一般为 $20 \sim 50$，现取 $L/\delta = 28/0.6 = 46.7$。

机头内总的压缩比，即多孔板的最大料流截面积与口模流道间隙面积之比为

$$\varepsilon = S_入/S_出 = 3.14 \times (65/2)^2/[297 \times (0.7 + 0.6) + 20 \times 10.8 \times 0.5] \approx 7$$

（2）定型模设计

1）结构设计。型材定型采用真空冷却定型结构，由上、下盖板以及上、下定型板等部件装配而成，上、下两部分可开启，内腔冷却水流道与真空槽交错排列。为使型材冷却均匀，内应力最小，在上、下定型板设置的冷却回路对称排列。定型模横截面结构如图 18-13 所示。

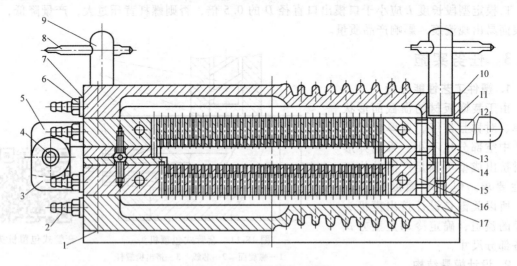

图 18-13 定型模横截面结构

1—内六角螺钉 2—水气接头 3、5—铰链片 4—轴 6—螺栓 7—垫圈 8—锁紧螺钉
9、12—手柄 10、17—上、下盖板 11、15—上、下定型板 13、14—侧型板 16—圆柱销

2）定型模结构参数设计。定型模长度越长，对产品质量的提高和型材内应力的消除越有利，但过长会增加成本，不便于搬运和开启。由于装饰板材壁厚较薄，定型模长度取 600mm 即可。定型模径向尺寸通常比口模尺寸小，比型材尺寸大，具体尺寸可按经验公式 $D = 1.02d$ 确定，其中，D 是定型模径向尺寸，d 是型材径向尺寸。

真空吸附采用沟槽形式，为避免黏流状熔体被吸进真空槽内造成阻塞，沟槽宽取 1mm。前部 6 道沟槽宽度取 0.8mm，沟槽间距为 40mm。真空槽背面细孔直径为 5mm，冷却水流道互相贯通，为减小内应力，循环水从定型模后端流入，前端流出，水孔直径为 10mm。

3．材料选择与加工要求

机头长期在高温高压下工作，磨损较大，PVC 塑料熔体在加工过程中易过热分解，释放出腐蚀性气体，所以选用耐磨、耐蚀模具钢材料 20Cr13。定型模材料也选用不锈钢 20Cr13，其中盖板选用铸铝材料。

18.4 任务训练与考核

1．任务训练

图 18-14 所示为装饰条截面图，该塑件材料为 ABS。请结合尺寸结构及技术要求设计该型

材的挤出成型机头与定型模。

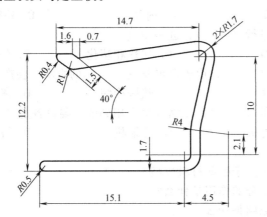

技术要求
1.未注壁厚1,未注圆角R0.5。
2.未注尺寸公差的极限偏差按
GB/T 14486—2008中的5级。
3.制品表面光滑无划痕。

图 18-14　装饰条截面图

2. 任务考核（表 18-5）

表 18-5　挤出模设计任务考核卡

任务考核	考核内容	参考分值	考核结果	考核人
素质目标考核	遵守规则	5		
	课堂互动	10		
	团队合作	5		
知识目标考核	挤出成型机头的结构、分类及设计原则	10		
	管材挤出成型机头设计	10		
	异形型材挤出成型机头设计	10		
	电线电缆挤出成型机头设计	10		
能力目标考核	机头结构设计	20		
	机头结构示意图	20		
小　计				

18.5　思考与练习

1. 选择题

（1）机头的结构包括（　　）。

　　A. 多孔板、分流器、口模、型芯、机头体

　　B. 多孔板、分流器、型腔、型芯、机头体

　　C. 多孔板、分流器、口模、芯棒、机头体

　　D. 推出机构、分流器、口模、型芯、机头体

（2）机头的作用是将熔融塑料由（　　）运动变为（　　）运动，并将熔融塑料进一步塑化。

　　A. 螺旋　　　　　　　B. 慢速　　　　　　　C. 直线　　　　　　　D. 快速

（3）机头应使熔体沿着流道（　　）地流动，机头的内表面必须呈光滑的（　　）。

　　A. 快速　　　　B. 匀速平稳　　　　C. 曲线型　　　　D. 流线型

（4）口模主要成型塑件的（　　）表面，口模的主要尺寸为口模的（　　）尺寸和定型

段的长度。

    A. 内部   B. 外部   C. 内径   D. 外径

（5）分流器的作用是对塑料熔体进行（　　），进一步（　　）。

    A. 分流   B. 成型   C. 加热和塑化   D. 分层减薄

（6）管材从口模被挤出后，温度（　　），由于自重及（　　）的影响，会产生变形。

    A. 较低   B. 较高   C. 热胀冷缩   D. 离模膨胀

（7）挤出成型中所用的主要设备是（　　），压缩成型中用到的主要设备是（　　）。

    A. 注射机   B. 压力机   C. 压缩机   D. 挤出机

2. 简答题

（1）挤出成型的原理是什么？可应用于哪些材料成型？

（2）挤出成型机头的结构以及各部分的作用是什么？

（3）挤出成型机头的分类及设计原则是什么？

（4）为什么管材和棒材挤出成型都需要设置定径套？定径套的长短对挤出过程和塑件质量有什么影响？

（5）电线、电缆分别采用什么类型的机头挤出成型？各有什么特点？

3. 综合题

图 18-15 所示为窗帘杆截面图，该塑件材料为 ABS。请结合尺寸结构及技术要求设计该型材的挤出成型机头与定型模，要求绘制机头及定型模结构图，编写设计说明书。

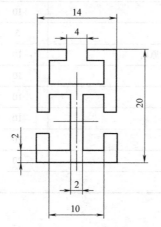

技术要求
1. 未注圆角R0.3。
2. 制品表面光滑无划痕。

图 18-15　窗帘杆截面图

任务 19 气动成型模具设计

19.1 任务导入

气动成型是借助压缩空气或通过抽真空来成型塑料瓶、罐、盒类制品的方法，主要包括中空吹塑、真空成型及压缩空气成型等。

本任务结合气动成型的相关知识，针对如图 19-1 所示饮料瓶进行其气动成型模具设计。已知饮料瓶的材料为 PP，壁厚为 0.5mm，其他结构尺寸如图 19-1 所示。

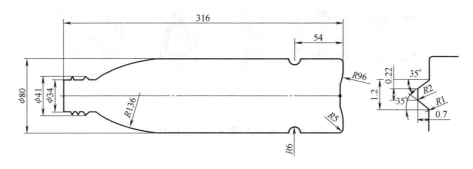

图 19-1 饮料瓶

19.2 相关知识

19.2.1 中空吹塑成型工艺与模具设计

中空吹塑成型根据成型方法不同可分为挤出吹塑成型、注射吹塑成型、拉伸吹塑成型、多层吹塑成型等，其中挤出吹塑成型是我国目前成型中空塑料制品的主要方法。

1. 挤出吹塑成型

（1）吹塑过程 图 19-2 所示为挤出吹塑成型工艺过程示意图。其中，图 19-2a 所示为挤出机挤出管状型坯；图 19-2b 所示为将型坯引入对开的模具中；图 19-2c 所示为模具闭合，夹紧型坯上、下两端；图 19-2d 所示为向型腔中吹入压缩空气，使型坯膨胀贴模而成型；图 19-2e 所示为经保压和冷却定型，放气并取出制品。可见，挤出吹塑所用设备包括塑化挤出机、挤出型坯用机头、吹塑模具、供气装置、冷却装置等。

挤出吹塑成型方法的优点是模具结构简单，投资少，操作容易，适用于多种热塑性塑料中空制品的吹塑成型；缺点是制品壁厚不均匀，需要后加工以去除飞边和余料。

（2）挤出型坯用机头 由挤出机塑化的熔体经机头挤出成型为型坯，机头对型坯和吹塑制品的性能影响很大，是挤出吹塑成型的重要装备，可根据型坯直径和壁厚的不同予以更换。常用的机头有中心进料的弯管式机头和侧向进料的弯管式机头两种，相关结构可参考任务 18，在此不再赘述。

（3）挤出吹塑模具 挤出吹塑模具通常由两瓣凹模组成，对于大型挤出吹塑模，应设冷却水通道。由于吹塑模型腔受力不大（一般压缩空气的压力为 0.7MPa），故可供选择的模具材料较多，最常用的有铝合金、铍铜合金、锌合金等。由于锌合金易于铸造和机械加工，所

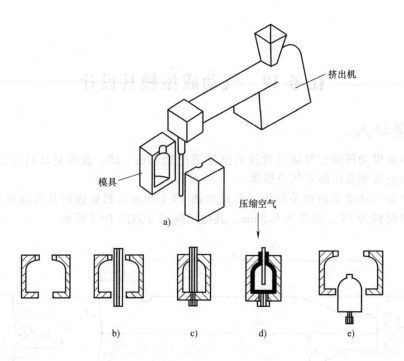

图 19-2　挤出吹塑成型工艺过程

以可用于制造形状不规则容器的模具。用于大批量生产硬质塑料制品的模具，可选用钢材制造，热处理硬度至 40~44HRC，型腔需抛光镀铬。图 19-3 所示为典型的挤出吹塑模具结构，压缩空气由上端吹入型腔。根据制品的结构需要，还可以进行下端吹气和气针吹气，或气针吹气和上端吹气相结合。

挤出吹塑模具的设计要点如下：

1）型腔

①分型面。分型面的选择原则是保证两瓣型腔对称，型腔浅，易于制品脱模。为此，对于圆形截面的容器，分型面应通过其轴线；对于椭圆形截面的容器，分型面应通过椭圆的长轴；对于矩形截面的容器，分型面应通过中心线或对角线。一副模具一般有一个分型面，但对于某些截面复杂的制品，有时需要选择不规则分型面，甚至需要两个或更多的分型面。

②型腔表面。对于不同塑料原料和不同表面要求的制品，模具型腔表面的要求是不同的。吹塑制品外表面一般都要求进行艺术造型，如设有图案、波纹、绒纹、文字等，其加工方法有喷砂、照相腐蚀、刻字等。吹塑高透明度的塑料制品，型腔应抛光镀铬。

③型腔尺寸　型腔尺寸要考虑塑料吹塑成型时的收缩率对制品尺寸的影响。常用塑料吹塑制品的收缩率见表 19-1。

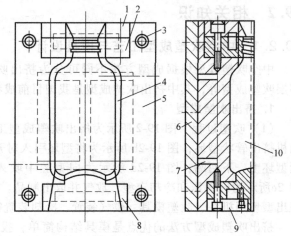

图 19-3　挤出吹塑模具结构
1、2—模具颈部镶块　3—导柱　4—分型面　5—型腔体
6—盖板　7—冷却水路　8、9—底部镶块　10—型腔

表 19-1　常用塑料吹塑制品的收缩率

塑料品种	制品收缩率（%）	塑料品种	制品收缩率（%）	塑料品种	制品收缩率（%）
PE-HD	1~6	PC	0.5~0.8	PS	0.6~0.8
PE-LD	1~3	PA	0.5~2.2	SAN	0.6~0.8
PP	1~3	ABS	0.6~0.8	CA	0.6~0.8
PVC	0.6~0.8	POM	1~3		

2）底部镶块。吹塑模具底部的作用是挤压、封接型坯的一端，切去尾部余料。一般单独设模底镶块。模底镶块的关键部位是夹坯口刃与余料槽。

①夹坯口刃。吹塑模具夹坯口刃如图 19-4a 所示，夹坯口刃宽度 b 是一个重要参数，b 过小会减小制品接合缝的厚度，降低其接合强度，甚至出现裂缝（图 19-4b）。对于小型吹塑件，b 取 1~2mm；对于大型吹塑件，b 取 2~4mm。

②余料槽。余料槽的作用是容纳剪切下来的多余塑料。余料槽通常开设在夹坯口刃后面的分型面上。余料槽单边深度（$h/2$）取型坯壁厚的 80%~90%；余料槽夹角 α 常取 30°~90°，夹坯口刃宽度大时取大值，相反取小值。夹角 α 小有助于把少量塑料挤入制品接合缝中，以增强接合强度。

3）模具颈部镶块。成型塑料容器颈部的镶块主要有模颈圈和剪切块，如图 19-5 所示。剪切块位于模颈圈之上，有助于切去颈部余料，减少模颈圈磨损。有的模具上模颈圈与剪切块被做成整体式。剪切块的口部为锥形，锥角一般取 60°。模颈圈与剪切块用工具钢制成，热处理硬度至 56 ~ 58HRC。定径进气杆插入型腔时，把颈部的塑料挤入模颈圈的螺纹槽而形成制品颈部螺纹。剪切块锥面与进气杆上的剪切套配合，切除颈部余料。

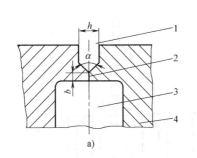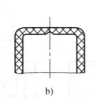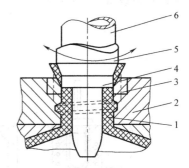

图 19-4　挤出吹塑模具夹坯口刃
1—余料槽　2—夹坯口刃　3—型腔　4—模具体

图 19-5　挤出吹塑模具颈部镶块
1—塑料容器颈部　2—模颈圈
3—剪切块　4—剪切套
5—带齿旋转套筒　6—定径进气杆

4）排气孔槽。模具闭合后，应考虑在型坯吹胀时，型腔内原有空气的排除问题。排气不良会使制品表面出现斑纹、麻坑和成型不完整等缺陷。为此，吹塑模具要考虑在分型面上开设排气槽和一定数量的排气孔。排气孔一般设在模具型腔的凹坑和尖角处，或设在塑料最后贴模的地方。排气孔直径常取 0.1~ 0.3mm。也可以将多孔性的粉末冶金材料镶嵌在型腔需要排气处来排气。设在分型面上的排气槽宽度可取 5~25mm，其深度取值可参见表 19-2。此外，模具配合面也可起排气作用。

5）模具的冷却。模具冷却是保证中空吹塑工艺正常进行，保证产品外观质量和提高生产率的重要措施。对于大型模具，可采用箱式冷却槽，即在型腔背后铣一个空槽，再用一个盖板盖上，中间加密封件。对于小型模具，可以开设冷却水道，通水冷却。需要加强冷却的部位，最好根据制品壁厚对模具进行分段冷却，如吹塑成型塑料瓶时，其瓶口部分一般比较厚，应考虑加强瓶口冷却。应该指出，吹塑成型聚碳酸酯、聚甲醛等工程塑料制品时，模具不但不需要冷却，反而要加热并保持一段时间。

表 19-2 分型面排气槽深度

塑料容器容积 V/dm^3	排气槽深度 h/mm
<5	0.01 ~ 0.02
5 ~ 10	0.02 ~ 0.03
10 ~ 30	0.03 ~ 0.04
30 ~ 100	0.04 ~ 0.1
100 ~ 500	0.1 ~ 0.3

2. 注射吹塑成型

注射吹塑是一种综合注射工艺与吹塑工艺的成型方法，主要用于成型容积较小的包装容器。

（1）吹塑过程　注射吹塑成型过程如图 19-6 所示。首先，注射机将熔融塑料注入注射模内形成型坯（图 19-6a），型坯成型用的芯棒（型芯）是壁部带微孔的空心零件；接着，趁热将型坯连同芯棒转位至吹塑模内（图 19-6b）；然后向芯棒的内孔通入压缩空气，压缩空气经过芯棒壁部微孔进入型坯内，使型坯膨胀并贴于吹塑模的型腔壁上（图 19-6c）；再经保压、冷却定型后放出压缩空气，开模取出制品（图 19-6d）。这种成型方法的优点是制品壁厚均匀，无飞边，不必进行后加工。由于注射得到的型坯有底，故制品底部没有接合缝，强度高，生产率高；但设备与模具投资大，多用于小型塑料制品的大批量生产。

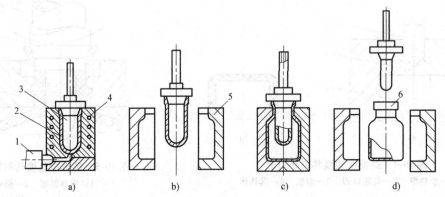

图 19-6 注射吹塑成型工艺过程
1—注射机喷嘴 2—型坯 3—型芯 4—加热器（温控） 5—吹塑模 6—塑料制品

（2）注射吹塑机械　注射吹塑机械主要包括注射系统、型坯模具、吹塑模具、模架（合模装置）、脱模装置及转位装置等。根据注射工位和吹塑工位的换位方式，注射吹塑机械可分为往复移动式和旋转式两种。

1）注射系统。注射系统主要由注射机、支管装置、充模喷嘴构成。

① 注射机。普通三段式螺杆注射机塑化性能较差，熔体混炼不均匀，熔化段螺槽内聚合物温度分布不均匀，平均温度较高，在较高产量下难以保证制品性能要求。因此，在注射吹塑中多用混炼型螺杆注射机进行注射成型，其熔体塑化速度比普通螺杆高，熔体温度较均匀。

② 支管装置。支管装置部件分解如图 19-7 所示，熔体通过注射机喷嘴注入支管装置的流

道内，再经充模喷嘴 10 注入型坯模具。支管装置主要由支管体 1、支管底座 7、支管夹具 3、充模喷嘴夹板 9 及管式加热器 2 构成。支管装置安装在型坯模具的模架上（图 19-8），其作用是将熔体从注射机喷嘴引入到型坯模具型腔内，一次注射可成型多个型坯。

③ 充模喷嘴。充模喷嘴把支管流道引来的熔体注入型坯模具，其孔径较小，相当于针点式浇口。喷嘴长度应小于 40mm，以免熔体停留时间过长。充模喷嘴一般通过与被加热支管体及型坯模具的接触而得到加热，也可单独设加热器加热。

2）型坯模具。注射吹塑模具结构如图 19-8 所示。可知，型坯模具和吹塑模具均装在类似冲模的后侧模架上。型坯模具（图 19-8b）主要由型坯型腔体 5、模颈圈 8 与芯棒 7 构成。

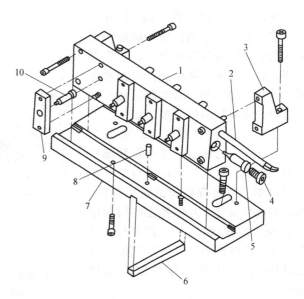

图 19-7 支管装置部件分解图
1—支管体 2—管式加热器 3—支管夹具
4—螺钉 5—流道塞 6—键 7—支管底座
8—定位销 9—充模喷嘴夹板 10—充模喷嘴

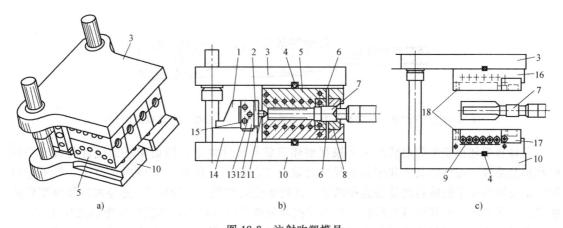

图 19-8 注射吹塑模具
a）模具及模架 b）型坯模具 c）吹塑模具
1—支管夹具 2—充模喷嘴夹板 3—上模板 4—键 5—型坯型腔体 6—芯棒温控介质入口、出口
7—芯棒 8—型坯模颈圈 9—冷却孔道 10—下模板 11—充模喷嘴 12—支管体 13—流道
14—支管底座 15—加热器 16 吹塑模型腔体 17—吹塑模颈圈 18—模底镶块

① 型坯型腔体。型坯型腔体由定模与动模两部分构成，如图 19-9a 所示。型坯注射模在注射成型时，受到较高的注射压力（70MPa 或更高），所以对于软质塑料成型，型腔体可由碳素工具钢或结构钢制成，硬度为 31~35HRC；对于硬质塑料成型，型腔体由合金工具钢制成，热处理硬度为 52~54HRC。型腔需抛光，加工硬质塑料时还要镀铬。

② 型坯模颈圈。型坯模颈圈用于成型容器颈部（含螺纹），并支承芯棒，如图 19-9a 中零件 4。一般用键或定位销保证型坯模颈圈的位置精度；为确保芯棒与型腔的同轴度，要求型坯模颈圈内、外圆有较高的同轴度。型坯模颈圈一般由合金工具钢制成，并经抛光镀铬。

③芯棒。芯棒结构如图 19-10 所示，芯棒有以下作用：成型型坯内部形状与塑料容器颈部内径，即起型芯作用；带着型坯从型坯模转位到吹塑模；输送压缩空气，以吹胀型坯；通过温控介质调节芯棒及型坯温度。另外，靠近配合面开设 1～2 圈深为 0.1～0.25mm 的凹槽，使型坯颈部塑料楔入槽内，避免从型坯成型工位转移至吹塑工位过程中颈部螺纹错位，同时可减少漏气。芯棒各段的同轴度应在 $\phi 0.05\sim 0.08$mm 内。芯棒与型坯模具及吹塑模具的颈圈配合间隙为 0～0.015mm，以保证芯棒与型腔的同轴度。

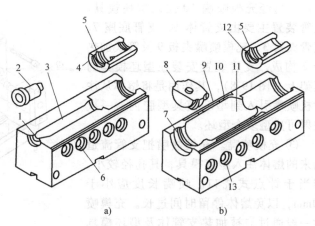

图 19-9　注射吹塑模型腔体
a）型坯型腔体　b）吹塑模型腔体
1—喷嘴座　2—充模喷嘴　3—型坯型腔　4—型坯模颈圈
5—颈部螺纹　6—孔道（加热介质调温）　7—模底镶块槽
8—模底镶块　9—槽　10—排气槽
11—吹塑型腔　12—吹塑模颈圈　13—冷却孔道

芯棒由合金工具钢制成，热处理硬度为 52～54HRC，比颈圈的硬度稍低。芯棒与熔体接触表面要沿熔体流动方向抛光、镀硬铬，以利于熔体充模与型坯脱模。

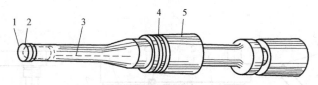

图 19-10　芯棒结构
1—压缩空气出口处　2—芯棒底部　3—芯棒（型芯）　4—凹槽　5—芯棒颈部配合面

芯棒和型坯模型腔的形状及尺寸根据型坯形状与尺寸确定，因而型坯的设计与成型是注射吹塑的关键。型坯的长度和颈部直径之比取决于芯棒的长径比，芯棒的长径比一般不超过10。型坯的直径根据塑料制品的直径确定，注射吹塑的吹胀比一般取 3。芯棒和型坯模型腔的横截面形状取决于型坯横截面形状，对于横截面为椭圆形的制品，其椭圆长短轴之比小于 1.5 的，采用横截面为圆形的芯棒和型坯模型腔；而椭圆长短轴之比大于 1.5 而小于 2 的，则采用横截面为圆形的芯棒和横截面为椭圆形的型坯模型腔来成型型坯；当椭圆长短轴之比大于 2 时，芯棒和型坯模型腔的横截面一般均设计成椭圆形。除颈部外，型坯的壁厚一般取 2～5mm，型坯横截面上最大壁厚与最小壁厚之比应小于 2；型坯纵截面上最大壁厚与最小壁厚之比应不大于 3。设计型坯的颈部尺寸和型坯模具型腔时，应考虑塑料成型后的收缩，收缩率与塑料品种及成型工艺条件有关，PE、PP 等软质塑料的收缩率为 1.6%～2.0%，PC、PS、PAN 等硬质塑料的收缩率约为 0.5%。

（3）注射吹塑模具　　注射吹塑模具与挤出吹塑模具基本相同，但前者不需设置夹坯口刃，因为其型坯长度及形状已由型坯模具确定，如图 19-8b、c 所示。注射吹塑模型腔所承受的压力要比型坯模型腔小得多。吹塑模颈圈螺纹的直径比相应型坯模颈圈大 0.05～0.25mm，以免容器颈部螺纹变形。模具材料与挤出吹塑型腔体的材料基本相同。注射吹塑模具的冷却方式与挤出吹塑模具相同。

3. 拉伸吹塑成型

按型坯成型方法不同，拉伸吹塑可分为挤出拉伸吹塑与注射拉伸吹塑，分别采用挤出与注射方法成型型坯。

按成型所用设备不同，拉伸吹塑可分为一步法与两步法。在一步法拉伸吹塑中，型坯的成型、冷却、加热、拉伸、吹塑、取出制品均在同一设备上完成。两步法则先采用挤出或注射方法成型型坯，并使之冷却至室温，成为半成品，然后再进行加热、拉伸、吹塑，型坯的生产与拉伸吹塑在不同设备上完成。

图 19-11 所示为注射拉伸吹塑中空成型过程。首先在注射工位注射成型空心带底型坯（图 19-11a）；然后打开注射模将型坯迅速移到拉伸吹塑工位，用拉伸芯棒进行拉伸（图19-11b），并吹塑成型（图 19-11c）；最后经保压、冷却后开模，取出制品（图 19-11d）。经过拉伸吹塑的塑料制品，其透明度、冲击强度、刚度、表面硬度都有很大提高，但透气性有所降低。

在生产中，许多热塑性塑料都可用于拉伸吹塑成型，如聚对苯二甲酸乙二（醇）酯、聚氯乙烯、聚丙烯、聚丙烯腈、聚酰胺、聚碳酸酯、聚甲醛、聚砜等，前四种塑料的拉伸吹塑成型工艺性能较好。为了提高容器的综合性能，可采用共混塑料进行拉伸吹塑。

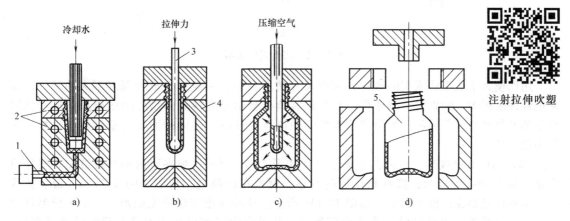

图 19-11　注射拉伸吹塑中空成型
1—注射机喷嘴　2—注射模　3—拉伸芯棒　4—吹塑模　5—塑料制品

4. 多层吹塑成型

多层吹塑是指用不同种类的塑料，经特定的挤出成型机头形成一个型坯壁分层而又黏接在一起的型坯，再经中空吹塑获得壁部多层的中空塑料制品的成型方法。

多层吹塑成型可解决单一塑料不能满足使用要求的问题。例如，聚乙烯容器虽然无毒，但气密性较差，所以不能装有香味的食品；而聚氯乙烯的气密性优于聚乙烯，所以可以采用双层吹塑获得外层为聚氯乙烯、内层为聚乙烯的容器，这样容器既无毒，气密性又好。

可以分别采用透气性不同的材料进行复合、着色层与本色层复合、发泡层与非发泡层复合、回料层与新料层复合以及透明层与非透明层复合等多层吹塑方法，以达到提高气密性，进行着色装饰，回料利用等目的。

多层吹塑成型的主要问题是保证层间的熔接质量及接缝强度。为此，除了注意选择塑料品种外，还要严格控制工艺条件及型坯的成型质量。另外，由于多种塑料的复合，塑料的回收利用较困难，挤出成型机头结构复杂，设备投资大。

19.2.2　真空成型工艺与模具设计

1. 真空成型的分类及特点

真空成型是把热塑性塑料板、片材固定在模具上，用辐射加热器加热至软化温度，然后用真空泵把板材和模具之间的空气抽掉，从而使板材贴在型腔上而成型，冷却后借助压缩空气使塑件从模具中脱出。

真空成型方法主要有凹模真空成型、凸模真空成型、凹凸模先后抽真空成型、吹泡真空成型等。

（1）凹模真空成型　凹模真空成型是一种最常用最简单的成型方法，如图 19-12 所示。把板材固定并密封在型腔的上方，加热器位于板材上方，将板材加热至软化温度，如图19-12a所示；然后移开加热器，在型腔内抽真空，板材就贴在凹模型腔上，如图 19-12b 所示；冷却后由抽气孔通入压缩空气，将成型好的塑件吹出，如图 19-12c 所示。

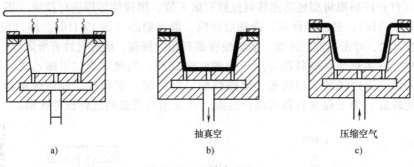

图 19-12　凹模真空成型

用凹模真空成型法成型的塑件外表面尺寸精度较高，一般用于成型深度不大的塑件。如果塑件深度很大，特别是小型塑件，其底部转角处会明显变薄。多型腔的凹模真空成型比同个数的凸模真空成型经济，因为凹模型腔间距离可以较近，用同样面积的塑料板可以加工出更多的塑件。

（2）凸模真空成型　凸模真空成型过程如图 19-13 所示。被夹紧的塑料板被加热器加热软化，如图 19-13a 所示；接着软化板料下移，覆盖在凸模上，如图 19-13b 所示；最后抽真空，塑料板紧贴在凸模上成型，如图 19-13c 所示。这种成型方法成型的塑件，由于成型过程中冷的凸模首先与板料接触，故其底部稍厚。凸模真空成型多用于有凸起形状的薄壁塑件，成型塑件的内表面尺寸精度较高。

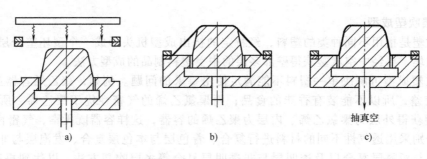

图 19-13　凸模真空成型

（3）凹凸模先后抽真空成型　凹凸模先后抽真空成型过程如图 19-14 所示。首先把塑料板紧固在凹模上加热，如图 19-14a 所示；塑料板软化后将加热器移开，然后通过凸模吹入压缩空气，而凹模抽真空使塑料板鼓起，如图 19-14b 所示；最后凸模向下插入鼓起的塑料板中并且从中抽真空，同时凹模通入压缩空气，使塑料板贴附在凸模的外表面成型，如图 19-14c 所示。采用这种成型方法，将软化了的塑料板吹鼓，使板材延伸后再成型，塑件壁厚比较均匀，可用于成型深型腔塑件。

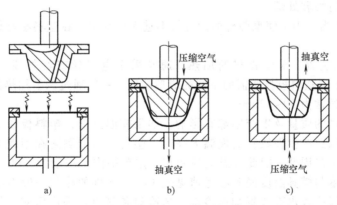

真空成型

图 19-14 凹凸模先后抽真空成型

（4）吹泡真空成型 吹泡真空成型过程如图 19-15 所示。首先将塑料板紧固在模框上，并用加热器对其加热，如图 19-15a 所示；待塑料板加热软化后移开加热器，通过模框吹入压缩空气，将塑料板吹鼓后用凸模顶起，如图 19-15b 所示；停止吹气后凸模抽真空，塑料板贴附在凸模上成型，如图 19-15c 所示。这种成型方法的特点与凹凸模先后抽真空成型基本类似。

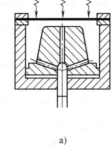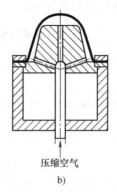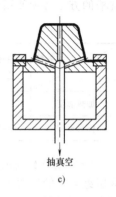

图 19-15 吹泡真空成型

2. 真空成型模具设计

真空成型模具设计包括恰当地选择真空成型的方法和设备，确定模具的形状和尺寸，了解成型塑件的性能和生产指标，选择合适的模具材料。

（1）模具的结构设计

1）抽气孔的设计。抽气孔的大小应满足成型塑件的需要，一般对于熔体流动性好、厚度薄的塑料板材，抽气孔要小些；反之可大些。总之需在短时间内将空气抽出，又不要留下抽气孔痕迹。常用的抽气孔直径为 0.5~1mm，最大不超过板材厚度的 50%。抽气孔应位于板材最后贴模的地方，孔间距可视塑件大小而定。对于小型塑件，孔间距可在 20~30mm 之间选取，对于大型塑件则应适当增加距离。轮廓复杂处，抽气孔应适当密一些。

2）型腔尺寸。真空成型模具的型腔尺寸同样要考虑塑料的收缩率，其计算方法与注射模型腔尺寸相同。真空成型塑件的收缩量，大约有 50% 是塑件从模具中取出时产生的，25% 是塑件取出后在室温下 1h 内产生的，其余的 25% 是在之后的 5~24h 内产生的。凹模真空成型的塑件相较于凸模真空成型的塑件，其收缩量要大 25%~50%。影响塑件尺寸精度的因素很多，除了型腔的尺寸精度外，还与成型温度、模具温度等因素有关，因此要预先精确地确定塑件收缩率是很困难的。如果生产批量比较大，尺寸精度要求又较高，最好先用石膏模型试制出产品，测得其收缩率，以此为模具型腔设计的依据。

3）型腔表面粗糙度。真空成型模具的表面粗糙度值较大时，对真空成型后的塑件脱模很不利。一般真空成型的模具都没有推出装置，靠压缩空气脱模，如果表面粗糙度值较大，塑料板甚至黏附在型腔表面上，不易脱模，因此真空成型模具的表面粗糙度值较小。其表面加工完毕后，最好进行喷砂处理。

4）边缘密封结构。为了使型腔外面的空气不进入真空室，在塑料板与模具接触的边缘应设置密封装置。

5）加热、冷却装置。对于板材的加热，通常采用电阻丝或红外线。电阻丝温度可达350~450℃，对于不同塑料板材所需的不同的成型温度，一般通过调节加热器和板材之间的距离进行调控，距离通常为80~120mm。

模具温度对塑件的质量及生产率都有影响。如果模温过低，塑料板和型腔一接触就会产生冷斑或内应力，以致产生裂纹；而模温太高时，塑料板可能黏附在型腔上，塑件脱模时会变形，而且延长了生产周期。因此模温应控制在一定范围内，一般为50℃左右。常见塑料板材真空成型加热温度与模具温度经验参考值见表19-3。塑件的冷却一般不单靠接触模具后的自然冷却，要增设风冷或水冷装置加速冷却。风冷设备简单，采用压缩空气即可。水冷可采用喷雾式，或在模内开冷却水道。冷却水道应距型腔表面8mm以上，以避免产生冷斑。冷却水道的开设有不同的方法，可以将铜管或钢管铸入模具内，也可在模具上打孔或铣槽。采用铣槽的方法必须使用密封元件并加盖板。

表 19-3　常见塑料板材真空成型加热温度与模具温度　　　　（单位：℃）

温度 ＼ 塑料	低密度聚乙烯	聚丙烯	聚氯乙烯	聚苯乙烯	ABS	有机玻璃	聚碳酸酯	聚酰胺-6	醋酸纤维素
加热温度	121~191	149~202	135~180	182~193	149~177	110~160	227~246	216~221	132~163
模具温度	49~77		41~46	49~60	72~85		77~93		52~60

（2）模具材料的选择　和其他成型方法相比，真空成型的主要特点是成型压力极低，通常压缩空气的压力为0.3~0.4MPa，故模具材料的选择范围较宽，既可选用金属材料，又可选用非金属材料，主要取决于塑件形状和生产批量。

1）非金属材料。对于试制或小批量生产，可选用木材或石膏作为模具材料。木材便于加工，但易变形，表面粗糙度值较大，一般常用桦木、槭木等木纹较细的木材。石膏模具制作方便，价格便宜，但强度较差。为提高石膏模具的强度，可在其中混入10%~30%的水泥。用环氧树脂制作真空成型模具，有加工容易、生产周期短和修整方便等特点，而且强度较高，相对于木材和石膏而言，适合数量较多的塑件生产。

非金属材料导热性差，可以防止塑件出现冷斑。但所需冷却时间长，生产率低，而且模具寿命短，不适合大批量生产。

2）金属材料。用于大批量高效率生产的模具选用金属材料制作。铜虽有导热性好、易加工、强度高、耐蚀性好等诸多优点，但由于其成本高，一般不采用。铝容易加工、耐用、成本低、耐蚀性较好，故真空成型模具多用铝制造。

19.2.3　压缩空气成型工艺与模具设计

1. 压缩空气成型工艺特点

压缩空气成型是借助压缩空气的压力，将加热软化的塑料板压入型腔而成型的方法，其工艺过程如图19-16所示。图19-16a所示为开模状态；图19-16b所示为闭模后的加热过程，从型腔通入微压空气，使塑料板直接接触加热板加热；图19-16c所示为塑料板加热后，由模具上方通入预热的压缩空气，使已软化的塑料板贴在模具型腔的内表面成型；图19-16d所示为塑件在型腔内冷却定型后，加热板下降一小段距离，切除余料；图19-16e所示为加热板上升，最后借助压缩空气取出塑件。

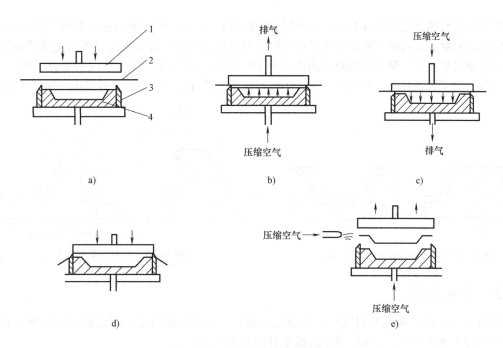

图 19-16　压缩空气成型工艺过程
1—加热板　2—塑料板　3—型刃　4—凹模

2. 压缩空气成型模具设计

（1）压缩空气成型模具结构　图 19-17 所示为压缩空气成型模具结构，它与真空成型模具的不同点是增加了模具型刃，因此塑件成型后，在模具上就可将余料切除；另一不同点是将加热板作为模具结构的一部分，塑料板直接接触加热板，因此加热速度快。

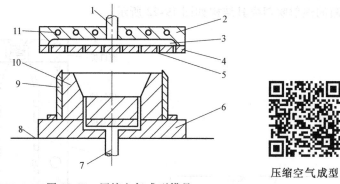

图 19-17　压缩空气成型模具
1—压缩空气管　2—加热板　3—热空气室　4—面板　5—空气孔
6—底板　7—通气孔　8—工作台　9—型刃　10—凹模　11—加热棒

　　采用压缩空气成型的塑件，其壁厚的不均匀性随成型方法不同而异。采用凸模成型时，塑件的底部厚，如图 19-18a 所示；而采用凹模成型时，塑件的底部薄，如图 19-18b 所示。

　　（2）模具设计要点　压缩空气成型模具型腔与真空成型模具型腔基本相同。压缩空气成型模具的主要特点是在模具边缘设置型刃，型刃的形状和尺寸如图 19-19 所示。型刃角度以 20°~30° 为宜，顶端削平 0.1~0.15mm，两侧以 R0.05mm 的圆弧相连。型刃不可太锋利，避免与塑料板刚一接触就将其切断；型刃也不能太钝，造成余料切不下来。型刃顶端比型腔端面高出

的距离 h 为板材的厚度加上 0.1 mm，这样在成型期间，放在凹模型腔端面上的板材同加热板之间就能形成间隙，此间隙可使板材在成型期间不与加热板接触，避免板材过热而造成产品缺陷。型刃的安装也很重要。型刃和型腔之间应有 0.25～0.5mm 的间隙，作为空气的通路，也易于模具的安装。为了压紧板材，要求型刃与加热板有极高的平行度与平面度，以免出现漏气现象。

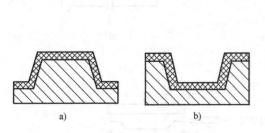

图 19-18　压缩空气成型塑件壁厚

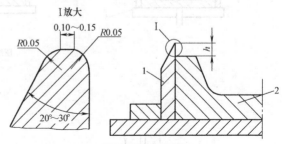

图 19-19　型刃的形状和尺寸
1—型刃　2—凹模

19.3　任务实施

饮料瓶（塑件）采用注射吹塑工艺成型，因此，在模具结构上采用注射吹塑的模具结构。取塑料收缩率为 1.5%，以该收缩率为标准计算型腔尺寸。

1. 瓶颈板设计

瓶颈切口的宽度取 0.1mm，倾斜角取 20°，切口形式如图 19-20所示。瓶颈板尺寸结构如图 19-21 所示，其中水道直径为 12mm。

2. 排气设计

分型面排气槽宽取 10mm，分型面外拓宽 0.5mm；瓶身部排气槽深度取 0.05mm；颈部、底部的圆角处增设 $\phi 0.6mm$ 的排气孔。

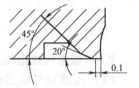

图 19-20　瓶颈切口

3. 模具结构图

饮料瓶的注射吹塑模具结构如图 19-22 所示。

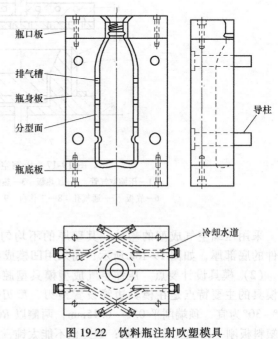

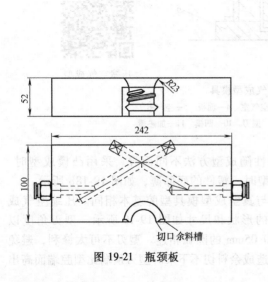

图 19-21　瓶颈板

图 19-22　饮料瓶注射吹塑模具

19.4　任务训练与考核

1. 任务训练

如图 19-23 所示的矿泉水瓶，其材料为 PP，壁厚为 0.75mm。请根据结构尺寸要求设计该塑件的气动成型模具，并绘制模具结构示意图。

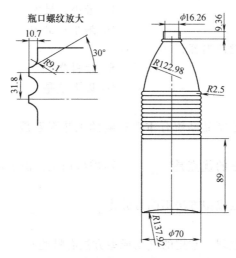

图 19-23　矿泉水瓶

2. 任务考核（表 19-4）

表 19-4　气动成型模具设计任务考核卡

任务考核	考核内容	参考分值	考核结果	考核人
素质目标考核	遵守规则	5		
	课堂互动	10		
	团队合作	5		
知识目标考核	中空吹塑成型的分类及特点	10		
	挤出吹塑模具设计要点	15		
	真空成型的分类及特点	5		
	真空成型模具设计要求	5		
	压缩空气成型工艺特点	5		
	压缩空气成型模具设计要点	5		
能力目标考核	气动成型模具结构设计	20		
	气动成型模具结构示意图绘制	15		
小　计				

19.5　思考与练习

1. 选择题

（1）中空吹塑成型是将处于（　　）状态的塑料型坯置于模具型腔中，通入压缩空气吹胀，（　　）得到一定形状的中空塑件的加工方法。

　　A. 塑性；冷却定型　　　　　　　　　　B. 流动；冷却定型

C. 塑性；加热成型   D. 流动；加热成型

(2) 中空吹塑成型可分为（　　　）等。

    A. 挤出吹塑成型   B. 注射吹塑成型

    C. 多层吹塑成型   D. 以上全是

(3) 吹胀比是指塑件（　　）直径与型坯（　　）直径之比。

    A. 最小；最小   B. 最小；最大

    C. 最大；最小   D. 最小；最大

(4) 挤出吹塑模具的设计内容有（　　　）。

    A. 夹坯口刃   B. 余料槽

    C. 排气孔槽   D. 以上全是

2. 填空题

(1) 对吹塑过程和吹塑制品品质有重要影响的工艺因素是_____、_____、_____、____等。

(2) 注射吹塑成型方法的优点是_____，不需后加工，由于注射成型的型坯有底，因此其底部_____、_____、_____。

(3) 中空吹塑成型根据成型方法不同可分为_____、_____、_____、_____四种。

3. 简答题

(1) 简述气动成型的原理。常用的气动成型方法有哪些？

(2) 中空吹塑模具分为哪几类？各自的成型特点是什么？

(3) 设计中空吹塑模具时应注意哪些问题？

(4) 真空成型的方法有哪些？有何异同点？

(5) 如何确定真空成型模具抽气孔的位置？

(6) 设计压缩空气成型模具的型刃时应注意哪些问题？

(7) 压缩空气成型与真空成型相比较，其成型原理、成型特点、加热方式及模具结构有何异同？

附　录

附表 1　常用热塑性塑料的成型工艺参数

塑料＼项目	PE-LD	PE-HD	乙丙共聚PP	PP	玻纤增强PP	软质PVC	未增强（硬质）PVC	PS	PS-HI	ABS	高抗冲ABS	耐热ABS	电镀级ABS	阻燃ABS	透明ABS	ACS
注射机类型	柱塞式	螺杆式	柱塞式	螺杆式	螺杆式	柱塞式	螺杆式	柱塞式	螺杆式	螺杆式	螺杆式	螺杆式	螺杆式	螺杆式	螺杆式	螺杆式
螺杆转速/(r/min)	—	30~60	—	30~60	30~60	20~30	20~30	—	30~60	30~60	30~60	30~60	20~60	20~50	30~60	20~30
喷嘴 形式	直通式	直通式	直通式	直通式	直通式	直通式	直通式	直通式	直通式	直通式	直通式	直通式	直通式	直通式	直通式	直通式
喷嘴 温度/℃	150~170	150~180	170~190	170~190	180~190	140~150	150~170	160~170	160~170	180~190	190~200	190~200	190~210	180~190	190~200	160~170
料筒温度/℃ 前段	170~200	180~190	180~200	180~200	190~200	160~190	170~190	170~190	170~190	200~210	200~210	200~220	210~230	190~200	200~220	170~180
料筒温度/℃ 中段	—	180~200	190~220	200~220	210~220	—	165~180	—	170~190	210~230	210~230	220~240	230~250	200~220	220~240	180~190
料筒温度/℃ 后段	140~160	140~160	150~170	160~170	160~170	140~150	160~170	140~160	140~160	180~200	180~200	190~200	200~210	170~190	190~200	160~170
模具温度/℃	30~45	30~60	50~70	40~80	70~90	30~40	30~60	20~60	20~50	50~70	50~80	60~85	40~80	50~70	50~60	50~60
注射压力/MPa	60~100	70~100	70~100	70~120	90~130	40~80	80~130	60~100	60~100	70~90	70~120	85~120	70~120	60~100	70~100	80~120
保压力/MPa	40~50	40~50	40~50	50~60	40~60	20~30	40~60	30~40	30~40	50~70	50~70	50~80	50~70	30~60	50~60	40~50
注射时间/s	0~5	0~5	0~5	0~5	2~5	0~8	2~5	0~3	0~3	3~5	3~5	3~5	0~4	3~5	0~4	0~5
保压时间/s	15~60	15~60	15~60	20~60	15~40	15~40	15~40	15~40	15~40	15~30	15~30	15~30	20~50	15~30	15~40	15~30
冷却时间/s	15~60	15~60	15~50	20~50	15~40	15~30	15~40	15~40	10~40	15~30	15~30	15~30	15~30	10~30	10~30	15~30
成型周期/s	40~140	40~140	40~120	50~90	40~100	40~80	50~160	40~90	40~90	40~90	40~70	40~70	40~70	40~70	30~80	40~70

塑料＼项目	SAN(AS)	PMMA	PMMA/PC	氯化聚醚	均聚POM	共聚POM	PET	PBT	玻纤增强PBT	PA6	玻纤增强PA6	PA11	玻纤增强PA11	PA12	PA66
注射机类型	螺杆式	螺杆式	螺杆式	螺杆式	螺杆式	螺杆式	螺杆式	螺杆式	螺杆式	螺杆式	螺杆式	螺杆式	螺杆式	螺杆式	螺杆式
螺杆转速/(r/min)	20~50	20~30	20~30	20~40	20~40	20~40	20~40	20~40	20~40	20~50	20~40	20~50	20~40	20~50	20~50
喷嘴 形式	直通式	直通式	直通式	直通式	直通式	直通式	直通式	直通式	直通式	直通式	直通式	直通式	直通式	直通式	直通式
喷嘴 温度/℃	180~190	180~200	220~240	170~180	170~180	170~180	250~260	200~220	210~230	200~210	200~210	180~190	190~200	170~180	250~260
料筒温度/℃ 前段	200~210	180~210	230~250	180~200	170~190	170~190	260~270	230~240	230~240	220~230	220~240	185~200	200~220	185~220	255~265
料筒温度/℃ 中段	210~230	190~210	240~260	180~190	170~190	180~200	260~280	230~250	240~260	230~240	230~250	190~220	220~250	190~240	260~280
料筒温度/℃ 后段	170~180	180~200	210~230	—	170~190	170~190	240~260	200~220	200~220	200~210	200~210	170~180	180~190	160~170	240~250
模具温度/℃	50~70	40~80	60~120	80~110	90~120	90~100	100~140	60~70	65~75	60~100	80~120	60~90	90~130	70~110	60~120
注射压力/MPa	80~120	50~120	80~130	80~110	80~120	80~120	80~120	60~90	80~100	80~100	90~130	90~120	90~130	90~120	80~130
保压力/MPa	40~50	40~60	40~60	30~40	30~50	30~50	30~50	30~40	40~50	30~50	30~50	30~50	40~50	50~60	40~50
注射时间/s	0~5	0~5	0~5	0~5	2~5	2~5	0~5	0~3	2~5	0~4	2~5	0~4	2~5	2~5	0~5
保压时间/s	15~30	20~40	20~40	15~50	20~90	20~90	20~50	10~30	10~20	15~50	15~40	15~50	15~40	20~60	20~50
冷却时间/s	15~30	20~40	20~40	20~50	20~60	20~60	30~90	15~30	15~30	20~40	20~40	20~40	20~40	20~40	20~40
成型周期/s	40~70	50~90	50~90	40~110	50~160	50~160	50~90	30~70	30~60	40~100	40~90	40~100	40~90	50~110	50~100

（续）

表（上半部分）

项目	玻纤增强PA66	PA610	PA612	PA1010	玻纤增强PA1010（螺杆式）	玻纤增强PA1010（柱塞式）	透明PA	PC（螺杆式）	PC（柱塞式）	PC/PE（螺杆式）	PC/PE（柱塞式）	玻纤增强PC（螺杆式）	玻纤增强PC（柱塞式）	PSU	改性PSU	玻纤增强PSU
注射机类型	螺杆式	螺杆式	螺杆式	螺杆式	螺杆式	柱塞式	螺杆式	螺杆式	柱塞式	螺杆式	柱塞式	螺杆式	柱塞式	螺杆式	螺杆式	螺杆式
螺杆转速/(r/min)	20~40	20~50	20~50	20~50	20~40	—	20~50	20~40	—	20~40	—	20~30	—	20~30	20~30	20~30
喷嘴 形式	直通式	自锁式	自锁式	自锁式	自锁式	直通式	直通式	直通式	直通式	直通式	直通式	直通式	直通式	直通式	直通式	直通式
喷嘴 温度/℃	250~260	200~210	200~210	190~200	180~190	180~190	220~240	230~250	240~250	220~230	230~240	240~260	230~240	280~290	250~260	280~300
料筒温度/℃ 前段	260~270	220~230	210~220	200~210	210~230	240~260	240~250	240~280	270~300	230~250	250~280	260~290	250~280	290~310	260~280	300~320
料筒温度/℃ 中段	260~290	230~250	210~230	220~240	230~260	—	250~270	260~290	—	240~260	—	270~310	—	300~330	280~300	310~330
料筒温度/℃ 后段	230~260	200~210	200~205	190~200	190~200	190~200	220~240	240~260	260~290	230~240	240~260	260~280	240~260	280~300	260~270	290~300
模具温度/℃	100~120	60~90	40~70	40~80	40~80	40~80	40~60	90~110	90~110	80~100	80~100	90~110	80~100	130~150	80~100	130~150
注射压力/MPa	80~130	70~100	70~120	70~100	90~130	100~130	80~130	80~130	110~140	80~120	80~130	100~140	80~130	100~140	100~140	100~140
保压时间/s	40~50	20~40	30~50	30~40	40~50	40~50	40~50	40~50	40~50	40~50	40~50	40~50	40~50	40~50	40~50	40~50
注压时间/s	3~5	0~5	0~5	0~5	2~5	2~5	0~5	0~5	0~5	0~5	0~5	2~5	0~5	0~5	0~5	2~7
冷却时间/s	20~50	20~50	20~50	20~40	20~40	20~40	20~60	20~80	20~80	20~80	20~80	20~60	20~80	20~80	20~70	20~50
成型周期/s	50~100	50~100	50~110	50~100	50~90	50~90	50~110	50~130	50~130	50~140	50~140	50~110	50~140	50~140	50~130	50~130

表（下半部分）

项目	聚芳砜	聚醚砜	PPO	改性PPO	聚芳酯	聚氨酯	聚苯硫醚	聚酰亚胺	醋酸纤维素	醋酸丁酸纤维素	醋酸丙酸纤维素	乙基纤维素	F46
注射机类型	螺杆式	螺杆式	螺杆式	螺杆式	螺杆式	螺杆式	螺杆式	螺杆式	柱塞式	柱塞式	柱塞式	柱塞式	螺杆式
螺杆转速/(r/min)	20~30	20~30	20~30	20~50	20~50	20~70	20~30	20~30	—	—	—	—	20~30
喷嘴 形式	直通式	直通式	直通式	直通式	直通式	直通式	直通式	直通式	直通式	直通式	直通式	直通式	直通式
喷嘴 温度/℃	380~410	240~270	250~280	220~240	230~250	170~180	280~300	290~300	150~180	150~170	160~180	160~180	290~300
料筒温度/℃ 前段	385~420	260~290	260~280	230~250	240~260	175~185	300~310	290~310	170~200	170~200	180~210	180~220	300~330
料筒温度/℃ 中段	345~385	280~310	260~290	240~270	250~280	180~200	320~340	300~330	—	—	—	—	270~290
料筒温度/℃ 后段	320~370	260~290	230~240	230~240	230~240	150~170	260~280	280~300	150~170	150~170	150~170	150~170	170~200
模具温度/℃	230~260	90~120	110~150	60~80	100~130	20~40	120~150	120~150	40~70	40~70	40~70	40~70	110~130
注射压力/MPa	100~200	100~140	100~140	70~110	100~130	80~100	80~130	100~150	60~130	80~130	80~120	80~130	80~130
注射时间/s	0~5	0~5	0~5	0~8	2~8	2~6	0~5	0~5	0~3	0~5	0~5	0~5	0~8
保压时间/s	15~40	15~40	30~70	30~70	15~40	30~40	10~30	20~60	15~40	15~40	15~40	15~40	20~60
冷却时间/s	15~20	15~30	20~60	20~50	15~40	30~60	20~50	30~60	15~40	15~40	15~40	15~40	20~60
成型周期/s	40~50	40~80	60~140	60~130	40~90	70~110	40~90	60~130	40~90	40~90	40~90	40~90	50~130

附表2 部分常用国产注射机的主要技术参数

型号	SYS-10	SYS-30	XS-ZS-22	XS-Z-30	XS-Z-60	XS-ZY-125	G54-S 200/400	SZY-300	XS-ZY-500	XS-ZY-1000	SZY-2000	XS-ZY-4000
结构形式	立式	立式	卧式	卧式	卧式	卧式	卧式	卧式	卧式	卧式	卧式	卧式
注射方式	螺杆式	螺杆式	双柱塞式	柱塞式	柱塞式	螺杆式	螺杆式	螺杆式	螺杆式	螺杆式	螺杆式	螺杆式
螺杆(柱塞)直径/mm	22	28	20、25	28	38	42	55	60	65	85	110	130
最大注射量/(cm³或g)	10g	30g	20、30	30	60	125	200、400	320	500	1000	2000	4000
注射压力/MPa	150	157	75、117	119	122	119	109	125	104	121	90	106
锁模力/kN	150	500	250	250	500	900	2540	1400	3500	4500	6000	10000
最大成型面积/cm²	45	130	90	90	130	320	645		1000	1800	2600	3800
模具最大厚度/mm	180	200	180	180	200	300	406	355	450	700	800	1000
模具最小厚度/mm	100	70	60	60	70	200	165	130	300	300	500	700
最大开模行程/mm	120	80	160	160	180	300	260	340	500	700	750	1100
喷嘴 球半径/mm	12	12	12	12	12	12	18	12	18	18	18	20
喷嘴 孔直径/mm	2.5	3	2	4	4	4	4	4	4	5	10	10
定位圈直径/mm	55	55	63.5	63.5	55	100	125	125	150	150	250	300
顶出形式	中心设有顶杆,机械顶出,孔径为30mm	中心设有顶杆,机械顶出,孔径为50mm	四侧设有顶杆,机械顶出,孔径16mm,孔距170mm	四侧设有顶杆,机械顶出,孔径20mm,孔距170mm	中心设有顶杆,机械顶出,孔径为50mm	四侧设有顶杆,机械顶出,孔径22mm,孔距230mm	模具顶出机构,机械顶出	中心及四侧均设有顶杆,机械顶出	中心液压顶出,两侧顶杆机械顶出	中心液压顶出,两侧顶杆机械顶出,顶出距离100mm	中心液压顶出,两侧顶杆机械顶出距离120mm	中心液压顶出,两侧顶杆机械顶出
合模方式			液压-机械	液压-机械	液压-机械	液压-机械	液压-机械	液压-机械	液压-机械	两次动作液压式	液压-机械	两次动作液压式
拉杆空间/mm			235	235	190×300	260×290	290×368	400×300	540×440	650×550	760×700	1050×950
动、定模固定板尺寸/mm	300×360	330×440	250×280	250×280	330×440	428×458	532×634	620×520	700×850	900×1000	1180×1180	1500×1590
机器外形尺寸/mm			2340×800×1460	2340×850×1460	3160×850×1550	3340×750×1550	4700×1400×1800	5300×940×1815	6500×1300×2000	7670×1740×2380	10908×1900×3430	11500×3000×4500

附表3 矩形凹模壁厚尺寸 （单位：mm）

矩形凹模内壁短边 b	整体式凹模侧壁壁厚 s	镶拼式凹模	
		凹模壁厚 s_1	模套壁厚 s_2
≤40	25	9	22
>40~50	25~30	9~10	22~25
>50~60	30~35	10~11	25~28
>60~70	35~42	11~12	28~35
>70~80	42~48	12~13	35~40
>80~90	48~55	13~14	40~45
>90~100	55~60	14~15	45~50
>100~120	60~72	15~17	50~60
>120~140	72~85	17~19	60~70
>140~160	85~95	19~21	70~80

注：表中数据适用于淬硬钢凹模，若未采用淬硬钢，相关数据应乘系数1.2~1.5。

附表 4　圆形凹模壁厚尺寸 （单位：mm）

圆形凹模内壁短边 b	整体式凹模侧壁壁厚 $s=R-r$	镶拼式凹模	
		凹模壁厚 $s_1=R-r$	模套壁厚 s_2
≤40	20	8	18
>40~50	25	9	22
>50~60	30	10	25
>60~70	35	11	28
>70~80	40	12	32
>80~90	45	13	35
>90~100	50	14	40
>100~120	55	15	45
>120~140	60	16	48
>140~160	65	17	52
>160~180	70	19	55
>180~200	75	21	58

注：表中数据适用于淬硬钢凹模，若未采用淬硬钢，相关数据应乘系数 1.2~1.5。

附表 5　部分基本型模架尺寸组合 （摘自 GB/T 12555—2006）　（单位：mm）

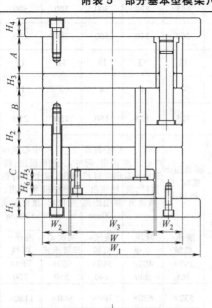

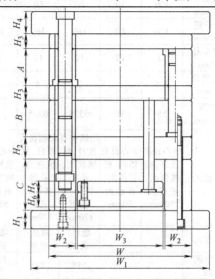

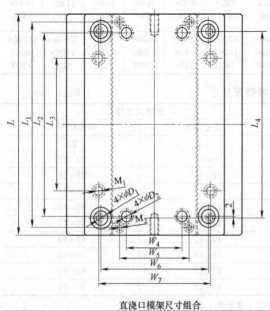

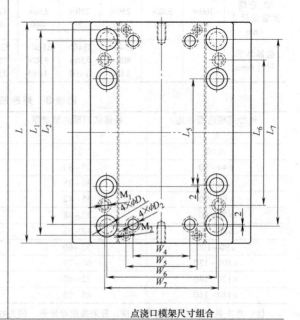

直浇口模架尺寸组合　　　　　　　点浇口模架尺寸组合

（续）

代号	系列										
	15 15	15 18	15 20	15 23	15 25	18 18	18 20	18 23	18 25	18 30	18 35
W	150					180					
L	150	180	200	230	250	180	200	230	250	300	350
W_1	200					230					
W_2	28					33					
W_3	90					110					
A、B	20、25、30、35、40、45、50、60、70、80					25、30、35、40、45、50、60、70、80					
C	50、60、70					60、70、80					
H_1	20					20					
H_2	30					30					
H_3	20					20					
H_4	25					30					
H_5	13					15					
H_6	15					20					
W_4	48					68					
W_5	72					90					
W_6	114					134					
W_7	120					145					
L_1	132	162	182	212	232	160	180	210	230	280	330
L_2	114	144	164	194	214	138	158	188	208	258	308
L_3	56	86	106	136	156	64	84	114	124	174	224
L_4	114	144	164	194	214	134	154	184	204	254	304
L_5	—	52	72	102	122	—	46	76	96	146	196
L_6	—	96	116	146	166	—	98	128	148	198	248
L_7	—	144	164	194	214	—	154	184	204	254	304
D_1	16					20					
D_2	12					12					
M_1	4×M10					4×M12					6×M12
M_2	4×M6					4×M8					

（续）

代号	系列											
	20 20	20 23	20 25	20 30	20 35	20 40	23 23	23 25	23 27	23 30	23 35	23 40
W	200						230					
L	200	230	250	300	350	400	230	250	270	300	350	400
W_1	250						280					
W_2	38						43					
W_3	120						140					
$A、B$	25、30、35、40、45、50、60、70、80、90、100						25、30、35、40、45、50、60、70、80、90、100					
C	60、70、80						70、80、90					
H_1	25						25					
H_2	30						35					
H_3	20						20					
H_4	30						30					
H_5	15						15					
H_6	20						20					
W_4	84	80					106					
W_5	100						120					
W_6	154						184					
W_7	160						185					
L_1	180	210	230	280	330	380	210	230	250	280	330	380
L_2	150	180	200	250	300	350	180	200	220	250	300	350
L_3	80	110	130	180	230	280	106	126	144	174	224	274
L_4	154	184	204	254	304	354	184	204	224	254	304	354
L_5	46	76	96	146	196	246	74	94	112	142	192	242
L_6	98	128	148	198	248	298	128	148	166	196	246	296
L_7	154	184	204	254	304	354	184	204	224	254	304	354
D_1	20						20					
D_2	12	15					15					
M_1	4×M12			6×M12			4×M12		4×M14		6×M14	
M_2	4×M8						4×M8					

（续）

代号	系列												
	25 25	25 27	25 30	25 35	25 40	25 45	25 50	27 27	27 30	27 35	27 40	27 45	27 50
W	250							270					
L	250	270	300	350	400	450	500	270	300	350	400	450	500
W_1	300							320					
W_2	48							53					
W_3	150							160					
A、B	30、35、40、45、50、60、70、80、90、100、110、120							30、35、40、45、50、60、70、80、90、100、110、120					
C	70、80、90							70、80、90					
H_1	25							25					
H_2	35							40					
H_3	25							25					
H_4	35							35					
H_5	15							15					
H_6	20							20					
W_4	110							114					
W_5	130							136					
W_6	194							214					
W_7	200							215					
L_1	230	250	280	330	380	430	480	246	276	326	376	426	476
L_2	200	220	250	298	348	398	448	210	240	290	340	390	440
L_3	108	124	154	204	254	304	354	124	154	204	254	304	354
L_4	194	214	244	294	344	394	444	214	244	294	344	394	444
L_5	70	90	120	170	220	270	320	90	120	170	220	270	320
L_6	130	150	180	230	280	330	380	150	180	230	280	330	380
L_7	194	214	244	294	344	394	444	214	244	294	344	394	444
D_1	25							25					
D_2	15		20					20					
M_1	4×M14		6×M14					4×M14			6×M14		
M_2	4×M8							4×M10					

（续）

代号	系列												
	30 30	30 35	30 40	30 45	30 50	30 55	30 60	35 35	35 40	35 45	35 50	35 55	35 60
W	300							350					
L	300	350	400	450	500	550	600	350	400	450	500	550	600
W_1	350							400					
W_2	58							63					
W_3	180							220					
$A、B$	35、40、45、50、60、70、80、90、100、110、120、130							40、45、50、60、70、80、90、100、110、120、130					
C	80、90、100							90、100、110					
H_1	25	30						30					
H_2	45							45					
H_3	30							35					
H_4	45							45			50			
H_5	20							20					
H_6	25							25					
W_4	134			128				164			152		
W_5	156							196					
W_6	234							284			274		
W_7	240							285					
L_1	276	326	376	426	476	526	576	326	376	426	476	526	576
L_2	240	290	340	390	440	490	540	290	340	390	440	490	540
L_3	138	188	238	288	338	388	438	178	224	274	308	358	408
L_4	234	284	334	384	434	484	534	284	334	384	424	474	524
L_5	98	148	198	244	294	344	394	144	194	244	268	318	368
L_6	164	214	264	312	362	412	462	212	262	312	344	394	444
L_7	234	284	334	384	434	484	534	284	334	384	424	474	524
D_1	30							30			35		
D_2	20			25				25					
M_1	4×M14	6×M14		6×M16				4×M16	6×M16				
M_2	4×M10							4×M10					

（续）

代号	系列										
	40 40	40 45	40 50	40 55	40 60	40 70	45 45	45 50	45 55	45 60	45 70
W	400						450				
L	400	450	500	550	600	700	450	500	550	600	700
W_1	450						550				
W_2	68						78				
W_3	260						290				
$A、B$	40、45、50、60、70、80、90、100、110、120、130、140、150						45、50、60、70、80、90、100、110、120、130、140、150、160、180				
C	100、110、120、130						100、110、120、130				
H_1	30	35					35				
H_2	50						60				
H_3	35						40				
H_4	50						60				
H_5	25						25				
H_6	30						30				
W_4	198						226				
W_5	234						264				
W_6	324						364				
W_7	330						370				
L_1	374	424	474	524	574	674	424	474	524	574	674
L_2	340	390	440	490	540	640	384	434	484	534	634
L_3	208	254	304	354	404	504	236	286	336	386	486
L_4	324	374	424	474	524	624	364	414	464	514	614
L_5	168	218	268	318	368	468	194	244	294	344	444
L_6	244	294	344	394	444	544	276	326	376	426	526
L_7	324	374	424	474	524	624	364	414	464	514	614
D_1	35						40				
D_2	25						30				
M_1	6×M16						6×M16				
M_2	4×M12						4×M12				

参 考 文 献

[1]   张维合. 注塑模具设计实用手册 [M]. 北京：化学工业出版社，2011.
[2]   齐卫东. 简明塑料模设计手册 [M]. 北京：北京理工大学出版社，2008.
[3]   翁其金. 塑料模塑成型技术 [M]. 2 版. 北京：机械工业出版社，2011.
[4]   褚建忠，甘辉，黄志高. 塑料模设计基础及项目实践 [M]. 杭州：浙江大学出版社，2015.
[5]   张维合. 注塑模具设计实用教程 [M]. 2 版. 北京：化学工业出版社，2011.
[6]   刘朝福. 注射成型实用手册 [M]. 北京：化学工业出版社，2013.
[7]   林章辉. 塑料成型工艺与模具设计 [M]. 北京：北京理工大学出版社，2010.
[8]   邹继强. 注射模设计方法与技巧实例精讲 [M]. 北京：北京大学出版社，2014.
[9]   伍先明. 塑料模具设计指导 [M]. 3 版. 北京：国防工业出版社，2012.
[10] 史铁梁. 模具设计指导 [M]. 北京：机械工业出版社，2003.
[11] 刘峥，程惠清. 塑料成型工艺及模具——设计与实践 [M]. 重庆：重庆大学出版社，2013.
[12] 刘兴国，吴家福. 塑料成型工艺与模具设计 [M]. 北京：国防工业出版社，2011.
[13] 齐贵亮. 塑料模具成型新技术 [M]. 北京：机械工业出版社，2011.
[14] 李长云. 塑料成型工艺与模具设计 [M]. 北京：清华大学出版社，2009.
[15] 刘庚武. 塑料件成型工艺拟定与模具设计 [M]. 北京：电子工业出版社，2013.
[16] 于保敏. 塑料模具设计与制造 [M]. 北京：电子工业出版社，2012.
[17] 苗德忠. 塑料成型工艺与模具设计 [M]. 北京：北京理工大学出版社，2014.
[18] 洪慎章. 实用压塑模具结构图集 [M]. 北京：化学工业出版社，2010.
[19] 石世铫. 注塑模具设计与制造教程 [M]. 北京：化学工业出版社，2017.
[20] 屈华昌，吴梦陵. 塑料成型工艺与模具设计 [M]. 3 版. 北京：高等教育出版社，2014.